# The Certified Reliability Engineer Handbook(Second Edition)

# 注册可靠性工程师手册(第2版)


[美] Donald W. Benbow
Hugh W. Broome 著

上海市质量协会
上海质量管理科学研究院 译

中国质检出版社
中国标准出版社

北京

北京市版权局著作权合同登记号:图字:01-2014-0798
American Society for Quality, Quality Press, Milwaukee 53203

19 18 17 16 15 14 13 5 4 3 2 1
Library of Congress Cataloging-in-Publication Data
Benbow, Donald W., 1936—
The certified reliability engineer handbook / Donald W. Benbow and Hugh W. Broome—Second edition.
p. cm.
Includes bibliographical references and index.
ISBN 978-0-87389-837-9(hard cover: alk. paper)

**图书在版编目(CIP)数据**

注册可靠性工程师手册/上海市质量协会 上海质量管理科学研究院译.—北京:中国标准出版社,2015.7

ISBN 978-7-5066-7538-3

Ⅰ.①注… Ⅱ.①上… Ⅲ.①可靠性工程—手册 Ⅳ.①TB114.4-62

中国版本图书馆 CIP 数据核字(2014)第 088609 号

中国质检出版社
中国标准出版社 出版发行
北京市朝阳区和平里西街甲 2 号(100029)
北京市西城区三里河北街 16 号(100045)
网址:www.spc.net.cn
总编室:(010)68533533 发行中心:(010)51780238
读者服务部:(010)68523946
中国标准出版社秦皇岛印刷厂印刷
各地新华书店经销
*
开本 787×1092 1/16 印张 20.5 字数 459 千字
2015 年 7 月第一版 2015 年 7 月第一次印刷
*
定价 78.00 元

# 序

《注册可靠性工程师手册（第2版）》是在我国已经进入一个质量发展时代的背景下翻译出版的。中国经济要向中高端水平迈进，必须推动各方把促进发展的立足点转到提高经济质量效益上来，把注意力放在提高产品和服务质量上来，牢固确立质量即是生命、质量决定发展效益和价值的理念，把经济社会发展推向质量时代。“中国制造业2025”提出了工业制造是国民经济的重要支柱，是实现发展升级的国之重器。必须坚持走新型工业化和信息化融合之路，顺应互联网等新技术和产业变革新趋势，打造中国制造创新发展、智能制造、质量为先、绿色制造等新优势战略目标。为我国经济保持中高速增长、迈向中高端水平提供强大支撑。要打造质量成本新优势，增强工业基础能力，攻克一批先进基础工艺，提高核心基础零部件的质量性能和关键基础材料的制备水平，提升产业配套能力和劳动生产率。强化人才支撑，培育更多大国工匠。

“把推动发展的立足点转移到提高质量和效益上来”是中国政府、社会和企业的共识和共同努力的目标。我国《质量发展纲要（2011—2020年）》提出了实施质量提升工程，包括了质量素质提升工程、可靠性提升工程、服务质量顾客满意度提升工程、质量对比提升工程和清洁生产促进工程。而可靠性提升工程，则提出在汽车、机床、航空航天、船舶、轨道交通、发电设备、工程机械、特种设备、家用电器、元器件和基础件等重点行业实施可靠性提升工程。加强产品可靠性设计、试验及生产过程质量控制，依靠技术进步、管理创新和标准完善，提升可靠性水平，促进我国产品质量由符合性向适用性、高可靠性转型。

提升可靠性工程是实施质量提升工程和有效把推动发展的立足点转移到提高质量和效益上来的前提和基础，是实施中国制造2025战略目标的关键。上海市质量协会作为美国质量协会全球合作伙伴，已经成功地在质量未来发展研究、质量学术交流和质量人才培育等方面进行广泛的合作，上海质量管理科学研究院也翻译出版了美国质量协会组织编著的《注册组织卓越质量经理》等美国质量注册专著，并获得了好评和欢迎，这为加快我国质量专业人员培育与国际水平比较提升发挥了积极的作用。

本书由我国著名可靠性统计专家、华东师范大学终身教授、上海质量管理科学研究院学术委员茆诗松教授翻译。这次，我们组织力量专门翻译出版《注册可靠性工程师手册（第 2 版）》，就希望借此帮助企业专业人员学习和掌握先进的可靠性专业知识和技能，在实施可靠性提升工程中发挥作用，迎接质量时代的挑战，为促进我国产品质量由符合性向适用性、高可靠性转型而努力。

谨此为序。

**上海市质量协会**

**上海质量管理科学研究院**

**2015 年 3 月**

# 译者的话

手册共分7个部分和1个附录（第8部分）。前7部分是本手册的主体，它分为17章，每章又列出若干知识点，全书共有78个知识点。这些知识点按认知的复杂程度由浅入深地被分成如下6个等级：记忆、理解、应用、分析、评估、创造。根据这些知识点和具体内容，作者为每一部分又准备了若干复习题和最后的模拟考试样题，以备读者自我检查学习和掌握情况，这些题目及答案都集中放在附录的后面。

本手册体现了美国质量领域和工程领域对“可靠性工程师”这一称号的基本要求，很有特色，具体可概括为如下几点：

1. 从可靠性、维修性和安全性角度对产品设计、生产、管理等方面作了较为详尽的叙述，其中包含各种可行的工程方案和统计方法。

2. 对可靠性工程知识面要求较广。对各种常用工具不仅要知要懂，更要会用。

3. 手册众多例子中涉及的各种计算大多限于常数失效率场合，这是对可靠性工程师的基本要求，希望能独立完成计算，较为复杂的计算可求助于软件和查表完成。

4. 要有公德。要讲真话，倾听别人意见，即使自己的建议未被采纳时，也要告之委托人将会出现与他们期望相反的结果。不得透露与商业事态或技术过程相关的任何信息。对做出贡献的人要适当给予奖励。

上海市质量协会会长、上海质量管理科学研究院院长唐晓芬教授级工程师对本书的翻译出版给予高度重视和关注。王金德副院长为此进行了策划和校译，过程中得到了周秀慧、郭宏涛等老师的帮助和支持。

本手册涉及面广，译者知识有限，不当之处在所难免，望读者批评指正，以便改进。

**译者**

**茆诗松**

**2015年1月**

# 前　言

我们按注册可靠性工程师考试所指定知识点（Bok）的次序来编排本书的章与节。但是，这样做在某些地方使用时是不方便的，而在另一些地方又显得累赘。因此，我们想用读者容易接受的途径来平衡这些缺陷。

# 感谢

我们十分感谢 Paul O’ Mara、Randall、Matt Meinholg 和 ASQ 质量出版社全体职员的帮助与耐心。我们也要感谢 Anton Cherepache、James McLinn 和 Daniel Zrymiak 对本书进行编辑、排版、复制和复审等细致的工作。

# 目录

## 第Ⅰ部分　可靠性管理



## 第Ⅱ部分　可靠性中的概率统计

## 第Ⅲ部分　设计和开发中的可靠性



## 第Ⅳ部分　可靠性模型化与预测



## 第Ⅴ部分　可靠性试验

## 第Ⅵ部分 维修性与可用性



## 第Ⅶ部分 数据的收集与使用



## 第Ⅷ部分 附 录

# 图表目录

第Ⅳ部分



第Ⅴ部分



第Ⅵ部分



第Ⅶ部分

# 第 I 部分

# 可靠性管理

# 第 1 章

# A. 策 略 管 理

本书的结构是基于AQS(美国质量协会)为注册可靠性工程师考试所指定的知识点设计的。在正式叙述知识点之前先对可靠性定义作如下介绍。

**可靠性**的定义为产品在规定的条件和规定的时间内成功完成规定功能的概率。

这个可靠性表述中包含四个要点:

- **概率**。例如,在规定时间内可靠性的目标值为0.9995。这意味着在规定时间的末端至少有99.95%仍在运转。
- **规定的功能**。这需要对每个元件、部件和产品分别给出定义。规定功能的表述要有明确的状态或含有失效的定义。例如,水泵的规定功能是每分钟至少要抽出20加仑的水。这含有失效的定义,每分钟抽出的水少于20加仑就认为是失效。
- **规定的条件**。这包含环境条件、维修条件、使用条件、贮藏和移动条件以及其他需要的条件。
- **规定的时间**。例如,水泵设计要求10000h,有时可用比时间更适宜的其他方式来度量,如轮胎的可靠性可用里程数,洗衣机的可靠性可用旋转周期数等。

## 1. 可靠性工程的好处

> 描述可靠性工程技术和方法怎样去改进程序、流程、产品、系统和服务。(理解)
>
> 知识点 I.A.1

增加可靠性工程研究的重要性通过以下几点反映。

- 顾客期望产品不仅在交货时满足规定的参数,而且功能可保持到人们认可的合理寿命。
- 产品越复杂,其中个别元件的可靠性要求就越高。例如,假设一个系统有1000个独立元件,这些元件必须同时工作才能使系统工作。进一步,假设每个元件的可靠性为99.9%,则系统的可靠性为$0.999^{1000}=0.37$。显然这是不可接受的值。
- 一个不可靠产品常会带来安全与健康的隐患。
- 可靠性各种数值可用作市场和保单的材料。
- 市场竞争压力要求把重点放在可靠性的提高上。

- 愈来愈多的合同都把可靠性要求列入清单。

针对上述每一件反馈作出的可靠性工程的研究可帮助设计师们确定和提高产品、过程和服务的使命寿命。

## 2. 质量与可靠性的关系

确定和叙述安全、质量和可靠性的关系。(理解)

知识点Ⅰ.A.2

在很多组织中质量保证机构的功能就是不断改进产品生产和服务的能力,以满足或超出顾客的要求。仔细的分析表明,制造业中将按公差范围内的尺寸生产零件。质量工程师必须把这种仔细分析延伸到包含有可靠性的考虑之中,这样所有质量工程师就能以可靠性工程知识考察质量和可靠性这两个领域间有什么差别。

- 产品一旦被成功地制造出来,传统的质量保证机构就已完成他的工作(虽然还需探索不断改进的途径)。由可靠性机构重点关注下一步工作,回答一些探索性问题,如:

——元件是否会过早失效?

——考机时间是否充分?

——恒定失效率是否可接受?

——在设计、制造、安装、操作或维修中改变哪一个可以提高可靠性?

- 描绘质量与可靠性间差别的另一途径是如何收集数据。在制造场合,质量工程数据通常是在制造过程收集的。在输入处测量的有电压、压力、温度和原材料参数等。在输出端测量的有尺寸、酸度、质量和被污染水平等。可靠性工程数据通常在元件的产品被制造出来之后才能收集。例如,一只开关可反复试验直至失效,记录其成功循环次数。一台水泵正常运转直至每分钟出水量低于规定值为止,记录其小时数。

- 质量与可靠性工程师对设计过程提供不同的输入。质量工程师建议在合理的成本下允许产品在公差范围内作一定的改变。可靠性工程师为使产品能在更长一段时间内工作允许对其功能作一些修正。

前几段表明:质量与可靠性的作用虽有差别,但他们之间还有内部联系。例如,在产品设计阶段,质量与可靠性功能具有共同目标,即通过成本与效益途径去满足或超出顾客的期望。因此也经常授权这两个部门共同工作、相互修正,产生一个设计方案,使其达到可接受的使用寿命。当设计和操作过程时,质量和可靠性工程师将共同确定参数,这些参数不仅影响产品的性能和寿命,而且便于控制。类似的内部联系还有助于为包装、装运、安装、操作和维修等方面开发出各种规格。

产品设计和生产过程也会影响可靠性,因此产品和过程的设计者必须理解和使用可靠性数据,并为设计决策所用。一般说来,在设计过程中愈早考虑可靠性数据,发挥的作用就愈大。

安全性的考虑可渗透到质量工程和可靠性工程领域的各个方面。当过程/产品被

提出要改变时,安全性上的改进随之也要作出研究。要研究的问题包括:

• 这项改变是否会使生产过程的安全性减弱? 怎样才能减轻这种影响?

例如:已习惯于按老的方式做事的工人们如今按提出的变化生产可能有更多风险。

• 这种改变是否会使产品使用的安全性减弱? 怎样才能减轻这种影响?

例如:一台新式洗碟机的门闩,若不能保证门已闩好,使水蒸气流向电子定时器,就会引起火险。

• 新的附加元件失效会不会引发新的安全风险?

例如:为了增加元件的使用寿命所需要另外增加的一些元件安全吗?

• 当产品处于耗损失效阶段,这种改变会引起安全风险吗? 怎样才能减轻这种影响?

例如:新的闪光系统含有化学混合物,在处理不当时会产生有毒元素。

当实施 FMEA(失效模式与影响分析)研究时,要调查所有失效模式是否会引起安全风险,且设计出可靠的实施方案,利用质量工程技术做出稳定的生产过程。

## 3. 可靠性部门在组织机构中的作用

> 介绍可靠性技术如何应用于组织机构中的其他部门,如市场部、工程部、顾客/产品服务部、安全和产品责任部等。(应用)
>
> 知识点 I . A. 3

可靠性工程主要研究的内容是确定和提高产品的使用寿命。收集元件和产品的失效数据,包括供应商提供的产品的失效数据。竞争者的产品也需要进行可靠性试验和分析。

可靠性技术还可以帮助组织机构内部其他部门:

• 可靠性分析可用来提高产品设计。可靠性预测可提供原件筛选指南,第 9 章中还有讨论。降额技术有助于增加产品的使用寿命,第 7 章作进一步介绍。可靠性改进可通过减少元件来实现。

• 加强市场营销和广告宣传,如保修期和其他预告顾客可得到的期望的资料。不被可靠性数据支持的保修期会带来额外成本,还会激怒顾客。

• 检测、预防和减少产品责任问题越来越重要。当危险不能排除时,警告和提醒应具体化于设计中。失效产品经可靠性分析可引出安全与健康的隐患,为了减少在使用寿命之外使用的概率应按规定使用步骤。如第 2 章的讨论,失效率通常在产品的最后阶段升级。使用寿命较短的元件应按时替换,替换时间将由可靠性工程师的技术确定。

• 制造过程可在以下几个方面使用可靠性工具:

——可以研究过程参数对产品失效率的影响。

——供选择的过程可比较他们对可靠性的影响。

——过程设备的可靠性数据可用来确定预防维修方案和储存备件数量。

——对用并联过程去提高过程可靠性进行评估。

——通过了解设备的失效率来提高安全性。

——用更有效的方法评估供货方。

• 组织机构内的每一部分,包括采购、质保、包装、现场服务、物流等部门都可从可靠性工程知识中收益。当认识到产品和设备的寿命周期时,他们就可使用这些来提高部门的效率。

## 4. 产品和过程开发中的可靠性

> 把可靠性工程技术与其他开发行动整合起来,同步工程,共同改进,如积极使用精益与六西格玛方法以及新兴技术。(应用)
>
> 知识点 I.A.4

可靠性工程的某些工具被考虑在制造末端用来检测产品寿命参数。在这一点上看,对这些参数的影响显然是太晚了。

可靠性工程的工具可帮助设计工程师在多种场合更有效地工作,如

• 确定现有产品的 MTBF(平均无故障时间)的值和设定合理的目标值。

• 确定部件和购置的元件的 MTBF 值。

• 预估失效类型和发生时间。

• 确定最佳使用时间和老化时间。

• 推荐保修期的建立。

• 研究产品的使用时间和操作条件对其寿命的影响。

• 确定并联或冗余设计特性的效果。

• 加速寿命试验可用来提供失效数据。

• 分析现场失效数据有助于评估产品性能。

• 对方案设计任务并联比串联好,协同工程可以提高产品开发的效率和效果。

• 可靠性工程可向个别团队提供其元件失效率的信息。

• 通过用可靠性数据作寿命周期成本分析来改进成本核算估值。

• 当管理者使用 FMEA/FMECA 技术时,可靠性工程需提供必要的输入,如第 6 章所述。

精益制造的重点是在工作场所施行组织化和标准化的工作步骤,并以此降低产品波动。此种运转便于预测寿命周期,还可帮助可靠性工程师提供用于设计的实用数据。术语"精益思想"起源于精益制造,用于协调企业内各部门功能。标准和技术国立研究所(NIST)定义**精益**如下:

**认别和排除浪费(无附加值的行动)的一种系统方法,**
**它通过不断改进产品生产来吸引追求完美的顾客。**

AQS 定义短语"无附加值"为:

**在叙述过程的步骤或功能的条款中有些不需要就可直接实现过程输出的条款。这些步骤成功被排除前要经识别和检验。**

这段描述聚焦于制造工程中,因制造业具有改进有附加值的功能和行动的传统研究方法(如这个过程怎样加固和更精确化)。精益思想不是忽视有附加值的行动,而是想让浪费曝光于公共注意中心。

精益制造可用以下方式去排除或减少浪费:

- 与精通业务、经过培训的雇佣者合作,让他们参与决策哪些东西在影响过程的功能。
- 清洁、有序和受人喜爱的工作场所。
- 流动系统代替一批批等候排队现象(即减少批量,朝着它最后的理想"1"的方向发展)。
- 拉动系统代替推动系统(即按顾客要求组织生产)。
- 减少交货时间,这可通过更有效的过程、配置和程序来实现。

精益思想的历史可以追寻 Eli Whitney 的足迹,他相信部件的可交换性是可以扩展的概念。Henry Ford 希望竭尽全力去缩短产品生产的周期时间,这是精益思想的进一步拓展。随后,Toyota 产品系统(TPS)软件包被开发出来,它包含当今精益制造的更多工具和概念。

六西格玛策略支持广泛的数据收集与分析。这有助于可靠性工程部门不断地把重点移向试验设计和寿命检验。许多公司可以找到繁荣昌盛之路就是在六西格玛哲学被完全接受之时。什么是六西格玛哲学？这有多种说法,但有如下一些共同点:

- 在公司最基层的生产线上组织团队去完成选定的课题。
- 在各种水平上灌输统计思想,并培养关键人员,使他们在高级统计和课题管理上具有广泛的训练。
- 把注意力放在用 DMAIC 去解决问题的方法上,即施行这些步骤:界定、测量、分析、改进和控制。
- 就像商业策略那样需要有支持这些创造精神的管理环境。

六西格玛的定义有不同的看法:

- 哲学——哲学观点认为:所有工作都可看作过程,过程都可以界定、测量、分析、改进和控制(DMAIC)。过程要求有输入和产品输出,若输入是可控的,输出也将是可控的。这通常可表示为 $y=f(x)$。
- 工具箱——六西格玛可看作一个工具箱,它包含所有质量上的和数量上的技术工具,可被六西格玛专家用来进行过程改进。很少有工具会含有统计过程控制(SPC)、控制图、失效模式与后果分析(FMEA)和过程图。也有一些六西格玛专家并不完全赞同把这些工具组成一个箱子的说法。
- 方法论——六西格玛的方法论者认为:基本的和严格的方法就是众知的 DMAIC。DMAIC 规定了六西格玛的实践者期望的一些步骤,从识别问题开始,结束于改进的持久的最后答案。然而 DMAIC 不仅是在六西格玛方法论中使用,无意地,他还在更广泛的范围内被采用和认可。

• 度量说——用简单术语表示,六西格玛质量特性就是每百万个机会有3.4个缺陷(平均扣除1.5西格玛的漂移)。

精益和六西格玛有着共同的目标,就是向顾客提供最佳的质量、价格、交货期和较新的更灵活的属性。但两个方法还是有差别的。

• 精益聚焦于减少浪费,而六西格玛强调减少波动。

• 精益达到目标较少使用技术工具,如Kaizen图、工作场所的安排和视觉控制等。而六西格玛利用统计数据分析、试验设计和假设检验。

## 5. 失效后果和责任管理

描述这些概念在确定可靠性接受准则中的重要性。(理解)

知识点Ⅰ.A.5

可靠性分析提供失效概率的估计。此外,可靠性工程师必须去核算和检查失效的后果。这些后果常常以顾客的成本形式表现出来。顾客通过保修期、经营亏损、降低名誉或国内民事诉讼系统等去寻找与生产者分担这些成本的方法。因此,可靠性一个重要的功能就是预测可能发生的失效和建立可靠性接受的目标,这些目标就是失效发生的区间和随之带来的成本。

接受的临界值应与这些目标相协调,通常可分为如下三个方面:

• 功能要求(如对水泵要求每分钟20加仑)
• 环境要求(如温度、放射物、pH)
• 时间要求(如使用寿命内的失效率、耗损阶段开始前消逝的时间)

一旦元件、产品和系统的可靠性目标被设置,就要实施一个检验方案,以便考察这些目标如何影响失效率和相关结果。这些可靠性目标常用作产品的规格。在生产初期的预测中,可靠性工程师要提供进一步的检验方法,以证实这些规格是必须的。

## 6. 保修单管理

确定和介绍保修项目和条件,包括保修期、使用条件、失效临界值等,并识别保修数据的使用与时效。(理解)

知识点Ⅰ.A.6

一个好的保修单具有很多不同的有机功能:

• 产品价格必须包含允许的保修成本。
• 可用保修单做广告以吸引顾客购买。

- **供应链协议**清楚地说明保修的责任和手续。
- **财务核算方法**将包含进一步保修成本所需的资金。
- **操作培训菜单**要包含防止或减轻失效维修的说明。
- **工程和可靠性部门**要对确定原因和确定产品/过程需要返修的行动负责。

保修单考虑的广度意味着在保修单管理上的改进对财务是有影响的。找出并完成这些改进要从认识这些项目的意义开始。

保修单将要清楚说明：

- 有效的开始时间和保修单的持续时间。
- 界定产品和可能有的缺陷。
- 保修方式，包括返修路线、替换/补偿保险单，当无缺陷发生时保险单不会离开产品。
- 使用条件，如环境的规定（温度范围、振动、盐浓度、电子参数）和操作方式。
- 储存、运输和安装的条件。

假如各供应商都是专于职守的，则有效的保修单管理对每一个供应商在所有这些方面要求是一样的，不论产品的等级如何。

**收集和分析保修单数据**

数据收集过程先要有识别失效条件的有效方法，还要包含如下一些信息：

- 跟踪每个元件，如它的供应者、日期、制造和装配条件，这些都是可以得到的。
- 使用条件，如环境、装卸、维修和操作。
- 失效参数，包括失效类型、症状、其他元件的条件和采取过的行动（替换、修理、归还等）。

通过努力可获得诸如“在 Q3 期间有 125 次失效”或“$ 7.5M 保修单成本”等类型保修单数据。获得保修单信息需要花费一些资源，这是为了确保保修单要求是有效的和确认失效的原因。这些花费是值得的，假如随后的行动可使产品得到改善，那么就可回避未来的成本。此外，这些数据所产生的成本也可能是可避免的，例如保修单要求在实际中是无效的或对供应商是正当的评价。

调查原因可用 FMEA 或其他工具进行广泛的研究。数据分析可考虑用相关分析，如数据与诸如地理位置、制造场所、安装、应用类型、环境条件和适当的编组等间的相关性。趋势分析也可使用。在某些场合抽样技术也被采用，这总比研究总体来得方便一些。

保修单的信息通过各种途径被用来改进顾客满意度，包括：

- 产品设计改进。
- 过程/制造改进。
- 改变安装/操作文件。
- 产品召回。
- 改进供应商的行为。
- 改进 FMEA 过程。

此外,保修单数据可用来对将来的产品设计作出可靠性预测。

## 7. 顾客需求评估

利用各种反馈方法[如质量功能展开(QFD)、样机研究、贝塔检验]去确定有关产品与服务的可靠性方面的顾客需求。(应用)

知识点 Ⅰ.A.7

当前强调倾听顾客的声音(VOC)同时适用于内部与外部的顾客。没有其他的替代物可替代面对面地与产品和服务的提供者进行沟通。许多工具可用来度量顾客的需求与愿望。

最基本的工具是顾客满意度调查。它的优点是使用简单,但从调查获得的数据的正当性看常常存在疑问,这是由响应的非随机性引起的。他们倾向于反对而不是支持。某些很有创新的产品和服务被开发出来常是发觉到顾客的需求,而不是顾客的反应。汽车先导者 Henry Fold 曾说过:“假如我问他们需要什么,他们会说‘一匹更快的马’”。下面的一些技术可在产品和服务的设计阶段对顾客要求作出尝试。

### 质量功能展开

这是对产品或服务建立初步模型的一个过程,其目的在于确定设计特征、可靠性、可用性,以及倾听使用者的反应。例如:

- 一位供应商为汽车公司提供一台油过滤器模型,以确定过滤器变化的缓和程度。
- 一位金属器具制造商为实验室可靠性检测提供门的铰链的一个样品。

样机的生产给设计团队提供了一个三维实体,团队可检查样机,在某些情况还可进行可靠性试验。样机的主要缺陷在于成本。

术语**快速样机**有时是指可通过比标准化生产过程更短时间制造出来的样机,包括冲模和固定工作。在此领域的研究指出:实际机械制造过程在很多场合并非都很快。当代某些工作聚焦于在铣削机械和旋转机械上使用通用计算机编码程序,其数据来自于**计算机辅助设计**(CAD)系统。生成的程序产生一个过程,往往在执行中也是很慢的。

### 质量功能展开

**质量功能展开**(QFD)是为新设计和再设计的产品和服务提供一个过程。顾客的声音(VOC)是该过程的输入。QFD 过程要求团队发现顾客们的要求与心愿,以及对这些要求与心愿研究组织的响应。QFD 矩阵图将用实例为在 VOC 和最后的技术要求间建立联系提供帮助。一个 QFD 矩阵图由几个部分组成。它没有标准的规范矩阵图或关键的符号,但图 1.1 是一个典型的例子。图 1.1 描述的 QFD 矩阵分块图见图 1.2。首先将顾客要求①填入矩阵图,这些要求被开发是从 VOC 开始的。在这一部分常含有一个刻度,它反映个别输入的重要程度。技术要求是根据顾客要求的响应而建立起来的,它们占据区域②。在顶部的箭头指明向下(↓)为好还是向上(↑)为好,而圆圈表示目标已较好。关联区域③显示技术要求与顾客要求间的关联程度。可在这里使用各种符号,最

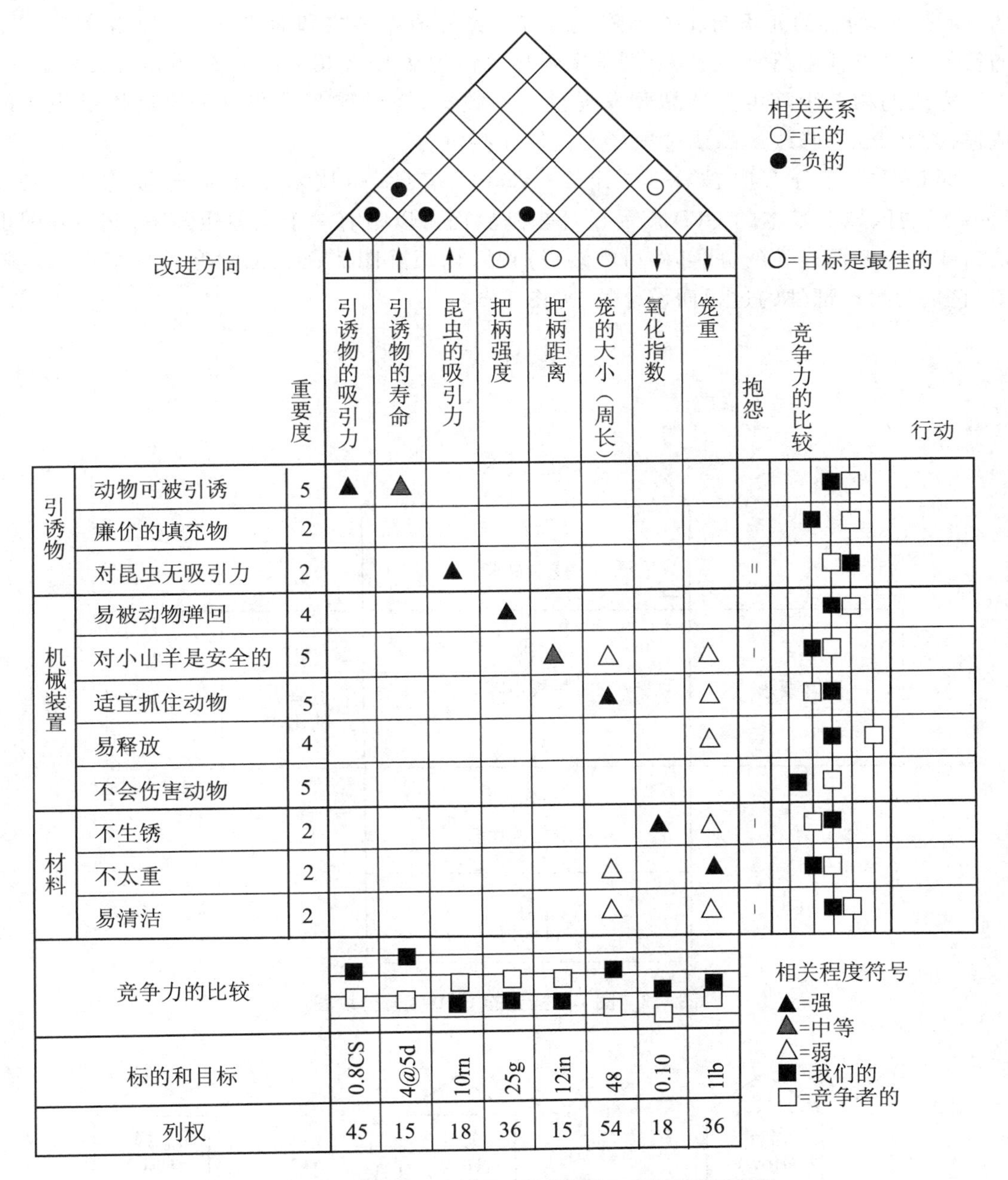


**图 1.1　动物捕捉器的质量功能展开（QFD）矩阵图实例**

常用的符号显示在图 1.1 上。区域④并不在所有 QFD 矩阵图中都出现，它对顾客要求作出有竞争性的比较。区域⑤提供一个涉及改进活力方面的指数。区域⑥并不是在所有 QFD 矩阵图中都出现，它对技术要求作出竞争性方面的比较。区域⑦列出每个技术要求的目标值。区域⑧显示诸技术要求间的关系。正相关指出两种技术要求可同时改进，而负相关指出技术要求之一改进会使另一个更坏。呈现在图的底部的“列权”是优化系数，他们表示各技术要求（会同顾客要求）的重要度。“列权”行上值是用顾客要求的“重要性”列上的元素与相关矩阵上对应的符号值相乘之和而得到的。而相关矩阵中的符号值可以任意给定，在这个例子中强相关命为9、中等相关命为3、弱相关命为1。

完成的相关矩阵可为产品开发提供基本数据，为设计产品和过程改进提供服务的依据，为新产品、修改产品或过程导入提供一些机会。

顾客要求部分有时被称为“什么(what)”信息，而技术要求部分被称为“怎样(how)”的区域。基本的QFD产品设计矩阵后面可以附有一个类似矩阵图，该矩阵图也是为部件生产而设计的，此部件可组装成产品，该矩阵图后面还可附有另一个类似矩阵图，它是为生产部件的过程而设计的，见图1.3。

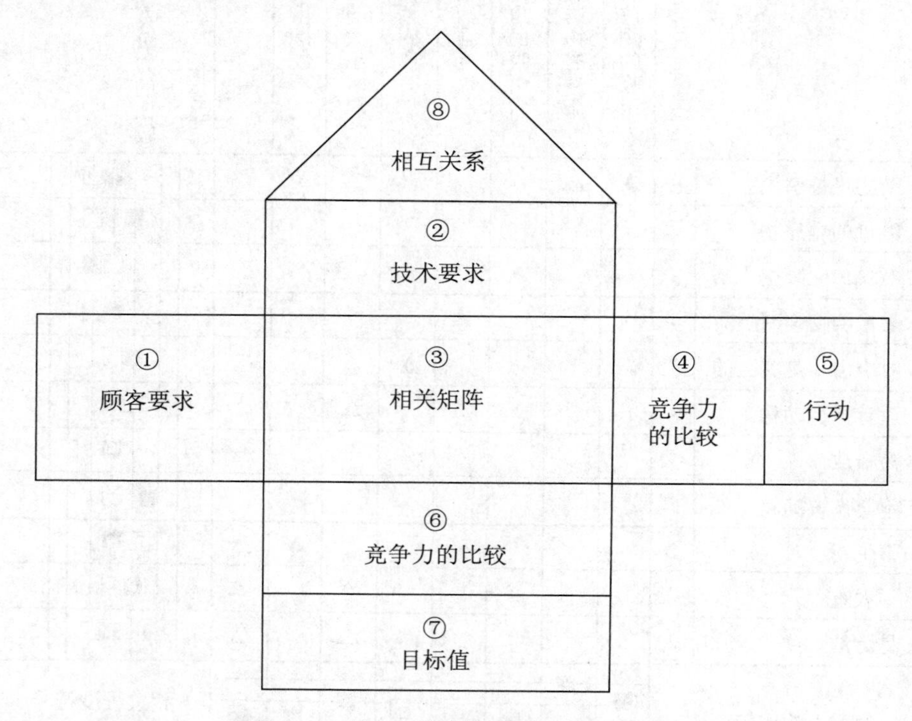


**图1.2　图1.1描述的QFD矩阵分块图**

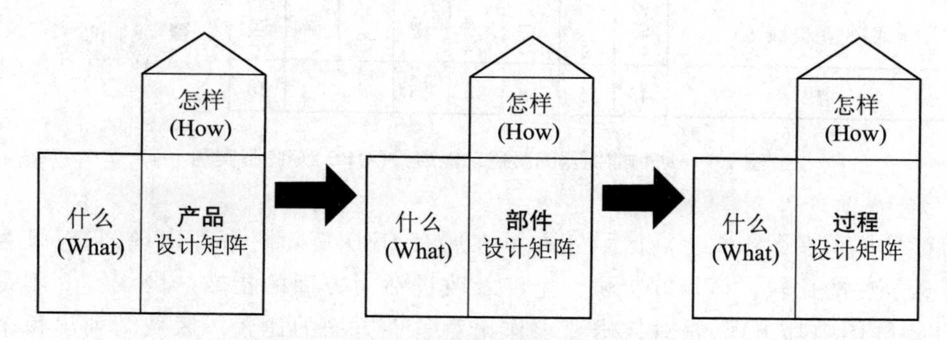


**图1.3　产品、部件、过程的序贯QFD矩阵图**

假如一个矩阵来自顾客的声音多于25条，就将不便于管理。

产品的最初版本可在有限范围内发布,这就是众知的贝塔检测。这一技术主要优点是产品公布后可以听到各种各样需求和水平的专家的意见,他们可以发现很多缺陷,而内部检测($\alpha$检测)是听不到这些意见的。相信早期设计的顾客希望把好的与坏的报告都推荐给开发团队。这常发生在识别潜在关系和改进上,从而导出最后的版本。贝塔检测趋向用于更重要、更复杂、有独特组合的产品上,而使用环境在设计中可暂不考虑。

## 8. 供应商的可靠性

确定和描述供应商可靠性的评价,它将在整个可靠性方案的执行中被监控。(理解)

知识点 **I.A.8**

在一个理想的世界里,每一个供应商应有一个优秀的可靠性工程方案向顾客作经常性的、可信赖的报告。在等待这种陈述时,实质是让顾客在三种背景上做出选择:

1. 顾客承担可靠性工程机构的全部责任,且要求供应商遵守所有规范。在这种安排下供应商对过程和产品作任意改变都要作出报告,即对可靠性任意潜在影响都要做出研究。这种选择常用场合是顾客有完全设计责任,而缺失资料的仅是相对较少的元件。

2. 供应商承担可靠性工程责任,且向顾客报告其分析及市场决策过程,以求统一。当然,顾客(生产商)仍然要对他的顾客们负最终责任,但供应商可分担一些金融责任,如保修期等。当所供应产品供应商有设计和控制能力时常属这种情况。

3. 某些类别产品的可靠性工程的分析与解释可以分担责任,也许可能包含第三方。第三方卷入常在供应涉及较远地区时会发生这种情况。

这三种选择中任一种的安排必须清晰地在各方一致认可的合同中说明。顾客希望对按规格定制的产品进行评价。

例子:

- 与供应商的长期协作关系是建立在相互信任和理解上的,由供应商给出的可靠性功能还要随时进行质量审核。至少有一位审计团队成员应是可靠性工程机构的成员。同时还应研究供应商收集和分析的寿命成本数据,且把这些信息回馈到产品/设计机构,从而进一步证实机械装置是合理的。
- 当供应商及其产品缺少强大而有力的历史背景时,顾客将要对产品进行精确的检验和评价。这可把不成熟的可靠性方案改变为精致的可依赖的可靠性方案。

完美的可靠性方案是从建立适当目标开始的,然后把目标转化为产品/过程的设计要求,继而使产品生产有效地实现。少而精的方案还要经过可靠性工程机构的检测,这可在供应商场所进行,并培训个别的供应商,和/或检验来自生产线上的随机样本,确保可靠性要求得以实现。

# 第2章

# B. 可靠性方案管理

## 1. 术语

> 解释基本可靠性术语(如 MTTF、MTBF、MTTR、可用性、失效率、可靠性、维修性)。(理解)
>
> 知识点 Ⅰ.B.1

产品的**平均寿命**是指在相同条件下相同产品到失效前的平均工作时间。平均寿命也称为**失效前的期望时间**。平均寿命对不可修产品又称为**失效前平均失效时间**(MTTF),而对可修产品又称为**失效间隔的平均无障碍工作时间**(MTBF)。可靠性工程师应该谨慎小心地使用术语 MTBF 和 MTTF。这些术语常在基本失效分布是指数分布和失效率是恒定场合时使用。在第2章余下部分中所述关系都是在这个假设下给定的。MTTF 和 MTBF 常用英文字母 $m$ 和希腊字母 $\theta$ 分别表示。"时间"在这里被认为是对某个产品的寿命单元的某个测量值。在汽车产品场合,寿命单位是英里。在其他设备场合,寿命单位可以是周期、圆周等。如,某些文献中用 MCBF(失效间隔的平均周期)代替 MTBF。

对一组特定的失效时间,其平均寿命可通过这些失效时间的平均值来获得。这个值可作为 $\theta$ 的估计值,可使用$\hat{\theta}$表示,读作" $\theta$hat"。

**例 2.1**

10 个随机抽取的不可修产品参加寿命试验直到失效为止,他们的失效时间(单位:h)为:

132　140　148　150　157　158　159　163　163　168

$$\text{MTTF} = \frac{132+140+148+150+157+158+159+163+163+168}{10}$$

$$= 153.8\text{h}$$

**例 2.2**

设有 100 个可修产品参加寿命试验直到 1000h 时停止,期间失效产品立即修理并返回试验。假设在试验期间发生了 25 次失效,则

$$\text{MTBF} = \theta \approx \hat{\theta} = \frac{100 \times 1000}{1025} = 4000\text{h}$$

假如 $n$ 个产品参加试验直到失效为止，则通用式为

$$\mathrm{MTTF}=\hat{\theta}=\frac{\sum t_i}{n}$$

其中 $t_i$ 是失效时间。

例2.2显示了若可修产品被修理且立即返回试验情况下的计算方法。

当可修产品参加试验数量较多时，可给出累积时间，且失效产品立即修理后返回试验，则其平均寿命估计值的通用公式为

$$\mathrm{MTBF}=\frac{nm}{r}$$

其中：

$n$ = 产品数；

$m$ = 试验小时数；

$r$ = 失效数。

**截断数据**

失效数据分为4种：

1. 精确失效时间，精确失效时间是已知的，例2.1阐述了这类数据。

2. 右截断数据，仅已知失效已发生或将在某特定时间后才发生。当试验结束时若（至少）有一个产品仍有功能，这时就可从试验获得此类数据。

3. 左截断数据，仅知失效发生在特定时间之前。例如某产品未经事先检查就参加试验，但有周期性检查，而被观察到的失效是在首次周期检查中发现的，这时就可从试验中获得这类数据。

4. 区间截断数据，仅知失效发生在两个时间之间。例如，若某产品每隔5h检查一次，一个产品在145h内功能仍然正常，但在150h前某时刻失效。

Minitab使用者注意：若数据是精确失效时间和右截断数据，用Minitab的右截断功能。如果数据是精确失效时间和可变化的截尾方案（包含右截断、左截断和区间截断），可用Minitab的任意截断功能。

平均修复时间（MTTR）是产品中从取出到返回到运转状态的平均时间。

失效率是平均寿命的倒数。失效率常用字母 $f$ 或用希腊字母 $\lambda$ 表示，即

$$\lambda=\frac{1}{\mathrm{MTBF}}\text{或 }\lambda=\frac{1}{\mathrm{MTTF}}$$

当然也有

$$\mathrm{MTBF}=\frac{1}{\lambda}\text{或 }\mathrm{MTTF}=\frac{1}{\lambda}$$

可用性是指在可能有失效的情况下产品可运转的概率。换句话说，它是一个产品没有发生失效或未被维修的概率。这个度量综合了一个产品的可靠性与它的维修性。另一种表示方式是：它是产品在可工作条件中正常运转时间所占的比例。这可改写为

如下分式

$$A=\frac{\text{在可能使用的区间内产品正常运转的总时间}}{\text{区间的长度}}$$

假如产品是可修的但无需预防维修，又假如当失效发生时修理可立即开始，这时可用性可定义为

$$A=\frac{\text{MTBF}}{\text{MTBF}+\text{MTTR}}$$

可用性更一般的公式是系统运转平均时间在系统平均运转时间与系统平均停工时间之和中所占比例：

$$\text{可用性}=\frac{\text{平均运转时间}}{\text{平均运转时间}+\text{平均停工时间}}$$

**信赖度**(dependability)是很类似的概念。它被定义为产品在任务期内某一特定时间点上仍在运转的概率。

**维修性**是指失效产品可在给定时间内修复好的概率。这表明维修性是时间的函数。例如若有95%概率认为产品可在3h内修复，则有$M(3)=0.95$。在所定义的维修性中详细叙述维修行动中包含哪些项是很必要的。下面是一些典型项目：诊断时间、部件采购时间、拆卸时间、重新装配时间和验证时间等。

预防性维修就是在指定时间区间内，替换尚未失效的部件或元件要比等到失效发生再行动常常更符合成本效应。预防维修可减少诊断和配件采购时间，从而可改进维修性。

## 2. 可靠性方案的要素

> 解释怎样利用设计、检验、跟踪、利用顾客的需要和要求来开发可靠性方案。识别可靠性要求的各种推动力，包括市场期望和标准化，以及安全性、责任性和受规章限制的事项。(理解)
>
> 知识点Ⅰ.B.2

一个可靠性方案将影响企业内很多部门，其中包括研究、采购、制造、质量保险、检验、销售和现场服务。为了确保正面的影响，一个可靠性方案要包含如下一些要素：

(1)**建立可靠性目标与要求**。可靠性努力的总体目标是用提高产品可靠性来使顾客满意。可靠性方案要实现这个目标需要建立并达成自己的目标并与其一致。顾客的需求与市场分析常可确定最低可靠性要求。通常顾客对可靠性的期望是较高的。最低可靠性要求是依赖于时间的，因为可靠性是随产品寿命而改变的。

(2)**产品设计**。可靠性方案必须有一个机制，它能把最低的可靠性要求转换成设计

要求。对产品设计的每个阶段的可靠性要求都应有文件记录在案，对所有子系统及其元件也应如此。

(3) **过程设计**。当产品的设计确定后，注意力应转移到生产产品的过程设计上去。无论生产是在本企业还是在供应商那里进行，各部件的可靠性要求都要定下来。这些要求必然关联制造过程中的一些参数，而这些参数将决定用什么过程和怎样设置能使生产的产品与要求的可靠性一致。

(4) **批准与核实**。当第一个样品或首批样品已成为可用品时，可靠性方案必须进行测试，以确保按可靠性要求确实生产出符合可靠性要求的产品。当这些要求被证实后，还必须核实生产过程，确认它能生产出符合这些要求的产品。

(5) **生产后期评估**。可靠性方案必须从产品的使用寿命中收集和分析数据，以期达到预防的目的：

a. 收集正规生产的随机样本并作可靠性检测。

b. 积极地征求和分析来自顾客的反馈。

c. 研究现场服务和维修的记录。

(6) **培训与教育**。虽然此项罗列在最后，但并不是最不重要的可靠性方案要素。各级人员缺少对基本概念的基本理解就不会有可靠性方案的成功。关键在于：经理的支持是必不可少的，因为检测和分析过程是需要他们配合的。高端管理者必须认识到方案成功实施对公司的重要性。有时可靠性方案的这个要素必须先行实施才能使该方案获得成功。

设计要求来源于顾客需求。这些要求可能被市场营销、顾客投入、公司实体及其他来源所确定，这些要求常常是需要先行考虑的事情。一个经典例子是：20 世纪 90 年代的 NASA 格言“合适的—较好的—廉价的”（“faster—better—cheaper”），对此工程师极好地回答说：“我们可做到任意两项”。

管理者的一个有效工具是 QFD 矩阵图，它在第一章被讨论过，图 1.2 上顾客要求罗列在标号为①的区域，然后设计团队把技术要求列在区域②上，这些技术要求计划满足顾客要求。满足顾客要求常常是一个度的问题，在某些场合还会与另外要求发生冲突。例如，在图 1.1 上显示的例子中引诱物能最佳满足第一项要求“动物可被引诱”，但对第三项要求“对昆虫无引诱力”就不是最佳的。这个冲突在该图顶部三角形矩阵中呈现为负相关。

设计团队可通过许多途径利用 QFD 矩阵图帮助管理要求间的冲突，如：

- 团队可用“行动”列去指定设计行动。例如，“寻找一只动物被吸引的引诱力大于 1.1 cs 和昆虫被吸引数大于 14 rn”。
- 在图 1.1 上显示的“重要度”列提供了优先指南。
- “竞争力的比较”图上给出了团队指南。例如某产品已经大大超前某一要求的竞争力，但落后于与之冲突的另一要求的竞争力，这时可谨慎地产生一个设计，使它的工作向后者倾斜一些。这个策略必须小心使用,因为竞争力很少有固定目标。这些也适用于附加的正规责任和安全方面的顾客要求,因为这些结果可使部分顾客满意。

当可靠性设计要求遇到时间与资源限制时,需要一个有效的检测和记录方案。与方案有关的任务必须与其他设计、开发和制造等同步完成。如果一些讨厌的事项都可避免的话,这些任务必须在每个设计阶段适当事先给出。可靠性工程师应在课题计划阶段给课题管理者需要的时间和资源。为确保这些需要在适当阶段都可完成,课题管理者是有责任的。

## 3. 风险的类型

> 描述可靠性与各类风险间的关系,包括技术、规划表、安全、金融上的风险。(理解)
>
> 知识点 **Ⅰ.B.3**

可靠性工程最初的注意力都集中在产品技术性能的检测和评估上。然而可靠性方案必须把认识扩展到给顾客带来产品的诸多系统上。假如这些系统都失效了,则最佳寿命分析做出来也是枝节问题。这些问题的例子很多,如:

- **规划**。对偶然发生的事作规划和防备是适宜的吗?与其他生产者的方案发生争论时会影响交货吗?
- **安全**。在寿命各个阶段会对使用者或其他人产生健康与安全危险吗?打算改变过程、材料等会增加操作者、安装者或其他人健康与安全风险吗?
- **金融**。国际交易中汇率的改变将会如何影响组织?把某些顾客定为不可信任的信息是适当的吗?
- **规则**。国内/国际政治走势会影响组织吗?为了应对提示的规则将会发生什么样的扩展或推迟?
- **供应商**。改变供应商的地位(如,收买)将会如何影响支付规则?改变运送机构将会影响供应商?
- **材料**。改变关键材料的成本/可用性将会对产品产生怎样的影响?供给/要求和国际交往对产品产生怎样的影响?

ISO 指南 73:2009 把风险定义为不确定性对目标的影响。风险评估/风险管理可利用质量的和数量的数据对各种有害事件的影响作出估计。目的是为了识别和提早处理脆弱事件,可及时进行纠正行动。有一个形如矩阵的方法,在矩阵的垂直列上列出产品和/或服务的编号,在另一个垂直列上给出每个产品或服务的重要性的估计。在矩阵顶部横列风险类型。详见图 2.1 上的例子。

图 2.1 上显示的矩阵可对每一个有害事件给出一个可估的重要性分数,这个分数就

是该有害事件将发生的概率。

|  | 重要性 | 风险类型 |  |  |  |  |  |  |  |  |  |  |  |  |  |  |  |  |  |  |  |  |  |  |
| --- | --- | --- | --- | --- | --- | --- | --- | --- | --- | --- | --- | --- | --- | --- | --- | --- | --- | --- | --- | --- | --- | --- | --- | --- |
|  |  | 技术 |  |  | 规划 |  |  |  | 安全 |  | 金融 |  |  | 规则 |  |  |  | 供应商 |  |  | 材料 |  |  | 其他 |
|  |  | A | B | C | A | B | C | D | A | B | A | B | C | A | B | C | D | A | B | C | A | B | C |  |
| 产品 1 |  |  |  |  |  |  |  |  |  |  |  |  |  |  |  |  |  |  |  |  |  |  |  |  |
| 产品 2 |  |  |  |  |  |  |  |  |  |  |  |  |  |  |  |  |  |  |  |  |  |  |  |  |
| 产品 3 |  |  |  |  |  |  |  |  |  |  |  |  |  |  |  |  |  |  |  |  |  |  |  |  |
|  |  |  |  |  |  |  |  |  |  |  |  |  |  |  |  |  |  |  |  |  |  |  |  |  |
|  |  |  |  |  |  |  |  |  |  |  |  |  |  |  |  |  |  |  |  |  |  |  |  |  |
| 服务 1 |  |  |  |  |  |  |  |  |  |  |  |  |  |  |  |  |  |  |  |  |  |  |  |  |
| 服务 2 |  |  |  |  |  |  |  |  |  |  |  |  |  |  |  |  |  |  |  |  |  |  |  |  |
|  |  |  |  |  |  |  |  |  |  |  |  |  |  |  |  |  |  |  |  |  |  |  |  |  |
|  |  |  |  |  |  |  |  |  |  |  |  |  |  |  |  |  |  |  |  |  |  |  |  |  |
|  |  |  |  |  |  |  |  |  |  |  |  |  |  |  |  |  |  |  |  |  |  |  |  |  |

**图 2.1 风险评估矩阵的例子**

可靠性过程数据可以改善风险评估过程，这可用在产品给定一些点上提供产品失效概率更精确的值。可靠性的改变将明显地影响最后的风险评估分数。

风险评估可帮助发现早先发生的漏洞。下一步是改进相关行动，包括改进产品的可靠性。

## 4. 产品寿命工程

> 描述寿命期内各种状态（概念/设计、导入、增长、成熟、衰落）对可靠性的影响和伴随这些阶段的成本流失（产品维修、寿命期望、软件缺陷期的污染等）。（理解）
>
> 知识点 **I.B.4**

可靠性工程技术有助于用数量表示“现在支付给我或以后支付给我”的概念。目标是要确定产品总寿命期成本达到最小的可靠性水平。产品的**寿命期成本**包括在使用期内购置、操作和维修的成本。在某些场合，如小客车产品，顾客很少能保持产品在它的使用寿命期内不变，折旧的成本可分解到寿命期成本内。

失效的实际成本常常被低估。若一个值 90 美分的天然煤气阀门元件失去功能，则其成本远大于 90 美分的更换成本。

可靠性工程师们常用长期观点和开发成本—效益路径去减少寿命期成本。这些可能要涉及多种要求,如冗余设计和降低制造参数的规格,如老化时间。

提高可靠性有时意味着要增加制造成本和售价。然而适当地改进效果将可减少寿命期成本。例如考察大卡车生产线,探索大卡车最常发生的事故,发动机突然停止工作,这会损失前灯灯泡。这时必须把大卡车停在马路边,并从最近的公司仓库召唤修理发动机。这导致发生延误,引起推迟交货和顾客不满。大卡车公司面临决策,一是用更可靠的灯泡来减少寿命期成本,这需要支付新灯泡的更高的初期购置价。另一是式样翻新,采用逐步加强的变压器来获得要求电压。现在公司指定为新的大卡车购置更可靠的灯泡。在这种情况下,大卡车制造商弄错了就不会有最低的寿命期成本。

当部件和产品设计已确定时,可靠性工程师可为各种设计选择提供寿命期望,以辅助计算成本-利益关系。

**产品寿命期**

可靠性工程师在产品寿命期中要识别三个时期:

1. 第一个时期有多种称呼,如**早期失效期**、**初期死亡期**,或**失效率下降期**。在早期失效期内失效与其说与设计有关,不如说与制造有关。失效原因的例子有检测不力、老化时间不够、粗劣的质量控制、差的操作水平、质量残次的材料与部件、在制造和装配中的人为失误。理想化的情况是:所有这些失效均在顾客拿到产品前已发生并已得到修正。

2. 第二个时期称为**恒定失效率时期**、**随机原因时期**,或**使用寿命时期**。在使用寿命时期内失效率近似于常数。要注意,失效率不一定要为零。在这时期内的失效是随机发生的,并不能归咎于生产环节。要降低这一时期的失效率通常要求在设计阶段作些改动。

3. 第三个时期称为**耗损时期**、**疲劳时期**、或**失效率增加时期**。这一时期的特征是失效率随时间增长。这些失效发生常是产品或部件疲劳的缘故。

这些时期可用几个方框连接而成,见图 2.2。失效率的图形如**浴盆曲线**见图 2.3。

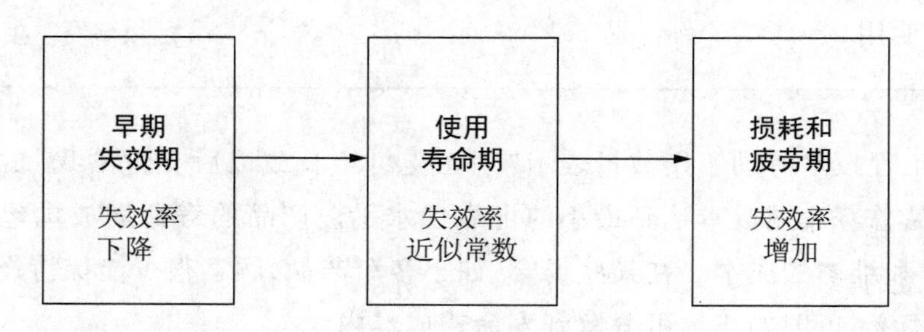


**图 2.2　寿命期内各阶段方框图**

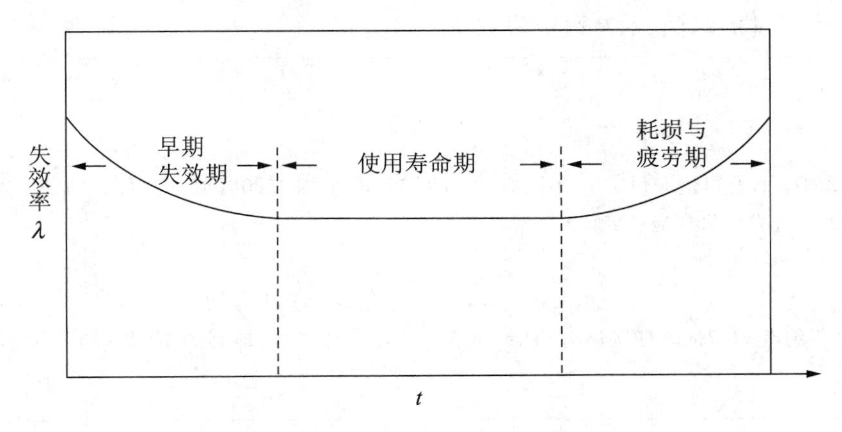


图 2.3　可靠性浴盆曲线

注意:虽然使用寿命期有时也被认为是随机原因期,但随机原因通常在所有三个时期都会出现。

了解浴盆曲线三个时期的位置可帮助人们回答诸如以下一些重要问题:

- 做质量控制系统的工作是一个好的职业?
- 什么时间是最佳介入/老化时间?
- 什么时段是最佳保修期?
- 什么时间是各部件的最佳更换点?
- 什么时段可省去备件要求?
- 预防性维修方案在什么时段实施是最优的?
- 在使用寿命期内的失效率低到什么程度才能满足顾客预期?

这些项目中每一个都在某种程度上与成本有关,如此洞察可得:浴盆曲线可直接影响财务绩效。

数据可用来确定浴盆曲线的形状,这包括三个时期间的两个分界线的位置。可靠性工程师试图用改进产品来改变此曲线。他们通常会采取如下一个或多个行动。

1. 改进早期失效期,这可用缩短它的长度和降低坡度来实现。这要研究公司和/或它的供应商所使用的过程,从中可看出过程参数在何处需要更严的控制。缩短早期失效阶段的长度可通过减少高温老化时间来减少成本,并在安装后可降低早期失效风险。

2. 改进使用寿命期可通过降低常数失效率来实现。失效数据可用来确定最频繁发生的失效类型。可靠性工程师将与产品/过程工程师合作,以寻找降低失效率的措施。这些行动可在使用期内降低单位产品的成本,从而提高寿命预期。

3. 改进损耗失效期可通过推迟它的起始点和平整曲线来实现。失效率曲线的时间点的选择和陡峭程度通常是设计的函数。然而,损耗阶段常可稍微推迟一点,它的坡度可通过更有力的预防维修和部件替换方案来减小。推迟了损耗就可提高使用寿命,并减少(在使用时间内)单位产品的成本。

在产品的寿命期内(恒定失效率期)产品可靠性的计算公式为

$$R(t) = e^{-\lambda t}$$

其中 $t$ 为经过的时间，$\lambda$ 是恒定失效率。

**例 2.3**

一批 364 只日光灯泡有恒定失效率 $\lambda = 0.000058$ 只/h，求 1500h（服务）后的可靠性。在 1500h 周期末端大约有多少只灯泡被烧坏？

解：

$$R(1500) = e^{-0.000058 \times 1500} \approx 0.917$$

这表明：约有 91.7% 的灯泡仍有功能。8.3% 的灯泡已烧坏，即有 $364 \times 0.083 = 30$ 只灯泡被烧坏。

## 软件产品的可靠性工程

软件产品的可靠性努力可分以下三个主要阶段：

- 错误的预防。
- 故障的确定与排除。
- 通过冗余技术来抑制故障。

软件包被编号后，要用事先确定的准则去检测。通常在检测初期可识别出相对很多故障，随着这种检测的继续，故障个数逐渐减少。在某个时间点产品被放出，流到顾客手中，此时故障继续出现，有时以比放出前更高的比例出现。软件包可继续使用，直到其他重要因素出现才被迫放弃它。软件产品的典型可靠性曲线显示在图 2.4 上。

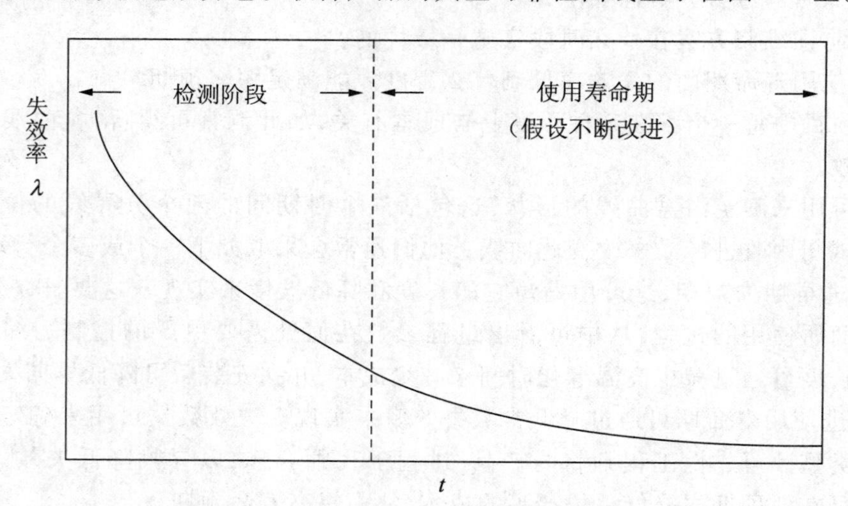


图 2.4　典型软件产品的可靠性曲线

软件可靠性工程试图在图 2.4 上用以下方法改进可靠性曲线：

- 减少测试阶段（缺陷抑制阶段）的时间和努力。
- 在产品使用寿命期内降低失效率。
- 将冗余技术应用到自动检测和抑制故障中去。

已经利用的技术有：

- 利用一些备选公式计算其值，然后比较这些值。
- 利用二维过程，并比较其结果。
- 对结果建立已知的界限，再让其逐渐衰退的值超出界限值。

显然，预防错误比检测故障要好很多。很多错误是可以预防的，这可通过在编码开发前设计周密的要求来实现。要求要用强制性语言陈述。应从要求文件里剔去可能有多于一种解释的用语。如“待定”、“待提供”等表述不完整清晰的要求也不应在要求文件中出现。此外，要求应尽量被制成标准的模块。开发高质量的要求文件是值得的。

一个软件团队即使以好的要求开始后续也难免发生错误。通常软件编制要遵从以下原则：

- 制成模块化。
- 尽量简单化——额外的复杂会增加调试和维修的难度。
- 提供丰富的文件与评述。

检测方案必须规定每项要求至少检测一次。必须提供适当的资源，以允许进行完整检验。

除了产品的服务寿命外，每个产品都有一个市场寿命，它分为如下时期：概念/设计、导入、增长、成熟、衰落。可靠性工程师在每个时期都可作出贡献。

可靠性工程师影响服务寿命的方法原则上也为概念/设计时期提供数据以完成部件和装配的实施。这些数据可通过检测设计方案获得，也可从标准的数表或可用的部件寿命信息获得。

在导入和增长时期可靠性工程师将开始依赖于保修期数据，详见第 1 章 I. A. 7 的讨论。

在产品成熟和衰退时期可靠性工程师可请求研究产品在不同环境下使用或者努力延续市场寿命下应用。

## 5. 设计评估

> 利用实证、检验和其他技术去评估一项产品设计在各个寿命期的可靠性。（分析）
>
> 知识点 I . B. 5

可靠性工程师要在设计过程的每一步进行功能评估。

**概念**

当最早的设计参数被建立起来时，可靠性要求的初步估计将被做出。

**设计团队努力**

当更正规的设计阶段开始时，可靠性工程师应当给团队面临的各种选择提供指导和判断。对团队在每项设计改进中的部件可靠性数据和有牵连的产品可靠性数据都应记录在案。将可靠性要求分配到各个子系统和部件的分配方法也要同时研究。根本的思路是需要正规地研究每个潜在失效和建立预防他们的成本-效果方法。预防失效的两个基本方法是**容许故障**和**回避故障**。而容许故障方法要求设计一个有冗余的系统,使得故障发生也不会引起最终系统失效。在汽车制动系统中的双控气缸就是容许故障系统的一个例子。回避故障方法要求所设计的产品具有充分可靠的部件,这是为了保证产品可靠性达到最低要求。这是可以实现的,例如,利用加固结构件、更可靠部件和其他技术方法。在设计过程中可靠性增长要有文件记录。通过建立最优的可靠性水平和正在完成的系统还可对产品的寿命成本达到最小化。

**设计回顾**

可靠性工程师将对设计团队提供最终版本产品的测试数据,证实设计符合可靠性要求。这被称为认证。

**预生产**

备用的制造过程和参数将被研究,考察它们对可靠性的影响,以此来满足或超过设计要求。

**生产**

一个测试方案将被建立,它可保证生产线上输出的产品满足可靠性要求。这常被称为可核实。

**生产后期**

一旦某产品生产放行,追踪系统将要研究内部或现场的任何失效。为此可用众知的一个方法:“**失效报告、分析和修正行动系统**(failure reporting, analysis, and corrective action system, FRACAS)”。一个可追查个别部件的系统可帮助在设计、生产、服务、顾客操作等方面建立一个失效原因库。这不是要追查责任,而是要解决问题。

设计要文件化有助于保证顾客满意。设计评估的目的是为了核实产品在每个阶段都能符合要求。要特别注意与产品可靠性有联系的诸多方面要求,因为问题不仅是“产品能否工作”,而是“能工作多久和在什么条件下工作”。一个严格的检验方案和提交的文件有助于避免顾客失望。

评估有四类方法:

(1)**环境应力筛选**。把元件暴露在最苛刻的环境应力下。在某些场合可用加速寿命试验(细节可见第11章)。目的是要查出薄弱元件。

(2)**可靠性开发/增长试验**。这是周期实施的一个系列试验,是为了考察从设计经生产到论证中所采取的每个修正措施对可靠性的影响。

(3)**可靠性资格试验**(又称**可靠性论证试验**)。对来自生产的样本进行测试看生产的产品是否符合可靠性要求。这些测试将作为生产被批准的基础。

(4)**产品可靠性验收试验**。这是在生产期内进行的定期检验,是为了确定生产线上连续下线的产品是否符合可靠性要求。

从生产者的观点看一个产品的寿命期可分解为以下几个时期：

(1)**概念/设计**。在这个时期可靠性检测和分析有很大影响，特别对降低产品使用寿命的失效率的影响更为重大。可靠性工程师在评价设计中可用元件与部分的加速寿命试验帮助证实(即适合在预期的操作条件下使用)。

(2)**导入**。在这个时期要收集可靠性方案、按失效率分析数据和为减少失效率而进行测量。在这个时期重新研究安装和使用步骤是适当的。此外，可靠性工程师可在评价设计中帮助证实(即按照明确的规范进行)。

(3)**增长**。当产品营销在增长和改进已完成时，必须小心地跟踪。重要的是要知道：若类型 X 失效在产品上发生，产品的生产将在改进 Y 后进行。

(4)**成熟**。营销增长进行停滞时期，企业要搜寻新的市场和新的应用。功能遇到新的环境要求对可靠性作新的评定。

(5)**衰退**。当产品的营销在缩减，含有连续维修的成本支持必须进行分析。常常是如果不注意监控，则每个产品在使用中的支持成立会增加。

## 6. 系统工程和综合

> 叙述这些过程怎样被用来适应要求、提前设计和开发行动。(理解)
>
> 知识点 Ⅰ.B.6

系统工程是工程学的一个分支，他是为产品生产或服务而制定的一些训练方法的综合活动。一般认为他有以下六个步骤：

(1)问题的陈述。这开始于调查顾客的需求。这不同于顾客要求，因为他们的要求可能不包含不易被理解或不善于表达的意见。在投产前他们会否坚持为 ipad 呐喊呢？所陈述的问题要列出有强制性特征的清单和“合适的但不是强制性”的特征的清单。在这阶段里设计要定下外形。这些要求中某些优先考虑的事情也要尽可能地确定下来。例如，“操作在 60Hz”要比先前要求“转换器在 50Hz ~ 60Hz”较高一些。设计团队研究顾客需求应站在市场位置上，使产品是应为市场而生产。下面两步常可移去这些要求上的附加特征。

(2)研究二选一的取舍。这一步要打开革新和创造的诸项选择的盒子。然后研究这选择项目的可行性。选出一个或多个取舍，然后进入第 3 步。第 2 步和第 3 步就像二选一那样连续循环地被研究和模型化。在这些阶段必要的是固化设计要求，且优化他们。为了回避“任务变动”必须小心进行。

(3)模型或模拟系统。利用物理的或软件的方法使系统能按初始方式运转，即使在较低速度下运转。此时我们要努力地去识别问题和抓住机遇。

(4)整合各种基础件。系统的各个基础件是分工运转的，如今要把它们完全整合在一起进行操作。

(5)运转系统。为证实系统的输出如第 1 步所列的所有强制性要求，我们要研究该系统计输出。

(6)研究绩效。评价整个系统,测量它的绩效,测量时要以备选系统和第1步中规定的要求为对照物。

上述每一步都要不断地再评估,这一系列步骤就像一系列重复的环链结在一起那样。建立一个系统的目标不仅是为了使用和生产基础件,而且要使这些基础件混合组成为一个平稳的可操作单元。

# 第3章

# C. 伦理学、安全和责任

## 1. 伦理学的问题

> 可靠性工程师在各种场合都应识别适当的伦理学的行为,并遵守它。(评估)
>
> 知识点 I.C.1

ASQ 的道德规范(见附录 B)提出一些有用的指南。某些特别重要的内容现摘录如下。引述内容用黑体字表示如下。

**我能做什么?我可在我的职权内尽力提高所有产品的可靠性与安全性。**这句话表明:可靠性工程师的职责不限于计算数字和提出好的分析,而且还要提高产品的可靠性和安全性。

例:一个设计团队曾决定用一个比可靠性工程师推荐意见更具危险的结构。这时可靠性工程师将会做什么呢?工程师必须回答一个问题:"我能做什么才能尽力提高产品的可靠性与安全性呢?"假如回答是"否",那么伦理学的规则要求进一步行动。如果设计团队已决定用一个比可靠性工程师推荐意见更具危险的结构,那么此项决定应该引起可靠性工程师的管理者和主任对他们观点的注意。

**在说明自己的工作和长处时要有尊严和谦虚。**这句话要求所有伦理学规则的遵从者努力进行事实的客观分析,而不是自我拔高。

**在对任何公开陈述时我可明白地指出:他们为谁的利益在做。**工程师们经常会被要求用他们的专业知识去解决与他们的雇主不直接相关的问题。这些工作机会是多样的,有时是以某专业组织委员会提供服务形式,有时是以给公共项目提供意见的形成。当必须以这种身份发布陈述时,伦理学的规则要求放弃把个人与雇主的意见分开。另一方面,当工程师被要求为雇主发表言论时,则应尽可能将事实陈述清楚。

**将影响个人判断或影响个人服务公平性的任何商业联系、利益关系,或从属关系都要告之委托人或雇主。**一切类型的专家都要作出有价值的判断,这是他们职责的一部分。伦理学规则的这个部分要求有意识地对识别有可能引起有偏差的结论作出探索。在某些场合,特别是公共服务场合,任何可能被察觉到的利益冲突的有关联系都应被公开。

**要告知自己的雇主或委托人:当自己的职业判断遭遇否决时,将会出现与他们期望**

**相反的结果**。可靠性工程师在做推荐时要将好的与不好的两种方案都展示出来,以备决策者有更多选择,也要告知每个方案可能带来的后果。例如假设检验用来获得结果,那么显著性水平应被公开。对抽样报告,置信水平和误差幅度也要包含其内。(见第5章有关这些概念的讨论)

**未经雇主或委托人同意,不得透露与商业事态或技术过程相关的任何信息**。这句话是说即使在缺乏可信的协议时,个人也应在道义下遵守,就像协议存在那样。在实际情况中可采取的是:从雇主或委托人那里获得签注后再发布信息。

**应注意,对其他人的工作应得到的荣誉要适当地给予**。这句话的意思是,对做出贡献的人或报告中出现的人都要求给予。"注意"要求感谢所有参与人员。若一个团队获得适当的荣誉,则团队成员都应具名。

此领域所有人员都应学习全部的ASQ伦理学规则,且用作行为依据。

## 2. 角色和职责

> 描述可靠性工程师在产品的安全性与责任性方面所承担的角色与职责。(理解)
>
> 知识点Ⅰ.C.2

对每一个组织而言,产品的安全生产是头等重要的。可靠性工程师在满足这个头等重要事情中的职责包含以下几点:

(1)收集和分析失效数据和失效率。

(2)显示这些数据并用易于理解的形式分析它们。

(3)确保关键决定能使决策者理解分析结果。

为了远离职责,下面一些附加事项必须要加考察:

(1)产品失效是否会引起一连串安全/责任事件发生呢?这件事可与安全组织协同完成,因为安全组织对确定风险(如人体伤害、死亡或意外事故)是有责任的。

例如:某产品作为一个部件被安装在一个系统内,而该产品在系统内失效未被在系统设计中加以考虑。

(2)产品哪些部分可能引起安全/责任危险,甚至发生在产品还没有完全失效时?

例如:在产品正常维修期间有时必须部分析解产品,这会使某些被激活的电子导体暴露出来,可能产生危险。

(3)产品的哪些误操作可引起安全/责任的问题?

例如:在装运中,产品被堆放3倍高将可能会损害临近产品。如果产品暴露在-15 ℉以下,密封将失效。如果产品不在一定水平内安装,则可能出现危险。如果产品内溶剂的pH值在3.2以下,则可能产生泄露危险。当在风大的天气使用时,产品功能可以修正,但危害会顺风影响生物体。

在上述诸项情况之一发生时,可靠性工程师必须与安全组织一起进行安全危险

分析。

(4)产品的最后处置会发生安全/责任问题吗？

例如：产品被压碎要回收利用，其释放气体会对人群产生影响。

(5)系统其他部件故障会造成安全/责任问题吗？

例如：当产品在其工作范围外暴露流动压力，产品的运转是不可预测的。

(6)政府法规，现在的或计划中的，对安全/责任会有什么影响？

例如：几个州正在制定法规，声称某些金属含量是有危险的。

(7)产品设计是否会危及部件的可靠性呢？

例如：一个电子元器件在空气环流的最低水平上有一定的可接受的可靠性，但它的循环没有进行通风。

(8)从供应商那里购买的部件可靠吗？

例如：一个产品送出涂漆，覆盖未完全，造成产品部分暴露在腐蚀性的烟雾气体中。

部分可靠性工程师的功能就是把上述问题保持到管理人员来到之前。管理人员必须认识到有多种选择，如选择稳健的部件和减少设计元件，以减少或缓和产品失效。

## 3. 系统安全性

> 通过分析顾客反馈、设计数据、现场数据和其他信息来识别安全有关问题。利用风险管理工具(如失效分析、FMEA、FTA、风险矩阵等)去识别和优先考虑安全隐患，逐步识别误用产品和过程的问题，并使其最小化。(分析)
>
> 知识点 **I.C.3**

一个典型系统安全方案有如下三个关键要素：

(1)**识别安全隐患**。为了达到安全生产的目的，可靠性工程师要与安全组织协同工作，还需要创新、勤奋、善于通过各种可能的方法去探索对人们造成安全隐患的任何失效、失效组织，或与环境的其他组合。保修数据和其他形式的顾客反馈信息都要进行分析。产品检测报告可能会暴露出安全问题。所有可用的产品数据将用来搜索安全隐患发生的可能性。此外，若相似产品的基础数据是可用的，也应研究。

(2)**风险分析**。标准分析技术——失效模式与后果分析(FMEA)、失效模式、后果和危害度分析(FMECA)、产品可靠性验收检验(PRAT)、失效树分析(FTA)、成功树分析(STA)、失效报告、分析和修正行动系统(FRACAS)——已在第 17 章中讨论。在第 2 章第 I. B. 3 中用例子描述的风险矩阵是另一个数量风险的分析方法。这些技术可用来估计风险及有关各种事件发生的可能性。然后据此将可建立优先等级的清单，它可提供一个指南，便于抓住根本原因并加以解决。

(3)**纠正与预防**。第 16 章将在一般场合下讨论预防和纠正的措施。在有安全隐患场合要有紧急措施去回避对人的伤害。在产品或过程上的瑕疵造成危险时，工程师改变要求(ECR)应被启动。经常考虑人为错误是必要的。从正确观察事物相互关系能力上看,认为错误发生是因为系统没有设计预防措施。换句话说,产品/过程的设计部门有责任去减少或剔去错误。为预防/减轻人为错误的过程常被称为防呆系统、防误系统、防差错系统和零(缺陷)质量控制(ZQC)。导致失效的人为错误可有以下几类:曲解、误解、无经验、疏忽和缺少标准等。处理人为差错的理想方式是结合设计考虑,这样可从差错发生处预防或者从差错发生源头处设防。防差错技术的典型类型包含有:

- **对差错设物理屏障**。(圆轴穿不进方孔)
- **视觉提示**。(正确与错误结果的图片比一个便条或一段话好)
- **利用自动化设备**。(若微动开关察觉有误,传送带将自动停止)
- **标准化**。(操作者在同类零部件上进行相同操作)

经常可用的方法是:防止重复发生人为差错的最佳路径是接近发生差错的人,并问他:“我们如何设计系统才能使差错不会发生呢?”

所做的事必须在系统安全方案的三个要素间不间断地进行。当最高优先级别的隐患被纠正/被防止时,行动才可集中于较低优先级的隐患项目。

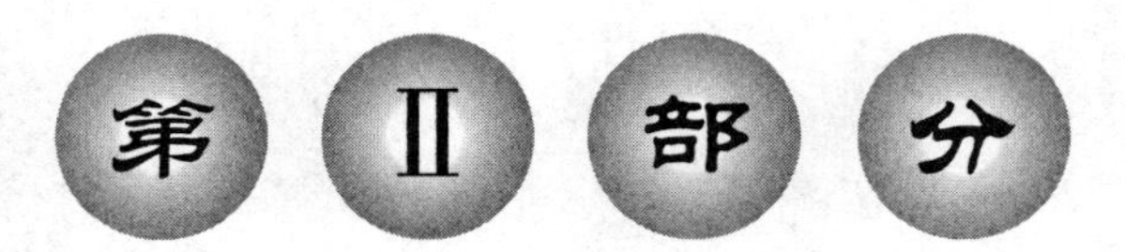


# 可靠性中的概率统计

# 第 4 章

# A. 基本概念

## 1. 统计术语

> 定义和使用的术语,如总体、参数、统计量、随机样本、中心极限定理等,并计算它们的值。(应用)
>
> 知识点Ⅱ.A.1

特定事件发生的**概率**是介于 0 与 1 之间的一个数。例如,若由 100 个产品组成的一个产品批中含有 4 个不合格品,我们认为,随机抽取一个不合格品的概率是 0.04 或 4% 。**随机**意味着每个产品有相同机会被选出。假如该批中没有不合格品,则其概率是 0 或 0% 。假如该批中有 100 个不合格品,则其概率是 1 或 100% 。

统计学家使用**均值**代替**平均**。在离散值的场合,均值又被称为**期望值**或**期望**。对由值 $x_1, x_2, \cdots, x_n$ 组成的集合的均值计算公式为

$$\frac{1}{n}\sum x_i$$

均值又被称为**中心趋势的测度**。均值最常用的符号是 $\bar{x}$,读作"x-bar"。**中位数**与**众数**是中心趋势的另外两个测度。当 $n$ 个数按大小有序排列,则中位数就是中间的数。例如,11 个数的有序集的中位数是倒数第 6 个。若有偶数个数,则中位数是中间两个数的平均。众数是数集中最频繁出现的数。

有 3 个常用的散布测度。一个数集的极差是用最大的数减去最小的数得到的差。使用极差作为散步测度的一个缺点是仅用了数集中两个值,最大值与最小值。若数集很大,则极差没有利用含在数集中很多信息。由于这一点和其他原因,又引入标准差用于测量散布程度。标准差可把数据集输入计算器后按标准差键而得到,详见计算器手册中的适当操作步骤。

统计学教科书常常先引入**样本方差**,它有一个较为复杂的公式

$$样本方差 = \frac{1}{n-1}\sum(x-\bar{x})^2$$

如其公式指明,方差的缺点在于它的测量单位是原始数据的单位的平方。也就是说,若 $x$ 值的单位是英寸,则方差的单位为英寸的平方。若 $x$ 值的单位是摄氏度,则方差的单位为摄氏度平方,无论什么都是如此。在很多应用场合,常使用的散布度量都应与原始数据的单位相同。由于这个原因,散布的更好的度量应是方差的平方根,它被称为

**样本标准差**，它的公式是

$$样本标准差\ s=\sqrt{\frac{1}{n-1}\sum(x-\bar{x})^2}$$

样本标准差是用来估计整个数据集的标准差，是通过来自整个数据集的样本实现的。在某些场合下尽可能使用全部数据，而不是用样本计算标准差。统计学家把全部数据集称为总体，它的标准差称为总体标准差，符号上用希腊字母 $\sigma$ 表示。常用容量 $N$ 表示总体中数的个数。在公式上两者差别仅在除数上，用 $N$ 代替 $n-1$。

$$总体标准差=\sqrt{\frac{1}{N}\sum(x-\mu)^2}$$

其中 $\mu$ = 总体均值。

在用计算器计算标准差时，应小心选择合适的键。遗憾的是在计算器制造中没有统一的符号，某些计算器上样本标准差键用 $s_{n-1}$ 符号表示，而总体标准差键用 $s_n$ 表示，而另一些计算器上用 $S_x$ 和 $s_x$ 表示。如把数 2、7、9、2 输入计算器，可算得样本标准差近似为 3.6，而总体标准差为 3.1（若把此数据集看作总体的话——译者注）。标准差的应用之一是比较两个数据集散布大小。它也常用于统计推断中。

为考察方便，在统计研究中总体定义为所有个体的集成、或所有产品的集成、或所有观察数据的集成。总体的部分称为**样本**。**随机样本**是用这样方式选择单元组成样本，使得所考察单元的所有可能组合有相同机会被选为样本。例如，若 1500 位公民按随机方式从美国选出并测其高度，则总体就是全美国的公民，样本就是被选出的 1500 位公民，此**样本**就是**随机样本**。例如这 1500 人的高度的平均是 64.29，则此样本均值就是 64.29。

值 64.29 被称为统计量（的值），该统计量确定了样本的一种描述性特征。下一步就是要推断总体的平均高度，它似乎在 64.29 附近。精确的总体均值被称为参数，它是确定了总体的一个描述性特征。故可以说，统计量是参数的一种估计值。

参数与统计量常用不同符号表示。参数常用希腊字母表示，统计量常用拉丁字母表示。例如，希腊字母 $\mu$（读作 mu）表示总体均值，带一横线的拉丁字母 $\bar{x}$（读作 $x$-bar）表示样本均值。

注意：抽样专题对可靠性工程师的重要性在第 2 章第 1 小节已被讨论。

**中心极限定理**

当总体不是正态时，$\bar{x}$ 控制图的效力常会出现问题。使用控制图是在如下假设下进行的，在稳定过程中产生的点中有 99.7% 的点位于 $\pm3\sigma$ 区域内。这个假设认为点的分布是正态的。为了挽救这个假设，中心极限定理是重要的统计原则，其内容是：

**样本均值的分布是近似正态的，即使样本被选出的总体不是正态分布也是这样。随着样本量的增加此种近似程度会得到改善。**

因为 $\bar{x}$ 图是用平均数画出，中心极限定理使其正态性（近似地）得到保证。这个定理有效还要注意构造 $\bar{x}$ 图的样本量的选择。样本量少于 5 仅在总体为正态场合才是合适的。

中心极限定理是 $\bar{x}$ 图的 $3\sigma$ 控制限的支柱。用平均数比用单值画图更好的主要原因

是平均数比单值对过程漂移更为敏感,换句话说,当在过程平均有漂移性时,$\bar{x}$ 图比单值图更易检查出来。

## 2. 基本概率概念

> 使用基本概率概念,如独立性、互不相容、对立和条件概率,并会计算期望值。(应用)
>
> 知识点Ⅱ.A.2

**对立规则**

事件 A 不发生的概率用以下公式给出

$$1-(\text{事件 A 发生的概率})$$

符号表示为 $P$(非 A) $=1-P(\text{A})$。某些教科书中"非 A"用另外一些符号表示,如 $-\text{A}$、$\sim\text{A}$,有时用 $\overline{\text{A}}$。

**特殊加法规则**

设从标准的一副纸牌 52 张中随机抽取一张牌,此张牌是草花的概率是多少?因为其中有 13 张草花,故 $P(\clubsuit)=13/52=0.25$。此张牌是草花或黑桃中之一的概率是多少?因为其中有 26 张草花或黑桃,故 $P(\clubsuit\text{或}\spadesuit)=26/52=0.5$。因此出现 $P(\clubsuit\text{或}\spadesuit)=P(\clubsuit)+P(\spadesuit)$,将它推广可得特殊的加法规则。

$$P(\text{A 或 B})=P(\text{A})+P(\text{B})$$

注意:仅在事件 A 和 B 不能同时发生时才可使用。下面叙述的一般加法公式使用时更安全,因为它常常是正确的。

**一般加法规则**

选出老 K 或草花之一的概率是多少?利用特殊加法规则

$$P(\text{K 或}\clubsuit)=P(\text{K})+P(\clubsuit)=\frac{4}{52}+\frac{13}{52}=\frac{17}{52}$$

这是不正确的,因为仅有 16 张牌是老 K 或草花(13 张草花加 K♦,K♥ 和 K♠)。特殊加法规则在这里不能使用的原因是两个事件(取出老 K 和取出草花)可能会同时发生。我们将指出两事件 A 和 B 同时发生的概率 $P$(A 和 B)。这就导出一般加法规则:

$$P(\text{A 或 B})=P(\text{A})+P(\text{B})-P(\text{A 和 B})$$

特殊加法规则的优点是较为简单,它的缺点是在 A 和 B 同时发生时就不能使用。一般加法规则虽复杂一些但永可使用。对上面的例子有

$$P(\text{K 和}\clubsuit)=\frac{1}{52}$$

因仅有一张牌上既有 K 又有草花。则完成这个例子:

$$P(\text{K 和}\clubsuit)=P(\text{K})+P(\clubsuit)-P(\text{K 和}\clubsuit)=\frac{4}{52}+\frac{13}{52}-\frac{1}{52}=\frac{16}{52}$$

不能同时发生的两个事件称为**互不相容**的，或称可**分离**的。对特殊加法规则也要注意可使用场合，“仅在事件 A 与 B 互不相容时才可使用”或“仅在事件 A 与 B 可分离时才可使用”。

**列联表**

设在一批产品中每件必是 4 种颜色（红、黄、绿、蓝）之一，又是 3 种尺寸号码（小、中、大）之一。显示这些属性的工具就是如下的列联表：

| | 红 | 黄 | 绿 | 蓝 |
|---|---|---|---|---|
| 小号 | 16 | 21 | 14 | 19 |
| 中号 | 12 | 11 | 19 | 15 |
| 大号 | 18 | 12 | 21 | 14 |

每件产品恰好属于某一列，又恰好属于某一行，因此每件产品恰好属于 12 个网格之一，当加上列和与行和后该表又为如下形式：

| | 红 | 黄 | 绿 | 蓝 | 和 |
|---|---|---|---|---|---|
| 小号 | 16 | 21 | 14 | 19 | 70 |
| 中号 | 12 | 11 | 19 | 15 | 57 |
| 大号 | 18 | 12 | 21 | 14 | 65 |
| 和 | 46 | 44 | 54 | 48 | 192 |

注意：其中 192 可按两种方式标出。若从 192 件产品中随机地抽出一件，则可算得：抽出的一件是红色的概率为

$$P(\text{红})=\frac{46}{192}\approx 0.240$$

抽出的一件是小号尺寸的概率为

$$P(\text{小号})=\frac{70}{192}\approx 0.365$$

抽出的一件既是红色又是小号尺寸的概率为

$$P(\text{红和小号})=\frac{16}{192}\approx 0.083$$

因为只有 16 件产品既为红色又为小号尺寸。

求抽出的一件产品是红色或是小号的概率。

解：由于抽出的产品是红色或是小号尺寸可能会同时出现，故应用一般加法规则：

$$P(\text{红或小})=P(\text{红})+P(\text{小})-P(\text{红和小})=\frac{46}{192}+\frac{70}{192}-\frac{16}{192}\approx 0.521$$

求抽出的产品是红色或黄色的概率。

解：由于设有一个产品同时具有红色和黄色，故可用特殊加法规则：

$$P(\text{红或黄})=P(\text{红})+P(\text{黄})=\frac{46}{192}+\frac{44}{192}\approx 0.469$$

注意:一般加法规也可使用:

$$P(\text{红或黄}) = P(\text{红}) + P(\text{黄}) - P(\text{红和黄}) = \frac{46}{192} + \frac{44}{192} - 0 \approx 0.469$$

**条件概率**

继续考察上述列联表,设抽出的产品已知为绿色,据此要问,该产品是大号的概率是多少?

解:由于该产品在列联表上位于绿色一列上,它仅是 54 件绿色产品中的一个,于是在其概率的分母为 54。又由于在 54 件绿色产品中只有 21 件是大号,故有

$$P(\text{大号,已知其为绿色}) = \frac{21}{54} \approx 0.389$$

这就是所谓的**条件概率**,记为 $P(\text{大号} \mid \text{绿色})$,读作"在给定绿色的条件下该产品是大号的概率。"要记住,在条件概率符号中短竖线"|"的右侧指明概率分式的分母,这一点很有用。现转入寻求以下概率:

$P(\text{小号} \mid \text{红色}) = ?$　　解:$P(\text{小号} \mid \text{红色}) = \frac{16}{46} \approx 0.348$

$P(\text{红色} \mid \text{小号}) = ?$　　解:$P(\text{红色} \mid \text{小号}) = \frac{16}{70} \approx 0.229$

$P(\text{红色} \mid \text{绿色}) = ?$　　解:$P(\text{红色} \mid \text{绿色}) = \frac{0}{54} \approx 0$

确定条件概率的一般公式是

$$P(B \mid A) = \frac{P(A\text{和}B)}{P(A)}$$

用上面的例子来验证这个公式的有效性,这对理解条件概率是有帮助的。

**一般乘法规则**

用 $P(A)$乘以条件概率的两端可得

$$P(A\text{和}B) = P(A)P(B \mid A)$$

这就是一般乘法规则。用列联表产生的例子可验证这个公式的有效性。

**独立性和特殊乘法规则**

考察如下的列联表:

| | X | Y | Z | 和 |
|---|---|---|---|---|
| F | 17 | 18 | 14 | 49 |
| G | 18 | 11 | 16 | 45 |
| H | 25 | 13 | 18 | 56 |
| 和 | 60 | 42 | 48 | 150 |

计算概率如下

$$P(G \mid X)=\frac{18}{60}=0.3 \text{ 和 } P(G)=\frac{45}{150}=0.3$$

有等式

$$P(G \mid X)=P(G)$$

这时事件G和X被称为统计独立的或简称独立的。它指出,X类中的产品出现与否不影响G类产品出现的概率。直观地说,两事件称为独立的,例如其中一个事件发生不影响另一个事件发生的概率。确定事件A和B的独立性的公式是:

$$P(B \mid A)=P(B)$$

把此式代入一般乘法规则后就可得到特殊乘法规则:

$$P(A \text{ 和 } B)=P(A)P(B)$$

注意:仅在A和B是独立的场合才可使用上式。

**例4.1**

一个盒子里有129个零件,其中有6个不合格品。从盒子里随机抽取一个零件并放在固定地方。再从盒子里取出第二个零件。试问:第二个零件是不合格品的概率是多少?这可归结为不返回抽取问题,后次抽取的有关事件的概率依赖于前次抽取的结果。用符号$D_1$表示"第一个零件是不合格品"这个事件,用符号$G_1$表示"第一个零件是合格品",其余类似表示。有两个互不相容事件会导致第二次抽出不合格品:第一次抽出合格品而第二次抽出不合格品;或者第一次抽出不合格品而第二次也抽出不合格品。这二个事件可用符号($G_1$和$D_2$)或($D_1$和$D_2$)分别表示。第一步是寻求这两个事件的概率。

用一般乘法规则:

$$P(G_1 \text{ 和 } D_2)=P(G_1)P(D_2 \mid G_1)=\frac{123}{129}\times\frac{6}{128}\approx 0.045$$

类似用一般乘法规则:

$$P(D_1 \text{ 和 } D_2)=P(D_1)P(D_2 \mid D_1)=\frac{6}{129}\times\frac{5}{128}\approx 0.002$$

由于两事件($G_1$和$D_2$)或($D_1$和$D_2$)是互不相容的,因此适合用特殊加法规则:

$$P(D_2)\approx 0.045+0.002=0.047$$

当取出两个零件,其中一个为合格品,另一个为不合格品的概率是多少?抽出两个零件中一个合格品另一个不合格品可能有两种途径会导致其发生:

$$P(\text{一个合格,另一个不合格})=P(G_1 \text{ 和 } D_2 \text{ 或 } D_1 \text{ 和 } G_2)$$

$$=P(G_1 \text{ 和 } D_2)+P(D_1 \text{ 和 } G_2)$$

$$P(G_1 \text{ 和 } D_2)=P(G_1)P(D_2 \mid G_1)=\frac{123}{129}\times\frac{6}{128}\approx 0.045$$

$$P(D_1 \text{ 和 } G_2)=P(D_1)P(G_2 \mid D_1)=\frac{6}{129}\times\frac{123}{128}\approx 0.045$$

于是

$$P(\text{一个合格,另一个不合格})=0.045+0.045=0.090$$

### 关键概率规则的综述

对事件 A 与 B

特殊加法规则：$P$(A 或 B) = $P$(A) + $P$(B)[仅在 A 与 B 为互不相容使用]

一般加法规则：$P$(A 或 B) = $P$(A) + $P$(B) − $P$(A 和 B)[总适用]

特殊乘法规则：$P$(A 和 B) = $P$(A) $P$(B)[仅在 A 与 B 独立使用]

一般乘法规则：$P$(A 和 B) = $P$(A) $P$(B|A)[总适用]

条件概率：$P$(B|A) = $P$(A 和 B) ÷ $P$(A)

互不相容(或可分离)

1. 若 A 与 B 不能同时发生，则 A 与 B 互不相容。
2. 若 A 与 B 互不相容，则 $P$(A 和 B) = 0
3. 若 A 与 B 互不相容，则 $P$(A 或 B) = $P$(A) + $P$(B)

独立性：

1. 在两个事件 A 与 B 中，若其中一件发生不改变另一事件发生的概率。
2. 若 $P$(B | A) = $P$(B)，则 A 与 B 为独立事件。
3. 若 $P$(A 和 B) = $P$(A) $P$(B)，则 A 与 B 为独立事件。

### 例 4.2

装有 20 个零件的盒子中有两个不合格品。质量技术员从中随机抽取两个零件对全盒零件进行检查。问抽出的两个零件全是不合格品的概率是多少？对这一类型问题其解的一般公式是：

$$P = \frac{\text{事件可能发生方式的个数}}{\text{所有可能结果的个数}}$$

在这个例子中“事件”指抽出两个不合格品，而“事件发生方式”是指两个不合格品被取到的路径(方式)的个数，因为只有两个不合格品，故仅有一种方式可做到，因此上述分数的分子为 1。该分数的分母是可能结果的个数，它可归结为从盒中任取两个零件的不同方式的个数。这个数又称为从 20 个对象中任取两个的组合数，计算它的公式是：

$$\text{从 } n \text{ 个对象中任取 } r \text{ 个的组合数} = C_n^r = \frac{n!}{r!(n-r!)}$$

注：组合数的另一个符号是$\binom{n}{r}$

在这个公式里感叹号读作“阶乘”，即 $n$!读作“$n$ 阶乘。”6!的值是 6 × 5 × 4 × 3 × 2 × 1 = 720。$n$!的值就是前 $n$ 个正整数连乘的结果。很多科学计算器上都有一个阶乘键，用 $x$!表示。为计算 6!，可用此键，按 6 后再按 $x$!键。

回到前面的例子。分数中的分母就是从 20 个零件中任取 2 个的所有可能的组合数，代入这个公式：

$$C_{20}^2 = \binom{20}{2} = \frac{20!}{2!\ (20-2)!} = \frac{20!}{2!\ 18!} = 190$$

回到这个例子，所求概率为 1/190≈0.005。

**例 4.3**

装有 20 个零件的盒子中有 3 个不合格品。质量技术员从中随机抽取 2 个零件的方法检查一盒的质量。要问:抽出的 2 个零件全为不合格品的概率是多少?

所求概率的分式中,分母与前面例子的分母相同,分子是从 3 个不合格品中任取 2 个的组合数。

$$\binom{n}{r}=\frac{n!}{r!\ (n-r)!},\binom{3}{2}=\frac{3!}{2!\ (3-2)!}=\frac{6}{2!\ 1!}=\frac{6}{2}=3$$

为了说明这样处理的合理性,将 3 个不合格品分别命名为 A、B 和 C。这 3 个字母任意两个字母的组合是 AB、AC、BC。注意:组合 AB 与组合 BA 是没有差别的,因为它们有相同字母。例如两个不合格品被抽出,其抽出的次序是没有意义的。所求概率问题可以将 3 作为分子:

$$P=\frac{3}{190}=0.016$$

注意:当次序没有意义时可使用组合。

## 组合

注意:使用 $x!$ 键时计算有一个上限。若问题需要用到较高的阶乘,可像软件 Excel 那样用统计函数表成电子表格程序完成计算排列。

在组合中对象的次序不重要。在排列中次序重要,其他与组合类似。

**例 4.4**

一盒里装有 20 个零件,分别以字母 A 到 T 标识。2 个零件从中随机抽出。问这 2 个零件是按 A 与 T 的次序取出的概率是多少?注意:按先 A 后 T 与先 T 后 A 是两种不同取法。可使用的一般公式是:

$$P=\frac{\text{事件可发生的方式个数}}{\text{所有可能结果的个数}}$$

其中分子是 20 个零件中取出 2 个的排列数或有序个数,通用的公式是

$$\text{从 } n \text{ 个对象中任取 } r \text{ 个的排列数}=\mathrm{P}_n^r=\frac{n!}{(n-r)!}$$

在这个例子中:

$$\mathrm{P}_{20}^2=\frac{20!}{(20-2)!}=380$$

在这 380 个可能的排列中仅有一个是 AT,因此上述分数的分子是 1。故所求概率的答案是

$$P=\frac{1}{380}\approx 0.003$$

**例 4.5**

一个团队有 7 个成员，想选 3 人行动组为下次团队会议收集数据，会出现多少个不同的三人行动组？这不是一个排列问题，因为被选出 3 人的次序无需注意。换言之，行动组由 Barb、Bill 和 Bob 组成和由 Bill、Barb 和 Bob 组成并无差别。因此应用组合公式计算从 7 人中任选 3 人的可能组合数，即：

$$\binom{7}{3}=\frac{7!}{3!\ (7-3)!}=35$$

可呈现 35 个不同的行动组。

**例 4.6**

一个团队有 7 个成员，想选由主席、促进者和抄写者等 3 人组成的执行组。3 人执行组有多少方式？这里次序是重要的。因由 Barb、Bill 和 Bob 组成的执行者将让 Barb 当主席，Bill 当促进者，Bob 当抄写员，若执行组由 Bill、Barb 和 Bob 组成，则将让 Bill 当主席，Barb 当促进者，Bob 当抄写员。这里从 7 人中选出 3 人的排列数可用如下公式是适当的。

$$P_7^3=\frac{7!}{(7-3)!}=210$$

## 3. 离散和连续的概率分布

比较和对照不同分布（二项、泊松、指数、威布尔、正态、对数正态等）以及表示它们的函数（累积分布函数（CDF）、概率密度函数（PDF）、危险函数等），以及有关联的浴盆曲线。（分析）

知识点 **Ⅱ. A. 3**

例 4.7 将导出概率分布的基本概念。

仅取整数值或孤立值的随机变量的分布称为**离散分布**。可在一个有限区间内取无穷多个值的随机变量的分布称为**连续分布**。在前面的例子中的分布是离散的，其他离散分布出现在下一章。

**例 4.7**

从木头最后加工过程中取出的一片木材有下面的规格:没有直径大于 0.5mm 的气泡,且直径在 0.05mm ~ 0.5mm 的气泡数不超过 10 个。

检查一捆 50 片木材,其直径在 0.05mm ~ 0.5mm 的气泡数如下:

| 直径在 $0.05\text{mm} \leqslant \phi \leqslant 0.5\text{mm}$ 的气泡数 | 0 | 1 | 2 | 3 | 4 | ≥5 |
|---|---|---|---|---|---|---|
| 频数 $f$ | 11 | 15 | 16 | 6 | 2 | 0 |
| 相对频率 $p$ | 0.22 | 0.30 | 0.32 | 0.12 | 0.04 | 0.00 |

这意味着:11 片木材上设有气泡(指直径在 0.05mm ~ 0.5mm 内的气泡,以下同),15 片木材上仅有一个气泡等,没有一片木材上有 5 个或更多个气泡。相对频率用符号 $p$ 表示,由于一片木材是随机地从一捆中取出,故 $p$ 就是出现相应气泡数的概率。例如,一片木材上有 3 个气泡的概率是 0.12。气泡数是一个变量,随机选出的一片木材上的气泡数称为**随机变量**。上述表上第一行和第三行就组成所谓的**概率分布**。图 4.1 上是这些数据的直方图,它被称为**概率直方图**。

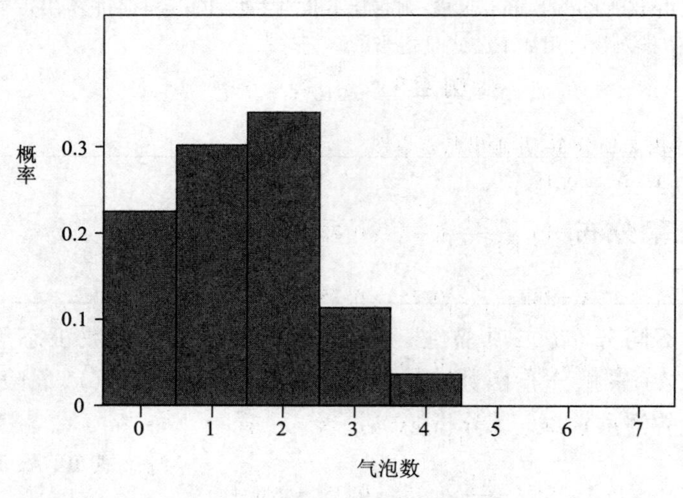


**图 4.1　概率直方图的例子**

## 离散分布

**二项分布**　二项分布是一种离散分布,相应的随机变量仅在 $0,1,\cdots,n$ 等 $n+1$ 个可能值之间取某一个。在可靠性应用中 $n$ 个元件中的失效数就是这类随机变量,其中每个元件都有两种可能状态是:运转与失效。

确定该分布的如下公式称为二项公式:

$$P(X=x)=\frac{n!}{x!\ (n-x)!}p^{x}(1-p)^{n-x}, x=0,1,\cdots,n$$

其中：

$n$ = 样本量；

$x$ = 失效个数；

$p$ = 失效在总体中所占比例；

$P(X=x)$ = 样本中有 $x$ 个失效的概率；

$a! = a(a-1)(a-2)\cdots 1$，例如 $5! = 5\times 4\times 3\times 2\times 1$。

**例 4.8**

设在很大的总体中失效零件占25%。若从中随机抽出6个，则6个零件中没有一个是失效的概率是多少？

解：这里 $n=6$，$p=0.25$，$x=0$，代入二项公式可得：

$$P(X=0)=\frac{6!}{0!\ 6!}0.25^0\times 0.75^6\approx 0.18$$

**例 4.9**

对 $p=0.25$ 和 $n=6$ 给出二项分布，并画出其直方图。

如上一例子显示有 $P(X=0)=0.18$

$$P(X=1)=\frac{6!}{1!\ 5!}0.25^1\times 0.75^5=0.36$$

$$P(X=2)=\frac{6!}{2!\ 4!}0.25^2\times 0.75^4=0.30$$

$$P(X=3)=\frac{6!}{3!\ 3!}0.25^3\times 0.75^3=0.13$$

$$P(X=4)=\frac{6!}{2!\ 4!}0.25^4\times 0.75^2=0.03$$

$$P(X=5)=\frac{6!}{1!\ 5!}0.25^5\times 0.75^1=0.004$$

$$P(X=6)=\frac{6!}{0!\ 6!}0.25^6\times 0.75^0=0.0002$$

图 4.2 对 $x=0,1,\cdots,6$ 显示了一个完整的分布。

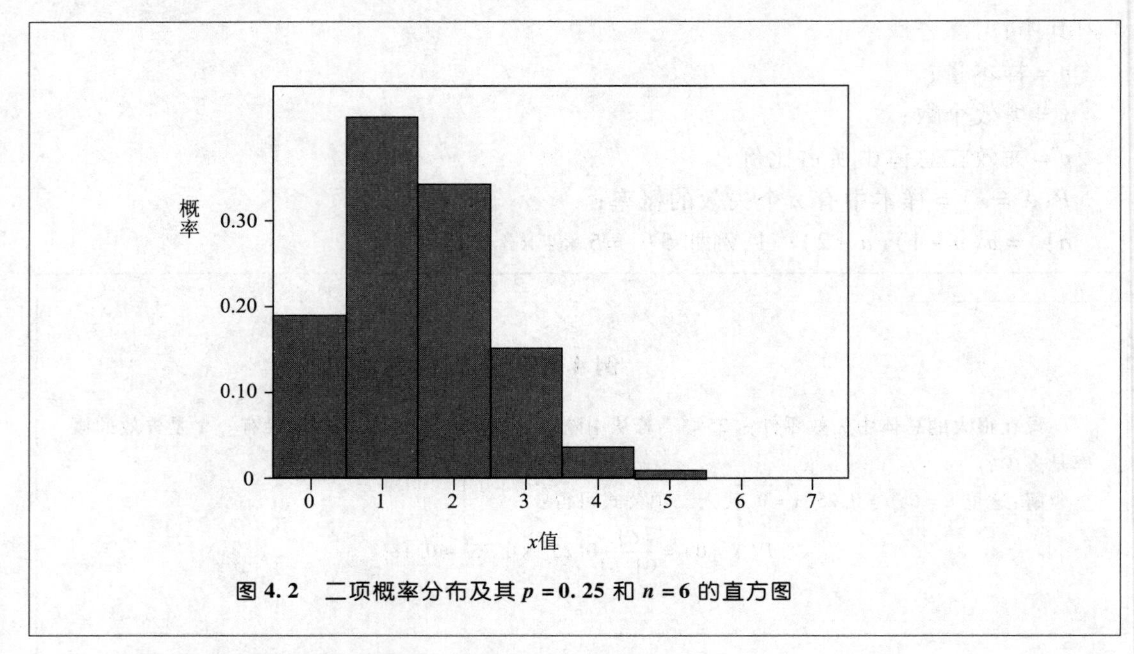


**图4.2　二项概率分布及其 $p=0.25$ 和 $n=6$ 的直方图**

二项分布由可能的 $x$ 值集合和响应的一些概率组成。

概率密度函数(PDF)是产生该分布的表示式。在这个例子中它是：

$$P(X=x)=\frac{6!}{x!\ (6-x)!}0.25^{x}\times 0.75^{(6-x)}\ x=0,1,\cdots,6$$

累积分布函数(CDF) $F(x)$ 定义为高至(包含) $x$ 值的概率之和。更精确地说，CDF 定义为：

$$F(x)=P(X\leqslant x)=\sum_{t\leqslant x}P(X=t)$$

在例4.9中，CDF可以用来回答如下问题："由6个零件组成的样本中有两个或更少失效个数的概率是多少?"答案是：

$$F(2)=\sum_{t\leqslant 2}f(t)=P(X=0)+P(X=1)+P(X=2)=0.18+0.36+0.30\approx 0.84$$

二项分布的均值与标准差用如下公式给出：

$$\mu=np$$
$$\sigma=\sqrt{np(1-p)}$$

在例4.9中：

$$\mu=6\times 0.25=1.5$$
$$\sigma=\sqrt{1.5\times(1-0.25)}\approx 1.06$$

**泊松分布**　泊松分布是一种离散概率分布，它可用来求一个事件将发生特定次数的概率，其PDF公式为：

$$P(X=x)=\mathrm{e}^{-\lambda}\frac{\lambda^{x}}{x!},x=0,1,2,\cdots$$

其中 $x$ = 可能的取值，$\lambda$ 是一个实数。

由于随机变量可取任一非负整数，其概率分布在技术上会呈现不确定性。从例

4.10 可列出部分概率：

$$P(X=0)\approx 0.005, P(X=1)\approx 0.024$$
$$P(X=2)\approx 0.066, P(X=3)\approx 0.119$$
$$P(X=4)\approx 0.160, P(X=5)\approx 0.173$$
$$P(X=6)\approx 0.160, P(X=7)\approx 0.120$$
$$P(X=8)\approx 0.018, P(X=9)\approx 0.049$$

**例 4.10**

记录表明：在下午 1:00 ~ 2:00 间到银行免下车窗口取款的顾客数服从参数 $\lambda = 5.4$ 的泊松分布。有 6 人到达免下车窗口的概率是多少？

解：

$$P(X=6) = e^{-5.4}\frac{5.4^6}{6!} = 0.16$$

泊松分布的 CDF 如下给出：

$$\sum_{t\leqslant x} P(X=t) = \sum_{t\leqslant x} e^{-\lambda}\frac{\lambda^t}{t!}$$

在上面例子中，CDF 可用来计算最多 4 人到达免下车窗口的概率

$$\sum_{t\leqslant x} P(X\leqslant t) = P(X=0) + P(X=1) + P(X=2) + P(X=3) + P(X=4)$$
$$\approx 0.005 + 0.024 + 0.066 + 0.119 + 0.160 \approx 0.374$$

该泊松分布的均值与标准差分别为：

$$\mu = \lambda$$
$$\sigma = \sqrt{\lambda}$$

在例 4.10 中，$\mu = 5.4$ 和 $\sigma \approx 2.32$。

### 连续分布

**指数分布**　指数分布是一种连续分布，在失效率为常数场合，产品失效时间常用指数分布描述。其 PDF 是：

$$f(t) = \lambda e^{-\lambda t}$$

其中：

$\lambda$ = 恒定失效率；

$t$ = 时间（或另一些产品测度，常用的有周期、英里等）。

PDF 图形显示在例 4.11 中。

**例 4.11**

给定失效率为 0.00053/h，求 1000h 处的 PDF 值

$$f(1000)=0.00053\mathrm{e}^{-0.00053\times1000}\approx0.00031$$

这表明：在 1000h 处失效概率约为 0.00031。

这个例子的 PDF 的图形显示在图 4.3 上。该 PDF 的均值与标准差分别是 $\mu=1/\lambda$ 与 $\sigma=1/\lambda$。

指数分布的 CDF 是：

$$P(x\leqslant a)=F(a)=\int_0^x\lambda\mathrm{e}^{-\lambda t}\mathrm{d}t=1-\mathrm{e}^{-\lambda t}$$

该 CDF 可用来确定元件在前 $t$ 小时内失效的概率。而元件在 $t$ 小时仍在工作的概率为：

$$P(\text{在时间 }t\text{ 内仍在工作})=1-P(\text{在时间 }t\text{ 内已失效})=\mathrm{e}^{-\lambda t}$$

其中 $P$(在时间 $t$ 内仍在工作)被称为在时间 $t$ 内的可靠度，记为 $R(t)$。如在恒定失效率场合。

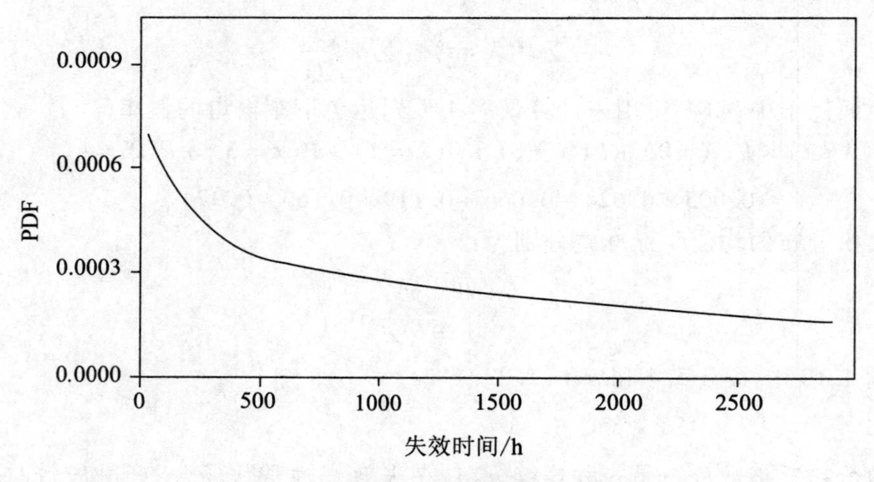


**图 4.3　例 4.11 的概率密度函数**

**例 4.12**

若 $\lambda=0.00053/\mathrm{h}$，求 1000h 处的可靠度。

解：

$$R(1000)=\mathrm{e}^{-0.00053\times1000}\approx0.59$$

这表明：近似 59% 的产品在 1000h 后仍在工作，或者说：某特定产品在 1000h 仍在工作的概率为 0.59。

根据定义,平均失效时间(MTTF) $=1/\lambda$ 。因此在 MTTF 处的可靠度为:

$$\mathrm{R(MTTF)} = R(\frac{1}{\lambda}) = \mathrm{e}^{-\frac{\lambda \times 1}{\lambda}} = \mathrm{e}^{-1} \approx 0.368$$

这表明:在 MTTF 处仅约有 37% 的产品仍在工作。或者说,某特定产品在 MTTF 之后仍在工作的概率约为 0.37。对可维修产品来说,在这一节的讨论中,MTTF 可用平均失效间隔时间(MTBF)代替。

**威布尔分布　威布尔分布**的 PDF 被定义为

$$f(t) = \frac{\beta}{\eta} = (\frac{t}{\eta})^{\beta-1} \mathrm{e}^{-\frac{t}{\eta}}, t \geqslant 0$$

其中形状参数 $\beta \geqslant 0$ ,尺度参数 $\eta \geqslant 0$ 。选择 $\beta$ 的不同的值可能会导致 PDF 不同形状。若 $\beta = 1$ 。则威布尔分布会退化为指数分布。若 $\beta \approx 3.44$ ,则其 PDF 曲线近似为正态密度曲线,详见图 4.4。

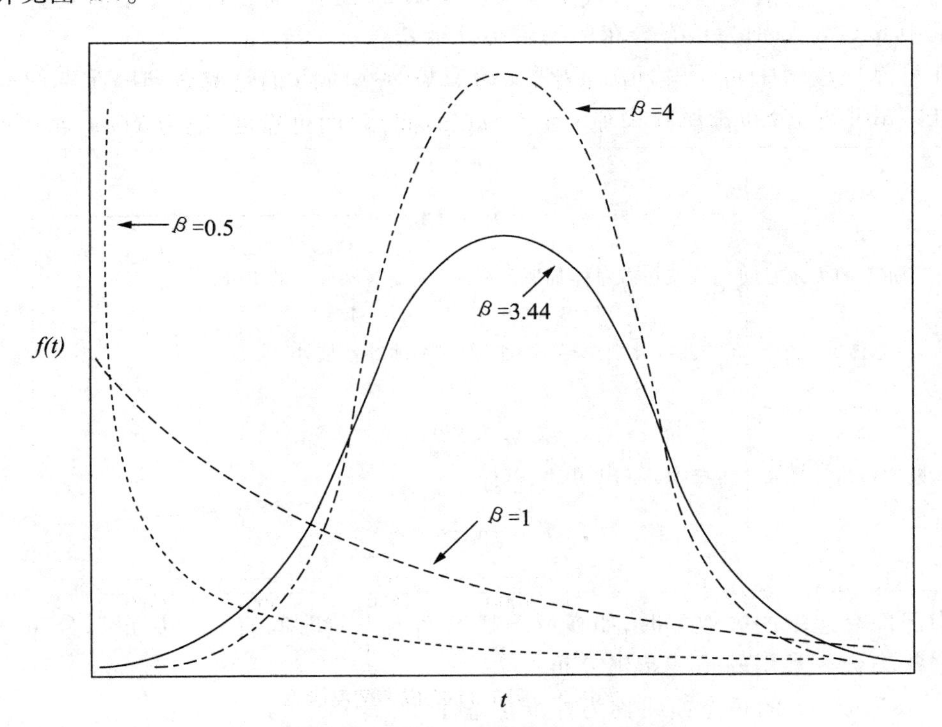


**图 4.4　威布尔分布的各种成员的图**

威布尔分布的危险函数为:

$$h(t) = \frac{\beta}{\eta^{\beta}} t^{\beta-1}$$

其 CDF 为

$$F(t) = 1 - \mathrm{e}^{-(\frac{t}{\eta})^{\beta}}$$

其可靠度函数为

$$R(t) = 1 - F(t) = \mathrm{e}^{-(\frac{t}{\eta})^{\beta}}$$

浴盆曲线(图2.3)的两个曲线部分有时可用具有适当形状参数的威布尔分布刻划。

**例 4.13**

某产品的失效时间服从 $\beta = 0.72$ 和 $\eta = 10000$ 的威布尔分布,求200h处的可靠度。

解:

$$R(200) = e^{-\left(\frac{200}{10000}\right)^{0.72}} \approx 0.94$$

这表明:约有94%产品在200h后仍在工作。

**正态分布**　正态分布在统计的理论和实践两方面都是最重要的分布。它的PDF为:

$$f(x) = \frac{1}{\sigma\sqrt{2\pi}} e^{-\frac{(x-\mu)^2}{2\sigma^2}}$$

其中 $\mu$ 与 $\sigma$ 分别为正态分布的均值与标准差。

在可靠性应用中,$\mu$ 是均值。改变 $\mu$ 的值将影响分布中心沿 $x$ 轴向左或向右移动。当标准差减小时,分布密度将变窄。

**例 4.14**

设如下的失效时间是从某正态总体抽取的样本,现要求该分布的PDF。

42.3、45.6、49.5、53.6、54.8

解:总体的均值与标准差可分别用样本均值和样本标准差估计。

$$\hat{\mu} = 49.16$$

$$\hat{\sigma} = 5.28$$

把这些估计代入产生样本的PDF中去,可得

$$f(x) = \frac{1}{13.23} e^{-\frac{(x-49.16)^2}{55.76}}$$

当部件有递增的失效率时,如在疲乏状态期内失效时间有时服从正态分布,然而人们在这些场合更常用的是威布尔分布。

$\mu = 0$ 和 $\sigma = 1$ 的正态曲线称为标准正态曲线,其PDF为:

$$f(x) = \frac{1}{\sqrt{2\pi}} e^{-\frac{x^2}{2}} \approx 0.3989 e^{-\frac{x^2}{2}}$$

应用中求累积和计算常可归结为寻求标准正态曲线下某区域的面积。这可用统计软件(如Excel中的NORMDIST)或附录E中的标准正态分布表来完成。例如,在标准正态曲线下 $z = 1.28$ 右侧的区域面积可在附录E上标以1.2的行和标以0.08的列上找到这个区域面积是0.1003. 因为这条曲线下的总面积为1,所以说,在曲线下位于1.28右侧的面积总面积的10.03%。

标准正态表还可用来求非标准正态曲线下某区域的面积,只要已知其均值与标准差即可,见下面的例子。

### 例 4.15

一批旋转轴的直径服从 $\mu = 2.015$ 和 $\sigma = 0.053$ 的正态分布。

a. 转轴直径超过上规格限 2.025 的百分率是多少?

b. 转轴直径低于下规格限 2.000 的百分率是多少?

解:

a. 寻找 $z$ 值,它是上规格限到均值的距离对标准差的倍数,计算公式为

$$z = \frac{x - \mu}{\sigma} = \frac{2.025 - 2.015}{0.0053} \approx 1.89$$

在标准正态表上寻找标以 1.8 的行和标以 0.09 的列上可得 0.0294,它表明:这批转轴直径中超过上规格限有 2.94% 。

b. 对下规格限:

$$z = \frac{x - \mu}{\sigma} = \frac{2.000 - 2.015}{0.0053} \approx -2.83$$

因为正态曲线是对称的, -2.83 左侧的区域面积与 2.83 右侧区域面积是相同的,从标准正态表上可查得 0.23,即这批转轴直径中有 23% 低于下规格限。

### 例 4.16

某产品的失效时间服从 $\mu = 200$ 小时和 $\sigma = 1.84$ 的正态分布,要求在 201h 到 202h 内失效的概率,即求

$$P(201 \leqslant x \leqslant 202) = ?$$

解:在 202h 处计算 $z$ 值, $z = \frac{202 - 200}{1.84} = 1.09$

在 201h 处也计算 $z$ 值, $z = \frac{201 - 200}{1.84} = 0.54$

在标准正态表上可查得 1.09 右侧的区域面积为 0.8621;

在标准正态表上可查得 0.54 右侧的区域面积为 0.7054。

所求区域面积是上述两部分面积之差

$$P(x \geqslant 1.09) = 0.8621$$

$$P(x \geqslant 0.54) = 0.7054$$

差

$$P(201 \leqslant x \leqslant 202) = 0.1567$$

即有 15.67% 产品将在 201h ~ 202h 内失效。

**对数正态分布**　若随机变量的自然对数(ln)服从正态分布,则该变量服从对数正态分布,其 PDF 是:

$$f(x)=\frac{1}{x\sigma_{x'}\sqrt{2\pi}}e^{-0.5\left(\frac{x'-\mu_{x'}}{\sigma_{x'}}\right)^2}$$

其中

$$x'=\ln x$$
$$\mu_{x'}=x'\text{的均值}$$
$$\sigma_{x'}=x'\text{的标准差}$$

对数正态分布对很多电子与机械产品(包括晶体管、轴承、电绝缘材料等)的失效时间是很好的数学模型,它有时对失效后的维修时间也是很好模型。

对数正态分布的均值与标准差分别为:

$$\mu=e^{\mu_{x'}+0.5\sigma_{x'}^2}$$
$$\sigma=\sqrt{e^{2\mu_{x'}+\sigma_{x'}^2}(e^{\sigma_{x'}^2}-1)}$$

**例 4.17**

已知某产品的失效时间(单位:周期)服从对数正态分布。其 6 个样品的失效时间为 850、925、1250、1550、1800 和 2750(周期),现要求该分布的 PDF。

解:先算每个失效时的对数

| $x$ | $x'=\ln x$ |
|---|---|
| 850 | 6.75 |
| 925 | 6.83 |
| 1250 | 7.13 |
| 1550 | 7.35 |
| 1800 | 7.50 |
| 2750 | 7.92 |

其次,计算第二列的均值与标准差

$$\overline{X'}=7.25$$
$$\sigma_{x'}=0.44$$

代入 PDF 公式可得

$$f(x)=\frac{1}{x(0.44)\sqrt{2\pi}}e^{-0.5\times\left(\frac{x'-7.25}{0.44}\right)^2}$$

统计软件包(如 Minitab 和 JMP)可用来寻找与数据拟合最佳的分布。

**分布的描述性特征**

统计软件常会输出两个分布特征的计算值。

**偏度**定义为:

$$\text{偏度}=\frac{n}{(n-1)(n-2)}\sum\left(\frac{x_j-\bar{x}}{s}\right)^3$$

其中：

$n$ = 样本量；

$s$ = 样本标准差；

$x_j$ = 样本值。

若偏度 =0，则分布关于众数对称；若偏度 <0，则分布呈左偏，即其直方图往众数左边延伸要比往右边的长；若偏度 >0，则分布右偏。

**峯度**是衡量分布的扁平程度大小的特征。它定义为：

$$峯度 = \frac{n(n+1)}{(n-1)(n-2)(n-3)}\sum\left(\frac{x_j-\bar{x}}{s}\right)^4 - \frac{3(n-1)^2}{(n-2)(n-3)}$$

其中：

$n$ = 样本量；

$s$ = 样本标准差；

$x_j$ = 样本值。

正态分布的峯度 =0。若峯度 <0，则该分布要比正态分布扁平；若峯度 >0，则该分布要正态分布更尖陡。

## 4. 泊松过程模型

> 定义和描述齐次和非齐次泊松过程模型（HPP 和 NHPP）。（理解）
>
> 知识点 **Ⅱ. A. 4**

如前所述，当系统在浴盆曲线平坦部位运作时，失效率是恒定的，即 $\lambda(t) = \lambda$。这个失效模型被称为**齐次泊松过程**（HPP）。在可靠性工程中它是最广泛使用的模型。

假如失效率不是 $t$ 的恒定常数函数，所得到的模型被称**非齐次泊松模型**（NHPP）。在软件产品中可利用预测失效率去获得这个模型。当 $\lambda(t) = \alpha t^{-\beta}, \alpha > 0, \beta < 1$ 时被称为幂律模型（power low model），它在很多场合（如可修复系统计异常失效时间等）获得成功的应用。这个模型就是众所周知的 Duane 模型和 AMSAA（for Army materiel systems analysis activity）模型。

注意：当 $\beta = 0$ 时，此幂律模型就成为 HPP。

## 5. 非参数统计方法

> 应用非参数统计方法，包括中位数方法、Kaplan-Meier 方法、Mann-Whitney 方法等，以及在各种场合的应用。（应用）
>
> 知识点 **Ⅱ. A. 5**

当使用假设检验时,数据的基本分布未知就不得不使用非参数方法。

**中位数检验**

这个检验可用于确定:能否有足够根据来断言“$k$ 个中位数彼此相等”。这个检验允许使用样本量不等的 $k$ 个样本。

步骤(见第 5 章有关假设检验的步骤):

1. 条件:关于总体分布的条件没有任何要求。
2. 原假设 $H_0: \tilde{\mu}_1 = \tilde{\mu}_2 = \cdots = \tilde{\mu}_k$

备选假设 $H_a$:至少对一对 $(i,j)$ 有 $\tilde{\mu}_1 \neq \tilde{\mu}_j$。

3. 确定 $\alpha$。
4. 在附录Ⅰ的 $\chi^2$ 表上查得临界值 $\chi^2_{\alpha,k-1}$,其中 $\alpha$ 是显著性水平。这是一个右尾检验,故其拒绝域由那些值组成,在这些值可使检验统计量≥临界值。
5. 构建一张表。其第 1 列显示出每个样本中高于合样本中位数 $\tilde{x}$ 的观察值个数;第 3 列显示出每个样本中低于合样本中位数 $\tilde{x}$ 的观察值个数;样本中观察值中等于合样本中位数 $\tilde{x}$ 的个数的一半归于“高于”列,另一半归于“低于”的列中;第 2 列、第 4 列显示出高于和低于合样本中位数 $\tilde{x}$ 的期望数,而期望数是每个样本量的一半用 $O_A$ 和 $O_B$ 表示的**观察频数**是每个样本中高于和低于合样本中位数 $\tilde{x}$ 的观察频数;$E_A$ 和 $E_B$ 是高于和低于合样本中位数的**期望频数**。对每一行计算如下:

$$\frac{(O_A - E_A)^2}{E_A} + \frac{(O_B - E_B)^2}{E_B}$$

检验统计量的值就是这些值的和。

6. 若检验统计量的值落入拒绝域,则拒绝 $H_0$。
7. 用原始问题的术语陈述结果。

**例 4.18**

元件是从 4 个供应商处购买,现要比较它们的失效时间。从 4 个总体各抽一个随机样本,并进行寿命试验直至失效,收集到 4 个样本,现问:在 0.05 的显著性水平上至少有两个总体分位数间是否存有差异呢?

数据:

供应商 1:10、8、10、12、13、7、9、11、1、7

供应商 2:7、9、12、7、8、7、11、10

供应商 3:8、7、8、6、9、7、6、7

供应商 4:14、13、12、13、11、10、6

合样本中位数:$\tilde{x} = 9$

步骤:

1. 条件是合适的。
2. $H_0: \tilde{\mu}_1 = \tilde{\mu}_2 = \tilde{\mu}_3 = \tilde{\mu}_4$

$H_a$:至少有一对 $(i,j)$ 可使 $\tilde{\mu}_i \neq \tilde{\mu}_j$。

3. $\alpha = 0.05$,从附录 I 中查得 $x^2_{0.05,3} = 7.815$。

4. 拒绝域:检验统计量≥7.815。

5. 构建如下计算表。

| 列号 | 1 | 2 | 3 | 4 | 5 | 6 | 7 |
|---|---|---|---|---|---|---|---|
| 供应商 | 高于 $\tilde{x}$ 个数 | | 低于 $\tilde{x}$ 个数 | | $\frac{(O_A - E_A)^2}{E_A}$ | $\frac{(O_B - E_B)^2}{E_B}$ | (5) + (6) |
| | $O_A$ | $E_A$ | $O_B$ | $E_B$ | | | |
| 1 | 6 | 5 | 4 | 5 | 0.2 | 0.2 | 0.4 |
| 2 | 3.5 | 4 | 4.5 | 4 | 0.0625 | 0.0625 | 0.063 |
| 3 | 0.5 | 4 | 7.5 | 4 | 3.0625 | 3.0625 | 6.125 |
| 4 | 6 | 3.5 | 1 | 3.5 | 1.7857 | 1.7857 | 3.571 |
| | | | | | | | 检验统计量 = $\sum$ = 10.159 |

6. 因检验统计量≥7.815。故原假设 $H_0$ 被拒绝。

7. 结论:在 0.05 显著性水平上认为至少有两个总体中位数是有差别的。

**可靠度的 Kaplan-Meier 估计**

这个方法将对失效时刻处的可靠度提供非参数估计方法。这个方法允许有截断数据,但要求有精确的失效时间。计算表格的构造如下:

第 1 列:失效时间 $t_i$ 按上升次序排列。

第 2 列:在试验周期开始时参试的元件数。

第 3 列:在试验周期内被截断的元件数。这些元件退出试验不是因为失效,而是另有原因。

第 4 列:在周期末端的元件数((2) - (3) - 1)

第 5 列:对表的第一行计算$\frac{(4)}{(2)-(3)}$。

对后几行再计算

$$\frac{(4)}{(2)-(3)} \times (\text{上一行已进入第 5 列的量})$$

第 5 行是时刻 $t_i$ 可靠度的估计值。

**例 4.19**

50 个元件放入试验装置。失效时间分别为 38、52、68、70、85 和 98(h),试验装置在 40、62 和 80(h)发生失效。3 个没有失效元件在第 75h 处退出试验。

| 1 | 2 | 3 | 4 | 5 |
|---|---|---|---|---|
| 失效时间 $t_i$ | 开始处元件数 | 截断元件数 | 末端元件数 | $\hat{R}(t_i)$ |
| 38 | 50 | 0 | 49 | $\hat{R}(38) = \frac{49}{50}$ |
| 52 | 49 | 1 | 47 | $\hat{R}(58) = \frac{49}{50} \times \frac{47}{48}$ |
| 68 | 47 | 1 | 45 | $\hat{R}(68) = \frac{49}{50} \times \frac{47}{48} \times \frac{45}{46}$ |
| 70 | 45 | 0 | 44 | $\hat{R}(70) = \frac{49}{50} \times \frac{47}{48} \times \frac{45}{46} \times \frac{44}{45}$ |
| 85 | 44 | 3 | 40 | $\hat{R}(85) = \frac{49}{50} \times \frac{47}{48} \times \frac{45}{46} \times \frac{44}{45} \times \frac{40}{41}$ |
| 98 | 40 | 0 | 39 | $\hat{R}(98) = \frac{49}{50} \times \frac{47}{48} \times \frac{45}{46} \times \frac{44}{45} \times \frac{40}{41} \times \frac{39}{40}$ |

**两总均值的 Mann-Whitney 检验**

这个非参数检验可用来比较两总体均值。

步骤(见第 5 章假设检验的步骤)

1. 条件:两总体有相同形状。

2. $H_0: \mu_1 = \mu_2$。

$H_a: \mu_1 \neq \mu_2$(双尾检验),或 $\mu_1 < \mu_2$(左尾检验),或 $\mu_1 > \mu_2$(右尾检验)。

注意:两样本中样本量较小的作为样本 1。

3. 确定 $\alpha$。

4. 从附录 L 中寻找临界值,并确定拒绝域。

对 $\alpha = 0.025$ 的单尾检验和 $\alpha = 0.05$ 的双尾检验用表 1。

对 $\alpha = 0.05$ 的单尾检验和 $\alpha = 0.10$ 的双尾检验用表 2。

5. 指定合样本中每一值的秩(两样本的值合并考察)若有两个或更多个值形成结,则其每个秩用其没有结时应用的秩的平均给出。检验统计量 $M$ 是较小样本量的样本对应的合样本秩之和。

6. 若 $M$ 落入拒绝域,则拒绝 $H_0$。

7. 用原始问题的术语叙述结论。

### 例 4.20

用来自两个供应商的两个样本参加试验直至失效为止。在 0.05 显著性水平上问两样本所在的两总体的均值是否有差别？假设两总体有相同形状。

| 失效时间(供应商 A) | 失效时间(供应商 B) |
|---|---|
| 260 | 230 |
| 265 | 241 |
| 266 | 265 |
| 283 | 280 |
| 290 | 284 |
| 292 | 288 |
| | 290 |
| | 294 |
| | 299 |

解：

1. 条件在问题的叙述中已提及(两总体有相同形状)。
2. $H_0: \mu_1 = \mu_2, H_a: \mu_1 \neq \mu_2$
3. $\alpha = 0.05$
4. 从附录 L 上可查得两个临界值 31 与 65。从而其拒绝域为 $M \geqslant 65$ 或 $M \leqslant 31$。
5. 计算秩：

| 失效时间供应商 A | 合样本秩 | 失效时间供应商 B | 合样本秩 |
|---|---|---|---|
| 260 | 3 | 230 | 1 |
| 265 | 4.5* | 241 | 2 |
| 266 | 6 | 265 | 4.5* |
| 283 | 8 | 280 | 7 |
| 290 | 11.5 | 284 | 9 |
| 292 | 13 | 288 | 10 |
| | | 290 | 11.5 |
| | | 294 | 14 |
| | | 297 | 15 |

* 有两个 265，其秩为 4 和 5，于是给出平均秩 4.5。

$$M = 46 (\text{供应商 A 的秩的和})$$

6. 因 $M$ 没落入拒绝域，故不应拒绝 $H_0$。
7. 在 0.05 显著性水平上，数据没有显示两个总体有不同的均值。

## 6. 样本量的确定

用各种理论、图表和公式去确定统计检验和可靠性检验中所需的样本量。(应用)

知识点Ⅱ.A.6

计算置信区间宽度的方法将在第5章进行讨论。在某些情形置信区间的宽度是预先指定的。它是计算样本量所必要的,还要指定规格。表4.1列出这项工作若干公式。公式中的E表误差幅度,它是置信区间宽度的一半。其置信水平为$1-\alpha$。

表4.1　确定样本量的公式

| 置信区间项目 | 样本量$n$高于此下限的最接近整数 |
|---|---|
| $\mu$,总体均值 | $(\frac{z_{\alpha/2}\cdot\sigma}{E})^2$ |
| $P$,总体比率 | $(\frac{z_{\alpha/2}}{E})^2\hat{p}(1-\hat{p})$,$\hat{p}$是$p$的估计值 |
| $p$,总体比率 | $0.25(\frac{z_{\alpha/2}}{E})^2$,在无$p$的估计值时使用 |
| $\mu_1-\mu_2$,两总体均值之差 | $n_1=n_2=(\frac{z_{\alpha/2}}{E})^2(\sigma_1^2+\sigma_2^2)$ |
| $P_1-P_2$,两总体比率之差 | $n_1=n_2=0.5(\frac{z_{\alpha/2}}{E})^2$ |

**例4.21**

确定样本量使其总体均值的95%置信区间的宽度为0.020,若给出 。

$$\sigma=0.028$$

在这种情况第一个公式是适合的,因为均值的置信区间是可找到,值$z_{\frac{\alpha}{2}}$可在正态表中查得。对95%的置信水平有$\alpha=0.05$,$\frac{\alpha}{2}=0.025$和$z_{\frac{\alpha}{2}}=1.96$。误差幅度$E=0.010$。

$$n=(\frac{z_{\alpha/2}\cdot\sigma}{E})^2=(\frac{1.96\times0.028}{0.010})^2\approx30.1$$

于是取样本量$n=31$(常如此取值)

这里使用正态表的依据是中心极限定理。就像本章第一节中讨论的那样,样本均值近似正态分布。

假设31个样品用适当的方式随机选出,且样本均值$\bar{x}=25.6$。则95%的置信区间为$25.6\pm0.01$,也就是说,有95%的置信水平认为总体均值位于25.59与25.61之间。

### 例 4.22

假设某产品历史上的不合格品率是 5% 。如今要对一批产品确定样本量使其不合格品率的 95% 的置信区间的宽度为 0.06。

表 4.1 上的第二个公式可以给出此不合格品率的样本量

$$n = \left(\frac{z_{\alpha/2}}{E}\right)^2 \hat{p}(1-\hat{p}) = \left(\frac{1.96}{0.03}\right)^2 \times (0.05) \times (0.95) \approx 202.75$$

于是可取样本量 $n = 203$。

虽然这里没有提供依据，但统计理论表明正态表在此仍可使用。例如 203 个样品被取出，且样本的比率为 $p_0 = 0.042$，则 95% 的置信区间为 $0.042 \pm 0.03$。

### 例 4.23

为确定样本量使其一批产品的不合格品率的置信区间的宽度为 0.06，但对不合格品率没有估计值可用。

在这种情况下，表 4.1 上的第三个公式可用

$$n = 0.25\left(\frac{z_{\alpha/2}}{E}\right)^2 = 0.25\left(\frac{1.96}{0.03}\right)^2 \approx 1067.1$$

于是可取样本量 $n = 1068$。

这个例子表明：为什么最好要使用（若有的话）$p$ 的一个估计值。

### 例 4.24

一位卖主希望产品 $A$ 的平均厚度比产品 $B$ 的平均厚度至少要大于 2mm。为此要从每类产品各抽多个产品才能使构造的 95% 置信区间满足卖主的要求？假设两总体的标准差分别是 3.3mm 和 3.8mm。

表 4.1 上的第四个公式可给出两总体均值差的样本量：

$$n_1 = n_2 = \frac{(z_{\alpha/2})^2(\sigma_1^2 + \sigma_2^2)}{E^2} = \frac{1.96^2 \times (3.3^2 + 3.8^2)}{2^2} \approx 24.3$$

于是可取样本量 $n_1 = n_2 = 25$

例如从两个总体中各抽 25 个样品，测得 $\bar{x}_A = 45.6$，$\bar{x}_B = 37.6$，则样本均值差是 $\bar{x}_A - \bar{x}_B = 8$，此差的置信区间是 $8 \pm 2$，也就是说，有 95% 置信水平认为此差在 6mm ~ 10mm。因此有 95% 置信水平认为卖主的要求是可达到的。

**例 4.25**

一位可靠性工程师有二个可比较的设计,该设计是可持续 100h 的应力试验。设 $P_A$ = 设计 A 失效比例,$P_B$ = 设计 B 失效的比例。为此必须计算其差 $P_A - P_B$ 的 95% 的置信区间,要求其宽度 =0.4。

利用表 4.1 上的第五个公式

$$n_1 = n_2 = 0.5\left(\frac{z_{\alpha/2}}{E}\right)^2 = 0.5 \times \left(\frac{1.96}{0.2}\right)^2 \approx 48.02$$

于是取样本量 $n_1 = n_2 = 49$。

从两个设计中各进行 49 次应力试验,由结果得 $P_{A_0} = 0.29$ 和 $P_{B_0} = 0.02$。于是得 $P_{A_0} - P_{B_0} = 0.27$,且其置信区间为 $0.27 \pm 0.2$。

例如,有 95% 的置信水平认为:两个比例的差界于 0.07 和 0.47 之间,这意味着设计 B 显著地好于设计 A。

## 7. 统计过程控制(SPC)

定义和描述 SPC 和过程能力指数($C_P$,$C_{Pk}$等),它们的控制图,为什么它们与可靠性都有关。(理解)

知识点 **Ⅱ.A.7**

**统计过程控制**(SPC)的核心工具是**控制图**,其目的是在过程发生变化时提供早期信号。历史数据可用来计算要观察特性的均值 $m$ 和标准差 $s$。控制图是具有**上控制限** $\mu + 3\sigma$ 和**下控制限** $\mu - 3\sigma$(假如为负值,则无意义,下限可略去,如缺陷数是负数那样)的一张图。在过程操作中,值会定期地画在某控制图上。出现控制限外的点被认为是**过程变化**的信号。也可用其他检测规则确定过程变化,如连续 7 点位于过程平均下方(或上方)。一般来说,发生了不大可能出现的事件被认为是过程变化的依据。

换一种说法,上述想法是要说明:当过程没有出现任何过程变化信号时,该过程被称为可控的,否则称过程为失控。某些作者还这样说,在受控过程出现的波动称为正常波动,失控过程会出现**异常波动**。在这些术语下,控制图的目的是检测异常波动是否出现。

某些事件是很不可能发生的,除非过程有变化(即出现异常原因),因此这些很不可能发生的事件就成为过程变化的统计标识物。反应统计标识物的规则清单在各本书中不尽相同。但最被广泛使用的是收集在 Minitab 软件里的 8 条规则清单,且这个清单也被收录在汽车工业行动组(AIAG)的 SPC 手册里。这个 8 条 Minitab 规则是:

(1)1 点落在离中心线的 $3\sigma$ 之外。

(2)连续 9 点落在中心线的一侧。

(3)连续 6 点递增或递减。

(4)连续 14 点相邻点上下交替。

(5)连续 3 点中有 2 点落在离中心线的 2 $\sigma$ 之外(一侧)。

(6)连续 5 点中有 4 点落在离中心线的一个 $\sigma$ 之外(一侧)。

(7)连续 15 点都落在离中心线的一个 $\sigma$ 之内。

(8)连续 8 点都落在离中心线的一个 $\sigma$ 之外。

AIAG SPC 手册的第二版上列出一些典型的特殊原因,它们与 Minitab 相同,除去规则 2,具体是:

2. 连续 7 点落在中心线的一侧。

AIAG 手册强调,“可根据具体研究/控制的情况决定使用哪条规则。”在一些特殊场合形成的一些附加检验也是可行的。例如当特性值的增加会引起安全隐患时,不必等到连续增加的点达到特定个数才采取行动。控制限的 $\pm 3\sigma$ 的位置有时候也可移动的,在权衡当异常原因发生时不采取行动和当虚假的异常原因信号发生时而采取行动的两种代价后,也可对控制限作适当调整。

很多过程特性都可绘制控制图,包括物理上可测量的特性值,诸如尺寸、重量、硬度等。有如输入的压力或电压或半加工材料的测量值等也可用于绘图。有两类主要的控制图:属性控制图和变量控制图。

**属性控制图**

属性控制图用于计数数据。在属性控制图上每个产品被分为两类:好或坏,“不合格”产品被计数。$p$ 图和 $np$ 图是对不合格产品数画图,如进行渗漏试验,有渗漏产品就拒绝,这是用 $p$ 图或 $np$ 图是适当的。参与试验的样本量相同用 $np$ 图,若样本量不同应用 $p$ 图。

若每个产品可能有多个缺陷,可用“不合格”项目累计。对不合格项目可以用 $c$ 图和 $u$ 图画出。例如,一块玻璃板上的不合格是指气泡、刮痕、缺口、夹杂物、波纹、浸染物等。假设这些出现一个不合格,则玻璃板就被拒收。但这些不合格项目中某些可能也有规格限制,比如深度多少的刮痕才会被拒收。假如参与检查的样本量相同,则用 $c$ 图;假如样本量不同,则用 $u$ 图。这些控制图可用下面一些例子加以说明。

在 13 个献血样本上检验其中含有 Rh -因子个数,结果如下,这些数据显示在 $p$ 图(图 4.5)上。

| | 检验号 | | | | | | | | | | | | |
|---|---|---|---|---|---|---|---|---|---|---|---|---|---|
| | 1 | 2 | 3 | 4 | 5 | 6 | 7 | 8 | 9 | 10 | 11 | 12 | 13 |
| 血样数 | 125 | 111 | 133 | 120 | 118 | 137 | 108 | 110 | 124 | 128 | 144 | 138 | 132 |
| Rh -因子数 | 14 | 18 | 13 | 17 | 15 | 15 | 16 | 11 | 14 | 13 | 14 | 17 | 16 |

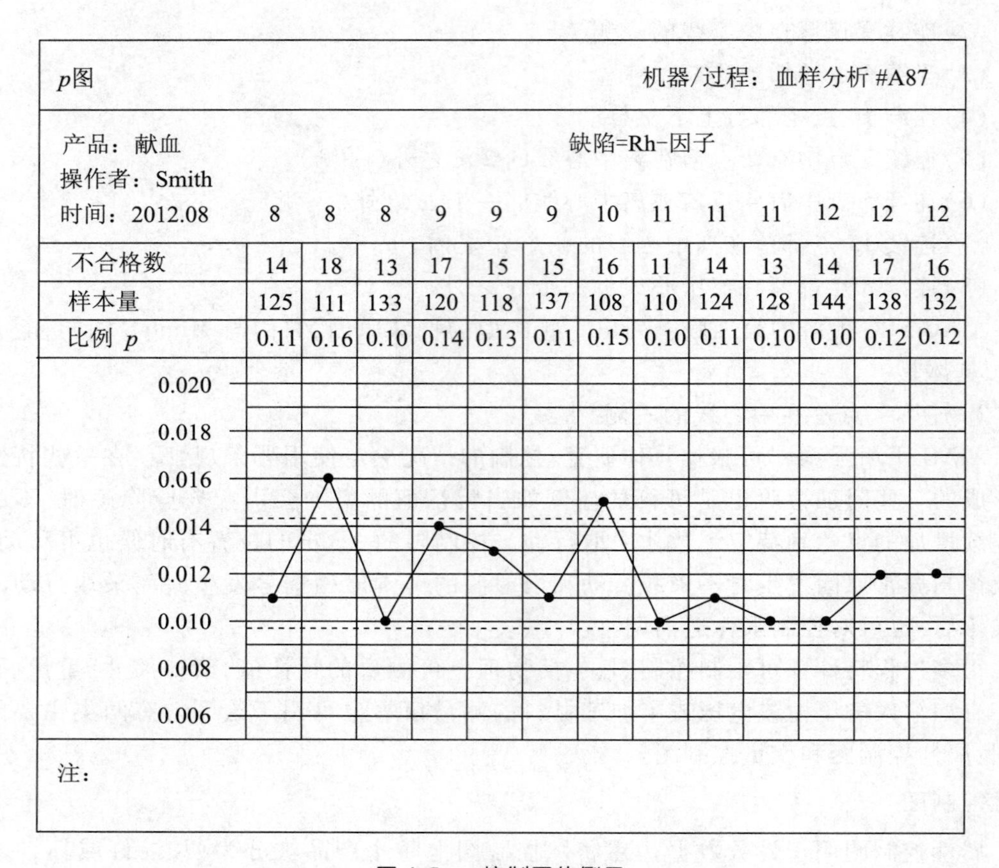


| 时间：2012.08 | 8 | 8 | 8 | 9 | 9 | 9 | 10 | 11 | 11 | 11 | 12 | 12 | 12 |
|---|---|---|---|---|---|---|---|---|---|---|---|---|---|
| 不合格数 | 14 | 18 | 13 | 17 | 15 | 15 | 16 | 11 | 14 | 13 | 14 | 17 | 16 |
| 样本量 | 125 | 111 | 133 | 120 | 118 | 137 | 108 | 110 | 124 | 128 | 144 | 138 | 132 |
| 比例 $p$ | 0.11 | 0.16 | 0.10 | 0.14 | 0.13 | 0.11 | 0.15 | 0.10 | 0.11 | 0.10 | 0.10 | 0.12 | 0.12 |

**图 4.5　$p$ 控制图的例子**

注意到图 4.5 上的 $p$ 图有两点越出控制限。这些点指出：过程"失去统计控制"，有时称其为"失控"。这意味着(很)小概率事件发生了。这些点来自同一分布，控制限也是据此分布计算的，因此这些失控点的出现很可能是分布改变了的统计信号，要引起人们关注过程。熟悉过程的人们需要查明：越过控制限的这些点是如何引起的。在这个例子中有异常多的血样检出 Rh－。这可能是由于献血的人群不同，或检验设备不当功能、或检验方法不当等因素引起的。$p$ 图的控制限的公式已到在附录 C 中。为方便起见这里再重复一下：

$$\bar{p} \pm \sqrt{\frac{\bar{p}(1-\bar{p})}{\bar{n}}}$$

其中，

$\bar{p}$ = $p$ 的平均值，$\bar{n}$ = 平均样本量。假如缺陷可以累积，而样本量不变，则用 $np$ 图。

例：随机选出 14 包灯泡，每包含有 1000 只灯泡。如今要每包中 1000 只灯泡进发光试验。注意：3 月 25 日的点越出控制限。这意味着可以很高的概率认为那一天的过程与其他天的过程不同，而控制限是用其他几天数据构造的。此时过程与好的生产方式是不同的。这应引起注意：使过程更好，假如条件可以具体化还应使流水生产过程标准化。注意：操作者应关注图的底部。

$np$ 图的控制限是用下面公式给出：

$$n\bar{p} \pm 3\sqrt{n\bar{p}(1-\bar{p})}$$

其中，

$n$ = 样本量，$\bar{p}$ = 每个样本中不合格品数的平均数。

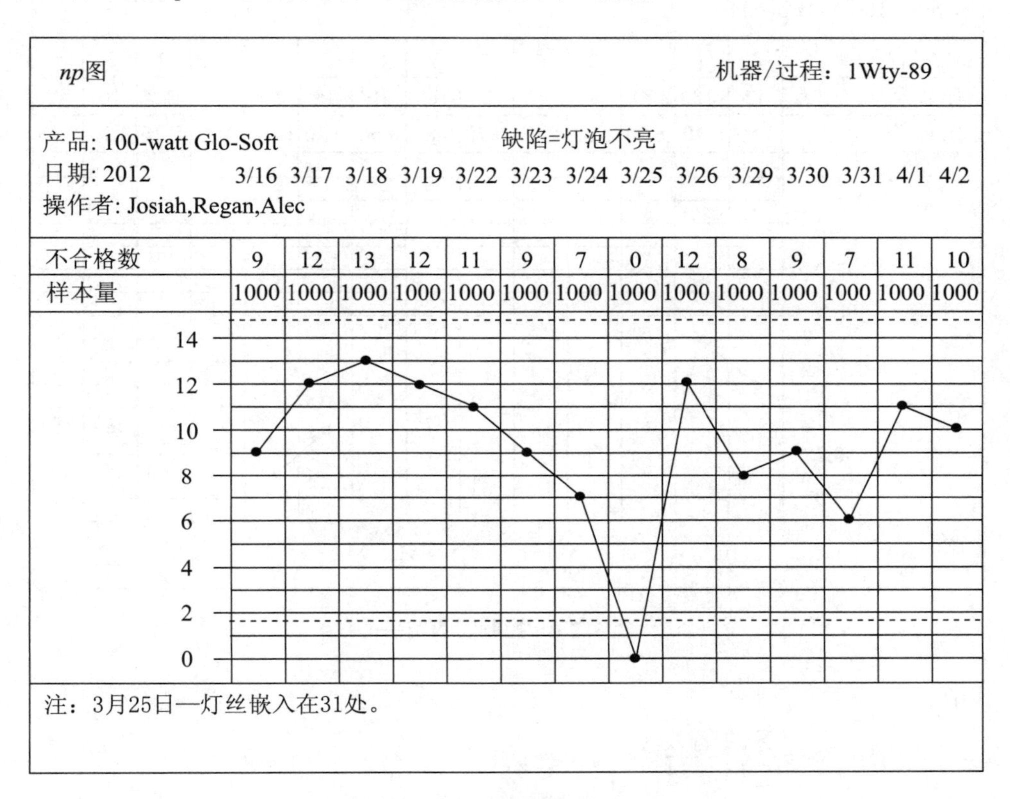


**图 4.6　*np* 控制图的例子**

$u$ 图和 $c$ 图所累计的数据不是不合格品数而是缺陷数。当样本量不等应使用 $u$ 图。当样本量不变应用 $c$ 图。一个使用 $u$ 图的例子画在图 4.7 上。而 $c$ 图看上去很像在图 4.6 上的 $np$ 图，故在此不再显示。

怎样的属性图可以使用，选择指南如下：

- 对不合格品，请用 $p$ 图或 $np$ 图。

当有不同的样本量，请用 $p$ 图。

当有相同的样本量，请用 $np$ 图。

- 对缺陷，请用 $u$ 图或 $c$ 图。

当有不同的样本量，请用 $u$ 图。

当有相同的样本量，请用 $c$ 图。

$u$ 图的控制公式是 $\bar{u} \pm 3\sqrt{\frac{\bar{u}}{\bar{n}}}$

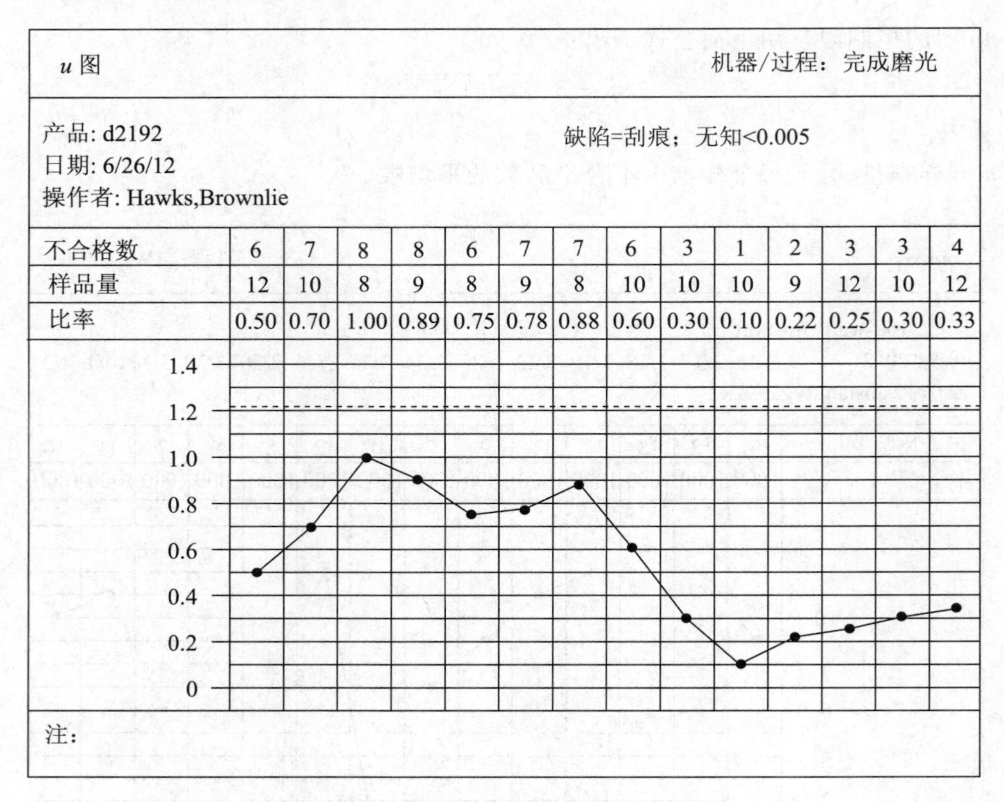

*u* 图　　机器/过程：完成磨光

产品: d2192　　缺陷=刮痕；无知<0.005

日期: 6/26/12

操作者: Hawks,Brownlie

| 不合格数 | 6 | 7 | 8 | 8 | 6 | 7 | 7 | 6 | 3 | 1 | 2 | 3 | 3 | 4 |
|---|---|---|---|---|---|---|---|---|---|---|---|---|---|---|
| 样品量 | 12 | 10 | 8 | 9 | 8 | 9 | 8 | 10 | 10 | 10 | 9 | 12 | 10 | 12 |
| 比率 | 0.50 | 0.70 | 1.00 | 0.89 | 0.75 | 0.78 | 0.88 | 0.60 | 0.30 | 0.10 | 0.22 | 0.25 | 0.30 | 0.33 |



注:

**图 4.7　*u* 控制图的例子**

其中,

$$\bar{u} = \text{平均缺陷率} = \frac{\sum \text{缺陷数}}{\sum \text{样品量}}$$

$\bar{n}$ = 平均样本量

利用图 4.7 中的数据, $\bar{u} \approx 0.518$ 和 $\bar{n} \approx 9.786$,控制限分别为

$$\text{UCL} = 0.518 + 3\sqrt{0.053} \approx 1.21$$

$$\text{LCL} = 0.518 - 3\sqrt{0.053} \approx -0.17$$

因为较小值是负的,故无 LCL。

## 变量控制图

当某连续尺度的测量值要作控制图可用变量控制图。连续尺度量在每一对数值之间有无穷多个可能值。如长度、重量、光强度、pH 和碳含量。例如在测量长度时介于 1.250 和 1.251 间存有无穷多个数值,如 1.2503、1.2508 等。常用的变量控制图有 $\bar{x}$ 与 $R$ 图、ImR(单值与移动极差)图和中位数图。

作为 $\bar{x}$ 与 $R$ 图的一个例子显示在图 4.8 上。在指定的时间上抽取样本,然后计算样本均值与样本极差,其中样本极差是由每个样本内的最大值减去最小值算得。

控制限是放置在离均值上、下 3 倍标准差的典型位置上。标准差的计算有点麻烦,但可把标准差设置在控制限公式内,然后利用控制限若干常数即可算得控制限。这些

公式汇总在附录 C 中,一些常数列于附录 D 上。

对 $\bar{x}$ 与 $R$ 图,附录 C 显示如下公式

$$均值图:\bar{\bar{x}} \pm A_2\bar{R}$$

$$极差图:LCL = D_3\bar{R},UCL = D_4\bar{R}$$

其中,

$\bar{\bar{x}}$ = 所有样本均值的平均数(亦称过程平均)。

$\bar{R}$ = 所有极差的平均值。

$A_2$,$D_3$ 和 $D_4$ 是来自附录 E 的常数,它们都依赖于样本量。

例:设数据来自描述在图 4.8 上的过程,其样本量为 5,这些样本的均值与极差的计算结果如下:

从附录 D 利用样本量 $n = 5$,$A_2 = 0.577$,$D_3$ 没有定义,$D_4 = 2.114$。

利用上面显示的公式,控制限是:

均值图:$0.786 \pm 0.577 \times 0.01 \approx 0.786 \pm 0.006 = 0.792$ 和 $0.780$

极差图:没有定义 LCL,$UCL = 2.114 \times 0.01 = 0.021$ 这些控制限已画在图 4.8 中的控制图上。

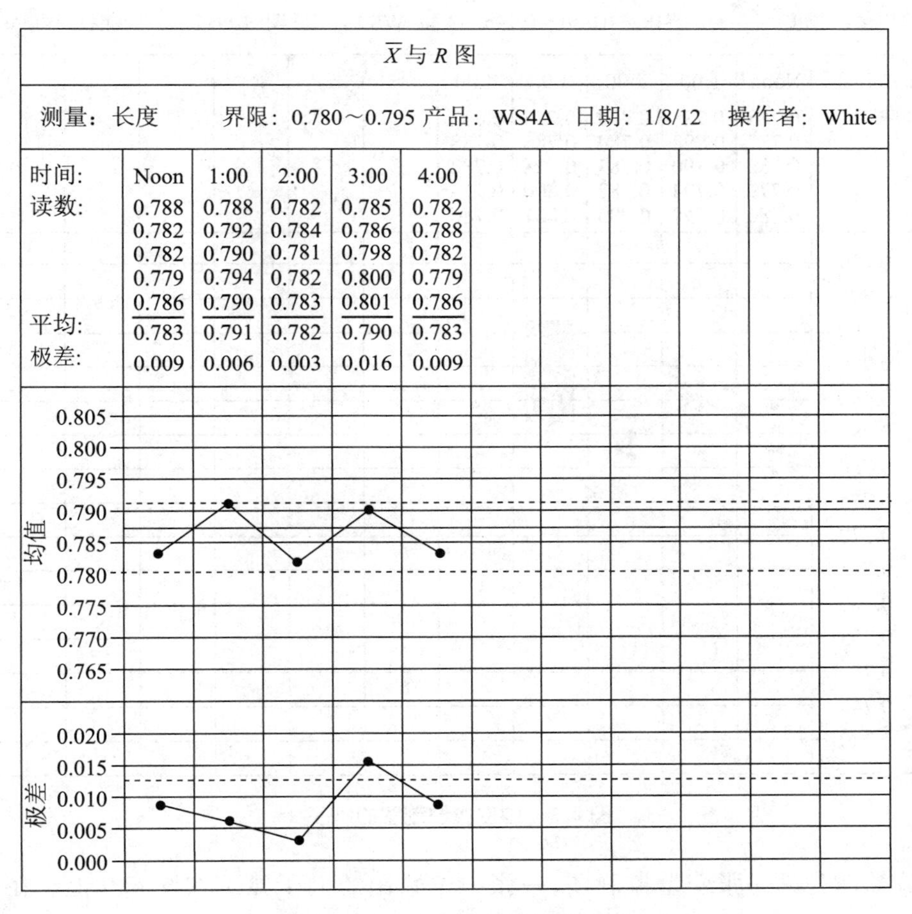

$\bar{X}$ 与 $R$ 图

测量:长度　界限:0.780~0.795　产品:WS4A　日期:1/8/12　操作者:White

| 时间: | Noon | 1:00 | 2:00 | 3:00 | 4:00 |
|---|---|---|---|---|---|
| 读数: | 0.788 | 0.788 | 0.782 | 0.785 | 0.782 |
| | 0.782 | 0.792 | 0.784 | 0.786 | 0.788 |
| | 0.782 | 0.790 | 0.781 | 0.798 | 0.782 |
| | 0.779 | 0.794 | 0.782 | 0.800 | 0.779 |
| | 0.786 | 0.790 | 0.783 | 0.801 | 0.786 |
| 平均: | 0.783 | 0.791 | 0.782 | 0.790 | 0.783 |
| 极差: | 0.009 | 0.006 | 0.003 | 0.016 | 0.009 |



图 4.8　$\bar{X}$ 与 $R$ 控制图的例子

这里有一个重要的争论点：不可任意给定控制限，但需用来自过程的数据计算，那么需要多少个数据呢？当然是愈多愈好，某些教科书说，至少需用25个样本。至于在控制图中所使用的样本量是受实际中所收集到的数据多少而支配。

$\bar{x}$与$s$图是另一对变量控制图，它的工作很像$\bar{x}$与$R$图，但在计算和作图上用每个样本的标准差去代替每个样本的极差。毫无疑问，要利用不同的控制限常数。

$$\text{均值图}:\bar{\bar{x}} \pm A_3\bar{s}$$

$$\text{标准差图}:\mathrm{LCL} = B_3\bar{R},\ \mathrm{UCL} = B_4\bar{R}$$

其中，

$\bar{\bar{x}}$ = 所有样本均值的平均数（亦称过程平均）

$\bar{\bar{s}}$ = 所有样本标准差的平均数

$A_3$、$B_3$、$B_4$ 是取自附录E的常数，它们依赖于样本量。

此图的构造与解释如$\bar{x}$与$R$图完全相同。

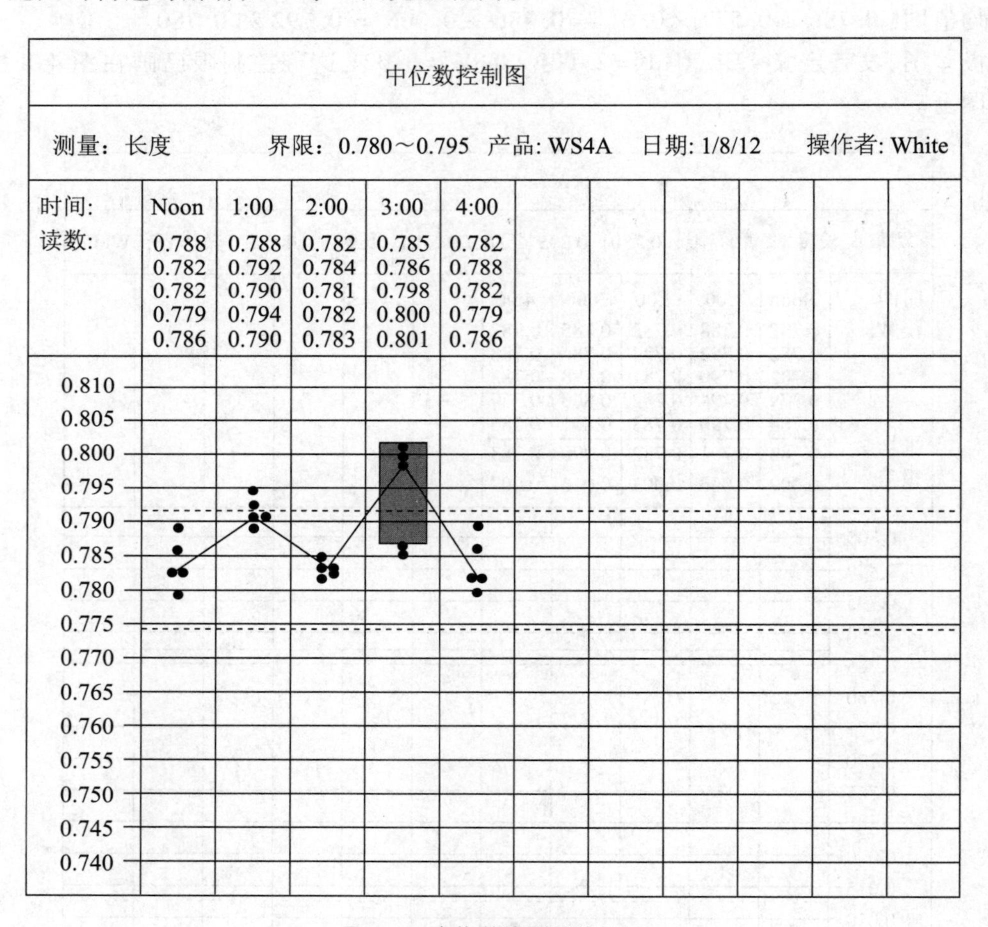


**图4.9　中位数控制图的例子**

中位数图是另一张变量控制图，一张中位数图的例子显示在图4.9上。在这张图上，样本中所有读数都画在图上，而把样本中位数连接成一条折线。

这张图的优点是不要求操作者作任何计算。

其控制限的计算公式是 $\bar{\tilde{x}} \pm A_2 \bar{R}$。

其中，

$\bar{\tilde{x}}$ = 所有中位数的平均数。

$A_2$ 是中位数图的特定常数，可在附录 D 中找到。

这张图的一个缺点是：当极差较大时，它不易捕捉到信号。一些作者建议：用透明纸或塑料片构造一个面罩，其宽度为极差图的 UCL。若这个面罩不能盖住某特定样本在图上所画的点，则该极差超出极差图 UCL。这类面罩的一个例子显示在图 4.9 上的透明的矩形。极差图的 UCL 的公式与 $\bar{X}$ 与 $R$ 图的公式相同。

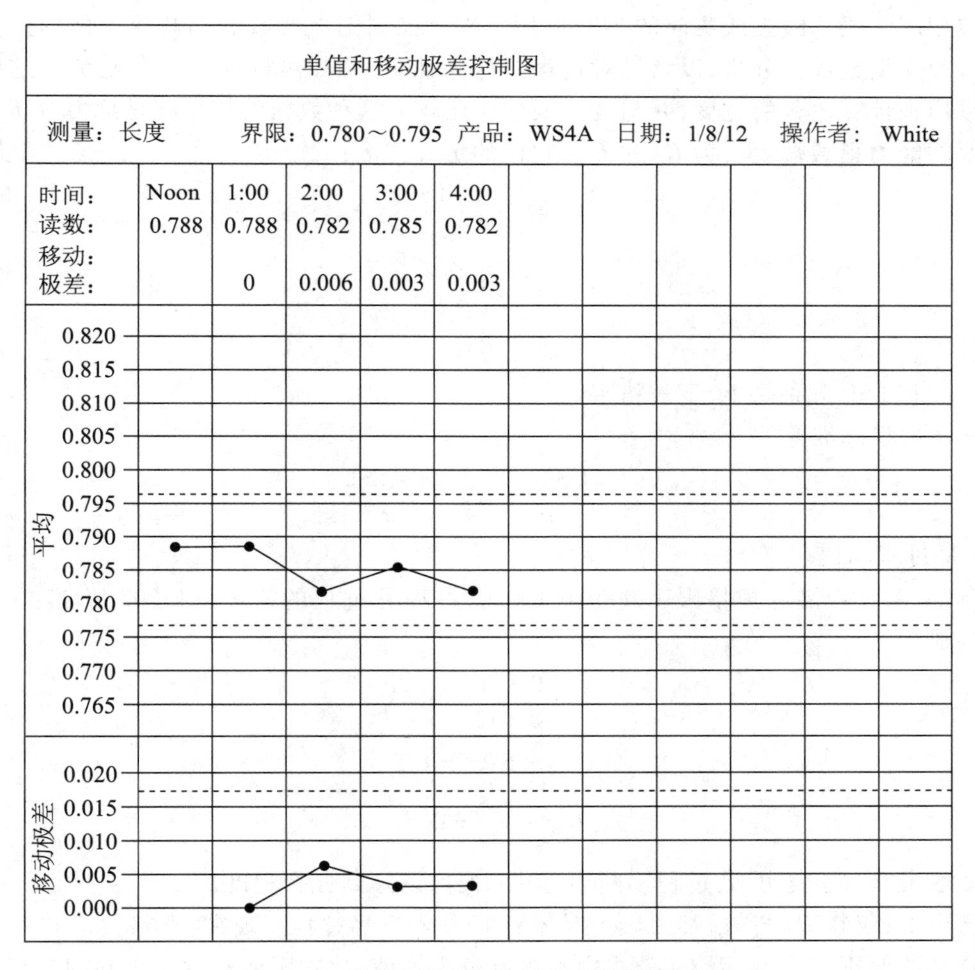


**图 4.10　单值和移动极差(ImR)控制图的例子**

单值和移动极差(ImR)图是另一类变量控制图。它仅在样本量为 1 时使用。这张图的一个例子显示在图 4.10 上。注意：移动极差是现在的读数与前一个读数之差的绝对值。这意味着第一个读数是没有移动极差的。

ImR(又称 XmR)图的控制限的计算公式为:

$$单值图:\bar{x} \pm E_2\bar{R}$$

$$移动极差图:UCL = D_4\ \bar{R}\ ,LCL = D_3\ \bar{R}$$

样本尺寸是移动窗口的宽度。在这个例子中移动窗口是相邻两读数之差。注意:统计学家认为移动范围读数点之间是相关的。仅仅在 MR 图上有点越出控制限才是过程发生改变的信号。

可靠性工程师对过程控制有兴趣是因为产品的可靠是依赖于产品的生产过程。常使用 SPC 来监控某些特征,这些特征已知会影响产品的寿命特征。

**能力分析**

控制图常用于**线上**或**实时**的 SPC 应用。来自控制图上的数据和其他方面的数据可用作过程后期或**线外**分析,以增进对过程的深入认识,例如可以探索长期趋势。这些数据可以用来计算过程的宽度,并与规格限进行比较。这种数据的使用就是**能力分析**。两种主要的**能力指数**被表示为 $C_p$ 和 $C_{pk}$,它们的定义如下:

$$C_p = \frac{USL - LSL}{6\sigma}$$

$$C_{pk} = \frac{\min[Z_U Z_L]}{3}$$

其中,

USL 和 LSL 分别是上、下规格限。

$\sigma$ =过程标准差。

$$z_U = \frac{USL - \bar{\bar{x}}}{\sigma}, z_L = \frac{\bar{\bar{x}} - LSL}{\sigma}$$

$\bar{\bar{x}}$ 是过程均值。

例如,若某产品有规格限 1.000 到 1.010,过程有过程的值 $\bar{\bar{x}} = 1.003$,标准差 $\sigma = 0.002$,则

$$C_p = \frac{0.010}{0.012} \approx 0.83$$

$$z_U = 3.5, z_L = 1.5$$

$$C_{pk} - \frac{1.5}{3} = 0.5$$

一般说来,$C_p$ 表明:若过程不断中心化,$C_{pk}$ 可以好到什么程度。

历史上,仅在 $C_p$ 与 $C_{pk}$ 都大于 1 时才有能力来考察过程。现在,严格要求在过程受控场合都要使用。注意:因 $C_p$ 公式中不含有过程均值,故它不能察觉无中心的过程。

# 第 5 章

# B. 统 计 推 断

## 1. 参数的点估计

> 用概率图、最大似然法等去获得模型参数的点估计。分析这些估计的有效性与偏性(评估)。
>
> 知识点Ⅱ.B.1

假设要对来自供应商的1000块电路板的涂膜厚度的均值作出估计。与其测量所有1000块板,还不如从中抽取容量为40的随机样本进行测量。这40块板的涂膜厚度的样本均值为0.003英寸。基于这个样本,这批1000块板的平均涂膜厚度的估计值为0.003英寸。这个值称为**点估计**。在这种场合,样本均值就是总体均值的一个估计。换句话说,统计量被用来估计**参数**,在这种场合样本均值就是统计量,总体均值就是参数(要记住:**统计量**的值来自样本,**参数**是来自总体)。从1000块板中随机抽取容量为40的样本有多种方式,从而统计量的值也有多个。例如,所有可能统计量的值的平均等于参数,则称此估计为(该参数的)**无偏估计**。样本均值是总体均值的无偏估计,这是中心极限定理的结论。样本标准差 $s$ 是总体均值的有偏估计。

参数的一个估计比另一个估计更有效,例如用较少样本可以得到同等好的近似。在某参数的两个无偏估计 $A$ 与 $B$ 中,$A$ 比 $B$ 定义为更有效,例如 $A$ 有更小的方差。$A$ 对 $B$ 的效定义为:

$$E=\frac{\sigma_A^2}{\sigma_B^2}$$

在控制图里,总体标准差常用样本极差作估计,这个估计是无偏的。然而随着样本量的增大,更好的估计是使用样本标准差,这是因为样本标准差对极差估计的相对效是在减少。也就是说,要取更多个样本才能对 $\sigma$ 得到同等好的估计。然而对样本量 $n<6$,相对效要大于0.95。

**最大似然估计**

在某些场合,分布有已知的概率密度函数(PDF),但含有一个未知参数 $\gamma$,需要对 $\gamma$ 作出估计。分布的值依赖于PDF的类型和未知参数 $\gamma$,即PDF可以写作 $f(x,\gamma)$。

设 $x_1,x_2,\cdots,x_n$ 是来自该分布的一个随机样本。其似然函数定义为被选出的几个值发生的概率。第一个值被选出的概率是 $f(x_1,\gamma)$,第二个值被选出的概率是 $f(x_2,\gamma)$,余此类推,于是整个样本被选出的概率是这些值的乘积:

$$L(\gamma)=f(x_1,\gamma)f(x_2,\gamma)\cdots f(x_n,\gamma)$$

这个乘积是已知的，它就是似然函数。为了寻求 $\gamma$ 的这样的值，它可使 $L(\gamma)$ 达到最大。为此我们命其导数为零，即 $L'(\gamma)=0$，要借此 $\gamma$ 的方程。其介可使随机样本 $x_1,x_2,\cdots,x_n$ 抽出的概率达到最大。

**例 5.1**

设 PDF 是伯努里分布：

$$f(x,p)=p^x(1-p)^{1-x}, x=0 \text{ 或 } 1, 0\leqslant p\leqslant 1$$

若给出随机样本 $x_1,x_2,\cdots,x_n$，望求参数 $p$ 的好的估计。换句话说，问题是"$p$ 为何值可使随机样本的似然函数达到最大?"其似然函数为：

$$\begin{aligned}L(p)&=f(x_1,p)f(x_2,p)\cdots f(x_n,p)\\&=p^{x_1}(1-p)^{1-x_1}\cdot p^{x_2}(1-p)^{1-x_2}\cdots p^{x_n}(1-p)^{1-x_n}\\&=p^{x_1+x_2+\cdots+x_n}(1-p)^{1-x_1+1-x_2+\cdots+1-x_n}\\&=p^{\sum x_i}(1-p)^{n-\sum x_i}\end{aligned}$$

命这个表达式的导数等于零，解之，可得如下结果：

$$\hat{p}=\frac{1}{n}\sum x_i=\bar{x}$$

因此使此样本的似然函达到最大的 $p$ 的估计是样本均值。

**点估计**

总体参数的点估计可用来自总体的一个样本做出。常常需要估计的总体参数是均值。有时还需估计总体标准差。

**相合性**

对估计量来说重要的是相合性。对某个参数 $E$ 考察一系列估计量 $E_1,E_2,\cdots,E_n$，例如估计量 $E_n$ 随着 $n$ 增大而更接近 $E$，则称 $E_n$ 是 $E$ 的相合估计。

**均值的估计**

总体的均值 $\mu$ 可以用样本均值 $\bar{x}$ 作出估计。例如样本由几个值 $x_1,x_2,\cdots,x_n$ 组成，则总体均值的估计值可以计算如下：

$$\hat{\mu}=\bar{x}=\frac{1}{n}\sum x_i$$

**标准差的估计**

总体标准差 $\sigma$ 可以用样本标准差 $s$ 作出估计。例如样本含有 $n$ 个值 $x_1,x_2,\cdots,x_n$，则总体标准差的估计可以计算如下：

$$\hat{\sigma}=s=\sqrt{\frac{1}{n-1}\sum(x_i-\bar{x})^2}$$

**例 5.2**

来自总体的 5 个产品组成的样本参加试验，直到失效。

1 号产品在 162h 失效，
2 号产品在 157h 失效，
3 号产品在 146h 失效，
4 号产品在 173h 失效，
5 号产品在 155h 失效，
总和 $=\overline{793}$h

总体失效时间均值的点估计可算得：

$$\hat{\mu}=\bar{x}=\frac{793}{5}=158.6\text{h}$$

**例 5.3(区间截断数据)**

假设例 5.2 中产品的失效检查是每隔 5h 进行一次。因此其失效的精确时间是不知道的，只知：

1 号产品失效在 160h ~ 165h 之间，
2 号产品失效在 155h ~ 160h 之间，
3 号产品失效在 145h ~ 160h 之间，
4 号产品失效在 170h ~ 175h 之间，
5 号产品失效在 150h ~ 155h 之间，
总和 $=\overline{780}$h ~ $\overline{805}$h 之间

均值的区间估计可以算得。区间端点可用两个总和得到：

$$高估计\ \hat{\mu}=\frac{805}{5}=161\text{h}$$

$$低估计\ \hat{\mu}=\frac{780}{5}=156\text{h}$$

总体均值的区间估计是介于 156h ~ 161h 之间。

**例 5.4**

利用例 5.2 上的数据亦可算得总体标准差的点估计：

$$\hat{\sigma}=\sqrt{\frac{1}{4}[(162-158.6)^2+(157-158.6)^2+\cdots+(155-158.6)^2]}$$
$$=9.915$$

任一个科学计算器都可利用样本数据作总体均值与标准差估计的计算。在计算标准差估计时，关键要在分母上用 $n-1$。

注意:在总体标准差的估计时,其分母是比样本量少1的数。

总体均值与总体标准差的上述点估计是无需什么分布。这意味着:无论什么总体分布都可使用它们。

## 2. 统计区间估计

> 计算置信区间、容许区间等,并从这些结果引出一些结论。(评估)
>
> 知识点Ⅱ.B.2

### 置信区间

具有给定风险$\alpha$的某总体参数的统计置信区间可按置在该参数点估计的周围,该点估计是用该总体抽取的样本作出的。命题"总体参数在这个区间内"是有置信水平$1-\alpha$,其中表示风险的$\alpha$(正如显著性水平那样)是已知的。

一般,均值是一个常引起人们兴趣的参数。它的置信区间可设置在它的某个估计量(如样本均值)周围。在样本量较大场合,无论总体分布是什么都可以用中心极限定理来设置置信区间,该区间围绕均值的估计周围。在小样本场合亦可使用,只要总体分布与正态分布差别不大,一般认为总体是单峰(1个最高点)和某种对称性即可。但可靠性数据常不属于此种情况。例如,用试验确定失效时间且允许部分参试元件不失效就停止试验,这常常是因没有足够长的试验时间或没有足够多的元件参试以获得较多失效数据。同样,某些分布(特别是指数分布)可用来作可靠性模型,其产生的可靠性数据与来自正态分布的数据间有显著差异。若总体分已知(或被假设),精确的置信限可以算出。

### 正态分布

**均值的置信区间**(标准差已知)

若总体分布是正态且其标准差$\sigma$已知,则均值的置信区间为:

$$\bar{x} \pm \frac{Z_{\alpha/2}}{\sqrt{n}}\sigma$$

其中:

$\alpha$ ——总体均值不在区间内的概率(又称$\alpha$风险)。

$1-\alpha$ ——置信水平。

$z_{\alpha/2}$ ——来自$z$表的值(在正态曲线下的区域),使分布的尾部区域为$\alpha/2$(指$z$分布的$\alpha/2$上侧分位数——译者注)。

$$均值的上置信限=\bar{x}+\frac{z_{\alpha/2}}{\sqrt{n}}\sigma$$

$$均值的下置信限=\bar{x}-\frac{z_{\alpha/2}}{\sqrt{n}}\sigma$$

使用上述公式可获最小误差,即使标准差未知而需要估计场合,只需样本量至少为 30($n \geqslant 30$),上述公式都可使用。

当总体均值的置信区间已算出,则误差幅度可用下式给出:

$$E = \frac{z_{\alpha/2}}{\sqrt{n}}\sigma$$

为确定样本量 $n$ 必须先给出误差幅度 $E$,解出 $n$ 可得:

$$n = (\frac{z_{\alpha/2}}{E}\sigma)^2$$

**例 5.5**

请计算电路板涂层厚度均值的 0.90 置信区间,该问题背景曾在本章开头描述过。

为了作出此项估计特从具有 1000 块电路板的总体中随机取出 40 块进行涂层厚度的测量。涂层厚度的标准差已知为 0.0005 英寸。

$\bar{x} = 0.003$ 英寸

$\sigma = 0.0005$ 英寸

$\alpha = 0.10$(风险)

$1 - \alpha = 0.90$(置信水平)

$z_{\alpha/2} = z_{0.05} = 1.645$(在附录 E 中正态表可查得)

由于标准差已知,$z$ 分布可用来计算置信区间:

$$\text{置信区间} = \bar{x} \pm \frac{z_{\alpha/2}}{\sqrt{n}}\sigma$$

$$= 0.003 \pm \frac{1.645}{\sqrt{40}} \times 0.0005$$

$$= 0.003 \pm 0.00013$$

上置信限 $= 0.003 + 0.00013 = 0.00313$(英寸)

下置信限 $= 0.003 - 0.00013 = 0.00287$(英寸)

以 0.90 的置信水平认为:该总体的真实均值介于 0.00287 英寸与 0.00313 英寸之间。

**例 5.6**

对例 5.5,为得到 99% 置信区间($\alpha = 0.01$),要计算其需要的样本量,使其也有相同的误差幅度:

$$E = \frac{z_{\alpha/2}}{\sqrt{n}}\sigma = \frac{1.645 \times 0.0005}{\sqrt{40}} = 0.00013$$

$$z_{\alpha/2} = z_{0.005} = 2.575$$

$$n = (\frac{z_{\alpha/2}}{E}\sigma)^2 = (\frac{2.575 \times 0.0005}{0.00013})^2 = 98\text{(取整)}$$

若要减少误差幅度或增大置信水平,则还要增大样本量。

## 均值的置信区间(标准差未知)

当总体标准差未知时,而要从样本做出均值的置信区间可用 $t$ 分布。$t$ 分布在围绕均

值的对称性上与 $z$ 分布相似。$t$ 值(指 $t$ 分布上侧分位数——译者注)要比相应的 $z$ 值大一些,这是因为 $\sigma$ 的估计含有不确定性。样本量愈小此种不确定性愈大,所以 $t$ 值依赖于样本量。统计学家定义了一个所谓的**自由度**($\upsilon$)。若样本量为 $n$,则其 $t$ 分布的自由度为 $n-1$。$t$ 值表列于附录 J。要注意:仅在总体分布为正态时才可使用 $t$ 表。但在较大样本量和近似正态总体时也可使用 $t$ 表。统计学家称此方法对正态性假设且具有稳健性:

$$\text{均值的置信区间} = \bar{x} \pm \frac{t_{\alpha/2,\nu}}{\sqrt{n}}s$$

其中:

$s$ ——总体标准差的估计。

$t_{\alpha/2,\nu}$——风险为 $\alpha$ 自由度为 $n-1$ 的(来自 $t$ 表)$t$ 值。

$$\text{上置信限} = \bar{x} + \frac{t_{\alpha/2,\nu}}{\sqrt{n}}s$$

$$\text{下置信限} = \bar{x} - \frac{t_{\alpha/2,\nu}}{\sqrt{n}}s$$

注:在使用 $z$ 分布和 $t$ 分布计算均值置信限上的差别对统计学家是重大的。但此差别对从事可靠性的工程师来说可能是较小的实际价值。在 CRE(美国质量学会注册可靠性工程师)考试上要检查的问题是:这个差别是否理解了。要引导学生关注使用这两个分布上的差别,以及提出问题的方式。

**例 5.7**

设在例 5.2 中的样本来自近似正态分布的总体。现要寻求该总体均值 $\mu$ 的 0.90 置信区间。在这里

$$n = 5$$

$$\bar{x} = 158.6\text{h}$$

$$s = 9.915\text{h}$$

其标准差 $s$ 是来自该样本的一个估计,因此可用 $t$ 分布计算置信限:

$$t_{\alpha/2,\nu} = t_{0.05,4} = 2.132$$

$$\text{下置信限} = 158.6 + \frac{9.915 \times 2.132}{\sqrt{5}} = 168.05$$

$$\text{上置信限} = 158.6 - \frac{9.915 \times 2.132}{\sqrt{5}} = 149.15$$

于是总体的真实均值是以 0.90 的置信水平介于这些上、下限之间,即以 0.90 置信水平有:

$$149.15 < \mu < 168.05$$

当抽样是为估计某个参数时,也可能需要计算置信区间。当新闻记者报告抽样民意调查结果时,他们总要附加一个误差幅度,这是置信区间的另一种形式,这时常默认置信水平为 95% 。例如,设结果显示:有 43% 的被调查者回答“A”,有 46% 被调查者回答“B”,它们都有 ±3.5% 的误差幅度。这就相当于说,有 95% 把握说回答“A”的人在总体里占 39.5% 和 46.5% 之间,回答“B”的人在总体里占 42.5% 和 49.5% 之间。由于这两个区间有重叠,因此也不可能以 95% 的把握哪个答案更好。这种情况也被称为统计上不分胜负。

某些统计软件包可画出曲线并附带置信区间(又称置信带——译者注)。图 5.1 上显示 Minitab 画的图,它中间曲线是名为“start”的生存曲线,上下两条曲线是该生存曲线的 95% 置信区间。

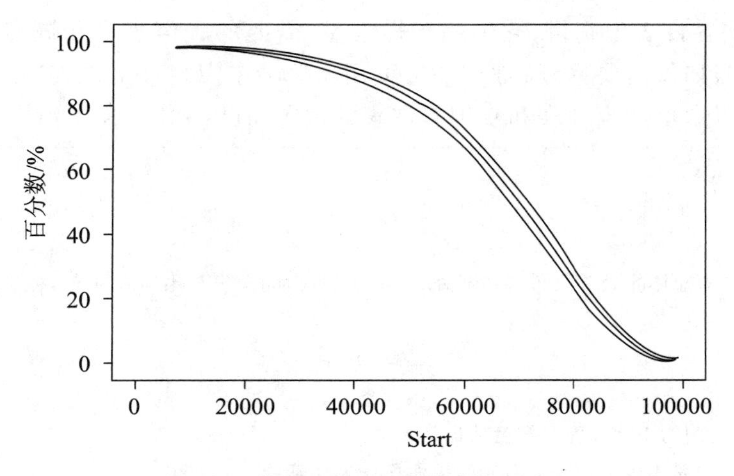


图 5.1　带有置信区间的曲线图(95%)

### 标准差的置信区间

卡方($\chi^2$)分布可用来计算正态分布标准差的置信限。卡方分布不是对称的,因此它的上限值和下限值必须分别从 $\chi^2$ 表中找到。卡方值也要利用自由度才能确定,因此卡方值依赖于样本量。卡方分布的值在附录 I 中给出。

总体标准差的 $1-\alpha$ 置信区间给出如下:

$$\sqrt{\frac{n-1}{\chi^2_{(\alpha/2,n-1)}}}s < \sigma < \sqrt{\frac{n-1}{\chi^2_{(1-\alpha/2,n-1)}}}s$$

其中,$\chi^2$ 值从卡方表中利用自由度 $v=n-1$ 查得。

**例 5.8**

利用例 5.2 的数据对总体标准差 $\sigma$ 计算 0.90 置信区间。

$$n=5$$

$$\hat{\sigma}=s=9.915\text{h}$$

从卡方表中查得:

$$\chi^2_{0.05,4}=9.488$$

$$\chi^2_{0.95,4}=0.711$$

可算得:

$$\text{下置信限}=\sqrt{\frac{4}{9.488}}\times 9.915=6.44$$

$$\text{上置信限}=\sqrt{\frac{4}{0.711}}\times 9.915=23.5$$

则 $\sigma$ 的 0.90 的置信区间为 $6.44<\sigma<23.5$。

**统计容许区间**

统计容许区间，有时也被称为统计容许限，可用来确定正态曲线下正态变量取值的一个区域，该区域可用样本均值 $\bar{x}$ 和样本标准差 $s$ 来确定。双侧容许区间是 $\bar{x} \pm ks$，其中 $k$ 值可以从双侧容许表中查得，它依赖于样本量、需要的置信水平和该容许区间对所在总体的比率。假如仅需要单侧容许下限，可用 $\bar{x} - ks$ 作为容许下限，其中 $k$ 值可以从单侧容许表中查得。单侧容许表和双侧容许表的因子 $k$ 已在附录 K 中给出。

**例 5.9**

假设来自正态总体的 15 个元件参加寿命试验直至失效为止。其样本均值和样本标准差经计算可得。

$$n = 15$$
$$\bar{x} = 1067\text{h}$$
$$s = 45.6\text{h}$$

a. 在任务时间为 1000h 的可靠度估计是多少？

可靠度 $R(t_1)$ 是失效分布在 $t_1$ 右侧区域面积。先计算：

$$z = \frac{1000 - 1067}{45.6} = -1.47$$

然后在附录 E 的正态表上查得 $R(t = 1000) = 0.93$

b. 要使可靠度维持在 0.99 以上，该元件至少要连续工作多长时间呢？为此先要计算 $z$ 值，它使 $R(z) = 0.99$，从正态表中可查得 $z = -2.33$，于是该元件要连续工作时间为：

$$t = 1067\text{h} - 2.33 \times 45.6\text{h} = 961\text{h}$$

c. 以置信水平 0.95 使可靠度维持在 0.99 以上，该元件至少要连续工作多少小时？

先从单侧容许限表中在置信水平为 0.95 和样本量为 15 的栏中查得 $k = 3.520$，然后由单侧容许限公式算得：

$$t = \bar{x} - ks$$
$$= 1067\text{h} - 3.520 \times 45.6\text{h} = 906\text{h}$$

d. 含有 99% 失效时间的区间是多少？

先要从正态表上寻求 $z$ 值，使得正态分布两个尾部各含有 5% 的概率。这个 $|z| = 2.57$。然后计算其上限和下限，具体如下：

$$t_{上限} = 1067\text{h} + 2.57 \times 45.6\text{h} = 1184\text{h}$$
$$t_{下限} = 1067\text{h} - 2.57 \times 45.6\text{h} = 950\text{h}$$

则 99% 的失效时间是期望发生在 950h ~ 1184h 之间。

e. 以置信水平 0.95，且含 99% 失效时间的容许区间是多少？

首先从双侧容许表中在置信水平为 0.95 和样本为 15 的栏目下查得 $k = 3.878$。然后计算其容许上、下限，具体如下：

$$t_{上限} = \bar{x} + ks = 1067\text{h} + 3.878 \times 45.6\text{h} = 1244\text{h}$$
$$t_{下限} = \bar{x} - ks = 1067\text{h} - 3.878 \times 45.6\text{h} = 890\text{h}$$

则以 0.95 置信水平认为 99% 的失效时间将发生在 890h ~ 1244h 之间。

**指数分布**

指数分布的密度函数为：

$$f(t)=\frac{1}{\theta}\mathrm{e}^{-1/\theta},t\geqslant 0$$

指数分布的均值为 $\theta$。例如产品是不可修的，$\theta$ 又称为平均失效时间（MTTF）；若产品是可修的，$\theta$ 又称为平均无故障工作时间（MTBF）。

指数分布在某种意义上是独一无二的分布，其失效率（$\lambda$）恒为常数，它是其均值的倒数：

$$\lambda=\frac{1}{\theta}$$

由于失效率恒定，其失效概率不依赖于寿命，仅依赖于其工作时间的长度。同样，由于失效率恒定的性质，其均值估计可以利用截断数据。无需等到样本中每个产品都失效才作出估计。一个试验可在达到给定的失效个数时停止试验，这样的试验称**定数截断试验**；或在达到给定时间时就停止试验，这样的试验称为**定时截断试验**。

为了给出 $\theta$ 值的估计仅需要知道总试验时间（$T$）和失效数（$r$）。这里总试验时间是指参试的失效时间和尚未实效产品的试验时间之和。于是均值的估计可如下给出：

$$\hat{\theta}=\frac{T}{r}$$

**例 5.10**

假设有来自指数分布的 10 个产品参加寿命试验，其中 4 个产品在如下时间失效，且失效后没有产品替换。试验停止在 5000h（截断时间）；但仍有 6 个产品仍可运转。现要估计总体均值。

$$t(1)=1150\mathrm{h}$$

$$t(2)=2150\mathrm{h}$$

$$t(3)=3350\mathrm{h}$$

$$t(4)=4950\mathrm{h}$$

总失效时间 $\sum t(i)=11600\mathrm{h}$

参试产品数 $n=10$

失效产品数 $r=4$

总试验时间（$T$）：

$T=\sum t(i)+(n-r)\times 5000=11600\mathrm{h}+6\times 5000\mathrm{h}=41600\mathrm{h}$

$$\hat{\theta}=\frac{T}{r}=\frac{41600}{4}h=10400\mathrm{h}$$

同时还可给出失效率（$\lambda$）的估计：

$$\hat{\lambda}=\frac{1}{\hat{\theta}}=\frac{1}{10400\mathrm{h}}=96\times 10^{-6}\mathrm{h}^{-1}$$（每百万小时有 96 个失效）

其中失效率 $\lambda$ 的单位是每小时有多少个失效。

**指数分布均值的置信区间**

卡方（$\chi^2$）分布可用来计算指数分布均值的置信区间。

双侧 $1-\alpha$ 置信区间，假如试验是定时截断的，其下限为：

$$\theta_L = \frac{2T}{\chi^2_{\alpha/2,2r+2}}$$

假如试验是定数截断的，其下限为：

$$\theta_L = \frac{2T}{\chi^2_{\alpha/2,2r}}$$

这两个下限的差别表现在$\chi^2$项中的自由度上。例如试验是定时截断的，其自由度为$2r+2$；例如试验是定数截断的，其自由度是$2r$。

而定时截断和定数截断试验场合的上限都是：

$$\theta_U = \frac{2T}{\chi^2_{1-\alpha/2,2r}}$$

对单侧置信限，全部$\alpha$风险都集中在下尾上，若试验是定时截断，其置信限为：

$$\theta_L = \frac{2T}{\chi^2_{\alpha,2r+2}}$$

若试验是定数截断的，其置信限为：

$$\theta_L = \frac{2T}{\chi^2_{\alpha,2r}}$$

**例 5.11**

对例 5.10 中的数据计算其均值的 0.90 置信区间。

试验是定时截断的：

$$T = 41600\text{h}$$

$$r = 4$$

$$\alpha = 0.10$$

$$\hat{\theta} = 10400\text{h}$$

从卡方表（附录Ⅰ）可查得$\chi^2_{\alpha/2,2r+2} = \chi^2_{0.05,10} = 18.307$，由此可算得$\theta$的下置信限为：

$$\theta_L = \frac{2T}{\chi^2_{\alpha/2,2r+2}} = \frac{2 \times 41600}{18.307}\text{h} = 4545\text{h}$$

从卡方表中还可查得$\chi^2_{1-\alpha/2,2r} = \chi^2_{0.95,8} = 2.733$，由此可算得$\theta$的上置信限为：

$$\theta_U = \frac{2T}{\chi^2_{1-\alpha/2,2r}} = \frac{2 \times 41600}{2.733}\text{h} = 30320\text{h}$$

$$4545\text{h} < \theta < 30320\text{h}$$

这以 0.90 置信水平表明：总体的真实均值是介于 4545h ~ 30320h 之间。

为了以 0.90 置信水平给出单侧置信限，先从$\chi^2$表上查得：

$$\chi^2_{\alpha,2r+2} = \chi^2_{0.10,10} = 15.987$$

然后可算得单侧置信下限：

$$\theta_L = \frac{2T}{\chi^2_{\alpha,2r+2}} = \frac{2 \times 41600}{15.987}\text{h} = 5200\text{h}$$

$$\theta > 5200\text{h}$$

这以 0.90 置信水平表明：总体的真实均值大于 5200h。

## 二项分布

二项分布式一种离散分布。这个分布仅定义在若干个整数值上。二项分布给出 $n$ 次独立试验中仅有 $x$ 次成功的概率，例如每次试验中成功概率均为 $p$，则二项分布的 PDF 为：

$$p(x) = \binom{n}{x} p^{x}(1-p)^{n-x}, x = 0, 1 \cdots, n$$

其中，$\binom{n}{x}$ 是从 $n$ 个产品中每次取出 $x$ 个的组合数。

$$\binom{n}{x} = \frac{n!}{x!\ (n-x)!}$$

当二项分布用于可靠性数据时，若 $x$ 是失效产品个数，它可表示为 $r$。若 $x$ 是尚未失效的产品数，它可表示为 $n-r$。每次试验成功的概率均为 $p$，它也是一次试验的均值，二项分布的均值是 $np$。

**例 5.12**

寻找从 10 个产品中每次抽取 4 个的组合数：

$$\binom{10}{4} = \frac{10!}{4!\ 6!} = 210$$

这个问题可在科学计算器上用阶乘键或用组合键直接获得解答。

**例 5.13**

已知产品在给定的试验中能生存下来的概率为 0.92。20 个产品参加此次试验。

a. 仅有 18 产品存活（无失效）的概率是多少？

$$p = 0.92（产品无失效的概率）$$

$$n = 20$$

$$r = 2, n - r = 18（无失效的产品数）$$

$$p(18) = \binom{20}{18} 0.92^{18}(1-0.92)^{2} = 0.2711$$

这个问题也可先计算仅有两个失效的概率，然后用 1 减去这概率而得到：

$$p = 0.08\ （产品失效的概率）$$

$$\mathrm{n} = 20$$

$$r = 2（产品失效数）$$

$$p(18) = 1 - \binom{20}{2} 0.08^{2} \times 0.92^{18} = 0.2711$$

b. 至少有 18 个产品存活的概率是多少？

利用互不相容的概率可以相加，可得：

$$\begin{aligned} p &= (n - r \geqslant 18) = p(18) + p(19) + p(20) \\ &= \binom{20}{18} 0.92^{18} \times 0.08^{2} + \binom{20}{19} 0.92^{19} \times 0.08 + \binom{20}{20} 0.92^{20} \\ &= 0.2711 + 0.3282 + 0.1887 \\ &= 0.788 \end{aligned}$$

### 用样本作二项均值的估计[①]

用试验数据可作出 $p$ 的估计。这些数据只记录了产品成功（记为1）或失败（记为0），这是属性数据，其精确失效时间是不知道的。若有 $n$ 个产品参加试验，且有 $r$ 个失效（$n-r$ 个产品没失效），则成功概率 $p$ 的估计就是成功次数除以试验次数。这个概率也是产品在一项试验中的可靠性：

$$\hat{p}=\frac{n-r}{n}$$

**例 5.14**

为探测某种给定的威力有30台传感器参加试验。有2台传感器在探测威力中已发现失效。该传感器的深测力的可靠性的估计是多少？

$$n=30$$

$$r=2$$

$$\hat{p}=\hat{R}=\frac{30-2}{30}=0.933$$

### 二项分布均值的置信区间

可靠性试验数据个数是很有限的。样本量也不大且若产品是高可靠的，即将很少失效。确切的联系可以利用计算均值的置信限来建立。在利用正态近似时有可能引入额外误差。为了计算二项均值的置信限，必须利用 $F$ 分布。$F$ 值是两个卡方值之比，它有两个自由度。

可靠度的 $1-\alpha$ 置信下限如下：

$$R_{\mathrm{L}}=\frac{n-r}{(n-r)+(r+1)F_{\alpha,v_1,v_2}}$$

其中，$F_{\alpha,v_1,v_2}$ 是来自 $F$ 分布表的值，它有风险 $\alpha$、分子自由度 $v_1$ 和分母自由度 $v_2$。

$$v_1=2(r+1)$$

$$v_2=2(n-r)$$

$F$ 表见附录 F、附录 G 和附录 H。

$F$ 表容易读错，重要的是学员在学习时和在参加 CRE 考试时要熟悉这种表，使他们可以很快读出和校正。

### 成功试验

若在试验期内没有失效出现，则不能给出均值的点估计。然而均值的一个置信下限可以算得。

在无失效试验场合，可靠性的 $1-\alpha$ 置信下限为：

$$R_{\mathrm{L}}=(\alpha)^{1/n}$$

---

① 这里和下一段中的“均值”应理解为“成功概率”可能更适合一些。——译者注

**例 5.15**

利用例 5.14 中的试验数据计算可靠度 0.90 置信下限：

$$n=30$$

$$r=2, n-r=28$$

$$\alpha=0.10$$

$$F_{\alpha,\nu_1,\nu_2}=F_{0.10,6,56}=1.88$$

当自由度超过 30 时，可对 $F$ 表进行内插。

可靠度的 0.90 置信下限为：

$$R_L=\frac{28}{28+3\times1.88}=0.832$$

$$R>0.832$$

以置信水平 0.90 认为：可靠度大于 0.832。

图也可用作这项计算，见 Ireson、Coombs 和 Moss 的《可靠性工程与管理手册》中附录 B。

**例 5.16**

假如在例 5.14 中 30 个传感器在试验中无一失效，请计算该产品可靠度的 0.90 的置信下限：

$$R_L=(0.10)^{1/30}=0.926$$

$$R>0.926$$

以置信水平 0.90 认为：传感器可靠度大于 0.926。

常常会问："在给定置信水平下又给定可靠度时，要求的样本量是多少？"若试验是在无失效下进行，上面问题所要求的样本量可以给出。$n$ 的解为：

$$n=\frac{\log(\alpha)}{\log(R_L)}$$

$n$ 常常要取下一个较高的整数。

**例 5.17**

置信水平为 0.90 下可靠度为 0.95 的无失效试验的样本量是多少？

$$n=\frac{\log(0.10)}{\log(0.95)}=45$$

注：这里利用的对数可以是以 10 为底的对数，也可以是自然对数（以 e 为底的对数）。以 10 为底的对数常用 lg 表示，自然对数常用 ln 表示。

## 3. 假设检验(参数的与非参数的)

对参数(诸如均值、方差、比率和分布参数)作出假设检验,解释显著性水平和对接受/拒绝原假设的Ⅰ类和Ⅱ类错误。(评估)

知识点Ⅱ.B.3

假设检验是推断统计的另外一种工具,它与置信区间关系密切,在假设检验里使用的术语罗列如下。

### 术语

**原假设**(零假设)$H_0$。它是假设样本所在总体与特定总体之间没有差别,或者两个(或多个)样本各自所在的总体间没有差别。这个原假设可能是不真实的,也可能(以特定的犯错误的风险)被证明是错误的,即这些总体间存在差别。

例如,当来自某总体的一个样本时,一个典型的原假设是:总体均值等于10,这个命题可表示为 $H_0:\mu=10$。

**备择假设** $H_a$。它是在原假设被拒绝后而采用的假设。

若考察的原假设是:总体的统计模型是正态分布。对此原假设的备择假设是:该总体的统计模型不是正态分布。

注1:备择假设是与原假设矛盾的命题。相应的检验统计量是用来在原假设与备择假设间作决策使用。

注2:备择假设也可表示为 $H_1$、$H_A$、$H^a$,没有特殊要求,只要与原假设平行的设置即可。

**单尾检验**。仅涉及分布一个尾部的假设检验称为单尾检验。例如,我们希望拒绝原假设 $H_0$ 仅在总体均值大于10时,即 $H_a:\mu>10$。这是一个右尾检验。单尾检验可以是右尾检验,也可以是左尾检验,这取决于备择假设中不等式的方向。

**双尾检验**。涉及分布两个尾部的假设检验称为双尾检验。例如,我们希望拒绝原假设 $H_0$ 仅在总体均值不等于10时,即 $H_a:\mu\neq10$。

**检验统计量**。用样本观察值可计算的统计量,由此可决定是否拒绝原假设。

**拒绝域**。用于拒绝原假设的检验统计量的取值范围。

**临界值**。决定拒绝域的检验统计量的边界值。

### 假设检验的步骤

教科书常把假设检验分解为较为正规的一些步骤。对各类检验大都可分7步或8步。虽然所有教科书所列步骤不尽相同,但还是有通用性。

(1)确定检验所要求的条件或假设。

(2)陈述原假设和备择假设。从而确定是否是单尾检验或双尾检验。

(3)确定 $\alpha$ 值。这很类似于在区间估计中所使用的 $\alpha$。在假设检验术语中,$\alpha$ 值又称为**显著性水平**。

(4)确定临界值。这些值常可在诸如 $z$ 表、$t$ 表、$\chi^2$ 表中找到。利用这些值去定义拒

绝域。

(5)计算检验统计量。每类假设检验都有计算检验统计量的公式。把样本数据输入到这些公式中去即可。

(6)决定是否拒绝原假设。若检验统计量的值落在决绝域内,则原假设被拒绝并同时备择假设被接受。假如检验统计量的值没有落入拒绝域,则原假设不能被拒绝。

(7)用原始问题的术语来陈述结论。

**均值的假设检验**

假设检验首先要研究的是对总体均值的单样本 $z$ 检验。其步骤是:

(1)条件:

a. 正态总体或大样本($n \geqslant 30$)。

b. $\sigma$ 已知。

(2)$H_0: \mu = \mu_0$ 对 $H_a: \mu \neq \mu_0$,或 $\mu < \mu_0$,或 $\mu > \mu_0$。

当 $H_a$ 中含有符号"$\neq$",则此检验为双尾检验;

当 $H_a$ 中含有符号"$<$",则此检验为左尾检验;

当 $H_a$ 中含有符号"$>$",则此检验为右尾检验。

(3)确定 $\alpha$ 值。

(4)确定临界值:

a. 对双尾检验使用 $z$ 表去找到一个使右尾区域恰为 $\alpha/2$ 的值,这个值及其负值就是两个临界值,其拒绝域就是由正值的右尾和负值的左尾两部分组成。

b. 对左尾检验使用 $z$ 表去找到一个使右尾区域恰为 $\alpha$ 的值,这个值的负值就是临界值,其拒绝域就是这个负值的左尾区域。

c. 对右尾检验使用 $z$ 表去找到一个使右尾区域恰为 $\alpha$ 的值,这个值就是临界值,其拒绝域就是这个正值右尾区域。

(5)计算检验统计量:

$$z = (\bar{x} - \mu_0)\frac{\sqrt{n}}{\sigma}$$

(6)假如检验统计量落入拒绝域,则拒绝 $H_0$,否则不拒绝 $H_0$。

(7)用问题的术语来陈述结论。

在很多应用中,总体标准差是未知的,就像在置信区间那样,这时的分布已找到并用 $t$ 表示。步骤与以前的 7 步完全相同,除了第(1)步、第(4)步和第(5)步外,但对这三步需要再读一遍:

(1)条件:总体呈正态分布或 $n \geqslant 30$。

(4)临界值可以从自由度为 $n-1$ 的 t 表中找到。

(5)检验统计量的公式为:

$$t = (\bar{x} - \mu_0)\frac{\sqrt{n}}{s}$$

其中,$s$ 是样本标准差。

这个假设检验被称为**单个总体均值**的 $t$ 检验。

重要的注：原假设没有被拒绝并不意味着它是真实的。此结论是真实的概率小于90%（若 $\alpha=0.10$）。

### 例 5.18

一供应商声称其零件平均质量是1.84。客户随机地抽取64个零件，测得该样本的平均质量是1.88。假设该总体标准差已知为0.03，客户会拒收这批货物吗？假如客户在拒收前就期望以95%把握认为供应商的声称是不正确的。

（1）条件 a. 与 b. 满足

（2）$H_0:\mu=1.84$ 对 $H_a:\mu\neq1.84$，这是双尾检验。

（3）从问题知：$\alpha=0.05$。

（4）临界值是 $z$ 值，在其右尾面积恰好是0.025，这个值的负值也是临界值。这两个值是1.96和-1.96。拒绝域是由1.96的右尾区域和-1.96的左尾区域组成。

（5）检验统计量的值：

$$Z=(1.88-1.84)\frac{\sqrt{64}}{0.03}=10.7$$

（6）因10.7在拒绝域内，故应拒绝 $H_0$。

（7）在0.05显著性水平上，数据支持供应商声称平均重量为1.84是不正确的。

### 例 5.19

一供应商声称其零件平均质量是1.84。客户随机地抽取64个零件，测得该样本的平均质量是1.88。和样本标准差是0.03。客户会拒收这批货物吗？假如客户在拒收前就以95%把握认为供应商的声称是不正确的。（这个例子与上一个例子相同。除0.03是样本标准差代替那里的总体标准差。）

（1）条件符合。

（2）$H_0:\mu=1.84$ 对 $H_a:\mu\neq1.84$，这是双尾检验。

（3）从问题知：$\alpha=0.05$。

（4）正临界值可在 $t$ 表中行63和列0.025上查得。因表中无行63，可用更保守的行60，这个值为2.000，另一个临界值为-2.000。则拒绝域是由2.000的右尾区域和-2.000的左尾区域组成。

（5）检验统计量的值：

$$t=(1.88-1.84)\frac{\sqrt{64}}{0.03}=10.7$$

（6）因10.7在拒绝域内，$H_0$ 被拒收。

（7）在0.05显著性水平上，数据表明，供应商声称平均质量是1.84是错误的。

**例 5.20**

用切割锯加工一批零件，要求平均长度为 4.125。一新刀片被安装后我们想知道其均值是否下降。为此我们抽取一个容量为 20 的样本，测其每个零件的长度，算得平均长度为 4.123 和样本标准差为 0.008。假设总体是正态分布。利用显著性水平为 0.10 去确定其平均长度是否减少。

因总体标准差未知，故用 $t$ 检验。

(1)条件符合。

(2) $H_0:\mu=4.125$ 对 $H_0:\mu<4.125$，这是左尾检验。

(3)从问题知：$\alpha=0.10$。

(4)正临界值可在 $t$ 表中行 19 和列 0.10 上查得，这个值为 1.328。临界值是 $-1.328$。其拒绝域为 $-1.328$ 左尾区域。

(5)检验统计量的值：

$$t=(4.123-4.125)\frac{\sqrt{20}}{0.008}=-1.1$$

(6)因 $-1.1$ 不在拒绝域，$H_0$ 没有被拒绝。

(7)在 0.10 显著性水平上，数据没有告知平均长度被减少。

**两总体均值的假设检验**

下面两个假设检验都涉及两个总体均值。对两个总体均值的双样本 $t$ 检验的步骤如下：

(1)条件：

a. 两个总体都呈正态分布或都是大样本($n\geqslant30$)

b. 独立样本(即一个样本被抽取不依赖另一个样本的抽取)。

(2) $H_0:\mu_1=\mu_2$ 对 $H_a:\mu_1\neq\mu_2$ 或 $\mu_1<\mu_2$，或 $\mu_1>\mu_2$。

当 $H_a$ 中含有符号"$\neq$"，则此检验为双尾检验；

当 $H_a$ 中含有符号"$<$"，则此检验为左尾检验；

当 $H_a$ 中含有符号"$>$"，则此检验为右尾检验。

(3)确定 $\alpha$ 值。

(4)确定临界值：

a. 对双尾检验使用 $t$ 表去找到一个使右尾区域恰为 $\alpha/2$ 的值，这个值及其负值就是两个临界值，其拒绝域就是由正值的右尾区域和负值的左尾区域两部分组成。

b. 对左尾检验使用 $t$ 表去找到一个使右尾区域恰为 $\alpha$ 的值，这个值的负值就是临界值，其拒绝域就是这个负值的左尾区域。

c. 对右尾检验使用 $t$ 表去找到一个使右尾区域恰为 $\alpha$ 的值，这个值就是临界值，其拒绝域就是这个正值右尾区域。

不幸的是出现了自由度，它已不是 $n-1$，而是由下面一系列公式获得：

$$\text{自由度}=\frac{(a_1+a_2)^2}{\left[\frac{a_1^2}{n_1-1}+\frac{a_2^2}{n_2-1}\right]}\approx\text{最接近的整数}$$

其中：

$$a_1 = \frac{s_1^2}{n_1}, a_2 = \frac{s_2^2}{n_2}$$

$s_1$ 是来自总体 1 的样本标准差，$n_1$ 是其样本量；

$s_2$ 是来自总体 2 的样本标准差，$n_2$ 是其样本量。

（5）计算检验统计量：

$$t = (\bar{x}_1 - \bar{x}_2) / \sqrt{a_1 + a_2}$$

（6）若检验统计量的值落入拒绝域，则拒绝 $H_0$，否则不拒绝 $H_0$。

（7）用实际问题的术语陈述结论。

**例 5.21**

阀门隔板的两个供应商提出差别较大的价格。壁厚是该产品的关键质量特性。使用下列数据考察供应商 1 的产品平均壁厚是否大于供应商 2 的。检验在 0.10 显著性水平下进行。假设两个总体都服从正态分布，且两样本独立。

壁厚的测量值：

| 供应商 1 | 86 | 82 | 91 | 88 | 89 | 85 | 88 | 90 | 84 | 87 | 88 | 83 | 84 | 89 |
|---|---|---|---|---|---|---|---|---|---|---|---|---|---|---|
| 供应商 2 | 79 | 78 | 82 | 85 | 77 | 86 | 84 | 78 | 80 | 82 | 79 | 76 | | |

数据分析在计算器上标明：

$$\bar{x}_1 = 86.7 \quad s_1 = 2.76 \quad n_1 = 14$$

$$\bar{x}_2 = 80.5 \quad s_2 = 3.26 \quad n_2 = 12$$

（1）条件符合。

（2）$H_0: \mu_1 = \mu_2$ 对 $\mu_1 > \mu_2$。这是右尾检验。

（3）$\alpha = 0.10$，

$$a_1 = \frac{2.76^2}{14} = 0.54, a_2 = \frac{3.26^2}{12} = 0.89$$

$$df = \frac{(0.54 + 0.89)^2}{\left(\frac{0.54^2}{13} + \frac{0.89^2}{11}\right)} \approx \frac{2.04}{0.09} \approx 22（取整）$$

（4）临界值可在 $t$ 表中第 22 行和 0.10 列上找到，它为 1.321。拒绝域由 1.321 右尾区域组成。

（5）检验统计量：

$$t = \frac{(86.7 - 80.5)}{\sqrt{0.54 + 0.89}} = 5.2$$

（6）检验统计量值 5.2 落入拒绝域内，故应拒绝 $H_0$。

（7）在显著性水平 0.10 上，数据指明：供应商 1 的产品平均壁厚要大于供应商 2 的产品平均壁厚。

你可能想知道，为什么在第（7）步用词组“…数据指明…”而不用“数据证明”。0.10 显著性水平意味着，存有 10% 机会使被拒绝的原假设仍可能是真的。拒绝一个正确的原假设被称为犯第Ⅰ类错误，其发生概率就是 $\alpha$。$\alpha$ 有时被称为是生产方风险，因为在批抽样方案中拒绝一个好的批的概率就是 $\alpha$。如果没有拒绝错误的假设被称为犯第Ⅱ

类错误,其发生概率用 $\beta$ 表示。$\beta$ 有时被称为客户风险。

**成对数据比较检验**

下一个假设检验被称为两总体均值的成对数据的 $t$ 检验。在成对样本中每一对数据是由一总体的某个成员和另一总体中相对应的成员组成。例如,我们想考察在汽油中加入添加剂后能否提高各种车辆的平均里程,这里各种车辆是指几百家汽车公司在各年代所生产的各种型号的车所组成的总体。一个方法可使用,随机选出 10 辆车,注入无添加剂的汽油,测其行驶里程数;另外再选 10 辆车,注入有添加剂的汽油,测其行驶里程数。这两个样本可用来检验前面提出的假设(假设总体呈正态分布)。假如添加剂对平均里程有很大的增加,那么这个方法很容易作出拒绝平均里程相等的原假设。假如添加剂只使平均里程较小幅增加,检验可能得不到什么结果,因为车辆之间存有较大波动。这样一来,即使原假设是错的,这个检验也失去拒绝原假设的机会。统计学家会说检验缺乏敏感性。另一个备选方法可以供你使用:随机选出 10 辆车,记录无添加剂的里程数,然后再在此 10 辆车上加入有添加剂的汽油,如此安排可减去选用两个不同的 10 辆车而产生的样本波动。这个方法称为成对样本法,使用它可以提供很有效的检验。要注意有些场合使用它是不符合实际的。譬如我们想知道某特定药对不同人群(A 型血人与 B 型血人)的平均效果间的差别,一种方法是选出 10 位 A 型血的人,考察其服药的效果,然后排光 A 型血,灌入 B 型血,再测其服药的效果。一种可能的结果是此药物对 B 型血的人来说是致命的。

两总体均值的成对数据 $t$ 检验方法如下:

(1)条件:

a. 成对样本。

b. 大样本或对应差呈正态分布。

(2)$H_0:\mu_1=\mu_2$ 对 $H_a:\mu_1\neq\mu_2$ 或对 $\mu_1<\mu_2$,或对 $\mu_1>\mu_2$。

$H_a$ 含有符号"$\neq$",这是双尾检验;

当 $H_a$ 含有符号"$<$",这是左尾检验;

当 $H_a$ 含有符号"$>$",这是右尾检验。

(3)确定 $\alpha$。

(4)利用自由度 $df=n-1$ 在 $t$ 表中寻求临界值。

(5)计算检验统计量:

令 $d_1$ 是样本中第 1 对数据间的差。

令 $d_2$ 是样本中第 2 对数据间的差,其余类似。

计算 $n$ 个 $d$ 值的平均 $\bar{d}$ 与标准差 $s_d$。

检验统计量:

$$t=\bar{d}\frac{\sqrt{n}}{s_d}$$

(6)若检验统计量的值落入拒绝域内,则拒绝 $H_0$,否则不拒绝 $H_0$。

(7)用实际问题术语陈述结论。

**例 5.22**

对上面讨论的汽油添加剂问题设有如下数据：

| 车辆号： | 1 | 2 | 3 | 4 | 5 | 6 | 7 | 8 | 9 | 10 |
|---|---|---|---|---|---|---|---|---|---|---|
| 有添加剂： | 21 | 23 | 20 | 20 | 27 | 18 | 22 | 19 | 36 | 25 |
| 无添加剂： | 20 | 20 | 21 | 18 | 24 | 17 | 22 | 18 | 37 | 20 |

数据是否指明在0.05显著性水平上汽油添加剂可增加平均里程数？假设其差呈正态分布。

(1)条件符合。

(2)$H_0:\mu_1=\mu_2$ 对 $H_a:\mu_1>\mu_2$，这是右尾检验。

(3) $\alpha=0.05$。

(4)因 $df=10-1$，临界值在 $t$ 表中第9行和 $t_{0.05}$ 列上，这个值是1.833。

(5)利用下表得到的数据去计算检验统计量的值：

| 车辆号： | 1 | 2 | 3 | 4 | 5 | 6 | 7 | 8 | 9 | 10 |
|---|---|---|---|---|---|---|---|---|---|---|
| 有添加剂： | 21 | 23 | 20 | 20 | 27 | 18 | 22 | 19 | 36 | 25 |
| 无添加剂： | 20 | 20 | 21 | 18 | 24 | 17 | 22 | 18 | 37 | 20 |
| 差 $d$： | 1 | 3 | −1 | 2 | 3 | 1 | 0 | 1 | −1 | 5 |

利用科学计算器：$\bar{d}=1.4$ 和 $s_d=1.90$

检验统计量的值 $t=\dfrac{1.4\sqrt{10}}{1.90}=2.33$

(6)因2.33落在拒绝域内，故拒绝 $H_0$。

(7)在0.05显著性水平上，数据指明：使用添加剂可增加平均里程数。

**两总体标准差的假设检验**

很多过程改进的努力放在减少波动上。本节给出的检验是确定两总体的标准差是否有差别。

(1)条件：两总体都呈正态分布，且样本独立。

(2)$H_0:\sigma_1=\sigma_2$ 对 $H_a:\sigma_1\neq\sigma_2$（双尾），或 $\sigma_1<\sigma_2$（左尾），或 $\sigma_1>\sigma_2$（右尾）。

(3)确定显著性水平 $\alpha$。

(4)临界值可从 $F$ 表（见附录F、附录G、附录H）得到。对双尾检验有两个临界值 $F_{1-\alpha/2}$ 和 $F_{\alpha/2}$；对右尾检验临界值为 $F_{1-\alpha}$；对左尾检验临界值为 $F_{\alpha}$。所用的分子自由度 $df=n_1-1$，分母自由度 $df=n_2-1$，其中 $n_1$、$n_2$ 是样本量。

(5)检验统计量：

$$F=\frac{s_1^2}{s_2^2}$$

其中，$s_1$ 和 $s_2$ 是样本标准差。

(6)若检验统计量的值落入拒绝域内，则拒绝 $H_0$，否则不拒绝 $H_0$。

(7)用实际问题的术语陈述结论。

**例 5.23**

两台正在竞赛的机器运作中有如下统计量的值：

机器 1：$n_1 = 21, s_1 = 0.0032$

机器 2：$n_2 = 25, s_2 = 0.0028$

这两个总体都呈正态分布，两样本独立。在 0.10 显著性水平上这些数据是否支持两台机器的标准差有差别。

(1)条件符合。

(2) $H_0: \sigma_1 = \sigma_2$ 对 $H_a: \sigma_1 \neq \sigma_2$。

(3) $\alpha = 0.10$。

(4)这是双尾检验，其临界值为：

$$F_{\alpha/2}\begin{bmatrix}20\\24\end{bmatrix} = F_{0.05}\begin{bmatrix}20\\24\end{bmatrix} = \frac{1}{F_{0.95}\begin{bmatrix}24\\20\end{bmatrix}} = \frac{1}{2.08} = 0.48$$

$$F_{1-\alpha/2}\begin{bmatrix}20\\24\end{bmatrix} = F_{0.95}\begin{bmatrix}20\\24\end{bmatrix} = 2.03$$

其拒绝域是由 0.48 区域左尾和 2.03 区域右尾组成。其中 $F_{\alpha/2}\begin{bmatrix}\nu_1\\\nu_2\end{bmatrix} = F_{\alpha/2}, \nu_1, \nu_2$。

(5)检验统计量的值：

$$F_1 = \frac{S_1^2}{S_2^2} = \frac{0.0032^2}{0.0028^2} = 1.31$$

(6)因检验统计量的值没有落入拒绝域内，故不能拒绝 $H_0$。

(7)在 0.10 显著性水平上数据不支持两台机器的标准差有显著差别的结论。

**$F$ 分布的左尾**

注意到附录中的 $F$ 表仅限于 $F_{0.90}$、$F_{0.95}$ 和 $F_{0.99}$，这些表可直接用于右尾检验。$F$ 分布的一个特殊性质可用于寻找左尾。令具有分子 $df = n$ 和分母 $df = d$ 的 $F_\alpha$ 可表示为：

$$F_\alpha\begin{bmatrix}n\\d\end{bmatrix} = \frac{1}{F_{1-\alpha}\begin{bmatrix}d\\n\end{bmatrix}}$$

例如，查 $F_{0.05}$，其分子 $df = 10$，分母 $df = 20$：

$$F_\alpha\begin{bmatrix}10\\20\end{bmatrix} = \frac{1}{F_{0.95}\begin{bmatrix}20\\10\end{bmatrix}} = \frac{1}{2.77} = 0.36$$

**拟合优度检验**

卡方拟合优度检验可帮助确定：一个样本是否取自某已知分布。例 5.24A 将用具体例子来介绍这个概念。

**例 5.24A**

设所有被拒收的产品有下面四个缺陷之一。历史数据表明：他们有如下分布：

| | |
|---|---|
| 涂漆流动痕迹 | 16% |
| 涂漆气泡 | 28% |
| 图案不平整 | 42% |
| 门变形 | 14% |
| 总和 | 100% |

在最近一年里随机地选出一周中被拒收产品的频数如下：

| | |
|---|---|
| 涂漆流动痕迹 | 27 |
| 涂漆气泡 | 65 |
| 图案不平整 | 95 |
| 门变形 | 21 |

问：在被选出的一周内各缺陷类形的分布于历史上的分布不同吗？回答这个问题的检验是一个颇难称呼的 $\chi^2$ 拟合优度检验。为了理解这个检验需要建立一张表，此表将按历史分布展示各类缺陷在样本应有的期望缺陷数。

| 缺陷类型 | 概率 | 观察频数 $O$ | 期望频数 $E$ |
|---|---|---|---|
| 涂漆流动痕迹 | 0.16 | 27 | 33.28 |
| 涂漆气泡 | 0.28 | 65 | 58.24 |
| 图案不平整 | 0.42 | 95 | 87.36 |
| 门变形 | 0.14 | 21 | 29.12 |
| 总和 | | 208 | |

表中“涂漆流动痕迹”一栏上的期望频数是 208 的 16%，“涂漆气泡”一栏是 208 的 28%，余类推。问题是要判断在期望频数与观察频数之差充分大以致于来自总体的样本有不同的分布。检验这一点是用 0.05 显著性水平。

检验统计量是对每类缺陷都计算如下值,然后求和得到。

$$\frac{(O-E)^2}{E}$$

| 缺陷类型 | 概率 | 观察频数 $O$ | 期望频数 $E$ | $O-E$ | $(O-E)^2/E$ |
|---|---|---|---|---|---|
| 涂漆流动痕迹 | 0.16 | 27 | 33.28 | -6.28 | 1.19 |
| 涂漆气泡 | 0.28 | 65 | 58.24 | 6.76 | 0.78 |
| 图案不平整 | 0.42 | 95 | 87.36 | 7.64 | 0.67 |
| 门变形 | 0.14 | 21 | 29.12 | -8.12 | 2.26 |
| 总和 | 208 | | | | 4.9 |

这里原假设是分布不变。若最后一列上的总和过大,原假设将被拒绝。

**一般步骤**

(1)条件:

a. 所有期望频数至少为 1。

b. 期望频数少于 5 的类别不得超过 20% 。

(2)$H_0$:分布不变。

$H_a$:分布改变。

(3)确定 $\alpha$,显著性水平。

(4)寻找临界值,该值在 $\chi^2$ 表中 $\chi^2_\alpha$ 列的第 $k-1$ 行上。其中 $k=$ 分布中的类别数。这个检验永远是右尾检验。其拒绝域是这个临界值的右侧区域。

(5)用以下公式计算检验统计量:

$$\chi^2=\Sigma\frac{(O-E)^2}{E}(\text{上面表中最后一列之和})$$

(6)若检验统计量的值落在拒绝域内,则拒绝 $H_0$,否则不拒绝 $H_0$。

(7)陈述结论。

利用数据完成例 5.24A 的计算。下面例 5.24B 中的 7 步骤将决定是拒绝 $H_0$,还是不拒绝 $H_0$。

**例 5.24B**

(1)条件符合。

(2)$H_0$:缺陷类别的分布不变。

$H_a$:缺陷类别的分布改变。

(3) $\alpha = 0.05$。

(4)在 $\chi^2$ 表中的 $\chi^2_{0.05}$ 列上的第三行上找到临界值为7.815,其拒绝域是7.815右尾区域。

(5)计算检验统计量的值:

$$\chi^2 = \sum \frac{(O-E)^2}{E} \approx 4.9$$

(6)因检验统计量的值没落入此拒绝域,故不应拒绝 $H_0$。

(7)在0.05显著性水平上标明:数据不支持分布有改变。

**例 5.25A**

供应商声称:这批产品中最多只有2%的不合格品。收货人从中随机抽取500只,发现15只不合格品,在0.05的显著性水平上依这些数据能否说供应商的声明是错误的。

**比率的假设检验**

下一个假设检验是对一个总体比率而设置的。为启动这个检验,下面的符号与步骤被使用。

$p$——总体比率;

$n$——样本量;

$x$——样本中有特定属性的产品数;

$p'$——样本比率 $= x/n$;

$p_0$——假设中设定的比率。

在例5.25A中提出的问题被解决于例5.25B中。

假设检验的步骤:

(1)条件:$np_0 \geqslant 5$ 和 $n(1-p_0) \geqslant 5$。

(2) $H_0: p = p_0$。

$H_a: p \neq p_0$(双尾),或 $p < p_0$(左尾),或 $p > p_0$(右尾)。

(3)确定 $\alpha$,显著性水平。

(4)在标准正态分布表中寻找临界值:$\pm z_{\alpha/2}$(双尾),$-z_\alpha$(左尾),$z_\alpha$(右尾)。

(5)用下面公式计算检验计量的值:

$$z = \frac{p' - p_0}{\sqrt{p_0(1-p_0)/n}}$$

(6)若检验统计量的值落入拒绝域,则拒绝 $H_0$,否则不拒绝 $H_0$。

(7)用实际问题的术语陈述结论。

**例 5.25B**

$n=500, x=15, p'=15/500=0.03, p_0=0.02$

(1) $np_0=500\times0.02=10, n(1-p_0)=500\times0.98=490$，它们都$\geqslant5$，条件满足。

(2) $H_0: p=0.02$，对 $H_a: p>0.02$（右尾检验）。

(3) $\alpha=0.05$。

(4) 从正态表中获得临界值等于 1.645。

(5) 计算检验统计量的值 $z=\dfrac{0.03-0.02}{\sqrt{0.02\times0.98/500}}=1.597$

(6) 不拒绝 $H_0$。

(7) 在 0.05 显著性水平上，数据支持供应商关于最多存在 2% 不合格品的声明。

下一个假设检验是为比较两总体比率而设置的，要用到如下一些符号：

$p_1, p_2$——具有确定属性的产品在总体 1 与总体 2 中的比率；

$n_1, n_2$——来自两个总体的两个样本量；

$x_1, x_2$——样本中具有确定属性的产品数；

$p'_1, p'_2$——样本比率 = 分别为 $x_1/n_1$ 与 $x_2/n_2$。

假设检验步骤：

(1) 条件：两样本独立，且 $x_1\geqslant5, n_1-x_1\geqslant5, x_2\geqslant5, n_2-x_2\geqslant5$。

(2) $H_0: p_1=p_2$。

$H_a: p_1\neq p_2$（双尾），或 $p_1<p_2$（左尾），或 $p_1>p_2$（右尾）。

(3) 确定 $\alpha$，显著性水平。

(4) 在标准正态表中寻找临界值：$\pm z_{\alpha/2}$（双尾），$-z_\alpha$（左尾），$z_\alpha$（右尾）。

(5) 用如下公式计算检验统计量：

$$z=\frac{p'_1-p'_2}{\sqrt{p'_p(1-p'_p)}\sqrt{(1/n_1)+(1/n_2)}}$$

其中，$p'_p=\dfrac{x_1+x_2}{n_1+n_2}$

(6) 若检验统计量的值落入拒绝域，则拒绝 $H_0$，否则不拒绝 $H_0$。

(7) 用实际问题的术语陈述结论。

**例 5.26**

两台机器生产相同零件。从机器 1 的产品中随机抽取 1500 个样品，其中有 36 个不合格品；从机器 2 的产品中随机抽取 1680 个样品，其中有 39 个不合格品，机器 2 的不合格品率是否更低？检验在 0.01 显著性水平下进行。

$$n_1=1500, n_2=1680,$$

$$x_1=36, x_2=39,$$

$$p'_1 = 36/1500 = 0.024, p'_2 = 39/1680 \approx 0.0232$$

(1)条件满足。

(2) $H_0: p_1 = p_2$。

$H_a: p_1 > p_2$(右尾检验)。

(3)$\alpha = 0.01$。

(4)从标准正态表中查得右尾检验的临界值 $z_\alpha = z_{0.01} = 2.33$。

(5)计算:$p'_p = \frac{x_1 + x_2}{n_1 + n_2} = \frac{36 + 39}{1500 + 1680} = 0.0236$

$$z = \frac{0.0240 - 0.0232}{\sqrt{0.0236 \times 0.9764} \times \sqrt{(1/1500) \times (1/1680)}} \approx 0.148$$

(6)因检验统计量的值 0.148 没落入拒绝域,故不拒绝 $H_0$。

(7)在 0.01 显著性水平上,数据不支持机器 2 有更低的不合格品率的结论。

虽然在假设检验的标准清单上不常见到,但 Tukey 的**快速紧凑双样本**检验在比较两总体的失效率中很有用。从每个总体中获取容量 $n \geqslant 8$ 的随机样本参与寿命试验直至失效为止,然后按失效时间从高到低排成一行。该行最前端某类产品的连贯个数被定义为先导数。该行最后端另一类产品的连贯个数被定义为后滞数,其和为:$h$ = 先导数 + 后滞数。

Tukey 检验显示,先导数所在总体比另一总体更可靠,其显著性水平 $\alpha \leqslant h/2^h$(这里"可靠"是指失效率低或可靠度高——译者注)。

**例 5.27**

10 个产品从总体 A 中随机取出,另 10 个产品从总体 B 中随机取出。这 20 个产品参加寿命试验直到全部失效为止,按失效时间从高到低排列如下(原文缺一个 A,若此 A 在中段,不影响以下推断——译者注)。

| 失效时间 | 948 | 942 | 939 | 930 | 926 | 918 | 917 | 910 | 897 | 895 | 886 | 880 | 870 | 865 | 862 | 850 | 835 | 830 | 821 |
|---|---|---|---|---|---|---|---|---|---|---|---|---|---|---|---|---|---|---|---|
| 所在总体 | B | B | B | B | A | B | B | A | B | B | A | A | B | A | A | B | A | A | A |

先导数 = 4

后滞数 = 3

这里先导数 = 4,后滞数 = 3,总和 $h = 4 + 3 = 7$,于是:

$$\alpha \leqslant \frac{h}{2^h} = \frac{7}{2^7} = 0.055$$

最后的结论是:以 0.055 显著性水平认为总体 B 中的产品要比总体 A 中的产品更可靠。

## 统计显著性与实际显著性

在某些场合,有可能探测出两总体间在统计上有显著差异,但其间并无实际差异。

例如,可设想一个试验:一台车床在 400r/min 和 700r/min 操作上,其外表抛光面是否存在显著差异。若使用大样本容量,有可能认定 400r/min 总体是微小的但统计上有意义的表面改进。例如两种速度产生的表面抛光都符合规格,此时最佳决策也许是用较快速度,因为它能提高生产能力。这样一来,两总体间的差异虽有统计意义,但还需权衡其他经济和工程上的考虑。

**显著性水平、势,Ⅰ型与Ⅱ型错误**

因为每次假设检验总是基于一个样本的分析对总体性质作出推断,难免会出现一些情况:虽使分析没有错误,但结论也可能是不正确的,这是因为存在**抽样误差**。这些抽样误差不是因使用感官中而发生的,而是因为它们不可能总是正确的(除非使用百分之百的抽样,且不含有测量误差)。有两类误差出现,它们被命名为Ⅰ型与Ⅱ型。

**Ⅰ型错误**发生是在真实的原假设被拒绝时。Ⅰ型错误发生的概率用 $\alpha$ 表示。这与在置信区间和临界值所使用的 $\alpha$ 相同。因为,当假设检验在 0.05 置信水平下导出时,则其概率 0.05 也是原假设被拒绝的概率。当利用 $\alpha$ 构造总体均值的置信区间时,此概率 $\alpha$ 也是总体均值不在此区间的概率。

**Ⅱ型错误**发生是在不真假设没有被拒绝的,Ⅱ型错误的概率用 $\beta$ 表示。

抽样检验的例子有助于理解上面的概念。由 1200 个产品组成的产品批需要验收,其接收质量水平(AQL)为 2.5%,相应的抽样方案是:样本量为 80 和拒收数为 6。即从批中随机抽取 80 个产品并进行检查,例如其中有 6 个或更多个不合格品,则拒收这批产品。抽样理论告之:按此抽检方案所得的拒收批有可能错判,但仍满足 2.5% AQL 要求。譬如 1200 个产品中仅有 25 个不合格品,它低于 2.5% 水平。但容量为 80 的样品中有可能含有 6 个和 6 个以上不合格品吗?当然可能,这类事件发生的概率是 $\alpha$。这里的原假设是:产品批是合格的,但由于抽样方案的原因被我们错误地拒绝了。这种Ⅰ型错误是由于抽样误差引出的。假如我们取很多个容量为 80 的样本,则他们中有 6 个或更多个不合格品的比例最多仅有 $\alpha$。容易看到,$\alpha$ 有时被称为厂方风险,因为 $\alpha$ 是符合 AQL 的产品批(由于抽样误差)仍被拒绝的概率。

抽样理论另一个显示:按此抽样方案接收的批也必须满足 AQL。若设 1200 个产品批中有 60 个不合格品,它的不合格品率要二倍于 AQL。仍有可能在容量为 80 的样本中有低于 6 个不合格品发生。这类事件发生的概率是 $\beta$,$\beta$ 被称为用户风险,因为更严的抽样方案仍保持低于 $\beta$ 值。据此一个抽样方案的**能力**定义为 $1-\beta$。$\beta$ 越小此种能力越大。

对于给定的样本量和批的质量,$\alpha$ 和 $\beta$ 的值依赖于抽样方案的接收数与拒收数。假如要调整这些数,减少 $\alpha$ 必导致增大 $\beta$,减少 $\beta$ 也导致增大 $\alpha$。若同时减少 $\alpha$ 与 $\beta$ 则必导致增大样本量。若两者同时减到零,则要进行百分之百的抽样,且无检查错误发生。但是这就不是抽样方案。

# 第 Ⅲ 部 分

# 设计和开发中的可靠性

# 第 6 章

# A. 可靠性设计技术

## 1. 环境和使用因子

识别环境、使用因子(如温度、湿度、振动)和产品可承受的外界应力(如严格保养、静电放电[ESD]、通过量)。(应用)

知识点Ⅲ. A. 1

下面是环境和其他可给产品可靠性带来负面影响的应力因子,包括温度、振动、湿度、腐蚀性环境、静电放电(常在组装期内会遇到)、RF 干扰、循环应力以及含有盐、灰、氯和其他污染物的环境。

不是所有因子对不同产品都有相同影响。通常,温度对电子系统的影响要大于对机械系统的影响。循环应力会造成机械系统疲乏。高湿度或碱性环境会腐蚀机械部件,对电子元件也可能有影响。

使用因子是指产品正常工作的环境条件。例如,洗衣机被设计成每天负载运转四次,温度为 40°F ~120°F,pH 为 4 ~10。应力是附加的或超出设计范围的一些条件。辐射的存在、极端水压、极端电压等也是应力的例子。

## 2. 应力-强度分析

应用应力-强度分析方法计算失效概率,且解释这些结果。(评估)

知识点Ⅲ. A. 2

产品部件失效发生在环境应力超过产品部件强度时。可接受的设计实践是设计产品的强度一直大于期望应力。一项好的设计是要结合安全因子或安全裕度保证强度总是大于应力。利用这些设计技术时,产品受到的应力与产品的强度必须被看作是单点值。利用应力-强度分析方法时,应力和强度应被看作是分布函数。

例如,假设应力和强度都是服从正态分布的随机变量。应力分布的均值是 $\mu_s$,标准差是 $\sigma_s$。而强度分布的均值与标准差分别是 $\mu_S$ 与 $\sigma_S$。好的设计应是 $\mu_S > \mu_s$。安全因子等于 $\mu_S/\mu_s$,且大于 1。假如看作是单点值,则不会发生失效。然而,但当看作是分布函数,那就会出现一个交叉区域,在这个区域内应力是有可能超过强度的。(见图 6.1)

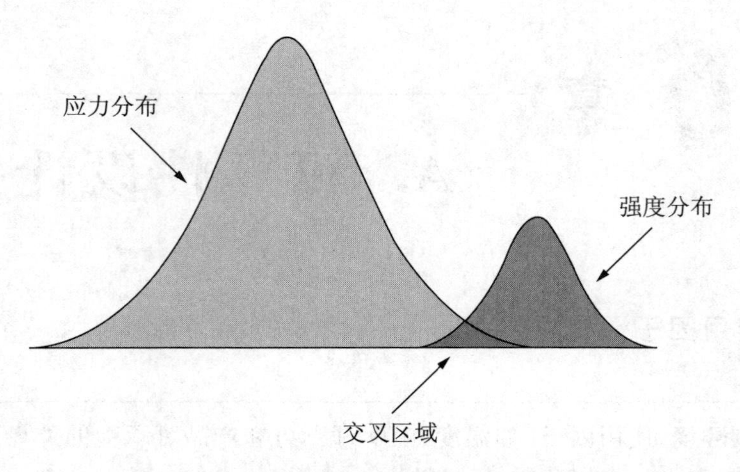


图 6.1 应力分布、强度分布及其交叉区域示意图

误差分布可用来计算失效概率。误差分布是指强度减去应力的分布，故误差分布有均值 $\mu_D = \mu_S - \mu_s$ 和标准差

$$\sigma_D = \sqrt{\sigma_S^2 + \sigma_s^2}$$

在误差分布图中零点左侧区域的面积就是失效概率，也是应力超过强度的区域。可靠性等于 1 -（失效概率），或是零点右侧区域的面积。

**例 6.1**

设应力与强度的均值与标准差分别为

$$\mu_s = 40000\text{psi}, \mu_s = 30000\text{psi}$$

$$\sigma_s = 4000\text{psi}, \sigma_s = 3000\text{psi}$$

则可算得安全因子 $\eta$ 和差的均值 $\mu_D$ 与标准差 $\sigma_D$：

$$\eta = 40000/30000 = 1.33$$

$$\mu_D = 40000 - 30000 = 10000\text{psi}$$

$$\sigma_D = \sqrt{4000^2 + 3000^2} = 5000\text{psi}$$

失效概率就是误差分布图中零点的左侧区域面积，这个面积可从标准正态分布表算得，为此先算得 $z$ 值：

$$z = \frac{0 - \mu_D}{\sigma_D} = \frac{-10000}{5000} = -2$$

失效概率 = 0.023

可靠性 = 1 - 0.023 = 0.977

当观察到应力 - 强度关系时，应强调如下四个基本途径驱使设计者可以提高可靠性。

设计者更好地控制强度的途径是：

- 提高平均强度：可用不同的材料或不同设计。
- 减少强度波动：减少材料的波动和过程中的波动。

设计者有一些方法控制应力：

- 减少平均应力：控制负载。
- 减少应力波动：限制使用环境。

## 3. FMEA 和 FMECA

> 定义和区分失效模式和后果分析(FMEA)与失效模式、后果和危险度分析(FMECA)，以及在产品、过程和设计中应用这些技术。(分析)
>
> 知识点Ⅲ. A. 3

### 实施 FMEA

失效模式和后果分析(FMEA)是提高系统可靠性的工程技术。它是对系统或子系统作结构分析，此种分析是在元件层次上、失效原因上和在失效后果上进行的，其中失效是在系统操作中可能发生但尚未发生的失效。这里的模式是技术上可能发生的事件，而后果是指这些事件发生后可能引起的后果。

在图 6.2 上显示了一张 FMEA 表的头部的例子。

FMEA 的目的是预知和减缓可能发生但尚未发生的失效的负面后果。它是被基础团队广泛使用的最佳工具，该团队含有熟悉系统各功能并知晓其对后果影响的代表。这个团队通常还含有设计、生产、采购、质量、销售和其他适宜人员。虽然顾客不常为该团队代表，但所有团队成员在 FMEA 使用期都应为顾客着想。FMEA 可用于产品生产的每个阶段和过程设计的每个时期。

FMEA 的步骤如下：

(1)在第一次团队会议前先要确定要分析的产品和搜集有关数据。

(2)列出所有可能的失效模式。这一步骤非常重要，它给出机会，显出机智。假如有一个或多个模式看漏了，那么 FMEA 的剩余部分将缺少价值。对每一个失效模式都要发问：怎样？何处？何时？和为什么失效会发生？失效将有什么影响？

(3)对每个模式计算事先风险数(RPN)。做到这一点要对如下几类项目分别指定从 1 ~ 10 的值。

$S$ = 严重度：对这项失效的后果的严重性的评价。

$O$ = 发生度：基于这项失效将发生的概率大小做出评估。

$D$ = 探测度：这项失效一旦发生即将被探测到的概率大小的做出评估。

RPN 是这三个数的乘积：$rpn = S \times O \times D$

(4)团队和管理者认为最重要的风险开发及其纠正行动计划。

(5)文件和报告最后结果。

| 项目 | 潜在失败模式 | 后果 | 严重度 | 原因 | 发生度 | 适时控制 | 探测度 | RPN | 推荐行动 | 责任人与时间 | 行动 | 结果 | | | |
|---|---|---|---|---|---|---|---|---|---|---|---|---|---|---|---|
| | | | | | | | | | | | 采取行动 | 严重度 | 发生度 | 探测度 | RPN |
| A29 | 销弯曲 | V16倾斜 | 6 | 低碳 | 1 | 硬度检查 | 8 | 48 | 对供应商改变规格 | Jim Hzn. 8/21/12 | 改变规格 | 6 | 1 | 2 | 12 |

图 6.2　一张 FMEA 表的头部的例子

以上每个步骤完成都要认真努力和消耗时间。在第三步中要求制定的数有如下指南。

**严重度：**

- 数 9 和 10 是为危及个人安全的失效而保留的，而 10 常用来表示没有警告就发生的安全隐患。
- 数 5～8 是设计顾客各种不满意程度。
- 数 2～4 认为是功能某种不足程度。
- 数 1 意指失效将没有影响。

**发生度：**

最佳估计常常是从观察类似产品或过程得到的，否则

- 若概率约为 0.5，可用 10
- 若概率约为 0.3，可用 9
- 若概率约为 0.1，可用 8
- 若概率约为 0.05，可用 7
- 若概率约为 0.01，可用 6
- 若概率约为 0.003，可用 5
- 若概率约为 0.0005，可用 4
- 若概率约为 0.00007，可用 3
- 若概率约为 0.000007，可用 2
- 若概率约为 0.0000007，可用 1

**探测度：**

- 10 用于被认为不可能探测到的失效
- 1 用于几乎一定可被探测的失效
- 1～10 中间的数表示可探测程度，从最易探测到最不易探测的失效。

一旦对每个失效模式完成 RPN 的计算，下一步指出，清单上的数 4 是这样一个界限，当清单上的数≥4 时，对相应的失效模式需要考虑将采取纠正或预防措施。假如几个 RPN 值位于其上端，则对它们应着手开始采取措施。当有两个失效模式有非常相似

的 RPN 值时，就有必要先深入思考一下，先对哪个失效模式采取行动。当我们事先忽略了一些可能发生地因素，那要对其 RPN 值再计算。

关于 RPN 值存在一个内部的数学问题，当使用它们时，多练习某些评价标准就显得尤为重要了。例如，假设有两个失效模式，其 $S$、$O$、$D$ 与 RPN 分别如下：

失效模式一：$S_1 = 10, O_1 = 7, D_1 = 4$，RPN = 280。

失效模式二：$S_2 = 5, O_2 = 8, D_2 = 8$，RPN = 320。

这两个模式的发生度（$O$）相差不大，都会引起顾客中等不满意程度。探测度（$D$）相差较大，模式二更难于探测。严重度（$S$）相差更大，模式一的严重度很高，在没有警告下就会发生安全隐患，这要特别加以注意。若仅看 RPN 的大小，应优先设法减低模式二的 RPN，这显然是不当的。代替 RPN 优先序的另一方案是：先按 $S$ 值排序；如果 $S$ 值相同，再按 $O$ 值排序；如果 $O$ 值也相同，那就按 $D$ 值排序。对这两种优先方案哪个合理用哪个。

## FMECA

失效模式、后果和危害度分析（FMECA）是基于失效模式的严重度和发生概率形成的优先级方案。这样的两个变量可以用来构造一张二维图，并把每个失效模式作为一个点显示在图上。严重度作为横轴，发生概率作为纵轴。较严重的实效模式画在右侧，较大概率的失效模式画在上方。例如在右上角上的点能组成一个失效模式集，则该集是最优先着手处理的一些模式集。在例 6.2 中失效模式⑧、⑤和③出现在图 6.3 的右上角。这里发生概率与严重度的尺度与前一段中的定义完全相同。

评价危害程度的其他工具有流程图和结构框图。这些图形工具可显示各子系统与部件之间的关系和相依性。他们对于复杂系统尤其适用。FMECA 的使用者还有更多选择来考察额外的一些因素，如安全性、停工期、预防维修和贮存余下的零件。

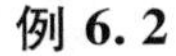

### 例 6.2

一个团队要识别某产品的 10 个失效模式，分别记为①到⑩，其严重度等级 $S$ 与发生概率等级 $O$ 分别确定如下（见图 6.3）。

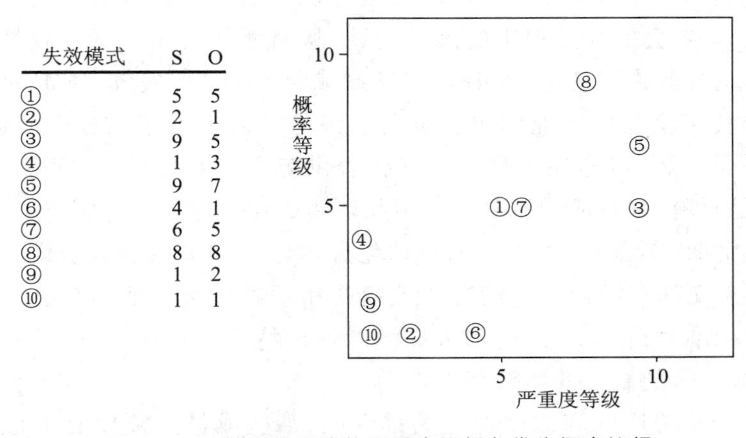

| 失效模式 | S | O |
|---|---|---|
| ① | 5 | 5 |
| ② | 2 | 1 |
| ③ | 9 | 5 |
| ④ | 1 | 3 |
| ⑤ | 9 | 7 |
| ⑥ | 4 | 1 |
| ⑦ | 6 | 5 |
| ⑧ | 8 | 8 |
| ⑨ | 1 | 2 |
| ⑩ | 1 | 1 |



图 6.3　10 种失效模式的严重度等级与发生概率等级

## 设计中的 FMEA

可靠性提高将会发生在结合系统进行设计更改时,这样可剔去失效,减少失效发生的概率,或减少失效时系统操作的影响。为了技术成功实现,一个最重要因素是把 FMEA 适时地完成,而按 FMEA 活动结果去改动设计是很经济的。FMEA 是在实际行动前所使用的一种工具,而不是事实发生后的一项操作。

FMEA 是用一些设定值从定性分析到定量分析的一种变化,这些设定值是失效发生概率的等级、失效对系统操作影响的等级和系统失控可被探测到的概率的等级。这可使失效在设计完成之前剔去,然后用这三个设定值的乘积作为 RPN,这就对每个失效给出数量等级。位于最高等级的几项失效将被选作设计更改的候选者。这样一来,可靠性可得改进。特别要考虑的是具有高严重度的失效项目,即使它的 RPN 值不高也要这样。这里推荐用 10 点尺度来评定发生度、严重度和可探度的概率等级(见表 6.1)。

每个失效将都是一个介于 1 ~ 1000 的 RPN 值。高的 RPN 值将进行纠正行动来减少风险,减少严重度或增加可探测的概率。

**表 6.1　利用 10 点尺度评定失效等级**

| 水平 | 发生的概率 | 严重度 | 可探测概率 |
| --- | --- | --- | --- |
| 高 | 8 ~ 10 | 8 ~ 10 | 1 ~ 3 |
| 中 | 4 ~ 7 | 4 ~ 7 | 4 ~ 7 |
| 低 | 1 ~ 3 | 1 ~ 3 | 8 ~ 10 |

FMEA 可对产品或过程进行。设计 FMEA(DFMEA)是对设计或产品进行。过程 FMEA(PFMEA)是对过程进行。DFMEA 被用于可靠性工程功能改进,而 PFMEA 被用于质量工程功能改进。这两种活动都可提高产品可靠性。

DFMEA 用文件记录了设计中的缺点,这些缺点可能在产品试用期引发失效。一个可改变的做法是在 DFMEA 期内降低使用期的失效率或用剔去易失效元件的方法来提高使用寿命。这些都可提高产品的可靠性。产品安全性也可用剔去招致失效的任何不安全条件来提高。PFMEA 将会揭开过程中的潜在问题,从而增加产品的不一致性。过程改进或附加的过程检测控制由于使用 PFMEA 将导致减少产品早期失效。FMEA 团队将具有广泛的技术与非技术交叉的专业知识。该团队将包括但不限于来自产品设计、产品服务、制造工程、质量工程、可靠性工程、采购(代表供应商)、和营销(代表顾客)等各方面的代表,他们将是材料、导热应力、振动、疲劳和环境腐蚀等方面的专家。

在 20 世纪 90 年代中期(美国)一些主要的自动化公司建立和采用了**自动化工程师协会**制定的标准 SAE　J 1739 在**设计中的潜在失效模式和后果分析**为他们自己使用和他的供应商使用。这个标准对概率、严重度和可探测度给出特定的等级,其中超出政府法规的操作,总体上不能运转的系统的严重度为 8 级。

设计 FMEA 团队的经验的广度和深度都是关键性的,某些成员必须要有类似产品的背景和产品设计接口的设备。假如电子的、气动的、机械的、或软件连接是需要的,那

么这个领域的专业知识也是必不可少的。

**设计中的 FMECA**

在设计过程的每个环节中,FMECA 团队应给设计组提供一张潜在失效模式和它对顾客需要的满意度清单。由于设计的不完整性,编制这样的清单要比后期设计 FMECA 更困难一些。另外,设计过程常常对预防和纠正措施提供更多选择。

FMECA 过程更多侧重于失效模式的危害度。另外,在设计的早期阶段处理危害的失效模式最好是用成本 - 效益方式,见例 6.3。

**例 6.3**

一个小组承接一台农用拖拉机驾驶室的设计任务。FMECA 团队确认焊接有 UV 退化,它位于驾驶杆与驾驶墙的交会处,这是一个有危害的失效模式。可能的预防措施有:

- 在 UV 焊接的暴露处设置保护罩。
- 使用抗 UV 退化的焊接材料。
- 设计一个驾驶连动装置使得无需焊接。

一旦确定了设计方案,这些解决方案都不可用。

## 4. 共有模式失效分析

描述这类失效(已知共有原因模式失效)和它怎样影响可靠性失效。(理解)

知识点Ⅲ. A. 4

为了回避混杂,有必要把这个概念从用于控制图的共有原因变差中区分出来。一个共有原因失效(CCF)发生是指两个或更多个元件同时失效并作为一种原因的结果。辨识和减缓共有原因失效是可靠性设计的重要组成部分。这些失效常常不能从标准的故障树分析中显示出来。

显然,可靠性工程师必须认识共有原因失效及怎样才可以研究它和控制它。正如本章第 5 节讨论的那样,故障树分析(FTA)是在每个故障都当作附加的潜在失效时的基本研究工具。工程师必须采取 Holistic 观点。例如,一个被研究的故障是在发动机的分隔室温度内突然出现一块尖铁,而故障树分析是较为狭窄的,因为只能考察这个事件对刹车系统的影响。其他功能也可能被伤害,如驾驶系统、计算机模板、照明系统的分线等。可见,单个故障可以产生多个故障树。至于怎样才能减少或剔去故障的影响的讨论可见本章第 8 节中对故障容许性的讨论。

## 5. 故障树分析与成功树分析

> 应用这些技术去开发一些模型,它们可用来评价不合需要的事件与合乎需要的事件。(分析)
>
> 知识点Ⅲ.A.5

### 与门和或门

一旦一个失效模式被识别,故障树分析(FTA)可以被使用。利用 FTA 的基本符号是从电路和逻辑学领域借助的。基本符号是**与门**和**或门**。这些门中每一个至少有两个输入和一个单独输出(见图 6.4)。

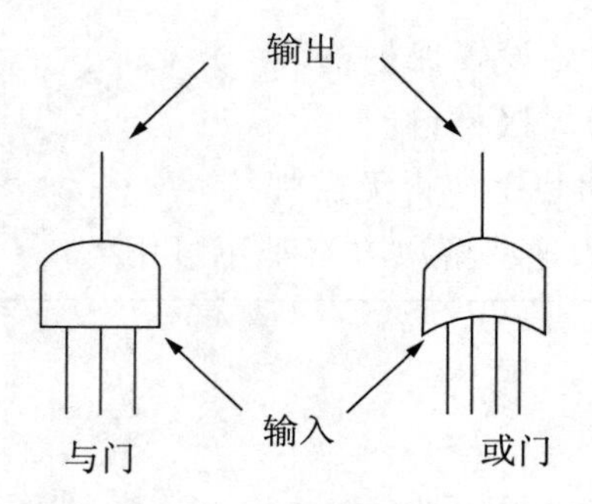


**图 6.4　与门和或门的符号**

与门的输出发生当且仅当所有输入都发生。或门输出发生当且仅当至少一个输入发生。矩形常用来标示输入和输出。失效模式研究常是从"顶"或"头"事件开始的。FTA 可帮助使用者认识失效模式发生的原因,也可帮助研究各种失效间的关系。

### 表决或门

这个门的输出发生当且仅当有 $k$ 个或更多输入事件发生,其中 $k$ 是指定的。表决或门的符号如图 6.5 所示。

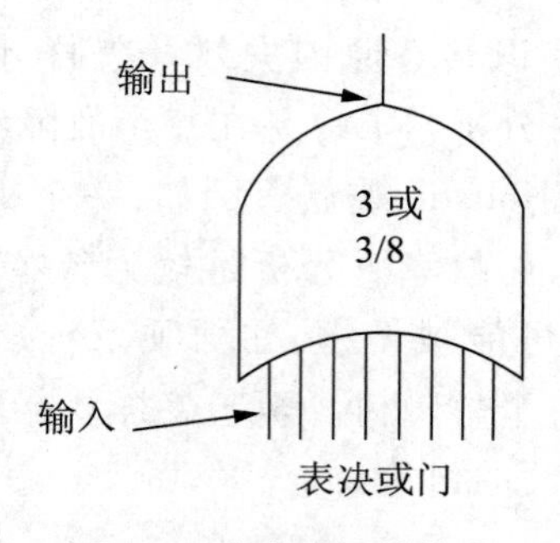


**图 6.5　表决或门的符号**

成功树分析(STA)是从正面接近系统,常问"必须发生什么才能使系统功能正常?"

故障树分析(FTA)在设计早期很有用,特别在开始设计的产品较为复杂和/或与另外部件有相互依赖关系时。FTA 提供了一张复杂的框图且可帮助使用者想象可能采取的预防/纠正措施。在典型的使用中,分析可以从造出的故障或失效开始研究,并问:"什么条件可使这个失效发生呢?"

进一步分析和概率设置可以做成气象记录和绝缘检测结果。在这点上设计团队可以确定电线强度是否合适、绝缘设计是否合适、累计倾斜是否合适等。

**例 6.4**

曾研究的一失效模式是搅拌器内完成调制之前突然停止工作。这就成为一个顶事件。进一步的团队研究指出此事件发生是由于下面四个事件中任一个发生引起的:

- 功率损耗;
- 计时器提前停止;
- 搅拌器发动机失效;
- 搅拌器动力链失效;

其中功率损耗发生是在外部电源失效和替补产生器失效都发生。计时器提前关闭发生是因在计时器设置不正确或有机械失效。搅拌器发动机失效发生是因过热、或熔化或电容器失效。搅拌器动力链失效发生时因两个传送带 A 和 B 都折断、或离合器失效、或变速器失效。这此都可用 FTA 框图表示在图 6.6 上。

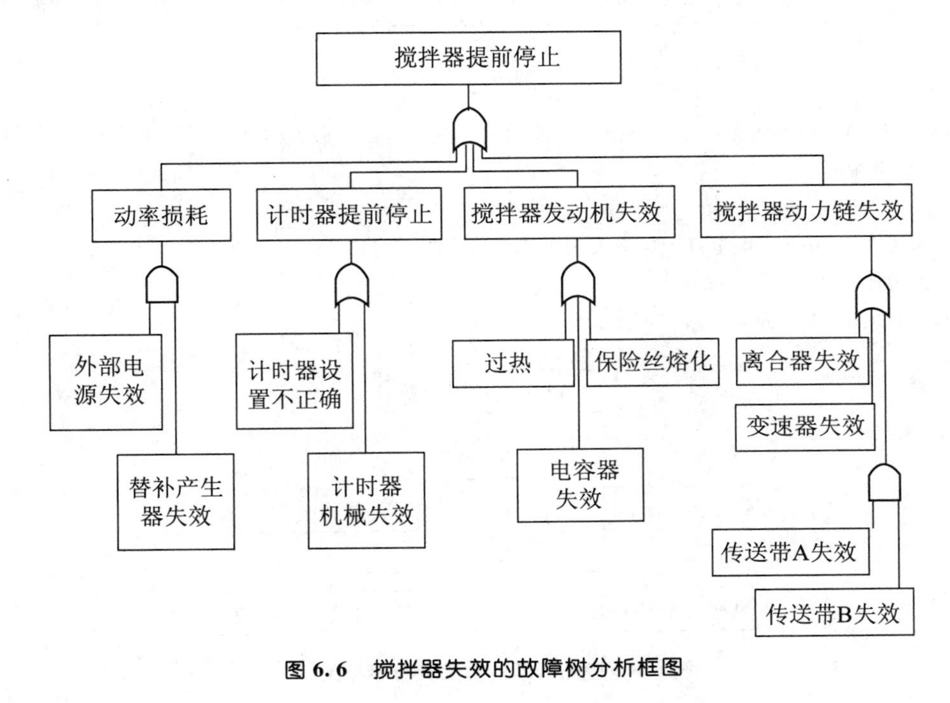


图 6.6 搅拌器失效的故障树分析框图

## 例 6.5

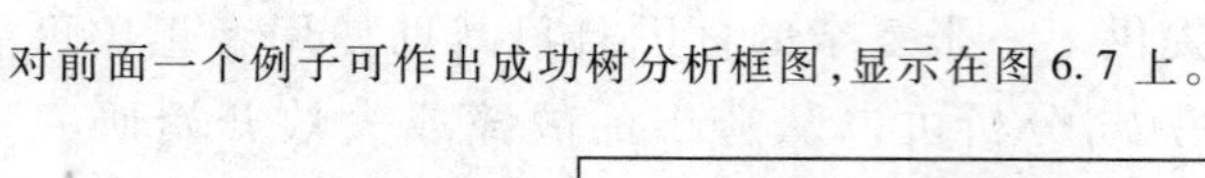
对前面一个例子可作出成功树分析框图，显示在图 6.7 上。

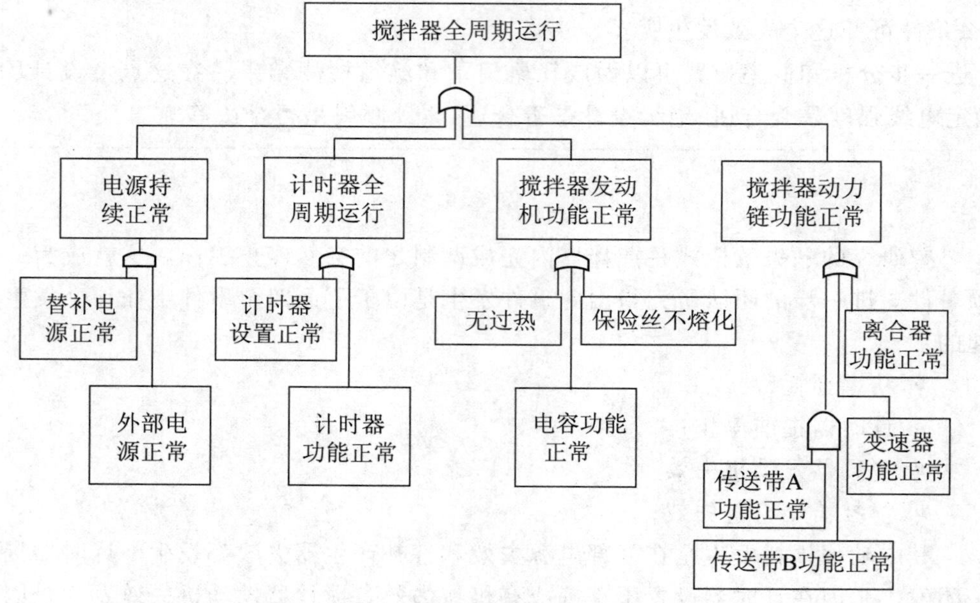


图 6.7　例 6.4 中搅拌器的成功树分析框图

## 例 6.6

曾研究过的一项失效是指点 A 与点 B 之间电力传送线中断。假设团队认定下列三个事件之一发生供电就会中断。

- 风速大于 130mph；
- 风速大于 70mph，但电线上结有大于 1 英寸的冰块；
- 绝缘体失效。

故障树如图 6.8 所示：

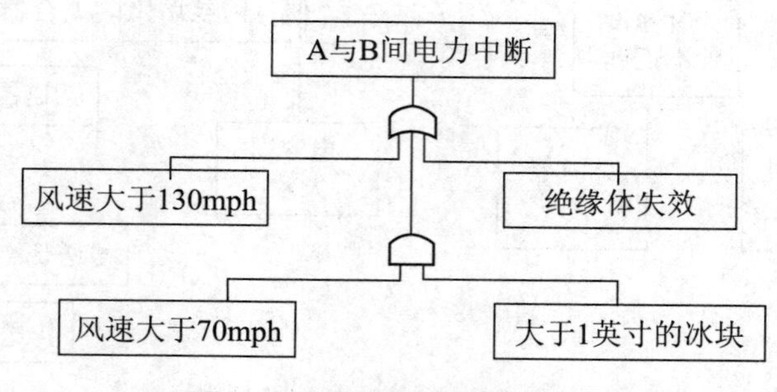


图 6.8　电力中断的故障数分析框图

## 6. 容差和最不利情况分析

描述容差和最不利情况分析（如平方和的根、极值）怎样被用来刻划影响可靠性的波动。（理解）

知识点Ⅲ. A. 6

可靠性检测将覆盖产品，其部件是处在它们容许限的极端。一个机械例子可以说明问题。如果过程是有能力的，且为正态的，则方法表明：解 2 有显著优点。

**例 6.7**

把三个带有误差间隔的部件 A、B、C 组装成一个大件。假如三个部件长度分别为 1000 ±0.003、2.000 ±0.003 和 3000 ±0.003，那组装成的大件长度 $X$ 有多少漂移？（见图 6.9）

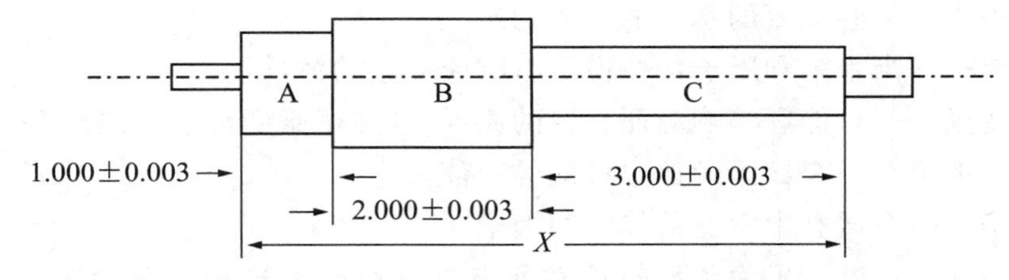


图 6.9 三个误差间隔经组装后的漂移

问题：装配后的总长度 $X$ 的合适的极端值是多少？有两种方法可解此问题。

解答 1：（最不利场景）

最传统也是最保守的方法是将三个长度的最小值相加后可得 $X$ 的最小值：

$X_{min} = A_{min} + B_{min} + C_{min} = 0.997 + 1.997 + 2.997 = 5.991$

类似的，$X$ 的最大值为：

$X_{max} = A_{max} + B_{max} + C_{max} = 1.003 + 2.003 + 3.003 = 6.009$

这个方法指出：可靠性测量结果包含在总装长度为 5.991 与 6.009 之间。

解答 2：（统计公差）

假设生产部件 A、B 和 C 中每一个生产过程都有能力 $C_{pk} = 2$（对六西格玛），其长度都服从正态分布，中心在规范尺寸 。那么每个长度的标准差都为 0.0005（ = 0.003/6）。若把三个部件的标准差记为 $\sigma_A$、$\sigma_B$ 和 $\sigma_C$，总装长度的标准差用 $\sigma_x$ 表示，则用来表示这些标准差间关系的统计公式为

$$\sigma_x = \sqrt{\sigma_A^2 + \sigma_B^2 + \sigma_C^2}$$

（有时称此为平方和的平方根）。代入，可得

$$\sigma_x = \sqrt{0.0005_A^2 + 0.0005_B^2 + 0.0005_C^2} \approx 0.0009$$

$$6\sigma_x \approx 0.0054$$

因此总长 $X$ 的六西格玛界限是 6.000 ±0.0054，或者说介于 5.9946 与 6.0054 之间。

六西格玛可覆盖全部,但要除去每百万个中的3.4个产品。这里实际总长 $X$ 是三个部件测量值的一种组合算得,这种组合有很多,$X$ 的六西格玛界限将包含99.99966%的此种组合。注意,这种简化仅在有能力的中心正态过程才是正确的。然而,$C_{pk}$ 不必一定等于2,对任意的 $C_{pk}$ 亦可进行分析。

## 7. 试验设计

> 计划和实施标准化的试验设计(DOE)(如全因子、部分因子、拉丁方设计)、用稳健设计方法(如田口设计、参数设计,DOE混合噪声因子)去改进或优化设计。(分析)
>
> 知识点Ⅲ.A.7

**术语**

这部分提供了某些重要的基本的术语的定义。

**试验误差**——当水平和因子保持恒定时响应变量的波动。

**因子或变量**——可能影响响应而设置的原因,且在试验中可取不同水平。

**水平**——因子在一个试验设计中可能的取值。

**噪声因子**——在试验中不能被控制的因子。

**复制**——在一个试验里为了比较而对所有处理组合都进行重复设置,每个重复设置被称为复制。

**响应变量**——一个试验处理里显示观察结果的变量。

**处理**——为一个试验单元而设置的一些因子的所取水平的组合。

试验设计的对象是为了产生有关产品或过程的知识。试验就要发现一组独立变量对一组相依变量的影响。数学上,这种关系可表示为 $y=f(x)$,其中 $x$ 是独立变量的清单,$y$ 是相依变量。例如,假设有一位机器操作工,他可调节进料量、进料速度和冷却剂温度,希望能找到一个配置,使产品有最佳的表面光洁度。这里进料量、速度和冷却剂温度被称为独立变量,而表面光浩度被称为相依变量,因为它的值依赖于一组独立变量的值。独立变量是输入变量,相依变量是输出变量。可能还有附加的独立变量,如材料的硬度或房间的湿度,它们对相依变量也有影响。可被试验员控制的独立变量被称为可控变量,有时也简称为**因子**。与其他因子,如硬度或湿度,被称为**噪声因子**。在这个例子中,试验设计可以指定:对部分试验速度可设置在1300rev/min,对余下的试验速度设置在1800rev/min这些值被称为速度因子的水平。试验团队决定,对试验中的每个因子取两个水平,具体如下:

进料量($F$):0.01和0.04in/rev

速度($S$):1300和1800rev/min

冷却剂温度($C$):100和140°F

他们选择了全因子试验,以便获得最多的过程知识。全因子试验将检测所有可能的水平与因子的组合,对每个组合运转一次,则运转总次数的计算公式为:

$$n = L^r$$

其中:$n$——运转次数;

$L$——水平个数;

$r$——因子个数。

在这种情况下,$n = 2^3 = 8$。团队开发出一张数据收集表,列出 8 次运转,每个运转重复 5 次的记录(见表 6.2)。

表 6.2　$2^3$ 全因子试验数据收集表

| 试验号 | F | S | C | 1 | 2 | 3 | 4 | 5 |
|---|---|---|---|---|---|---|---|---|
| 1 | 0.01 | 1300 | 100 | | | | | |
| 2 | 0.01 | 1300 | 140 | | | | | |
| 3 | 0.01 | 1800 | 100 | | | | | |
| 4 | 0.01 | 1800 | 140 | | | | | |
| 5 | 0.04 | 1300 | 100 | | | | | |
| 6 | 0.04 | 1300 | 140 | | | | | |
| 7 | 0.04 | 1800 | 100 | | | | | |
| 8 | 0.04 | 1800 | 140 | | | | | |

因子水平组合也被称为处理,运转的重复有时也称为复制。用试验者的话说,这里有 8 个处理,每个处理被复制 5 次。而得数据列于表 6.3 上。这些数据也被称为**响应值**,因为这些值表明:过程或产品对各种处理是如何作出响应的。

表 6.3　$2^3$ 全因子试验数据收集表及数据

| 试验号 | F | S | C | 1 | 2 | 3 | 4 | 5 |
|---|---|---|---|---|---|---|---|---|
| 1 | 0.01 | 1300 | 100 | 10.1 | 10.0 | 10.2 | 9.8 | 9.9 |
| 2 | 0.01 | 1300 | 140 | 3.0 | 4.0 | 3.0 | 5.0 | 5.0 |
| 3 | 0.01 | 1800 | 100 | 6.5 | 7.0 | 5.3 | 5.0 | 6.2 |
| 4 | 0.01 | 1800 | 140 | 1.0 | 3.0 | 3.0 | 1.0 | 2.0 |
| 5 | 0.04 | 1300 | 100 | 5.0 | 7.0 | 9.0 | 8.0 | 6.0 |
| 6 | 0.04 | 1300 | 140 | 4.0 | 7.0 | 5.0 | 6.0 | 8.0 |
| 7 | 0.04 | 1800 | 100 | 5.8 | 6.0 | 6.1 | 6.2 | 5.9 |
| 8 | 0.04 | 1800 | 140 | 3.1 | 2.9 | 3.0 | 2.9 | 3.1 |

注意:对一个特定的运转上的 5 个值不完全相同。这是由于因子水平的漂移、测量

系统的波动和噪声因子的影响而形成的。在特定运转的读数中观察到的波动被认为是**试验误差**。假如复制的次数减少,则试验误差的计算就会缺少精度,尽管试验花费会减少。假如影响相依变量的所有因子都包含在试验中,且所有测量是精确的,复制就不需要了,一个非常有效的试验可被利用。这样一来,试验误差的精确测定与花费是试验中相悖的特性。

**设计和组织试验**

当进行一项试验时,首先要考虑的问题是"我们试图要回答什么问题?"在前一个例子中,目标是要找到这样的过程设置组合,使得表面光洁度的读数最小化。其他试验的目的例子有:

- 寻找可提供最高精度的检查方法。
- 寻找广告的邮件与媒体方式的组合,使有最大化的销售量。
- 寻找阀门尺寸的组合,使得能产生最佳线性输出。

有时目的来源于一个问题。例如:问题"在滚动的碾磨机上硬度的过量波动的原因是什么?"就可产生一个目标"识别影响硬度波动的因子,且要寻找其配置使得波动最小。"目标必须是可测量的,因此下一步就是要建立一个合适的测量系统。例如在目标数量上存有公差限,那么10分测量原则告诉我们,测量系统的最后结果必须小于或等于公差限的1/10。测量系统还必须适宜简化和便于操作。

一旦目标与测量系统被确定后,因子及其水平也要被选定。对产品和过程有丰富的经验和知识的人们会调整它们来达到目标。他们的回应将包含他们的改变(因子)和他们将推荐各种值(水平)。从他们的推荐中可以确定诸因子及其水平的清单。

下一步是要选择一份适当的设计。设计的选择可能会被承担经费和时间长短而限制。在这个阶段某些试验者会对时间和其他资源建立预算,使得可用来达到目标。例如一些生产设备和人力必须要使用,那么要问:要使用多长时间?可用的产品数和其他消耗材料是多少?通常,20% ~40%的可用于计算划归到第一次试验,因为第一次试验很少能达到目标,而常常会引出很多问题且要回答它。典型的问题如下:

- 若因子A的额外水平被使用,会出现何种结果?
- 若因子B被换为附加的因子,会出现何种结果?

因此,比起设计含有很多因子与水平的大规模试验,还不如常用较有节制的筛选试验开始,它的目的是确定因子与水平以便作进一步研究。

**随机化**

回到表面光洁度的例子,那里有8个处理,每个处理有5次复制,总共要进行40次试验。这些试验将按随机次序进行。随机化的目的是用噪声因子分散波动源。40个试验进行随机化可用几种方式,这里给出两种可行的方案:

1. 对40个试验从1~40进行编号,然后从这40个号码中随机地一一取出排成一个随机次序,试验按此次序进行。这被称为**完全随机化试验**。

2. 随机化仅对8个处理进行,一旦某处理被选出,即做该处理的全部5个复制。

虽然第一个方法更费时费力，但最好。为了看到这个事实，假设一天的时间是噪声因子，中午前做出的产品不同于中午后做出的产品。若使用完全随机化设计，每个处理都有部分产品来自上午，部分来自下午。

**分区组**

假如不能把 40 次试验在相同条件下进行，则试验团队可用所谓分区组技术。例如，若 40 个试验必须分在两个班次上进行，团队担心不同班次会对结果产生不同的影响。在这项试验中冷却剂温度的调节可能是最困难的，于是团队更倾向于在第一个班次在 100°F 下进行，第二个班次在 140°下进行。一个明显问题在这里出现，改变冷却剂温度产生的影响也可能是改变班次产生的。一个较好的方法是从 8 个处理中随机选择四个作为第一个区组、余下四个处理作为第二个区组。这样的方法被称为**随机化区组设计**。例如，随机选出第 1、4、5、8 个处理组成第一个区组，第 2、3、6、7 个处理组成另一个区组。另一个方法可用在分班组对结果无影响场合。它是对每个处理下的前三个复制归入第一个班组，余下的两个复制归入第二个班组。

一旦数据收集如表 6.3 所示，下一步就是对每个处理下 5 个复制的响应值计算均值。这些均值显示在表 6.4 上。

表 6.4　$2^3$ 全因子试验数据收集表及处理均值

| 试验号 | $F$:进料量 | $S$:速度 | $C$:冷却剂温度 | 表面光洁度读数的均值 |
|---|---|---|---|---|
| 1 | 0.01 | 1300 | 100 | 10 |
| 2 | 0.01 | 1300 | 140 | 4 |
| 3 | 0.01 | 1800 | 100 | 6 |
| 4 | 0.01 | 1800 | 140 | 2 |
| 5 | 0.04 | 1300 | 100 | 7 |
| 6 | 0.04 | 1300 | 140 | 6 |
| 7 | 0.04 | 1800 | 100 | 6 |
| 8 | 0.04 | 1800 | 140 | 3 |

**主效应**

主效应又称平均主效应，为计算它首先要计算每个因子每个水平下的试验结果的平均值。这可用某水平下四个试验结果的平均值来实现。例如，$F_{0.01}$（进料量的水为 0.01in/min）可用第 1,2,3 和 4 的四次结果的平均算得，即：

$$F_{0.01} = (10 + 4 + 6 + 2) \div 4 = 5.5$$

类似地：

$$F_{0.04} = (7 + 6 + 6 + 3) \div 4 = 5.5$$

因子 $S$ 与 $C$ 的各水平均值分别为：

$$S_{1300} = (10+4+7+6) \div 4 = 6.75$$

$$S_{1800} = (6+2+6+3) \div 4 = 4.25$$

$$C_{100} = (10+6+7+6) \div 4 = 7.25$$

$$C_{140} = (4+2+6+3) \div 4 = 3.75$$

这些水平均值可以作图显示，见图 6.10。

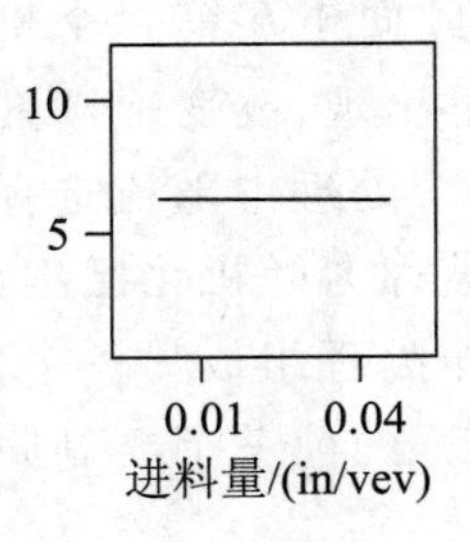


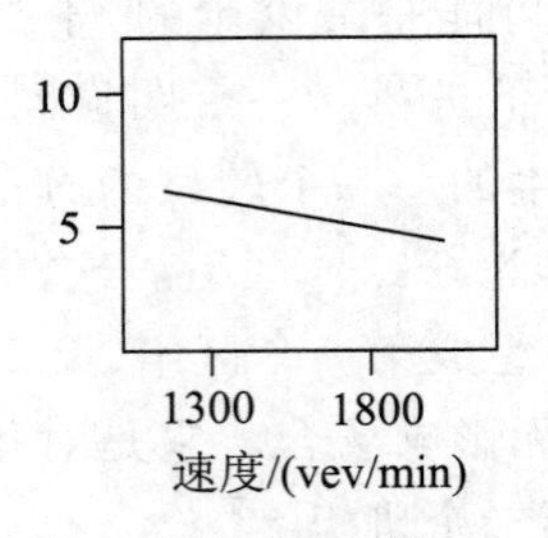


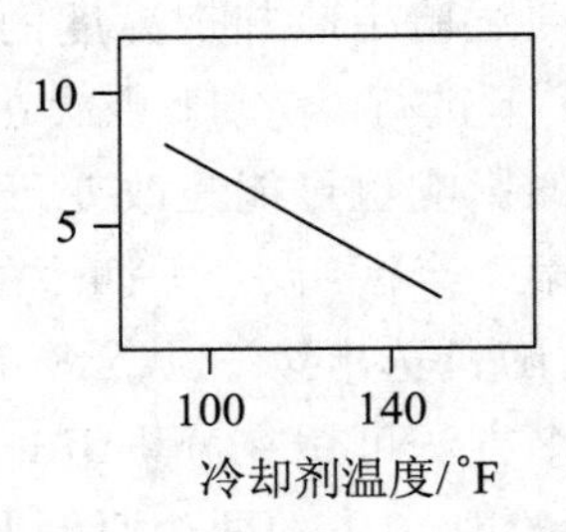


**图 6.10　水平均值的图**

因为最佳的表面光洁度有最低得分，团队对每个因子选择最低得分的水平。团队建议使用 1800rev/min 的速度和 140°F 的冷却剂温度。进料量将推荐什么水平呢？因为 $F_{0.01}$ 和 $F_{0.04}$ 两者均为 5.5，这表明：进料量对表面光洁度没有影响。团队将推荐 0.04 的进料量，因为这可带来更快的操作。

造成高和低结果较大差异的因子对质量特性（此例中是表面光洁度）也有较大的影响。大部分作者都把主效应定义为每个因子的高水平的均值减去低水平的均值，例如：

因子 $F$ 的主效应：$F_{0.04} - F_{0.01} = 5.5 - 5.5 = 0$

因子 $S$ 的主效应：$S_{1800} - S_{1300} = 4.25 - 6.75 = -2.50$

因子 $C$ 的主效应：$C_{140} - C_{100} = 3.75 - 7.25 = -3.50$

利用主效应的定义，主效应绝对值越大的因子对质量特性影响也越大。有时察觉到的高、低水平均值间的差异没有统计显著性。这种情况发生可能是试验误差过大以至于不可能确定高、低水平均值间的差是否是响应变量不同取值的真实差异还是试验误差造成的。这可用**方差分析**（ANOVA）方法来确定。为了分析试验数据给出一个原假设，它假设改变因子水平不会对响应变量带来统计上的显著差异。$\alpha$ 风险是事件“在实际无差异情况下经分析表明存有显著差异”发生的概率。$\beta$ 风险是事件“在实际有差异情况下经分析表明不存在显著差异”发生的概率。试验的强度定义为 $1-\beta$，即试验强度越高，$\beta$ 风险越低。一般说来，大量地复制或大样本量将提供更高精度试验误差估计，这会减少 $\beta$ 风险。

**交互效应**

为评估交互效应，回到原始的试验设计矩阵，将每个高水平用“ + ”代替，每个低水平用“ - ”代替，如表 6.5 所示。

表 6.5　$2^3$ 全因子设计表,用 + 和 - 表示

| 试验号 | $F$ | $S$ | $C$ | $F\times S$ | $F\times C$ | $S\times C$ | $F\times S\times C$ |
|---|---|---|---|---|---|---|---|
| 1 | - | - | - | | | | |
| 2 | - | - | + | | | | |
| 3 | - | + | - | | | | |
| 4 | - | + | + | | | | |
| 5 | + | - | - | | | | |
| 6 | + | - | + | | | | |
| 7 | + | + | - | | | | |
| 8 | + | + | + | | | | |

为寻找列号 $F\times S$,可用 $F$ 列与 $S$ 列上同行元素相乘得到,乘法规则为"同号为正,异号为负"。其他交互作列类似可得。为得 $F\times S\times C$ 列可用 $F\times S$ 列乘以 $C$ 列即可(见表 6.6)。

表 6.6　$2^3$ 全因子设计表,含交互作用列

| 试验号 | $F$ | $S$ | $C$ | $F\times S$ | $F\times C$ | $S\times C$ | $F\times S\times C$ | 响应 |
|---|---|---|---|---|---|---|---|---|
| 1 | - | - | - | + | + | + | - | 10 |
| 2 | - | - | + | + | - | - | + | 4 |
| 3 | - | + | - | - | + | - | + | 6 |
| 4 | - | + | + | - | - | + | - | 2 |
| 5 | + | - | - | - | - | + | + | 7 |
| 6 | + | - | + | - | + | - | - | 6 |
| 7 | + | + | - | + | - | - | - | 6 |
| 8 | + | + | + | + | + | + | + | 3 |

为计算因子 $F$ 与 $S$ 的交互效应,首先计算 $F\times S$,它是 $F\times S$ 列上"+"号对应响应值的平均:

$$F\times S_{+}=(10+4+6+3)\div 4=5.75$$

类似可算得:

$$F\times S_{-}=(6+2+7+6)\div 4=5.25$$

$$\text{交互效应 } F\times S \text{ 是 } 5.57-5.25=0.50$$

类似可算得:

$$F\times S=1.50, S\times C=0, F\times S\times C=-1$$

交互效应可作图,作图方法类似于主效应,如图 6.11 所示。

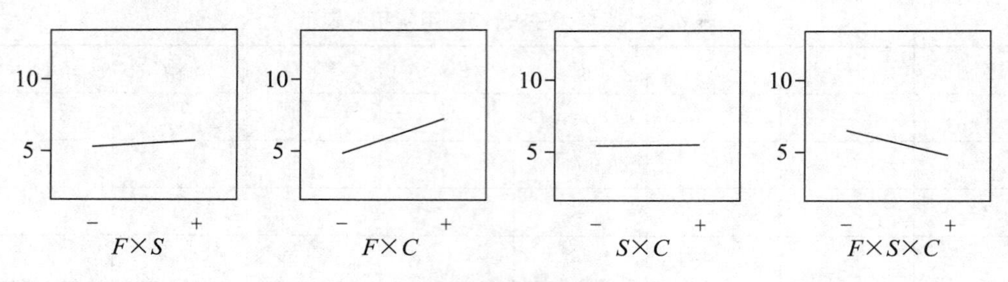


图 6.11　交互效应图

交互效应出现指出各主效应是不可相加的。

现在假设在前面例子的试验被认为太贵，因此团队必须减少成本。他们可以减少每个处理的复制个数或者减少处理个数，后者可用所谓部分**因子设计**来实现。以后将会表明：减少复制数将会减少试验误差估计的精度。于是团队决定使用部分因子设计。他们选用表 6.7 上所示的设计，这个设计仅用以前 8 个处理中的 4 个。因此这个试验本身只消耗表 6.6 表示的试验的资源的一半。传统上，称此为 $2^{3-1}$设计，因为它有两个水平和三个因子，但仅有 $2^{3-1}=2^2=4$ 个处理。它也被称为全因子设计的 1/2 实施。因为它有 $2^3$ 全因子设计的处理数的一半。

表 6.7　$2^3$ 设计的 1/2 实施(也称 $2^{3-1}$设计)

| Run# | A | B | C |
|---|---|---|---|
| 1 | − | − | + |
| 2 | − | + | − |
| 3 | + | − | − |
| 4 | + | + | + |

表 6.8　$2^3$ 设计的 1/2 实施及其交互作用列

| Run# | A | B | C | A×B | A×C | B×C | A×B×C |
|---|---|---|---|---|---|---|---|
| 1 | − | − | + | | | | |
| 2 | − | + | − | | | | |
| 3 | + | − | − | | | | |
| 4 | + | + | + | | | | |

## 平衡设计

在表 6.7 中，显示因子 A 在试验 1#和 2#上处于低水平，因子 B 在这两个试验中处于一个低水平和一个高水平。因子 C 在这两个试验中也处于“一高一低”。进一步看因子 A 在试验 3#和 4#中都处于高水平，而因子 B 在这两个试验 1#和 3#中都处于低水平，而因子 A 和 C 在这两个试验中均处于“一高一低”。当考察因子 C 在试验 2#和 3#中都处于

低水平，而因子 A 与 B 在这两个试验中均处于“一高一低”。一个试验设计被称为均衡的，例如在此设计中每个因子的每个水与其他因子的每个水平相遇次都相同。表 6.7 上所示部分因子设计是均衡的。

逻辑上会产生如下问题：“当部分设计使用部分资源时为什么还要使用全因子设计呢？”为了能看到答案，我们对设计加上一列来表示交互作用 A×B，如表 6.8 所示，它是用乘法规则得到的。

注意：交互作用列 A×B 与 C 列完全相同，这不会引起惊奇吗？这意味着，当 C 的主效应被算出，它不一定是因子 C 的效应，可能是交互效应 A×B，也可能是这两原因的组合。这时统计学家说：C 的主效应与交互效应 A×B 混杂。这种混杂就是试验者为了减少资源要求而使用部分因子设计需要支付的代价。这也成了被田口玄一及其他人提倡的部分因子设计方法引起争论的源头。交互作用 A×C 与 B×C 也成了兴奋点。更使人好奇地发问：什么时候使用部分因子设计是安全的呢？假设团队完成了一些全因子设计，并确定因子 A、B 和 C 在一定范围内没有显著地相互影响，那么就不会有显著地混杂，部分因子设计是一个适合的设计。

**分辨力**

表 6.9 显示全因子（四因子二水平）设计，其试验次数是 $n = 2^4 = 16$。

**表 6.9　$2^4$ 全因子设计**

| 试验号 | A | B | C | D |
|---|---|---|---|---|
| 1 | − | − | − | − |
| 2 | − | − | − | + |
| 3 | − | − | + | − |
| 4 | − | − | + | + |
| 5 | − | + | − | − |
| 6 | − | + | − | + |
| 7 | − | + | + | − |
| 8 | − | + | + | + |
| 9 | + | − | − | − |
| 10 | + | − | − | + |
| 11 | + | − | + | − |
| 12 | + | − | + | + |
| 13 | + | + | − | − |
| 14 | + | + | − | + |
| 15 | + | + | + | − |
| 16 | + | + | + | + |

表6.10用例子显示$2^4$全因子设的1/2部分实施,并附加交互作用列。这个1/2实施要小心选择,使主效应与两因子交互效应的混杂达到最小。选出的列重新编号。

表6.10　$2^{4-1}$部分因子设计及其交互作用

| 试验号 | A | B | C | D | AB | AC | AD | BC | BD | CD | ABC | BCD | ACD | ABD | ABCD |
|---|---|---|---|---|---|---|---|---|---|---|---|---|---|---|---|
| 1 | + | – | – | – | – | – | – | + | + | + | + | – | + | + | – |
| 2 | + | + | + | – | + | + | – | + | – | – | + | – | – | – | – |
| 3 | – | + | – | – | – | + | + | – | – | + | + | + | – | + | – |
| 4 | – | – | + | – | + | – | + | – | + | – | + | + | + | – | – |
| 5 | – | – | – | + | + | + | – | + | – | – | – | + | + | + | – |
| 6 | – | + | + | + | – | – | – | + | + | + | – | + | – | – | – |
| 7 | + | – | + | + | – | + | + | – | – | + | – | – | + | – | – |
| 8 | + | + | – | + | + | – | + | – | + | – | – | – | – | + | – |

注意这里有6个两因子交互作用、4个三因子交互作用,和1个四因子交互作用。还要注意到因子A与交互作用BCD混杂(虽然A列上的“–”号对应BCD列的“+”号,反之亦然)。

类似地,因子B与交互作用ACD混杂,因子C与交互作用ABD混杂,因子D与交互作用ABC混杂。这个特定的部分因子设计的最大优点是:虽然存在混杂,但仅仅是主效应与三因子交互效应混杂。因为三因子交互效应常常是很小的,因此与主效应的此种混杂也是较小的。当然,若三因子交互效用显著,它有时会发生,特别在化学反应和冶炼反应中,它将不适合使用这种设计。这个设计有一个缺陷,它是任意二因子交互效应会与另外二因子交互效应混杂,如AB与CD混杂等。这意味着,要精确区分二因子交互效应是不可能的。部分因子设计的混杂可分为如下3个类别:

1. 分辨力Ⅲ设计,这类设计的主要特征是主效应会与二因子交互效应混杂。

2. 分辨力Ⅳ设计,这类设计的主要特征是主效应会与三因子交互效应混杂,二因子交互效应会与另外二因子交互效应混杂。表6.10所示的例子就是分辨力Ⅳ的设计。

3. 分辨力Ⅴ设计,这类设计的主要特征是某些二因子交互效应会与三因子交互效应混杂,某些主效应会与四因子交互效应混杂。

记住:全因子设计不含任何混杂。

**单因子试验**

某过程可在180°F、200°F或220°F下进行。温度会对产品的含水量有显著影响吗?为回答这个问题,试验团队决定在每个温度下生产四炉产品。这12个试验将实行完全随机化,把它们从1~12编号,随机地抽出12个数,所得次序就是试验次序。还有几个试验设计是可能的。最经济的设计是先进行四个 180°F 炉下试验，然后进行四个 200°F 炉下试验、最后在 220°炉温下进行四次试验。这个设计可减少炉温升高的等待时间，而随机化设计少不了等待时间。但时间(天)将与温度效应有混杂倾向。下表显示试验进行次序，其中从 1#开始，按序号进行。

温度　　°F

| 180 | 200 | 220 |
|---|---|---|
| 1# | 5# | 9# |
| 2# | 6# | 10# |
| 3# | 7# | 11# |
| 4# | 8# | 12# |

完全随机化设计也有类似的表，该表显示试验次序，其中从 1#试验开始，以下按号序进行。

温度　　°F

| 180 | 200 | 220 |
|---|---|---|
| 3# | 11# | 8# |
| 7# | 5# | 1# |
| 12# | 9# | 2# |
| 6# | 4# | 10# |

假如团队决定每天只在每个温度上生产一炉，总计延续四天完成。他们将在每天中生产的三炉温度进行随机次序，这就使用了随机区组设计。这个试验次序可按下表进行。

温度　　°F

| 天 | 180 | 200 | 220 |
|---|---|---|---|
| 1 | 3# | 1# | 2# |
| 2 | 1# | 3# | 2# |
| 3 | 1# | 2# | 3# |
| 4 | 2# | 1# | 3# |

团队可以决定设置两个噪声变量的区组：试验进行时间（天）和试验在其上进行的机器号。在这种情况，拉丁方设计可以使用。然而，这类设计要求每个噪声因子的水平数必须等于处理数。因为他们已决定在三个温度上做试验，故其必须使用三天和三台机器，这个设计显示在表 6.11 上。

**表 6.11　拉丁方设计**

| 天 | 机器#1 | 机器#2 | 机器#3 |
|---|---|---|---|
| ① | 180 | 200 | 220 |
| ② | 200 | 220 | 180 |
| ③ | 220 | 180 | 200 |

假设团队决定用完全随机化设计并进 12 次试验，其试验结果如下：

温度　°F

| 180 | 200 | 220 |
|---|---|---|
| 10.8 | 11.4 | 14.3 |
| 10.4 | 11.9 | 12.6 |
| 11.2 | 11.6 | 13.0 |
| 9.9 | 12.0 | 14.2 |

这三列的平均值分别为 10.6、11.7 和 13.5。这些数据的散布图显示在图 6.12 上。

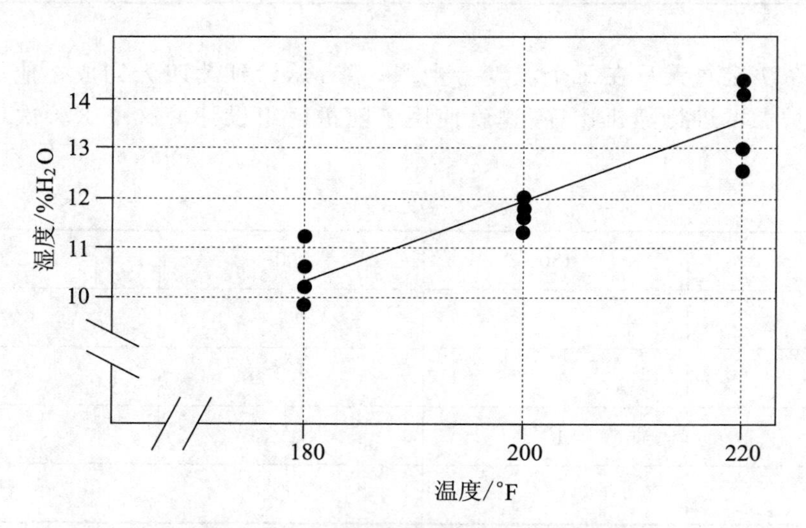


**图 6.12　数据的打点图，重心线把每个温度均值连接起来**

图 6.12 说明，温度的升高是湿度增加的原因。每个温度上垂直散布的点会引起某些忧虑。如果各点作垂直散布过大，处理内部的噪声将会对结论产生怀疑。多少散布才是允许的呢？这个问题可用 ANOVA 方法做出最佳回答。

一个 $2^2$ 全因子试验有两个因子，每个因子有两个水平。例如，为了确定酸度与溴对氧化氮($NO_x$)排放的影响，可设置酸度的两个水平与溴的两个水平。这两个水平分别用 - 与 + 表示，其 $2^2=4$ 组合的一个试验方案如下：

| | A | B |
|---|---|---|
| 1 | - | - |
| 2 | - | + |
| 3 | + | - |
| 4 | + | + |

例如：1[#]试验是在酸度和溴都处于低水平测量 $NO_x$ 排泄物。如前所述，重要的是对每个试验重复(或复制)几次，以获得试验误差。假若，某特定试验复制的测量结果是不一致的，即一个大的试验误差出现了。试验误差概念可用 ANOVA 进行量化。此处假设每个试验复制三次。再一次强调，重要的是对比 12 个实验做出随机次序。下面是一个完全随机化试验设计的例子。

| 试验号 | A | B | 重复 | | |
|---|---|---|---|---|---|
| 1 | - | - | 11 | 8 | 5 |
| 2 | - | + | 2 | 6 | 4 |
| 3 | + | - | 7 | 10 | 9 |
| 4 | + | + | 1 | 3 | 12 |

其中位于最末一行上的数 1 表示它是第一个试验，它的酸度与溴都位于高水平上，试验结果 $NO_x$ 的排泄物被测量出。

**全因子试验**

一个 $2^2$ 全因子完全随机化试验被进行，其试验结果列于表 6.12 上。第一步是计算每个试验的平均响应和每个因子的主效应及其交互效应，其结果列于表 6.13 上及以下计算。

因子 A 的主效应 $=(24.7+37.3)\div2-(28.4+33)\div2=0.3$

因子 B 的主效应 $=(33+37.3)\div2-(28.4+24.7)\div2=8.45$

交互效应 $A\times B=(28.4+37.3)\div2-(33+24.7)\div2=4.0$

**表 6.12　$2^2$ 全因子完全随机化试验和试验结果**

| 试验号 | A | B | 响应 $y$ | | |
|---|---|---|---|---|---|
| 1 | − | − | 28.3 | 28.6 | 28.2 |
| 2 | − | + | 33.5 | 32.7 | 32.9 |
| 3 | + | − | 24.6 | 24.6 | 24.8 |
| 4 | + | + | 37.2 | 37.6 | 37.0 |

**表 6.13　$2^2$ 全因子完全随机化试验和试验结果及其均值**

| 试验号 | A | B | $A \times B$ | 响应 $y$ | | | $\bar{y}$ |
|---|---|---|---|---|---|---|---|
| 1 | − | − | + | 28.3 | 28.6 | 28.2 | 28.4 |
| 2 | − | + | − | 33.5 | 32.7 | 32.9 | 33.0 |
| 3 | + | − | − | 24.6 | 24.6 | 24.8 | 24.7 |
| 4 | + | + | + | 37.2 | 37.6 | 37.0 | 37.3 |

下一个问题是:这些效应是否是统计显著,或仅仅都是试验误差的结果。较大的效应更像是显著的。由直觉,因子 B 是显著的,因子 A 大概不是,交互作用是否显著还不太清楚。确切地回答这些问题需要对数据作双向 ANOVA 才能找到。此类计算是很复杂的,因此常用软件包进行。下面用例子说明如何使用 MS Excel。Excel 要求数据格式各有不同,具体显示在表 6.14 上。当因子 A 处于低水平所得数据放在顶部两个格子中。当因子 A 处于高水平所得数据放在底部两个格子中。但因子 B 处于低水平所得数据放在左部两个格子中。于是当因子 A 和 B 都处于低水平的数据位于顶部左上角格子中。

**表 6.14　将数据输入 Excel,准备施行双向 ANOVA**

| A | B − | B + |
|---|---|---|
| | 28.3 | 33.5 |
| − | 28.6 | 32.7 |
| A | 28.2 | 32.9 |
| + | 24.6 | 37.2 |
| | 24.6 | 37.6 |
| | 24.8 | 37.0 |

这些数据和标识放在表格的第一行和第一列上，然后实施双向 ANOVA 功能，结果显示在表 6.15 上。

**表 6.15 Excel 输出的 ANOVA 表，通过 Tools > 数据分析菜单**

| 波动源 | SS | *df* | MS | *F* | *P* 值 | *F* 临界值 |
|---|---|---|---|---|---|---|
| 酸度 | 0.213333 | 1 | 0.213333 | 2.639175 | 0.142912 | 5.317645 |
| 溴 | 223.6033 | 1 | 223.6033 | 2766.227 | 1.89E - 11 | 5.317645 |
| 交互作用 | 47.20333 | 1 | 47.20333 | 583.9588 | 9.17E - 09 | 5.317645 |
| 组内 | 0.646667 | 8 | 0.080833 | | | |
| 总和 | 271.6667 | 11 | | | | |

从 ANOVA 功能的打印输出表含有一些重要信息，表 6.15 上提供统计显著性的结果。*P* 值列含有诸因子统计显著的有关信息。*P* 是波动源不显著的概率。利用假设检验模型，原假设是诸均值在统计上是不显著的。假设 $\alpha = 0.05$，假如 $P \leqslant 0.05$，则原假设将被拒绝。在本例中标识"溴"和"交互作用"的波动源的 *P* 值是足够小了，因而被拒绝原假设，同时可断言：因子 A 和交互作用 $A \times B$ 在 0.05 显著性水平上是统计显著的。在表 6.15 中标识"组内"的行计算处理内的波动，即同一行内复制间发生的波动。在"组内"行和 MS 列上显示的值 0.080833 是这些复制值引起的方差的估计。假如没有使用复制，这个表示试验误差大小的数是不可用的。ANOVA 检验实际做的是一种比较，处理间的波动与处理内的波动的比较。在表 6.15 上标识"*F*"的列上显示 *F* 统计量的值是用应的 MS 值除以组内 MS 值而得到的。第一个 *F* 比约为 2.6，它表示改变因子 A 的水平引起的波动大约是组内处理误差的 2.6 倍。

**两因子部分因子试验**

描述在上一节的全因子试验要求做大量试验，特别在多因子或多水平场合会包含更多试验。回忆在全因子试验中试验数的公式为：

$$试验数 = L^F$$

其中，$L$ = 水平数，$F$ = 因子数。例如含有 8 个二水平因子的试验中有 $2^8 = 265$ 个试验，又如含有 5 个三水平因子的试验中有 $3^5 = 243$ 个试验。假如某试验要检验多个农业因子对产量的影响，一块地被均分成需要的子块，使得所有试验及其复制可以同时生产。例如，243 个试验及其每个试验复制 4 次，共需 972 个子块田，若有 1 英亩田地可用于试验，则每个子块约有 $45ft^2$（平方英尺）。

然而，在制造过程中某试验要检验多个因子对产品质量的影响时，则试验常按序进行，不可能同时进行。一个全因子试验若有多个因子和/或多个水平，则要占用一些生产设备和相当长一段时间。正因为全因子试验队昂贵的资源的需求，部分因子试验设计需要更好开发。

**稳健概念**

稳健是指对某个因子波动的影响的抵抗能力。例如,假如品牌 A 的巧克力在 100°F 很软而在 40°F 时易碎,品牌 B 在这些极端温度上能维持相同的硬度,这时可以说,品牌 B 在温度变化的范围内更稳健。假如某种颜料在湿木上和在干木上着色有相同色彩,则该颜料对湿木含水量的波动是稳健的。温度与湿度的变化被认为是噪声。对波动着的噪声是稳健的产品和过程是符合人们需要的。日本工程师 G. Taguchi(田口玄一)因对产品和过程稳健性改进所开发的技术而受到人们信任。

一项为改进稳健的方法用例子叙述在表 6.16 中。

照例,对每个试验计算均值并标示为 $\bar{y}$,此外,对每个试验还计算标准差并记在标示"$S$"的列下。

**表 6.16　利用信噪比的稳健性的例子**

| A | B | C | 复制 | | | | $\bar{y}$ | S |
|---|---|---|---|---|---|---|---|---|
| − | − | − | 34 | 29 | 38 | 25 | 31.5 | 5.7 |
| − | − | + | 42 | 47 | 39 | 38 | 41.5 | 4.0 |
| − | + | − | 54 | 41 | 48 | 43 | 46.5 | 5.8 |
| − | + | + | 35 | 31 | 32 | 34 | 33.0 | 1.8 |
| + | − | − | 62 | 68 | 63 | 69 | 65.5 | 3.5 |
| + | − | + | 25 | 33 | 36 | 21 | 28.8 | 6.9 |
| + | + | − | 58 | 54 | 58 | 60 | 57.5 | 2.5 |
| + | + | + | 39 | 35 | 42 | 45 | 40.3 | 4.3 |

现在试验者可完成各主效应的计算,然后确定诸因子的水平组合使得响应均值 $\bar{y}$ 得到优化。此外,还利用 $S$ 列上的值寻找诸因子的水平组合使 $S$ 值最小化。例如这两个水平组合不一致,那就要在优化响应值和极小化波动间寻找妥协方案。寻找此种妥协方案,一个可行的路程是通过 Taguchi 的信噪比来实现。对响应值 $y$ 是愈大愈好场合,可对每个试验按下述公式计算信噪比

$$\frac{S}{N}=\frac{\bar{y}}{S}$$

利用 $S/N$ 比计算每个因子主效应,并找出诸因子的最佳水平组合。假如,反过来,响应值是愈小愈好,则其 $S/N$ 比定义如下:

$$\frac{S}{N}=\frac{1}{\bar{y}S}$$

假如响应值 $y$ 有目标值 $N$，那么 $S/N$ 比定义如下

$$S/N = \frac{1}{|\bar{y} - N| \cdot S}$$

注意：$S/N$ 比是一种试图在两种抵触的目标，最优 $\bar{y}$ 和最小 $s$ 之间寻找妥协方案的判断指标，其单位是 bit，愈大愈好，它不需要达到两个目标中的任一个。

Taguchi 用来改进稳健性的另一项技术被称为内外表设计。在这个方法里，不可控因子被放在与可控因子分开的另外一些列上，如表 6.17 所示，这里不可控因子是指试验者不能控制的或被选择不去控制的因子之一。

表 6.17　内外表设计的例子

| 内表 | | | 外表 | | | | | | |
|---|---|---|---|---|---|---|---|---|---|
| | | | 硬度 | − | − | + | + | | |
| 进料量 | 速度 | 冷却剂温度 | 周围温度 | − | + | − | + | $\bar{y}$ | $s$ |
| − | − | − | | a | | | | | |
| − | − | + | | | | | | | |
| − | + | − | | | | | | | |
| − | + | + | | | | | | | |
| + | − | − | | | | | | | |
| + | − | + | | | | | | | |
| + | + | − | | | | | | | |
| + | + | + | | | | | | | |

在这个例子里，钢材的硬度与周围温度是不可控因子。这两个因子也可构成可控的，比如把机器放在一被限制的环境内，并对刚才执行严格规范，但试验者没有这样做。代替它的是：利用硬度和周围温度的两个极端状态作为噪声因子水平，放在外表上，参加试验。最后寻求可控因子的最佳搭配，使输出质量特性具有最小的波动。

当表 4.17 的设计中第 1 号试验被实行时，进料量、速度和冷却剂温度都设置在低水平上，又与外表上的低硬度和低周围温度结合进行试验获得质量特性值，并记在标以“a”的位置上。当 32 个值都获得后，计算每个试验的均值与标准差 $s$。在内、外表方法中设计的意图是故意在不可控因子中设计干扰，以求可控因子的水平组合使得质量特性波动最小化。人们会发问：为什么硬度与周围温度不加入可控因子内，共有五因子二水平需做 $2^5 = 32$ 个试验，与这个例子中所做试验完全相同。但这要求紧扣硬度与周围温度的规范。代替这一点的是在外表上因子出现波动时内、内表设计确定可控因子的最优水平组合。

## 8. 故障可容许性

定义和描述故障可容许性及其维护系统功能的可靠性方法。(理解)

**知识点Ⅲ. A. 8**

故障可容许性是指在系统内部发生不正常变化或出现极端环境时仍能完成规定功能的能力。可靠性工程师在这里要尽量利用系统设计知识从失效原因去防止故障发生。单个故障的可容许性用系统设计可有效处理,只要部件(硬件和软件)允许移动和替换就会使系统没有了失效的源头。多个故障的可容许性主要依靠设计,此种设计在出现多于一个失效同时发生场合还能连续操作。

**冗余**

冗余是使系统失效得以缓和的一种标准技术。在理论上,在系统内设置两个或更多个平行通道后可使失效现象减少。独立的冗余常常是不够的,因为通常发生的波动可覆盖系统的所有分枝。例如:

- 一项灾难性失效发生在 1989 年。国家飞行器 232 试图在 Sioux 着陆。DC - 10 曾被设计装有三个独立的液压系统,当有一个或两个失效时生存系统仍可操纵飞行器的控制面。然而三条通道在一点上很接近。从毁坏的发动机跳出的碎片恰好通过这一点使得三条通道都失去控制。
- 在计算机中使用并行的 CPU 是为执行一项重要任务。某些系统是设置了一个过程,它是可被两位不同的加工者指挥的过程。例如他们的结果没争论,一个无错误的信号被给出,系统处于安全状态,维修亦可进行。这里会有一个问题:虽然两个结果一致,但都是错误的。其共同原因在这种场合是有软件病毒,它在并行设计的两个分枝上都产生误差。这个方法的一个变种就被多个加工者同时进行计算。在进行结果比较时,可用表决方案进行比较,并按多数加工者产生的一个方案去做。
- 并行系统所有分枝不适应的维修。
- 使用的过程材料会腐蚀所有冗余分支。
- 计算机辅助系统用可识别磁盘去考察环境。(此法常可识别失效现象)

差异和分离是可使冗余更有效的两项技术。

在构造并行通道中,差异就使用不同路径去避免相同原因而引起的失效。在前面提及的并行 CPU 里,软件的不同部位可在这些并行 CUP 其中一个内运行。

分离可应用分枝系统,它可把物理环境、电子隔离、或防止引起多分枝失效的共同原因以各种方式分开。在前面提及的 DC - 10 的情况液压线路是不适宜分离的。

## 9. 可靠性最优化

利用各种方法，包括冗余、减税、交易研究等方面在成本、方案、重量设计要求的约束下去优化可靠性。(应用)

知识点Ⅲ. A. 9

覆盖整个设计过程的可靠性工程师常常要做某种类型的平衡行为。为改进可靠性、冗余(讨论在本章第 8 节)、减税(讨论在第 7 章第 3 节)和环境稳健性(讨论在本章第 7 节)一种标准的途径是趋向于增加成本和重量，还会延迟设计过程。在例 6.8 中讨论的事先给定的矩阵可以在这类平衡行为中得到帮助。

**例 6.8**

某设计团队为商业操作还要承担发动机和传送带的优化问题。可靠性工程师考虑列在图 6.13 上矩阵左侧的几种选择，其他的列无需说明就可理解的，但要受附件约束。一旦此种矩阵构造完成，觉得要使较多的量较小化。在此场合，团队决定采用加固发动机，这有利于销售，但不包含在标准产品列中，追加的发动机从生产线上剔去。

| 选择 | 优点 | 成本($) | 重量(kg) | 方案延迟(天数) |
|---|---|---|---|---|
| 减低发动机重量 | 提高发动机寿命承担负载加重 | 900 | 25 | 0 |
| 减低传送带的重量 | 延迟维修方案 | 100 | 2 | 0 |
| 追加第二个传送带 | 在失效带时仍可操作 | 400 | 10 | 5 |
| 加固发动机 | 在腐蚀环境仍可使用 | 2000 | 95 | 10 |
| 追加第二台发动机 | 在发动机失效后仍可使用 | 2000 | 300 | 15 |
| | | | | |

图 6.13　事先收集的矩阵

## 10. 人为因子

描述人为因子与可靠性工程间的关系。(理解)

知识点Ⅲ. A. 10

可靠性检测必须考虑不同的人引出的波动。这些差别可分类为：使用因子、安装因子和过程管理因子。

**使用因子**

当对家用洗衣机的使用在进行试验时,必须考虑人们不同的使用方式,如使劲关门、洗涤剂的选择、清洁的维护、洗涤剂的用量等。自动化元件的操作习惯也有广泛的多样性。假如试验协议书上告知要用特定推力使劲关门100000次,它才能适应顾客使用的全部波动。

**安装因子**

产品是在多种环境里被安装到位。对于建筑材料、自动化配件、稳定设备和许多其他产品,产品的使用寿命会被安装质量和位置参数所影响。例如,若一个窗户安装与垂线有微小偏离,作为严格安装单元这是不可靠的。这一点要被考虑进设计和检测方法中去,因为窗户将对较小的垂线偏离是稳健的。这个领域内的知识也会影响训练。

**过程管理因子**

假如对在理想过程中生产的产品进行可靠性检测,在生产过程中由于人的因素引起的波动是可以不加考虑的。操作者或过程管理者可影响产品特征,当他们手握喷漆枪或焊接棒快速接近撤空的大容器,但在模制周期间被耽搁等动作就会影响产品特性。

**建议**

从检测的观点上看,例如按规范使用、安装和过程参数在实际中都按常规去做,所有人为波动的检测就容易多了。然而,此种平衡常被规范的狭窄与伴随灵活性的损失间的矛盾所冲击。例如,一项安装规范指出某周围温度仪必须在65°F和75°F之间,这时检测就简单多了。但某些顾客将流失,另一些顾客回避规范和对产品性能失望。因此产品设计团队对这些人为因子引起的波动目前要力求稳健性。所保持的规范应尽可能的广一些。这意味着可靠性检测方法必须包括规范范围外的检验。

## 11. 对X的设计(DFX)

> 应用DFX技术诸如装配、可检测性、可维修性、环境(再循环和配置)等项设计去提高产品的生产力和服务能力。(应用)
>
> 知识点Ⅲ.A.11

每一个设计团队都有约束,在此约束内他们发挥自己的功能。从上面所列诸知识点清单项目中摘录一些组成设计约束。这些特征中每一个都相对重要且都会影响最后的设计。

• 为可装配的设计是指产品设计团队对给定的装配过程的意识。团队的决策要努力使装配过程得以简化和容易做到,这可通过视觉上观察、用机械和使用特殊工具去实施定位和对不正确装配设置保护措施等来实现。

• 为可制造性的设计与为可装配的设计类似，但更强调在装配之前的组合或最初的功能上。这里，要着重考虑的是已给出公差的狭窄性和困难的构造，它们是产品的要害部分要掌握好。

• **为可检测性的设计**专注于检测方法与试验而开发的设计，使重要特征容易和精确地被测出。

• 为成本的设计是强调产品的有限成本，要使这一点成为产品或过程设计最强的约束。

• 为可用性的设计考虑所设置的替换部件的实施是容易和简化的，像标准服务要求那样。

• 为可靠性的设计强调为顾客服务的产品要有长期使用寿命。

• 为环境的设计是考虑主动地去延长产品的使用寿命。当在设计过程中要考虑到各种权衡时，再循环、回收、布置等问题的研究就显得更为重要。为了重视这些问题需要关注契约责任/保修期、制定规章、证书等要求（ISO9001 的 2015 版本可能有这个专题章节）。

这些约束条件中许多已被应用到典型设计中。这些约束的程度常常是值得强调的。

## 12. 可靠性分配（分派）技术

利用这些技术去分派子系统和元部件可靠性要求。（分析）

知识点Ⅲ. A. 12

可靠性要求常常要制定一个水平。这个要求可以是失效率或 MTBF。可靠性分配是把系统可靠性要求的水平分派到各个子系统上去的一种技术。然后把每个子系统要求再分派到构成子系统的各个部件上去。如果每个部件都达到分派到的可靠性要求，那子系统也将达到要求。如果每个子系统都可达到它的被分派到的要求，则最后的系统也将满足系统水平要求。可靠性分派应尽可能在设计过程开始。可靠性分配也可从预设计开始，可靠性框图也可使用。

分派方案聚焦在设计团队对部件、子系统和系统之间的可靠性要求的理解上。假如可靠性被作为设计的特征，那么子系统与部件亦要作相同的考虑。此外，其他特征也可使用，如能量消耗、重量或绩效等。分派过程可促使各部件进行充分地努力以使系统设计可靠性的到保证。

分配/分派过程的基本部件是一个系统可靠性模型或分块框图的基本元素。然后系统可靠性要求分派到每个子系统上。所使用的分派方法依赖于设计开发的深度。

为了专注可靠性工程在开发初期可以把每个子系统指认为系统可靠性要求的相同部分，这是适宜的，并把这个方法称为**等分派**。当设计更成熟和有更多的信息可用时，在分派过程中看到每个子系统的复杂性时，就可沿用各种子系统的先验信息。一个加权分派方法可以使用，这个方法是被 ARINC 研究公司开发出来，被称为 ARINC **研究方法**。

这个方法可基于预测到的子系统的可靠性结果作出分派。

方法还要假设一个串联的可靠性模型和每个子系统的实效时间都服从指数分布。利用这些假设，系统失效率是子系统失效率之和。每个子系统的预测失效率值($\lambda$)可用来预测系统失效率。预测系统失效率可与系统要求($\lambda^*$)作出比较。假如预测值超过要求($\sum\lambda > \lambda_i^*$)，分配将成为必要。

**例 6.9**

水力流动压力减少的可靠性模型如图 6.14 所示。

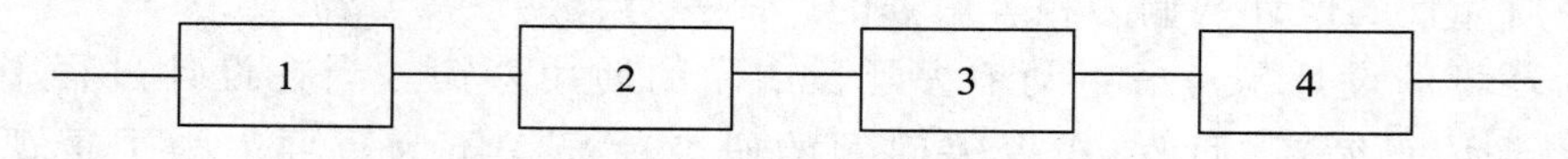


**图 6.14　为分配的串联可靠性模型**

系统的可靠性要求是失效率等于每百万小时有 20 次失效：

$$\lambda^* = 20/10^6\text{h}$$

利用历史信息：来自类似设计的信息和来自各子系统卖主的信息，预测各子系统的失效率分别为：

$$\lambda_1 = 6.8/10^6\text{h}$$

$$\lambda_2 = 5.4/10^6\text{h}$$

$$\lambda_3 = 14.3/10^6\text{h}$$

$$\lambda_4 = 3.5/10^6\text{h}$$

系统可达到的失效率为

$$\lambda_{系统} = \sum\lambda_i = (6.8+5.4+14.3+3.5)/10^6\text{h}$$
$$= 30/10^6\text{h}$$

此系统可达到的失效率是大于要求的系统失效率。因此可靠性分配再次是必要的。

对第 $i$ 个子系统的一个加权分配方案可定为：

$$\lambda_i^* = \frac{\lambda_i}{\sum\lambda_i}(\lambda^*)$$

下面用上述例子来说明两种不同分配方案，一个是等分配法，另一个是 ARINC 分配法。

## 等分配法

例如使用等分配法，每个子系统的要求将是

$$\lambda_i = \lambda^*/4 = 5/10^6\text{h}$$

这个分配法没有考虑到每个子系统在复杂程度上的差别。

而每个子系统在压力上的差别是经验上的或是各个子系统设计成熟性的表现。

这个分配方法没有鼓励子系统 4 去改进的可靠性，而是欺骗子系统 3 去做达不到目标的事。

**ATINC 分配**

基于加权值对每个子系统所作的分配方案是：

$$\lambda_i^* = \frac{\left(\frac{6.8}{30}\right)20}{10^6} = 4.53/10^6\text{h}$$

$$\lambda_2^* = \frac{\left(\frac{5.4}{30}\right)20}{10^6} = 3.60/10^6\text{h}$$

$$\lambda_3^* = \frac{\left(\frac{14.3}{30}\right)20}{10^6} = 9.53/10^6\text{h}$$

$$\lambda_4^* = \frac{\left(\frac{3.5}{30}\right)20}{10^6} = 2.33/10^6\text{h}$$

这个方法是合理的且每个子系统给出可靠性改进的目标。

此分配方案不是最后的。还有可能对子系统 3 的失效率作出实质上的减少。常常是对高失效率减少比低失效率容易。当附加的信息可用时，再分配将可能会发生。

# 第 7 章

# B. 零件和材料的管理

## 1. 挑选、标准化和再利用

> 应用如下技术:材料挑选、零件标准化与减少并行模式化、软件再利用、包括商用现货 COTS(cemmercial off - the - shelf)软件等。(应用)
>
> 知识点Ⅲ. B. 1

零件标准化是指在不同产品中使用相同部件。例如,在汽车工业中对不同的客车模型应尽量使用相同的电路板,不同功能的激发依赖于应用。零件减少的初衷在于努力减少完成一项功能所需的零件数。例如,双连杆结构可用来代替三连杆结构,则可在零件、装配和维修上得到相应的简化。当一类产品本质上相同,只是尺寸不同,他们有时被认为是并行模式。例如,阀门的生产者可提供本质上相同的几何形状的阀门,但其导管型号可从 1 英寸到 10 英寸。在装配过程中把零件保持在某个状态,然后按需要再加工几个可用的模式,这可被称为**尽可能保持通用状态**(raw as possible, RAP)原则是一直被使用的。例如,一种圆顶型金属片零件按需要冲压出两个、三个或四个三角孔。这时宁可多生产一些此种零件作为存货,当需要时可取其中一个圆顶金属片按需要在装配线上用打孔机打出三角形孔。

若一个软件模式可被构建用于多项应用,那生产和检测模式的成本也将降低。

若把这些技术用于备货、采购效率、仓储、做账、审核等方面的话,则存在明显的成本优势。减少可靠性测试成本是常被忽视的一项优势。若有三个功能很相似的产品可仅检测其中一个,则可靠性测试成本就可减少 67% 。如果这一项指标已经被检测过,则实现了进一步的成本节约。

这些测试成本节约是很大的,因此建设设计团队注意零件相似和考虑潜在的标准化。

在产品设计期间,重要的是要考察材料的波动。概率方法可帮助设计团队去生产线上去考察这些波动具有稳健性的产品。这可用构造分布模型方法去完成,其中分布是指描述材料中的波动。

**例 7.1**

某设计团队要选建筑材料构造一个牲畜遮蔽处,周围用双层木条插入槽内。当槽内间隔过窄,致使双层木条不能插入,就会发生失效。

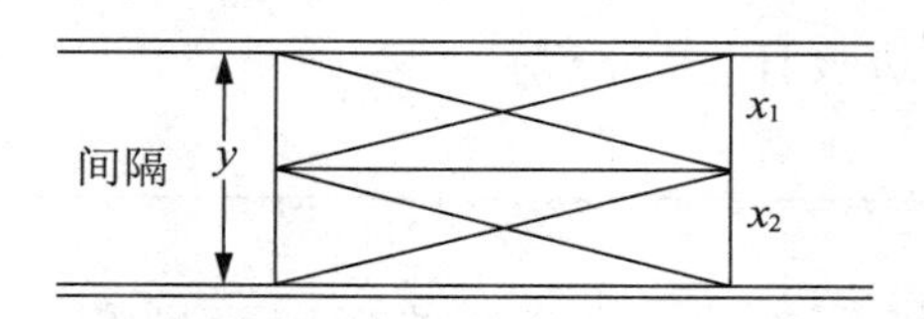


团队从市场能买到标准木条的厚度 $x$ 的均值为 $\mu_x = 1.50$ 英寸,标准差为 $\sigma_x = 0.01$ 英寸。而槽内间隔 $y$ 被建议的均值 $\mu_y = 3.01$ 英寸,标准差 $\sigma_y = 0.02$ 英寸。它们都服从正态分布,据此可知双层木条厚度与槽间的间隙为:

$$\varepsilon = y - x_1 - x_2$$

其均值 $M_\varepsilon = 3.011 - 3.000 = 0.011$

其标准差 $\sigma_\varepsilon = \sqrt{\sigma_y^2 + \sigma_{x_1}^2 + \sigma_{x_2}^2} = \sqrt{0.0006} = 0.024$

且间隙 $\varepsilon$ 仍服从正态分布。要使失效不发生就要求事件"$\varepsilon > 0$"发生。其发生概率为

$$p(\varepsilon > 0) = p\left(\frac{\varepsilon - \mu_\varepsilon}{\sigma_\varepsilon} > -\frac{\mu_\varepsilon}{\sigma_\varepsilon}\right)$$

$$= p\left(\varepsilon^* > -\frac{0.01}{0.024}\right) = p(\varepsilon^* > -0.42)$$

其 $\varepsilon^* = (\varepsilon - \mu_\varepsilon)/\sigma_\varepsilon$ 为标准正态变量,上述概率可从标准正态分布表中查为 0.34。这表明:按上述各设计参数,双层木条能插入槽内只有 34% 。或者说,失效的概率为 66% 。

倘若把槽内的间隔扩大到 3.02 英寸,而标准差不变。类似可算得,其失效的概率可降低到 20% 。

注:因原文有多处不当,本例略有改编。(译者注)

在某些场合,材料的分布是未知的。这是要设法获得材料的样本数据,用统计软件获得分布模型。

**软件再利用**

软件包来自各种规范。这些规范已经多次检测和审核,而程序也经多次修改完善。当试图对不在规范内使用已产生的程序要特别小心。在致力于更改,已写出和已被检测的程序时,其运行仍有重要风险,它会逐渐损害完成特定任务的能力。很多工厂员工是熟悉一些案例,他们把过程控制程序更改为去完成会计功能,这对二者都是不能做的。这里要注意:软件再利用仅能在它的测检能力内开发新的使用。特别小心地劝告大家,commercial off - the - shelf(cots)软件是不能被更改的。在某些场合创造新的软件是允许的,但软件规范常不能提供。

## 2. 降额法和原则

利用诸如 S－N 图、应力－寿命关系等方法去确定使用应力与额定级别值间的关系，且去改进设计。（分析）

知识点Ⅲ.B.2

在某些领域，特别是电子行业，元器件的额定级别是可用的。这些额定值包括应力界限、环境条件和其他特征。此额定值是诸如温度、电压、压力等应力的最高水平。当操作超过额定值，部件就受损伤或失效。某些常用的标准有 MIL－HDBK－217、Bellcore（SR－22）、NSWC－98（LEI）、China 299B 和 RDF2000 等。降额是一种实践，它把元器件放在比标准规定水平还低的应力水平下操作。它常认定为限定电子、导热力或机械应力。一般说来，更多零件是可降额的，可低于它的失效率。降额会影响失效率的范围且依赖于工艺水平的。反之，降额也可用允许在高应力水平下操作。例如，在安装一台更大功率、噪音更大的鼓风机时，电器设计者宁可选择使用具有较高导热率的部件。为了避开过多的成本问题，需从众多降额方案中有针对性地选择降额方案。

同步电器设备延迟可以通过另外形式减额。这可把运行设备在此设计速度低一些速度运行，这可减少热量发生比率，但可延长时间和/或减少通风量。

**应力－寿命关系**

分析可靠性数据可以用来产生寿命分布。此分布通常在给定应力水平下被确定。当应力变化时另一个维度被加入到寿命分布中，这描绘在图 7.1 上。该图用例子说明：对不同的应力水平有不同的寿命分布。

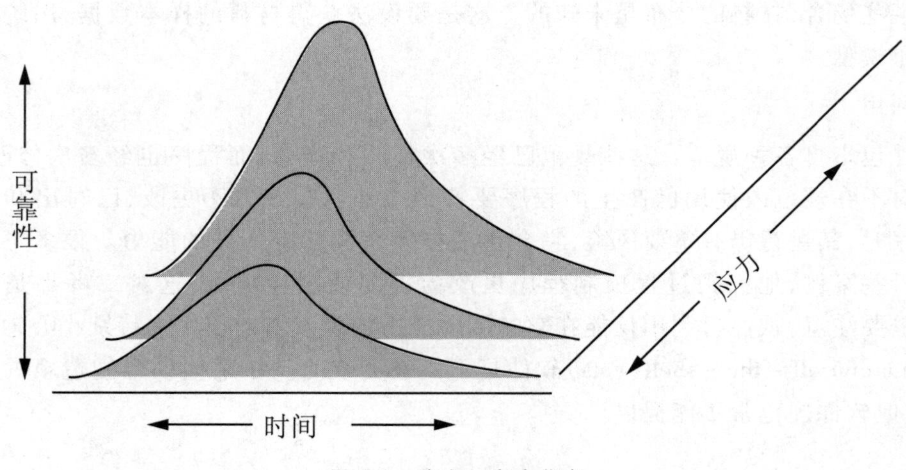


图 7.1　应力－寿命分布

## 3. 零件过期的管理

解释零件过期的含义，要求对零件和系统再做论证。开发风险缓和计划，如用寿命换取、后退可和谐共存等。（应用）

知识点Ⅲ.B.3

产品改进常常意味着某些部件要再设计。假如一项真正的改变实现了，整合新的部件要求有一个有条理的方法。在电子和软件领域中会发生相对短的产品寿命，这时要重点关心过期管理。下面几节指出减轻与过期和再设计部件有关风险的一些途径。

**生产者对过期的看法**

当系统中任一部件要改进时，将会导出一个新的系统，为核实它符合规范系统还必须进行检测。在很多场合，符合规范的部件不依赖于系统，且看不出与其他部件有不想要的交互作用。当然，要求判断有多少个新系统必须重新获得资质。例如，在推进装置的门闩枢轴锁的重新设计中，联动装置无需重获资质，但门闩系统不仅要在实验室内进行检测，而且要在设计环境的推动装置上进行检测。

一旦决定要做改变，过期零件必须要被管理。在某些场合在改变发生时，过期零件已用完。假如没有用完，过期零件的存货必须被分开，这是为了预防它们用到生产过程中去。

在该领域内零件的修理与维护时另外要考察的问题。如新的设计是否可以安装过期零件是否可以使用？

**顾客对过期的看法**

在环境不断改进意味着部件也要改变，这时顾客应采取什么策略呢？保修期用文件指出供应商对顾客的责任某些常用的对策如下：

a)保证支持产品在使用期内更换替代零件。

b)用寿命换取，这是一种常规方法，它为购买者提供足够的替换零件以覆盖系统寿命的需要。此项选择要小心地预告更换方法。

c)后退可和谐共存，它可使新的或再设计的部件在系统生存期内保持功能。

## 4. 建立规范

为可靠性、维修性和服务性开发度量尺度（如 MTBF、MTBR、MTBUMA、服务区间），也为产品建立规范。（创建）

知识点Ⅲ.B.4

## 某些常用的可靠性度量尺度

**失效率**定义为单位时间内失效个数。用希腊字母 $\lambda$(lambda)表示失效率。我们也用 $\lambda(t)$ 表示失效率。$\lambda(t)$ 又称**危险函数**。

失效前的平均时间(MTTF)定义为直到产品不能完成其功能前的平均时间。假如产品是可修的,则用失效间隔的平均时间(MTBF)。MTTF 与 MTBF 都与失效率入互为倒数。

$$\mathrm{MTTF}=\frac{1}{\lambda}\text{或 }\mathrm{MTBF}=\frac{1}{\lambda}$$

例如:若每小时失效数 $\lambda=0.00023$,则 MTBF = 4348h。

**可靠性** $R(t)$ 定义为

$$R(t)=\frac{\text{在检测周期末端有功能的单位产品数}}{\text{在检测起点处有功能的单位产品数}}$$

BX 寿命或 $B(X)$ 寿命是在总体中有 $X$ 个百分数已失效之前的累计时间。例如,B(10) = 367 小时意味着)$R(367)=0.90$。

**修理间的平均时间**(MTBR)提供了产品可靠性的另一尺度。MTBR 数据将含有无常规修理和所需资源的信息。这些数据有助于确定剩余零件的清单和预防维修表。

无计划维修行动间的平均时间(MTBUMA)标识一种置信水平,若把其放在机器中,它将标示机器维持生存的力量。例如 MTBUMA 相对短一些,则减少设备将是必要的。

服务区间是指常规检查与替换之间的推荐时间。众所周知的例子是加润滑油与过滤器改变方案。

**例 7.2**

有 238 只不可修零件参加检测,每隔 100 小时记录其失效数,具体数据如下:

| 时间区间/h | 失效数 |
|---|---|
| 0 ~ 99 | 0 |
| 100 ~ 199 | 2 |
| 200 ~ 299 | 10 |
| 300 ~ 399 | 30 |

要求对每个时间结点计算 $\lambda(t)$、MTBF 和 $R(t)$

解:利用上述一些共识和定义可算得如下表所示:

| 时间区间/h | 失效数 | 生存数 | $\lambda(t)$ | MTBF/h | $R(t)$ |
|---|---|---|---|---|---|
| 0 ~ 99 | 0 | 283 | 0.0000 | 无定义 | 1.000 |
| 100 ~ 199 | 2 | 281 | 0.0001 | 10000 | 0.993 |

续表

| 时间区间/h | 失效数 | 生存数 | $\lambda(t)$ | MTBF/h | $R(t)$ |
| --- | --- | --- | --- | --- | --- |
| 200 ~ 299 | 10 | 271 | 0. 365 | 28. 1 | 0. 958 |
| 300 ~ 399 | 30 | 241 | 0. 1107 | 9. 0 | 0. 852 |

**关联到产品规范**

习惯上对产品要详述其尺寸、重量、碳含量等特性。从可靠性工程角度上看常常更需要介绍上述一个或多个可靠性特性，特别在采购零件时更要如此。这是因为供应商要比顾客更了解这些产品的特性。例 7. 3 是一个趣闻，虽有某些主观色彩，但它用例子说明这个观点。

**例 7. 3**

一家汽车公司有一份黑色橡胶的门封的说明书，上面给出硬度、外形尺寸和其他特征。现在，他们又规定了一些可靠性要求，诸如对 UV 射线照射一定时间的抵抗力、一定时间的雨水检验能否通过等。供应商也向顾客提供另一些细节方面的特征，可使他们的研究要求得以降低，新的封条做得更好。价格有微小的减低，这是因为橡胶供应商设计了一个更容易制造的产品。

**维修性**

维修性是一项常用的规定，它是指一个特定的维修行动在指定的时间内完成的概率。它由两部分组成：可服务性与可修理性。可服务性是指在进行维修时所遇到困难的水平。可维修性是指在把失效产品变成可用产品时所遇困难水平。其最终目标是开发可靠性中心维修（RCM）方案。在这个方向上有如下步骤：

1. 开发机器及其部件的功能等级。
2. 编写机器失效模式的全部清单。
3. 对每个可预防维修（PM）行动作出评估以确定在预防失效模式中真正地需要帮助的有多少。
4. 更新组织 PM 行动，使得来自第 1 到第 3 步信息更好协调。

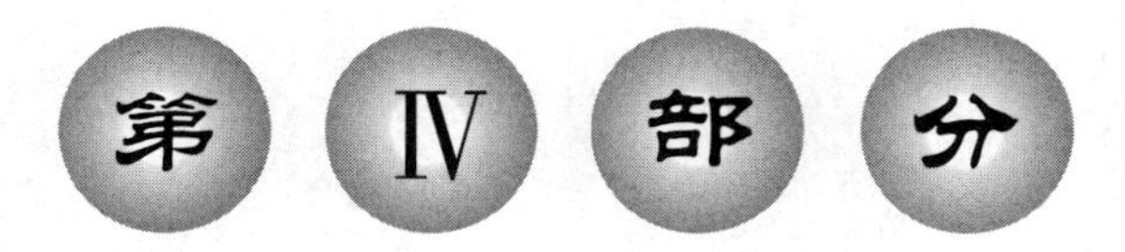


# 可靠性模型化与预测

# 第 8 章

# A. 可靠性模型化

## 1. 可靠性数据的来源与使用

> 描述可靠性数据的来源(原型、开发、试验、领域保单、发布等)及它们的优点和局限性。如何用数据来度量和提高产品可靠性。(应用)
>
> 知识点Ⅳ.A.1

来自公司外部与内部的可靠性数据对制造者通常是有用的。零部件可靠性数据有价值的外部来源是供应商,相同部件的其他使用者也可提供可靠性数据。对军工承包商来说,一个有用的综合外部数据源是政府工业数据交换程序(GIDEP)。这种交换程序可产生能够分发的可靠性数据,对商界这些数据又可复理商品,后者正是各种承包商希望使用的。诸如马达、泵、继电器等产品的实效数据又可通过 GIDEP 进行交流。通过在加利福尼亚的 GIDEP 操作中心可以获得这些信息。专业组织如电气和电子工程师协会(IEEE),可对各种类型硬件开发和维护可靠性数据。IEEE 的地址是纽约第 17 街 3 号,邮编为 NY10016 - 5997。

对非电器零件(NPRD)的信息可以从国家技术信息服务部航空开发中心(spring-field,VA)获得。

内部产生的数据常常具有更高的可信度。用来产生数据的条件是已知的又是可控的。制造过程的能力以及其他因子为制造所作的规范等都被反映在内部生成数据中。内部生成数据的一个例子是来自分析原型(用特定方法生产的第一个物件)的数据。在设计过程早期常常利用所生产的样品模型并对它作可靠性检测。原型的检测可提供早期的警告,如设计的缺陷、材料的要求,以及其他可改进可靠性的变化。可靠性工程师可以对初步应力研究和其他试验提出建议将贯穿整个开发过程。最后产品的检测可提供另外一些机会去收集数据,这对保修期的计算、预防性维修和可能的进一步设计是有益的。

可靠性数据的另一个有价值的来源是服务领域。很多制造商的维修是来自顾客提供的修理和维修服务期的数据,这些数据就是保修期数据。这些数据或来自经销商或分销商、顾客和产品的使用者。每一个反馈或维修行动都将记录在最后的报告中。这些数据将被收集和整理。失效分析将对失效部分进行,假如它们是有用的,则将为失效的根本原因提供数据。可靠性工程功能就是要收集和整理该领域内的失效数据。这些数据对可靠性工程、质量工程、产品设计、检测、营销、服务和其他事宜工程及其功能是有效的。

必须小心地使用这种数据。这些数据产生的条件在内部是已知的。如真实的试验时间、试验加速个数(如果使用)、试验的环境、真实的失效模式和其他条件都应记录在案。但产生于外部的数据常是可疑的,其实际试验或使用条件都是未知的。

各种数据来源见表8.1。

**表8.1　可靠性数据的来源**

| 来源 | 评注 | 优点 | 局限性 | 为产品可靠性所作潜在贡献 |
|---|---|---|---|---|
| 原型 | 早期设计过程 | 提供可见的和可测试的产品 | 初步设计的所作的努力 | 可以克服早期缺陷 |
| 开发 | 贯穿开发过程 | 随着每次设计可跟踪可靠性变化 | 时间和资源的要求 | 可以克服早期缺陷 |
| 最终产品 | 来自制造可用的检验 | 为保修期计算早先打下基础 | 不可能去模拟环境条件 | 更广泛的检测 |
| 保修期领域 | 需要完全数据 | 顾客看法 | 数据粗略 | 对可靠性有帮助,只支付一美元 |

## 2. 可靠性框图和模型

绘出和分析各类框图和模型,包括串联、并联、局部冗余、时间相依等。(评估)

**知识点Ⅳ. A. 2**

一个系统可以用方框图作出便于可靠性分析的模型。一个系统可由若干个子系统联结而成去完成给定功能。系统愈复杂,作可靠性分析就愈困难。当把它的若干子系统用图形联结起来表示系统时,数学模型可以减化系统。然后用各子系统可靠性和模型来获得系统可靠性。此种模型化的系统有几个优点:利用各种子系统的可靠性预测值可以给出系统可靠性的预测值,数学模型可用来协助改进系统可靠性;此模型可用来识别系统中的薄弱环节,并指出应在何处采用可靠性改进措施;该模型还可用来确定检验和维修方法。系统建模应与系统初始设计同时完成,并在设计改进时同步更新。

### 静态系统可靠性模型

**串联系统**。一个系统方框图可以把系统简化到它的子系统,使子系统失效对系统的影响提供一种便于理解的工具。最基本的静态方框图是**串联模型**。一个可靠性串联模型框图表现为:系统成功操作依赖于每个子系统都要成功操作。任一子系统失效将

导致系统失效。这是设计和构建系统的一种自然方式,因此很多系统都是串联系统,除非要把更多功能结合到设计中去。

在串联系统框图中,每个方块表示一个子系统,如图 8.1 所示。从图上看出,仅有一条路径可使系统成功。假如任一个子系统失效,则系统就失效。重要的是不应忽视各子系统的联结方式,因它们是失效的源泉。

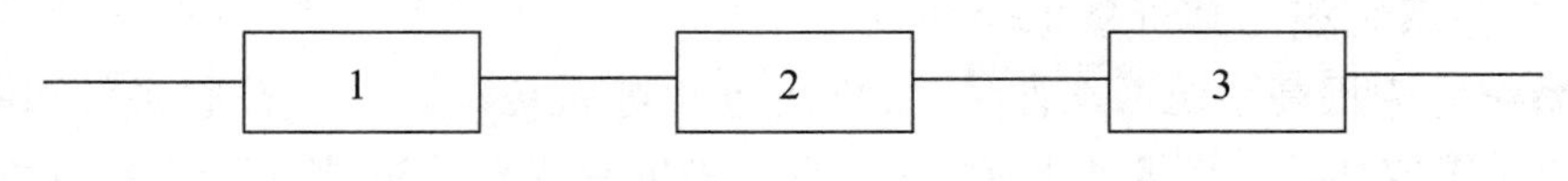


**图 8.1　串联系统**

为了分析系统可靠性,可利用串联框图,其必要的假设是:各子系统的失效概率是相互独立的。这个独立性假设是合理的且只是用于首次失效时间为止。任何第二次失效,虽它已经安全论证,对可靠性分析仍无影响,因为这个系统已经失效了。这不是对所有模型都是有效的。其他模型要求使用者去假设;子系统失效的概率对整体任务是完全独立的。

系统在任务期内能生存的必要条件是所有子系统在任务期内都能生存。这使各子系统成功同时发生,它与独立事件同时发生的乘法规则可用来计算系统可靠性。

系统可靠性 $R_S(t)$ 是指在任务时间 $t$ 内系统成功的概率。子系统 $i$ 的可靠性 $R_i(t)$ 是指在任务时间 $t$ 内子系统 $i$ 成功的概率。例如,有 $n$ 个子系统,且每个子系统的可靠性已知,则系统可靠性可以算得

$$R_S(t) = R_1(t) \times R_2(t) \times \cdots \times R_n(t)$$

每个子系统的可靠性都小于 1。见例 8.1,于是系统可靠性也将小于任一个子系统可靠性:

$$R_S(t) < R_i(t)$$

系统模型化可以帮助分析可靠性问题和实施可靠性改进。如果想要串联系统可靠性得到显著提高,则具有最小可靠性的那个子系统必须改进。系统可靠性的最大改进通过最小可靠性的子系统实现。

**例 8.1**

某系统由三个子系统串联而成。每个子系统在任务时间 $t$ 的可靠性分别为

$$R_1(t) = 0.99$$

$$R_2(t) = 0.98$$

$$R_3(t) = 0.94$$

则在任务时间 $t$ 的系统可靠性为

$$R_S(t) = 0.99 \times 0.98 \times 0.94 = 0.91$$

在例 8.1 中,若把子系统 1 的可靠性提高到 0.999,则系统可靠性改进是有限的,即

$$R_S(t) = 0.999 \times 0.98 \times 0.94 = 0.92$$

不管子系统1与2如何改进，该系统可靠性不会超过0.94。系统可靠性改进应集中到子系统3。

存在另外一些框图模型可导致较高的系统可靠性，这些模型将被考虑。然而，应该指出：存有很多较可靠的串联系统在使用。串联设计与其他设计相比仍有某些优点。一个串联系统需要最少的部件，消耗最少能量，从而浪费更少热量，占有更少空间，附加更少重量，与其他系统相比其价格也较便宜。

**并联系统**。为提高系统可靠性，冗余想法包含进系统中。一个并联系统可提供多于一条路径使系统成功。如图8.2所示，一个有效的冗余系统含有多个子系统在线运行，其中每个子系统都可独立地执行系统成功所要求的功能。如果有一个子系统失效，系统可通过其余有效的子系统完成响应功能。只有所有冗余的子系统失效，系统失效才会发生。

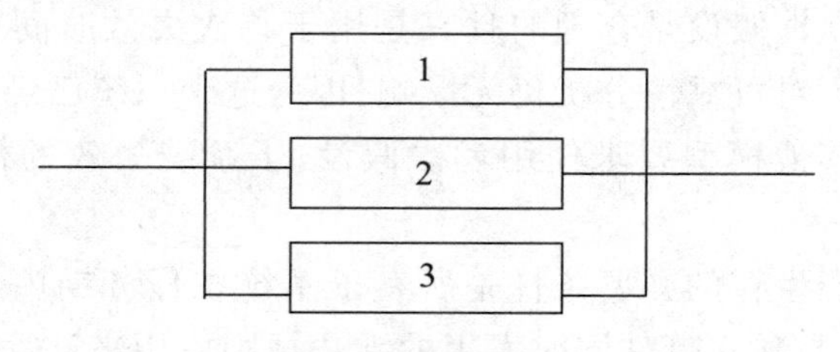


**图8.2　并联系统**

为分析并联系统，必须假设各个子系统在任务时间发生失效是相互独立的。这项要求在冗余系统设计中已能工程实现，从而保证这项假设是有效的。假如单个事件发生可以影响到多于一个子系统失效，或一个子系统失效可以影响冗余子系统第二次失效，那么在冗余中想改进系统可靠性将会丧失。例如，单个电源发生失效可影响到冗余导航系统失效。这种情况被称为**单点失效**。这时必须特别注意冗余子系统的相互连接点。通常，这就是单点失效的源泉。可靠性工程工具，如FMEA可以用来识别单点失效或失效模式，并把它们移出设计，如第6章所示。

一个并联系统失效仅在所有子系统都失效。例如，冗余系统由几个独立子系统组成，且每个子系统的可靠性是已知的，那么系统可靠性可通过下式计算：

$$R_S(t) = 1 - [1 - R_1(t)] \times [1 - R_2(t)] \times \cdots \times [1 - R_n(t)]$$

有效的冗余技术对系统设计者是常用的重要可靠性工具，见例8.2。然而，它不用来改进一个简陋的设计。在设计高可靠性时，对工程师来说冗余是一个更有效的工具。当需要的可靠性达到，才去使用冗余技术。

**例8.2**

一个并联系统有三个独立性子系统。每个子系统在任务时间 $t$ 的可靠性分别是：

$$R_1(t) = 0.99$$

$$R_2(t) = 0.98$$

$$R_3(t) = 0.94$$

则该系统在任务时间 $t$ 的可靠性等于

$$R_S(t) = 1 - [1 - 0.99] \times [1 - 0.98] \times \cdots \times [1 - 0.94] = 0.99998$$

这里要指出:系统可靠性大于任一个冗余子系统的可靠性。

$$R_S(t) > R_i, \text{对所有 } i = 1 \sim n$$

**串并联模式**。该系统可以用串联和并联子系统组合而成。对于这个组合模型相同的假设对个别的串联子系统和并联子系统仍然适用。该组合系统可靠性可以用转换或等价的串联模型或等价的并联模型来获得。

**例 8.3**

图 8.3 上显示一个串并联系统。每个子系统的可靠性表明在图上,现要求该系统可靠性。

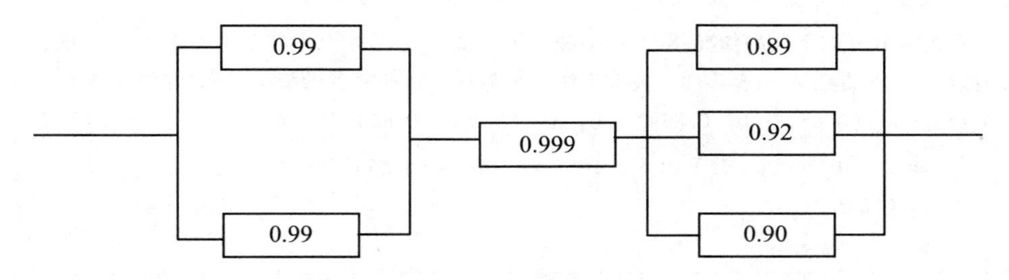


**图 8.3 串并联系统**

对 2 个并联子系统的可靠性为

$$R_1 = 1 - (1 - 0.99)(1 - 0.99) = 1 - (1 - 0.99)^2$$
$$= 0.9999$$

对 3 个并联子系统的可靠性为

$$R_3 = 1 - (1 - 0.89)(1 - 0.92)(1 - 0.090)$$
$$= 0.99912$$

现在该系统等价于 3 个子系统组成的串联系统,其中 $R_1$、$R_3$ 如上,$R_2 = 0.999$。故该系统可靠性为

$$R_S = R_1 \times R_2 \times R_3$$
$$= 0.9999 \times 0.999 \times 0.99912$$
$$= 0.998$$

**特殊的可靠性模型**

***n* 中取 *m* 的表决系统模型**。并联系统的一种特殊情况是 $n$ 中选 $m$ 的表决系统。这是由 $n$ 个相同子系统组成的并联系统,系统成功要求至少 $m(< n)$ 个子系统不失效。在这个系统中 $m$ 是小于 $n$ 的任一正整数,例如 $m = 1$,该系统化为一般的并联系统。沿用

多个互不相容事件的加法规则，二项分布可用来计算系统的可靠性。

假如 $R$ 是 $n$ 个冗余子系统中每一个的可靠性，则至少有 $m$ 个子系统不失效的概率（系统成功的概率）为

$$R_S(t) = \sum_{i=m}^{n} C_n^i R^i (1-R)^{n-i}$$

其中，$C_n^i = \frac{n!}{i!(n-i)!}$ 是 $n$ 个产品中一次取出 $i$ 的组合数。

$n!$（仅对非负整数有定义）是所有小于等于 $n$ 的正整数的乘积。如 $6! = 2\times3\times4\times5\times6 = 720$，又规定 $0! = 1$。

**例 8.4**

8 个相同单元中每个可靠性均为 0.85，并联连接成 8 中取 6 的表决系统，该系统的可靠性是多少？

该系统有效有如下几种情况：8 个中有 6 个有效，2 个失效；8 个中有 7 个有效，1 个失效；8 个全部都有效，且它们是互不相容事件。故该系统的可靠性是这些事件的概率之和（见第 4 章）。

$$\begin{aligned} R_S(t) &= C_8^6(0.85)^6(1-0.85)^2 + C_8^7(0.85)^7(1-0.85)^7(1-0.85) + C_8^8(0.85)^8 \\ &= 28(0.85)^6(0.15)^2 + 8(0.85)^7(0.15) + (0.85)^8 \\ &= 0.895 \end{aligned}$$

**有效数字**。可靠性工程师常常需要防止出现比数据证明书上更精确地可靠性结果。所有工程师们都要知道如何利用修正的有效数据去表示结果。在本节的例子中，将合理地提出结果的有效数字。为了用例子说明解决问题的方法，结果可常携带更多有效位数参加计算。在下面例子中，计算的结果是携带 4 个十进位数字，然后圆整。这种过量的有效数字可以被调整。这样做事为了使得用不同方法可得到相同结果。

**旁联系统**。另一个特殊情况是旁联系统，它的子系统的连结不能简化为串联或并联系统。对这样的系统寻求其可靠性的一个方法是用贝叶斯定理。

选一个子系统，先假设这个子系统处于工作状态，然后假设其处于失效状态。余下的系统可简化为串并联排列。假如这还不行，可再选另一个子系统。在所选子系统处于失效状态的假设下，计算剩余系统的可靠性，并乘以所选子系统失效的概率。这两个值之和就是系统可靠性。

**列表穷举法**。系统可靠性可从它的框图求得。当各子系统的可靠性均已知，可用系统方法去识别所有能导致系统成功的事件，这可从部分子系统成功（S）和另一部分子系统失效（F）的所有可能组合中去识别这类事件。然后分别去确定每个事件是导致系统成功或系统失效。再确定每个事件发生的概率。由于这些事件是互不相容的，故系统成功的概率是所有能导致系统成功的事件的概率之和。若有系统含有 $K$ 个子系统，则此类事件共有 $2^k$ 个。

## 例 8.5

显示在图 8.4 上的系统模式不能简化为等价的串联或等价于并联模型。现用贝叶斯定理寻求该系统的可靠性。

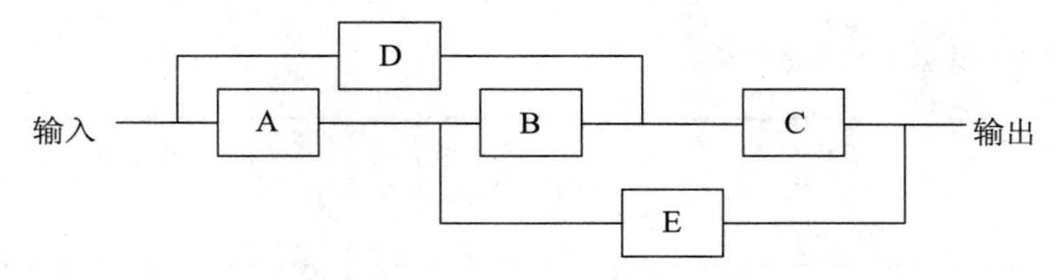


图 8.4　用贝叶斯分析的系统模型

子系统可靠性值分别为 $R_A = R_B = R_C = 0.95, R_D = R_E = 0.99$。

如今选择子系统 E，假设 E 处于成功状态，则系统模型可简化为如下图所示的剩余系统 1：

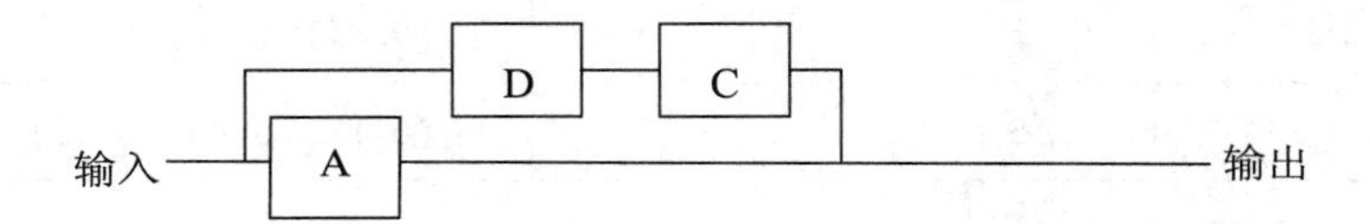


这个剩余系统的可靠性 $R_{S1}$ 为

$$R_{S1} = [1-(1-0.99)(1-0.95\times0.95)]\times(1-0.95) = 0.9970$$

假设 E 处于失效状态，则系统模型可简化为如下图所示的剩余系统 2：

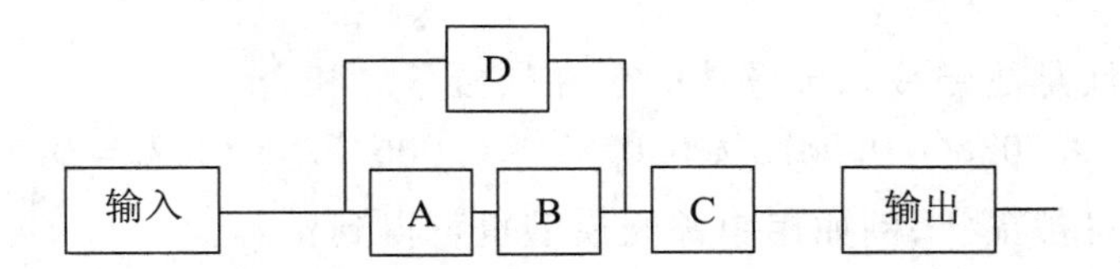


这个剩余系统 2 的可靠性 $R_{S2}$ 为

$$R_{S2} = [1-(1-0.99)(1-0.95\times0.95)]\times(0.95) = 0.9491$$

最后利用贝叶斯定理综合上述结果，得系统可靠性

$$R_S = R_{S1}\times P(\text{E 成功}) + R_{S2}\times P(\text{E 失效}) = 0.9970\times0.99+0.9491\times(1-0.99) = 0.9965$$

## 例 8.6

利用列表穷举法去寻求图 8.5 上的系统可靠性。其中三个子系统的可靠性分别为

$$R_A = 0.85$$

$$R_B = 0.90$$

$$R_C = 0.92$$

则其组合事件共有 $2^3 = 8$ 个。

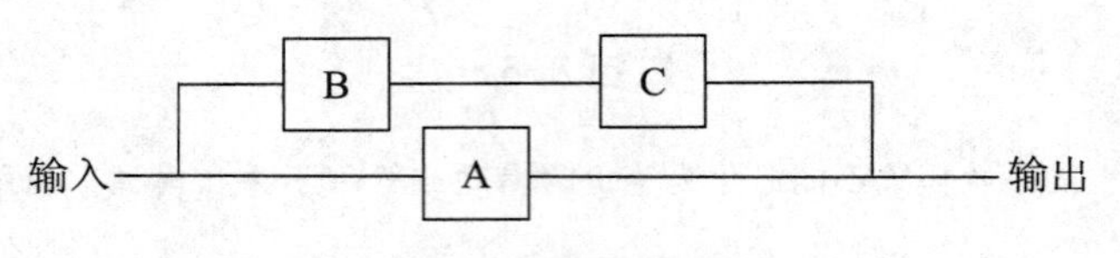


图 8.5　一个串并联系统

利用成功 S 和失效 F 可构造穷举表。

| 事件号 | 子系统<br>A　B　C | 系统 | 事件的概率 |
|---|---|---|---|
| 1 | S　S　S | S | (0.85)(0.90)(0.92) = 0.7038 |
| 2 | S　S　F | S | (0.85)(0.90)(0.08) = 0.0612 |
| 3 | S　F　S | S | (0.85)(0.10)(0.92) = 0.0782 |
| 4 | S　F　F | S | (0.85)(0.10)(0.08) = 0.0068 |
| 5 | F　S　S | S | (0.15)(0.90)(0.92) = 0.1242 |
| 6 | F　S　F | F | |
| 7 | F　F　S | F | |
| 8 | F　F　F | F | |

系统可靠性是能导致系统成功的事件的概率之和：

$$R_S = 0.7038 + 0.0612 + 0.0782 + 0.0068 + 0.1242 = 0.9742$$

这个结果可被证实，例如用串并联模型也可得到：

$$R_S = 1 - [1 - 0.90 \times 0.92] \times (1 - 0.85) = 0.9742$$

作为练习，可把这个方法用到例 8.5 的问题中去，这证实其系统可靠性为 0.9965。存有$2^5 = 32$ 个组合事件，其中能导致系统成功的事件是 15 个。

这个方法在简单系统上容易得到证实，但在复杂系统图上使用将会由于子系统个数增加而变得繁琐。计算机模型可用来对付复杂系统。见例 8.6。

应该指出，求解系统可靠性的所有静态数学模型是无分布的。这意味着不需要有关描述子系统失效的分布的假设。例如每个子系统失效可用不同分布描述，每个子系统可靠性可能独立地被确定，则系统可靠性可按概率运算规则确定。

为确定描述系统的失效分布常要求做复杂的分析。有一个例外，它就是用串联的子系统的失效都可被指数分布（常数失效率）描述。在这种场合，系统仍有常数失效率，并且系统失效率是各子系统失效率之和。

**串联模型（常数失效率）**。一个串联系统显示在图 8.6 上。假设每个子系统的失效分布是指数分布，子系统 $i$ 有常数失效率 $\lambda_i$。

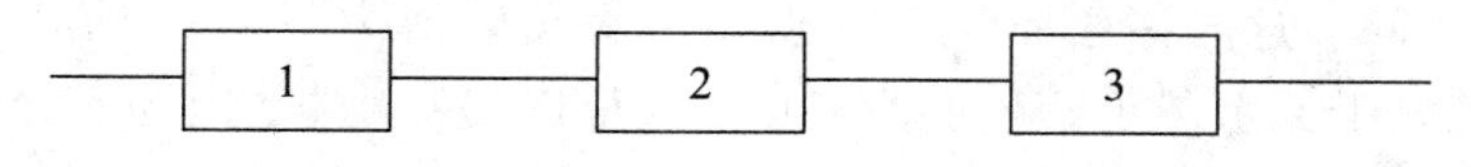


**图 8.6　串联系统**

该系统失效率也为常数，且等于各子系统失效率之和：

$$\lambda_s = \sum_i \lambda_i$$

该系统可靠性为

$$R_S(t) = \exp\{-\lambda_s t\}$$

该系统的 MTTF/MTBF 是

$$\theta = \frac{1}{\lambda_s}$$

见例 8.7。

**例 8.7**

对图 8.6 上的系统有

$$\lambda_1 = 100 \times 10^{-6} \text{ 失效数 /h}$$

$$\lambda_2 = 80 \times 10^{-6} \text{ 失效数 /h}$$

$$\lambda_2 = 20 \times 10^{-6} \text{ 失效数 /h}$$

在 $t = 100\text{h}$ 处，系统可靠性是多少？由于

$$\begin{aligned}\lambda_s &= \lambda_1 + \lambda_2 + \lambda_3 \\ &= (100 + 80 + 20) \times 10^{-6} \\ &= 200 \times 10^{-6} \text{ 失效数 /h}\end{aligned}$$

系统在 $t = 100\text{h}$ 处的可靠性为

$$R_S(100) = \exp\{-200 \times 10^{-6} \times 100\} = 0.98$$

该系统的 MTBF 为

$$\theta = 1/(200 \times 10^{-6}) = 5000\text{h}$$

另一个备选方法是：先计算每个系统的可靠性，然后利用串联模型计算系统可靠性

$$R_1 = \exp\{-100 \times 10^{-6} \times 100\} = 0.99$$

$$R_2 = \exp\{-80 \times 10^{-6} \times 100\} = 0.992$$

$$R_3 = \exp\{-20 \times 10^{-6} \times 100\} = 0.998$$

$$R_S(100) = 0.99 \times 0.992 \times 0.998 = 0.98$$

**动态系统模型**

动态数学模型是依赖于时间的。为了分析动态模型，必须对每个子系统假设有一个失效分布。对于下面的模型，指数分布被假设去描述子系统的失效状况。每个子系统被假设有一个常数失效率。

负载分担模型。一个有效的并联系统中各子系统是这样联接的，使得每个子系统在总负载分担相同。这时诸子系统都在低于最大负载能力下运行，子系统的负载降低了，其失效率也处于低水平上，从而系统可靠性得以提高，这是因为每个单元都在低应力水平下运行。假如某个子系统发生失效，则剩余的子系统有足够能力担负的失效率。

对于在负载分担结构中只有2个单元情况，每个子系统都在常数失效率 $\lambda$ 下作长时间运行。例如一个子系统失效了，则剩余的子系统将继续运行，但在一个被提高的失效率 $\lambda_2(>\lambda_1)$ 下运行。

系统在任务时间 $t$ 内成功运行可以看作两个子系统都在时间 $t$ 内和失效率为 $\lambda_1$ 下成功运行，或在 $t_1(<t)$ 时刻失效发生了而余下的一个子系统将在 $(t-t_1)$ 时间内和在失效率为 $\lambda_2$ 下继续运行，这时系统的可靠性为

$$R_S(t) = e^{-2\lambda t} + \frac{2\lambda_1(e^{-\lambda_2 t} - e^{-2\lambda_1 t})}{2\lambda_1 - \lambda_2}（若 2\lambda_1 - \lambda_2 \neq 0）$$

若 $2\lambda_1 = \lambda_2$，上述等式中分母为零。这时可靠性等式可简化为

$$R_S(t) = e^{-2\lambda_1 t} + 2\lambda_1 t e^{-\lambda_2 t}$$

这个可靠性等式可以扩展到含有多个2个单元的系统。

**储存冗余系统**。系统所拥有的平衡单元仅在失效发生时才会被动用，这样的系统才是储存冗余系统。

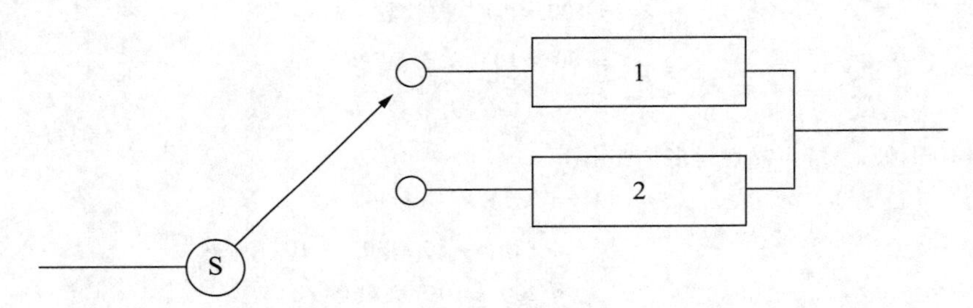


**图8.7　储备冗余系统**

图8.7显示出一个正在执行功能的基本单元。假如此基本单元失效，传感器已检测到其失效且把储备单元转换到系统内继续执行功能。这里储备单元必须有能力去执行功能，但不要求与基本单元一样。传感器系统和转换系统可以是系统的自动化部件，或可要求是某种手动界面。一个具有自动传感和转换以及不相同冗余单元的例子是闹钟的备用电池。一个需要手动转换的例子是汽车的备用轮胎。这些例子都是备用冗余系统，因为第二个单元开始执行功能是在基本单元失效的情况下运行的。

为分析系统可靠性，必须对子系统的失效分布作出假设。另一个需要考虑的因子是传感系统和转换系统的可靠性以及第二级子系统在使用前已失效的概率。

最简单的储备冗余系统是拥有一个基本单元和一个第二级单元，且它们都相同，有完美的传感器和转换器，第二级单元在沉寂状态是零概率失效。常数失效率被用来描述单元的失效概率。

对于这样的系统，基本单元和第二级单元的失效率是 $\lambda$ 和任务时间为 $t$。其系统可

靠性 $R_S(t)$ 是基本单元在时间 $t$ 内成功运转，或基本单元在时刻 $t_1(<t)$ 失效，而第二级单元在时间 $(t-t_1)$ 内成功运转的概率。

可靠性等式为：

$$R_S = e^{-\lambda t}(1+\lambda t)$$

假如传感器和转换器不是完美的，其可靠性 $R_{S/S}<1$，则系统可靠性等式为：

$$R_S = e^{-\lambda t}(1+R_{S/S}\lambda t)$$

此等式可推广到多个储备单元上去。具有两个储备单元和完美转换器的系统可靠性为：

$$R_S(t) = e^{-\lambda t}\left[1+\lambda t+\frac{(\lambda t)^2}{2}\right]$$

## 3. 失效物理模型

> 识别各种失效机理（如断裂、腐蚀、记忆力衰退等）和选择适合的理论模型（如阿伦尼兹模型、S－N 曲线等）去评估它们的影响。（应用）
>
> 知识点Ⅳ. A. 3

在可靠性中，失效物理方法是用数据在精确环境条件与产品在寿命期内的负载之间建立关系，去预测当今产品的“健康”状况和它的期望可靠性。这要求有数据收集技巧、使用各种传感器、某些类型的数据挖掘方法和分析一些失效模式。在该领域中，研究目标是用如下方法来减少寿命周期的成本：

- 对即将要发生的实效发出警报。
- 减少无安排的维修。
- 延伸预防维修时间。
- 减少检查成本和替换部件的存货。

有一项传感器技术，它把累计应力传送到一个附加装置内的一个单元上，当累积应力达到某个临界水平时，装置就会发出警报。例如，为检测海上船舶底部累计的氧化效应，可以用一个可分开的金属片当作早先的预兆。但金属片氧化达到某种程度时，将会发出警报。其他装置亦可用来检测振动效应、化学效应、温度效应等。

**基于模型的方法**

这种系统试图导出数学模型是为了描述单元性能和进行可靠性预报。在这个领域内的工作多数集中在电子和电路可靠性方面。Pecht 和 Gu(2009) 认识到电路失效机理及其理论模型，如表 8.2 所示。

**表 8.2 电路板的失效模式与模型**

| 失效模式 | 失效原理 | 失效模型 |
|---|---|---|
| 断裂 | 捆缚、电线联结、布置过密、黏着衬垫、痕迹、分界面 | 非线性幂律 |

续表 8.2

| 失效模式 | 失效原理 | 失效模型 |
| --- | --- | --- |
| 腐蚀 | 金属处理 | Eyring |
| 电移动 | 金属处理 | Eyring |
| 传导丝移动 | 金属处理间 | 幂律 |
| 应力驱使扩散 | 痕迹 | Eyring |
| 依赖时间绝缘击案 | 绝缘层 | Arrhenius |

**数据拟合方法**

上述基于模型的方法的一个缺点是要详细了解产品失效模型的形状和位置,而这常常不易做到。数据拟合方法却绕过这个问题而用统计软件去研究导致失效的数据规律。这个方法的缺点是:所需要历史数据必须可用于建立关系和探测形式。

协助失效物理研究的是预测和健康管理(PHM)等文献,这里,"健康"一词是指连续评估单元的剩余寿命的方法。在这个领域中,一个好的信息源是 PHM 协会(http://www.phmsociety.org)。

存储器讹误有点独立于失效物理。其失效是软件活动,是修改计算机存储器部分的活动。讹误是程序员的认识错误所致。在某些早期程序系统中,变量是综合的,各程序员彼此相互检查,当他们利用特定变量查明没有一个错误时就使用它。为检查已产生的错误,失效是偶然发生的,排除它是极端困难的。

## 4. 模拟技术

描述蒙特卡罗法与马尔可夫模型的优点与局限性。(应用)

**知识点Ⅳ. A. 4**

为了预测系统性能而把动态系统模型化可能使问题复杂。前面讨论的动态模型要对模型中每个方框假设一个常数失效率,仅用这些参数可在任务时间上给出可靠性。

系统可靠性是依赖于失效分布,指数分布(常数失效率)或其他分布,或者描述系统性能参数可以含有可用性(见第 13 章)。可用性是如下 2 个概率的函数,一个是系统剩余寿命(可靠性)的概率,另一个是在给定时间周期内失效发生了,而系统能恢复到可使用状态(维修性)的概率。为了分析这样的系统,可以使用模拟技术。为了使用模拟技术,每个失效分布中所界定的参数必须已知。

在蒙特卡罗模拟技术中,首先要从描述模型中每个单元的概率分布中随机抽取一些值,然后重复计算系统的性能值。大量的系统性能值可以用来开发系统性能的概率分布。蒙特卡罗模拟不需要复杂的数学,而要求很长时间使用计算机,在模型中每个单元和每个事件都需要在任务时间内进行重复抽样。

**例 8.8**

在应力-强度模型中，单元强度 $S$ 服从正态分布，其均值 $\mu_S = 2600$psi，标准差 $\sigma_S = 300$psi。单元应力 $s$ 也有正态分布，其均值 $\mu_s = 2000$psi，标准差 $\sigma_s = 200$psi。试问：单元可靠性是多少？

蒙特卡罗模拟法可在此对单元使用，从强度与应力 2 个分布中各随机抽取一个值，计算其差。仅在强度与应力间的差为负（应力大于强度）时单元失效发生。表 8.3 显示出使用 Excel 软件的前几步。此种重复可进行成千上万次，这里仅记录前 16 次，其中第 9 次重复时发生失效，若 $N$ 表示重复次数，则单元可靠性可依次作出估计：

$$\hat{R} = 1 - \frac{失效数}{N}$$

**表 8.3 蒙特卡罗模拟中计算机生成的值**

| 重复号 | 应力 $s$<br>$\mu = 2000$<br>$\sigma = 200$ | 强度 $S$<br>$\mu = 2600$<br>$\sigma = 300$ | 差值<br>$(S - s)$ | 失效($d < 0$)<br>记为 1 |
|---|---|---|---|---|
| 1 | 1942 | 2278 | 335 | 0 |
| 2 | 2091 | 2566 | 475 | 0 |
| 3 | 1599 | 2196 | 597 | 0 |
| 4 | 2013 | 2572 | 559 | 0 |
| 5 | 1934 | 2842 | 908 | 0 |
| 6 | 2177 | 2416 | 239 | 0 |
| 7 | 1936 | 2788 | 853 | 0 |
| 8 | 1952 | 2110 | 157 | 0 |
| 9 | 2042 | 2029 | -13 | 1 |
| 10 | 1950 | 2176 | 218 | 0 |
| 11 | 1789 | 2743 | 954 | 0 |
| 12 | 2141 | 2306 | 165 | 0 |
| 13 | 2010 | 2619 | 610 | 0 |
| 14 | 2030 | 2362 | 332 | 0 |
| 15 | 1786 | 2593 | 806 | 0 |
| 16 | 1805 | 2961 | 1156 | 0 |

## 马尔可夫分析

一个复杂过程可当作马尔可夫过程进行分析。例如从一个状态到另一状态的转移概率已知且保持不变，则马尔可夫过程寻求将来在某时刻某个状态出现的概率。该系统在某时刻仅存在一个状态，除了即将转移的状态外，将来状态都不依赖于过去状态。

马尔可夫分析的一项用处是在系统失效概率和恢复系统的概率都已知时，用来确定可修复系统处于成功状态的概率。只含一个单元的一个简单系统可考察其处于成功状态（不失效）或处于失效状态。由一个状态到另一个状态的转移概率可被其失效率确定。在失效率下，单元在失效后又恢复到成功的比率也可确定（见图 8.8）。

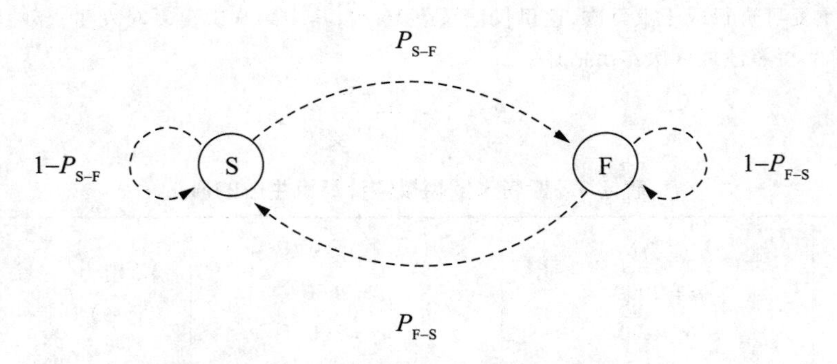


**图 8.8　具有 2 个状态的转移框图**

在图 8-8 中：

$P_{S-F}$是给定时间区间内由状态 S（成功）到状态 F（失效）的转移概率；

$P_{F-S}$是在相同时间区间内由状态 F 到状态 S 的转移概率；

$1-P_{S-F}$是系统处于状态 F 时，下一步仍停留在 S 的概率；

$1-P_{F-S}$是系统处于状态 F 时，下一步仍停留在状态 F 的概率。

马尔可夫分析不局限于只有 2 个状态的系统。存有多于一个成功状态的系统。该系统的所有可能状态是可识别的。从一个状态到另一个状态的转移也是可识别的。这里假设在某一时刻只有一个行动。从一个状态的概率也可用所有可能考察状态及其从状态到状态的转移比率来确定。马尔可夫分析要利用微分方程、拉普拉斯（Laplace）变换和用矩阵代数表示的线性方程组的解。即使分析是精确的，必要的假设可以影响最后结果的可信性。树状图可以对简单系统建模。

**例 8.9**

考察图 8.9 上的系统。

一台处于状态 S（成功）的机器正在正常地运转中。在给定时间区间内，该机器以 0.9 的概率仍停留在状态 S，以 $1-0.9=0.1$ 的概率机器发生失效而转移到状态 F（失效）。假如处于状态 F 的机器在给定时间区间内以 0.7 的概率恢复到状态 S，而以 $1-0.7=0.3$ 的概率不能恢复，仍停留在状态 F。

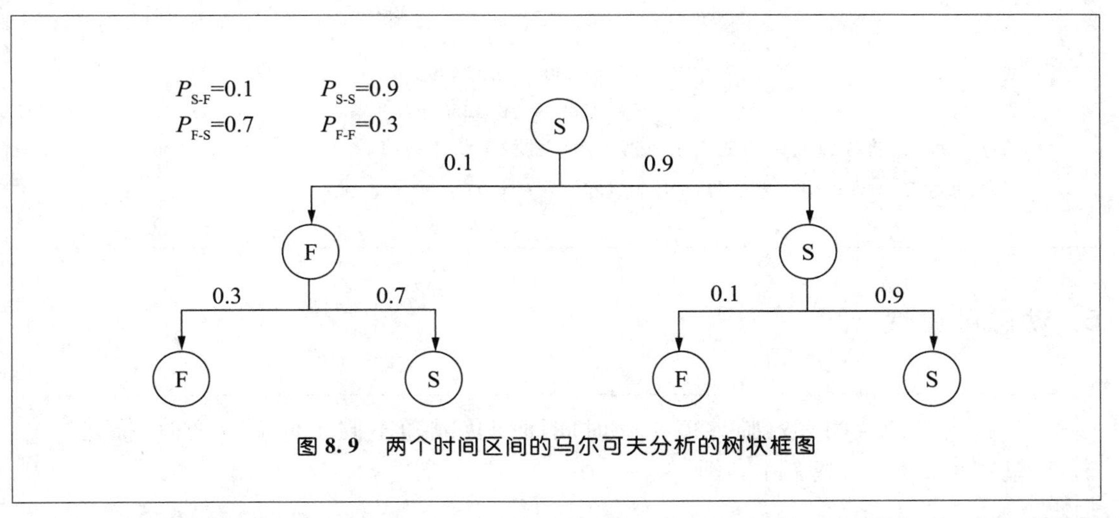


**图 8.9 两个时间区间的马尔可夫分析的树状框图**

每个可能路径出现都是互不相容事件。在两个时间区间终端机器仍处于成功状态的概率可以算得,它是转向状态 S 的所有可能路径的综合。

$$P(\text{状态 S}) = 0.7 \times 0.1 + 0.9 \times 0.9 = 0.88$$

作为练习,延伸树状框图到能覆盖三个时间区间,可以验算:在三个时间区间终端机器仍处于成功状态 S 的概率为:

$$P(\text{状态 S}) = 0.7 \times 0.3 \times 0.1 + 2 \times 0.9 \times 0.7 \times 0.1 + 0.9 \times 0.9 \times 0.9 = 0.876$$

假如拥有多个成功状态,作树状框图和进行手工计算将会变得繁琐。马尔可夫分析将会导出转移概率矩阵,用它可以评估经多少时间周期后各状态出现的概率。

$$T = \begin{bmatrix} x_{1,1} & x_{1,2} \\ x_{2,1} & x_{2,2} \end{bmatrix}$$

**例 8.10**

利用例 8.9 中的数值,转移矩阵为

$$T = \begin{bmatrix} 1 - P_{S-F} & P_{S-F} \\ P_{F-S} & 1 - P_{F-S} \end{bmatrix} = \begin{bmatrix} 0.9 & 0.1 \\ 0.7 & 0.3 \end{bmatrix}$$

$T^K$ 表示在经历 $K$ 个时间区间后各状态的概率,如

$$T^2 = \begin{bmatrix} 0.9 & 0.1 \\ 0.7 & 0.3 \end{bmatrix}^2 = \begin{bmatrix} 0.88 & 0.12 \\ 0.84 & 0.16 \end{bmatrix}$$

$$T^3 = \begin{bmatrix} 0.9 & 0.1 \\ 0.7 & 0.3 \end{bmatrix}^2 = \begin{bmatrix} 0.876 & 0.124 \\ 0.868 & 0.132 \end{bmatrix}$$

在 $K=2$ 时,位于第一行和第一列上的值为 $x_{1,1}=0.88$,而当 $K=3$ 时,相应的值 $x_{1,1}=0.876$,它们是在第二个和第三个时间区间终端机器处于成功状态 S 的概率,这些都是在机器的初始状态为成功的假设下算得的。类似地,当 $K=2$ 时,第二行和第一列上的值为 $x_{2,1}=0.84$,从而 $K=3$ 时,$x_{2,1}=0.868$,它们是在第二个和第三个时间区间终端机器处于成功状态的概率,这些都是在机器的初始状态为失效状态 F 的假设下算得的。随着 $K$ 的增加,这些值将会收敛,成为稳定状态的值,这就是机器可用性的值:

$$T^6 = \begin{bmatrix} 0.875008 & 0.124992 \\ 0.874994 & 0.125056 \end{bmatrix}$$

值$x_{1,1}$和$x_{2,1}$将收敛到0.875,它是机器可用性的稳定状态的值。

有某些手工计算和很多软件程序用于矩阵代数的计算。

## 5. 动态可靠性

当它涉及的失效临界值是随时间而变化或随不同条件而改变时,描述动态可靠性。(理解)

**知识点Ⅳ.A.5**

可靠性的标准陈述含有如下四个部分:

- 概率;
- 需求函数;
- 状态条件;
- 特定的时间周期。

常用的例子含有固定函数和固定的一组条件,因此生存概率将随过去的时间而变化。对这种情况,标准度量是把MTTF当作预测量。动态可靠性是考察这样一些情况,其函数或条件(或两者皆有)是变量。然后可以发问:在对需求函数或状态条件给出某些数据后,关于系统可靠性可以做出什么预测呢?

### 当作变量的状态条件

考察一个被译为1.5MW的风力发电机。它受风力速度、周围温度、湿度等因素影响,该系统在5年内将以0.95可靠性保证至少产生1.4MW电力。环境条件可在某区域内,如风速在5mph和40mph之间。风力发现点的有效管理要求对系统的各种部件有预备性的替换。例如在5年期内,风速停留在5mph~10mph范围内,仍有0.95可靠性吗?或者,更一般地,假如在环境条件方面的数据仍是可用的,预备性地替换方案是否准备得很好?

### 当作变量的需求函数

继续风力发电例子的讨论,假设某单元在5年期内仅要求产生0.5MW电力,仍有0.95可靠性吗?或者,更一般地问,例如数据对待定单元的要求函数仍可用,预备性地替换方案是准备得很好?

动态可靠性领域建立起来的理论和技术可用于可靠性计算,这些计算是基于给定单元的条件和函数自然改变下的信息进行的。这方面的研究是一个丰富多彩的领域。

# 第 9 章

# B. 可靠性预测

## 1. 零件累计预测和零件应力分析

> 利用零件失效率数据去预计系统与子系统级别的可靠性。(应用)
>
> 知识点Ⅳ. B. 1

可靠性预测是一种设计工具,这些工具早先在设计和开发阶段使用过的。为了有效地达到预测目的,它开始于设计完成之前,完成于生产工具设置和生产所需硬件的购置之前。很多时候,预测是在没有系统的精确的可靠性数据,仅有某些部件的数据来实现的。可靠性预测可用来确定达到系统可靠性目标的设计的可行性;可把注意力集中到系统可靠性目标设计的可行性;可把注意力集中到设计的“薄弱环节”;可评估设计的改变对系统可靠性的影响;可比较早先在开发阶段提出的竞争设计的可靠性;以及协助建立维修方法。可靠性预测不是可靠性评估,估计是要用数据的,预测是不能用来度量已成功实现的系统可靠性。

在电器/电子系统中,最著名且最广泛使用的预测数据的源泉是 MIL - HDBK - 217。本手册假设电子设备可用常数失效率建模,并含有电器和电子部件的失效率数据。本手册含有无源器件如电阻、电感、电容、变压器等的数据,还含有一些有源器件如晶体管、二极管、场效应晶体管(FETs)等数据,以及数字和模拟的积分电路数据。有一些方法可用来调节部件的基本失效率。该方法依赖于部件的引线个数,在 IC 中的逻辑门的个数、部件参与试验的使用环境、顾客对供应商的质量控制要求,以及影响部件失效率的其他因子。用于调整基本失效率的乘数可称为 $\pi$ (pi)因子。

**例 9.1**

使用 MIL - HDBK - 217 的方法

电阻的失效率模型是

$\lambda_p = \lambda_b \times \pi_E \times \pi_R \times \pi_Q$ 失效个数/百万小时

在 MIL - HDBK - 217 的表中含有基本失效率 $\lambda_b$,它是被设计者用于标准降额的基础。该表中还含诸 pi 因子:

$\pi_E$是环境因子，它反应电阻是怎样被使用；

$\pi_R$是基于电阻值的一个因子；

$\pi_Q$是质量因子，它依赖于顾客对部件生产的控制程度。

这些因子和基本失效率可以被组合或电阻的预测失效率。

**例 9.2**

一个 10000Ω 的碳电阻用于商用飞机舱中的通信接收器。假设标准降额设计在60℃下为40%。

从 MIL－HDBK－217 有：

$\lambda_b = 0.0012/10^6$　基本失效率；

$\pi_E = 3$　环境应力因子；

$\pi_Q = 1$　质量因子；

$\pi_R = 1$　电阻因子；

$\lambda_p = 3 \times 1 \times 1 \times 0.0012/10^6$　预测的失效率

$= 0.0036/10^6$

假如与此相同电阻用于军舰甲板上雷达探测器中：

$\pi_E = 12$　环境应力因子；

$\lambda_p = 12 \times 1 \times 1 \times 0.0012/10^6$　预测的失效率

$= 0.0144/10^6$

该手册最后版本在 1994 年，其版号是 MIL－HDBK－217F。一致认为：利用 MIL－HDBK－217F 所作的预测是保守的，即产品的失效率小于预测值。

一块电路板（子系统）的失效率的预测值可按板上所有元器件预测的失效率相加来做出。这里假设电路板是串联模型，并给出最差的预测。这个方法被称为零件**累加方法**。一个系统失效率的预测值可用所有子系统的预测失效率相加而得到。这同样假设了一个串联模型。利用这个串联模型假设，例如所有部件都有常数失效率，则系统也将具有常数失效率。

为了克服 MIL－HDBK－217 的某些不足之处，可靠性分析中心（RAC）开发出一个 PRISM 可靠性预测方法。

代替乘数因子用于部件失效模型，PRISM 利用加法和乘数两者的组合因子，该因子称为 $\pi$ 因子，模型可表示为如下形式：

$$\lambda_s = \lambda_i(\pi_1\pi_2 + \pi_3\pi_4 + \pi_5)$$

其中，$\lambda_i$ 是原有的失效率，$\pi$ 值是依赖于零件的。PRISM 也允许把早先的失效当做常数失效率期间的失效使用。

217（plus）方法是 PRISM 的副产品。它含有新的零件失效率模型，如连接器、开关盒继电器等。软件程序对 PRISM 与 217(plus)是共用的，可从可靠性分析中心(RAC)获得，电子邮箱是 http://theRAC. org。

为了预测机械系统的可靠性，可用《**机械系统可靠性预测手册(NSWC－07)**》。信息可从海军水面作战中心(arderock Division,Bethesda,Maryland)处获得。

该手册遵循 MIL－HDBK－217 的格式且含有机械部件的基本失效率。这些失效率可以通过使用乘数或“c”因子来调节，其中“c”因子依赖于材料类型、物理配置、热处理、使用环境和其他可能影响失效概率的因子。例如，特定机械设备常含有的弹簧、轴承、刹车、离合器、密封垫、泵和其他非电子设备。该手册假设使用常数失效率模型。

**非电子零件可靠性数据(NPRD－2011)**含有机械的和电子机械零件的失效率。这个方法允许工程师考察耗损期内的失效。

电视电话 SR－332(如众知的 Bellcore)对通讯设备以及商业应用有预测数据，用表和图表示。这些电视电话模型是被 AT&T 贝尔实验室开发出来的，其方法是基于 MIL－HDBK－217。

几个国际标准也可使用。用于这些标准中的方法是类似于在 MIL－HDBK－217 中的方法。

可靠性预测也可基于工程师的经验及其在类似系统的各种设计中用过的部件。在某些场合，自动售货机的部件可以提供一些典型失效率数据。

政府工业数据交流程序(GIDEP)是一个对军事承包商可用的来源，它含有商业上可用的子系统，诸如发动机、压缩机、泵等失效报告。系统可靠性值可利用这些来源数据经过处理所得的值仅能作为预测值。

## 2. 可靠性预测的评述*

可靠性预测的作用、局限性与可靠性估计的差别(应用)*。

知识点Ⅳ. B. 2

产品可靠性需要用设计、开发和生产各阶段期内的所有信息做不断的评估。这是保证产品满足可靠性要求所必须的。在设计期内，部件和零件的信息以及系统模型可用来预测可靠性。当产品进入开发和生产阶段，来自检测的信息可用来估计产品的可靠性。

使用系统模型所作的早期可靠性预测对可靠性工程师是十分有用的。预测可以确定设计阶段的薄弱点，并开始再设计的努力。预测可用来在诸多备选设计中作出选择。预测可用来评估一项设计改变对可靠性的影响。预测可用来评价当前设计满足最终系统可靠性要求的可能性。

---

* 这一节原标题为“可靠性预测方法”，可是内容不是叙述预测方法，而是作预测评述，很有见解。原知识点也是与内容不一致，故这里按内容都做了修正。——译者注

预测有局限性，它是在简化假设"每个部件各有一个常数失效率"的基础上做出的。预测可以考虑到环境应力水平、部件的复杂性、部件制造者的制造能力和其他可能影响失效的因子。例如操作人员使用产品的技巧、设计团队预期产品怎样被使用的能力、为设计可靠的产品中设计师的能动性、系统制造者的制造能力、维修个人的技能可以更显著地提高产品可靠性。

预测不同于估计，预测没有相关试验数据的支撑，预测没有统计置信度。可靠性预测充其量是在不确定性场合下的一次操练。含有典型可靠性数据如失效率等的数据库是可以使用的。然而，具体产品的可靠性在内部预测中不具有高精度特征。因此，可靠性工程师必须意识到即使有复杂模型和数学关系可以作出预测，此种预测的使用仍是有限的。

假如测试结果是可用的，可靠性预测是可以基于失效时间的分布作出的，并可对其参数作出估计。假如失效时间有指数分布模型，要估计的参数是均值，则该参数被称为平均失效时间($\theta$)或 MTTF。例如有几个单元参加试验，在试验期内有 $r$ 个单元失效，则 MTTF 的估计为：

$$\hat{\theta} = \frac{T}{r}$$

其中，

$T$ 是参加试验的失效单元和未失效单元的总的累积试验时间；

$r$ 是失效数。

失效率的估计为：

$$\hat{\lambda} = \frac{r}{T}$$

它是均值的倒数。

对任何时间 $t$ 处的可靠度的估计为：

$$\hat{R} = e^{-t/\hat{\theta}} = e^{-\hat{\lambda}t}$$

均值 $\theta$ 的置信下限 $\theta_\alpha$ 可以算出(见第 5 章)，其中：

$$\alpha = 1 - \text{置仪水平}$$

任务时间 $t$ 处的可靠性的 $1-\alpha$ 置信下限为：

$$R_\alpha = \exp\{-t/\theta_\alpha\}$$

对可修系统，若指数分布模型是适宜的，上面的讨论仍然有效，只要用首次失效时间即可。对可修系统预测可靠性是复杂的，因为系统在失效后可以恢复。经历一系列恢复(修理)行动的系统仍由若干系统组成，其部件可有不同操作时间，甚至通过修理可把子系统回到新的状态，但系统已不处于新的状态。这意味着系统已不能用常数失效率来模型化。这时对经历多次维修后的系统作出预测还不如对特定可用性要求作出需要备用零件个数作出预测。

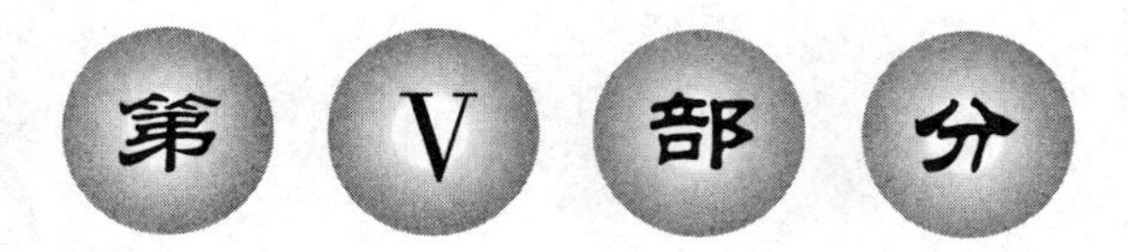


# 可靠性试验

# 第10章

# A. 可靠性试验计划

## 1. 可靠性试验策略

> 对各种产品的开发阶段创造和应用适宜的试验策略（如截断、试验到失效、退化）。（创造）
>
> 知识点 **V. A. 1**

单元可靠性是一个与时间或产品所用的某种度量有关的特性。某些可靠性试验结果可用于估计可靠性，或对可靠性设置置信限，或表明符合某个规定的可靠性值。这些试验必须进行较长时间。但有一个例外，那就是“一次投篮”项目的试验，其详细讨论在第12章（见属性试验）。其他可靠性试验结果可用来改进单元可靠性，并可不要求试验进行更长时间。如果试验计划的主要策略是将试验结果用于有关可靠性的目的，则此类试验属于可靠性试验。同样还可从可行性试验、性能试验或质量保证试验中获得可靠性信息。

各种可靠性试验的策略主要由产品开发期阶段及在开发期内要进行的试验所决定。在新产品开发初期，没有零件可用，因此也没有可靠性试验可进行。

当初期设计可用、原型或工程模型可构建时，就能开始进行高加速寿命试验（HALT）计划。这项可靠性试验计划的策略是对单元的应力超过设计限额以致使失效发生。为了剔去薄弱部件的这项可靠性改进方案是基于这些失效分析。最后得到的设计将更稳健，处于失效边际的部件被剔去，这样就改进了产品可靠性。来自HALT的测试数据不可用来估计可靠性值，因为单元被施加的应力是导致它失效的，这些应力都超过了设计界限。

为估计产品的失效率或平均无故障工作时间（MTBF）所进行的可靠性试验只要有一些认为可用的产品单元就可开始。这样的试验被称为寿命试验，记录失效时间，并累计试验时间，这种试验常要进行一段时间，愈长愈好，很多场合试验时间总被限制，因此某种类型的加速就成为必要的了。

在产品交付顾客之前，需要进行高加速应力筛选（HASS）试验。这项策略是在产品运转中加入应力，目的是从总体中剔去不合格产品和发现生产过程中任何变化。通过测试的单元可交付顾客。HASS常被质量工程师使用。此项试验对可靠性是有正效应，限制了早期失效产品流入顾客手中。

若要做符合性试验,它必须在产品交付顾客之前进行。这类试验的策略是为核实产品符合某些最低的可靠性要求,这个试验是通过几个参试产品试验一段时间所累积时间来实现的。符合性试验应在最终设计设置完毕、生产工具就位和产品已经生产之后进行。符合性试验不是对产品进行改进。

综合可靠性试验方案的计划必须要在课题开始时就启动。当所有必须的元素在需要时都到位了,此计划才是全面和及时的。计划必须保证试验所需产品数量、试验设备(包括特殊设备)和实验进行所需的时间在进行试验时是满足要求的。各种可靠性试验方案还必须使结果及时地得到使用。若在产品投入生产之前作设计改变是更为有效的。

试验计划需要含有如下内容:试验目标,资源供应、试验设备和设备校准信息、产品试验时间和必要的人员,试验要求与安排(包括参试产品数量和试验环境),在试验程序中当有必要作变更的方法、和试验结果的文件。假如试验的策略还要随时记录失效,那产品失效的精确定义必须对参试工程师是可用的,当某些产品的输出是随时间退化时也要这样。

很多文献在开发可靠性试验计划中都列出必要的步骤。在步骤个数和描述步骤用词上虽有不同,但在本质上它们都含有相同信息。Dimitri Kececioghu(1993)列出如下9步:

(1)确定试验的要求与目标;

(2)审视现存数据以确定在不参试情况是否能满足要求;

(3)审视试验的清单以确定某些联合试验在经济上是否可行;

(4)确定必要的试验项目;

(5)分配执行试验所需要的资源;

(6)开发试验规范和数据处理与贮存方法。审视接受和合格的临界值。在试验规范中建立作进一步改变的规则;

(7)对处理试验、分析结果指派责任,提供综合试验方案;

(8)开发汇报试验结果的形式与方法;

(9)开发维修试验状态信息的方法,这要贯穿整个试验过程。

可靠性试验可以分为几种不同类型。一种分类方式是按开发/生产阶段的不同来划分类型的。按这种方式划分的4个主要类别是:

- 产品开发试验;
- 可靠性性能试验;
- 可靠性接受试验;
- 可靠性验证试验。

这些试验有不同目标,并在产品开发和生产的不同阶段执行。

### 可靠性开发试验

进行这项试验的目的是在失效事件中采取行动去改进设计和评价系统设计及其子系统的兼容性。来自产品开发试验的结果可以用来论证产品的功能,但不能确定可靠性参数,如失效率或MTBF。产品开发试验的目标是去发现失效。仅用分析失效和采取适当行动去改变设计就可改进产品的制作。试验单元长时间的运作和无失效的观察是要花费的,且在产品改进并无结果。

**可靠性性能试验**

有时也被称为**可靠性鉴定试验**,这种试验是在设计完善后进行的。它们将验证系统在规定的操作条件(包括环境条件)下可以满足规定的要求。一般来说,这种试验并不提供数据去确定可靠性参数,它仅给出"性能在规定条件下可以满足"的保证。

**可靠性接受试验**

这种试验是在生产阶段进行。这种试验将验证:"可靠性设计参数没有被生产过程所损害"。这类试验是整个质量规划中的一个部分,但着重强调可靠性参数。

**可靠性验证试验**

进行这种试验是为了显示对规定可靠性参数如 MTBF 或失效率的符合程度。它可以要求验证在给定置信水平下的符合程度。这类试验是正规的、具有统计性质、且要有标准手续。这类试验要求有很多产品参与并进行长时间试验,必要时要做某种形式的加速。这类试验在接受与拒绝可靠性值(如 MTBF 或失效率)的基础上要做决策,做决策就会有风险(见第 12 章)。

可靠性试验可以根据试验进行的方式分类,也可按记录数据类型进行分类。数据类型的选取和报告它们的形式是整个可靠性试验计划的部分。可靠性试验可以是连续的,也可以是通过/失效形式。连续试验的结果被记录为变量数据,而通过/失效的结果被记录为属性数据。

属性数据在给定试验中被记录为成功或失败。产品参与试验可以没有有效的操作时间。这些产品被称为是**一次性**产品。这些产品在工作时只有成功与失败(失效)两种状态,如继电器或保险丝。对一次性产品估计其可靠性或成功概率都可用属性数据做出。其可靠性的置信限也可用这些数据算得。

属性数据在产品有效的工作时间时也可被记录。产品在封闭环境内作循环试验时可记录其通过与失败。除非每个零件可分开单独测量,否则在测试结束之前是不知哪个零件是成功的,哪个零件是失效的。测试数据将记录其成功次数与失效次数。其具体失效时间是不知道的。这些零件的可靠性的置信限与估计是可以用这些数据算得,其任务时间等于试验的时间。

连续试验的结果是被记录的变量值,每个失效产品的精确时间和总的无失效产品累积时间是可知的。进行寿命试验是为了确定诸如 MTBF 或失效率等可靠性参数。来自这些试验的数据将作为变量被记录下来。用这些变量数据可以作出参数估计,置信限也可算出。连续试验可以进行有替换试验或无替换试验。有替换试验的优点是试验中的单元数是常量,因此按较快的比率产生数据。在无替换试验中,失效的单元不被替换,且试验的总体较小一些。

进行符合性试验是为了显示一些单元达到了某个可靠性水平。这些试验的结果可作为变量数据或属性数据记录下来。为了获得 MTBF 或失效率的估计符合性试验可以固定时间试验或从序贯试验获得变量数据。若有需要,该符合性还可显示一个给定的置信水平。平均来说,序贯试验需要固定长度试验中全部产品试验的一半左右。序贯试验的缺点是在试验开始时不知其结束时间。来自通过/失败试验的属性数据可以用来在给定置信水平上论证对可靠性值的符合性或对一次性产品的成功概率。要求最少的产品的试验是无失效试验,有时这种试验被认为是**成功试验**。

**例 10.1**

50 只集成电路(ICS)在环境试验箱内作循环试验,运行 1000h。在完成试验时,发现有 2 个产品在试验内失效。

利用二项分布对其可靠性作出估计,并用 F 分布计算其置信限(见第 5 章)。

IC 的可靠性估计在任务时间 1000h 为:

$$\hat{R}(1000) = \frac{n - r}{n} = \frac{50 - 2}{50} = 0.96$$

从 F 分布表中查得:当 $\alpha = 0.10$ 时,$F_{0.10}(6,96) = 1.82$。则 IC 可靠性在 $t = 1000\text{h}$ 处的 90% 下置信限为:

$$R_{L,\alpha=0.10}(1000) = \frac{48}{48 + 3 \times 1.82} = 0.90$$

**例 10.2**

有 10 个产品参加无替换寿命试验,运行 1000h。一产品在 450h 失效,另一个在 800h,余下 8 个产品在试验期内无失效。这是一项定时截断寿命试验,截断时间为 1000h。要对 MTBF 作出估计并设置 90% 下置信限。

指数分布可用来估计 MTBF,并用 $\chi^2$ 分布去设置置信限(见第 5 章)。总试验时间为 $T = 150 + 800 + 8 \times 1000 = 9250\ \text{h}$

MTBF 的估计为:

$$\hat{\theta} = \frac{T}{r} = \frac{9250}{2} = 4625$$

从 $\chi^2$ 分布表可查得 $\chi^2_{0,10}(6) = 10.645$,则 $\theta$ 的 90% 的下置仪限为

$$\theta_{L,\alpha} = \frac{2 \times 9250}{10.645} = 1740\ \text{h}$$

在早先开发阶段的设计常不是最后的。产品可以在应力超过设计界限外进行试验,其中应力常是环境应力,如温度、振动、电压等。应力被提高到产品中某个部件失效,最后导致产品失效。剔去较弱的部件就做一次设计改变。然后该过程对产品重复进行,使其具体化为一项新的设计。当边际设计用剔去较弱的部件得到改进时,可靠性改进就达到了。在某些场合,这类试验还可以延伸到损耗阶段,它是使用寿命的最后阶段。若沿着此种早期产品开发可靠性功能,则 HALT 程序将会保证产品的稳健性,且可靠的

设计可释放出生产力。因此在产品使用中失效就不是常见的了。但来自 HALT 程序的结果是不能用来估计产品可靠性的。

寿命试验是需一定数量的产品参加一段时间的试验。但过长时间和过多产品参试在一般场合是不易实现的。不像例 10.1 那样,很少有课题允许有 50 个产品参加可靠性试验,也不像例 10.2 那样,试验可进行 1000h,比 40 天还长。假如有高的固有可靠性,这种不平常情况下,可能需要几千小时的总试验时间才能获得有意义的结果。因此,为了进行这些实验某种加速试验就成为必要(见第 11 章中的加速寿命试验)。

HASS 是在给顾客发货前对 100% 产品进行的筛选试验。为进行 HASS 试验,产品将承受较高应力。某些应力水平可能超过顾客要求界限和产品正常使用的期望水平。大家认可:好的产品在此种试验不会受损。所有通过该试验的产品可放行装运。产品对应力必须是稳健的,因此,HASS 试验不能进行除非 HALT 程序作完产品开发部分。HASS 试验将从总体中除去早期失效产品,但该试验程序的主要策略是检查生产过程的任何漂移。在 HASS 程序实现之前必须要明确生产过程已验证其能力并在统计受控之中。试验应力(常是环境应力)必须确定。试验设备,包括特定的实验箱必须可用和齐备,试验时间应作为过程的一部分,不放缓生产。

寿命试验要求有若干产品在一个时间段内进行,并累计总试验时间。在常数失效率的假设下,100 个产品试验 100h,50 个产品试验 200h,10 个产品试验 1000h,若所有这些试验都是有替换的,则其总试验时间都为 10000h,来自这些试验的数据可用来估计产品可靠性参数,如失效率或 MTBF 以及确定这些参数的置信限。重要的是:参试产品必须是生产产品的代表。设计中的任何改变将会影响整个试验方案,可能要求更长时间和更多产品参与试验。

在试验开始之前必须先确定试验将如何结束。有几种可能性常被可靠性工程师使用。**截断**认为试验可在某个规定的累计时间或某个应力上终止试验。例如,产品或产品样本可在循环一百万次停止,低温产品在暴露一段时间后再作分析。**失效试验**是研究需要记录失效类型和时间等数据。某些这样的试验可追续到所有产品都失效为止。阶段失效试验是把样本中产品试验到某个失效数达到时就停止试验(截断点)。**退化试验**终止是在产品性能达到一个事先给定的降额水平。来自这些不同的模型的数据分析要求有特殊的统计技术。可见第 15 章第 1 节所讨论的截断数据,统计软件包常可使用。

## 2. 试验环境

> 评价系统所处期间的环境,和更适宜可靠性试验的操作条件。(评估)
>
> 知识点 **V.A.2**

可靠性试验策略和产品本身将要确定试验的环境。例如希望试验结果所产生的失效能代表产品使用结果,则试验必须在能反映使用环境中进行。有时,增加环境应力可用来加速这些试验。不是所有产品对给定的环境应力反映是相同的。例如,固态电子对温度增高是非常敏感的,机械零件可能会受到振动或增加的污染物(如盐喷雾或粉尘)的影响。电磁零件会受辐射的影响。

电子电路板在承受振动中可检测出虚焊、强度不足,或其他机械缺陷。辐射也可能影响固态电子和验证屏蔽是否安全。湿度、急剧温度坡道和冲击也是在可靠性试验中使用的其他环境应力。

假如可靠性试验的策略是想从产品中剔去设计的薄弱环节,那么超过正常应力的环境应力将被使用。若试验策略是为了引出失效而变动设计可以导出改善可靠性的方向,这时产品是在非正常使用下失效。剔去薄弱部件可提高产品可靠性。这时候应力水平可超过产品的设计界限。若参试产品在低于正常使用环境下试验,则不能得到任何可靠性信息。

有能力适宜试验环境的试验室是需要的。试验设备可用于模拟应用的多种环境。组合环境可靠性试验(CERT)是同时模拟多种环境应力的一个应用。温度循环和振动同时模拟应用就是 CERT 的一个例子。

Harry W. Mclean(2002)对环境应力的最高水平给出的细节是适宜的。最高水平是对产品特定的,但典型的操作范围是:

温度:-70℃ ~+100℃;

温度速率:60℃/min;

振动:30Grms 以下。

最高级的振动系统在频率 2Hz ~5000Hz 有六个自由度。低频能量用来激发高质量的部件;高频用于激发低质量部件。固态部件的燃点在 150℃。集成电路可承受温度升温速率为每分钟 90℃。

较典型的实验环境是有三个自由度的振动和温度升温速率为每分钟 20℃。假如环境试验是序贯的,则其次序必须确定,并要重视。热和振动的组合试验剔除了这一要求。试验结果既要准确又要精确。**准确**意味着数据靠近目标,**精确**意味着有关设备的公差限。这要求对试验箱、测量设备和数据记录方法进行校准,使其接近标准。定期校准是必要的,并使校准成为整体可靠性试验计划中的一个部分。

# 第 11 章

# B. 开发期内的试验

> 叙述各种类型试验的目的、优点和局限性,并利用常规模型去开发试验计划、评估风险和解释试验结果。(评估)
>
> 知识点 **V. B.**

## 1. 加速寿命试验(如单应力、复合应力、序贯应力、步进应力)

可靠性寿命试验所需的长时间是一项阻碍。为了减少试验的实际时间,可以采用加速寿命试验。其策略是增加失效发生的比率,但不引出新的失效类型。加速寿命试验的假设是:在增加应力下其失效模式不变。失效分析可以确定增加的应力与失效结果间是否有新的模型。基于此原因,应力水平的减少或改变可影响加速的力度。

**单应力试验**。某些设备可以随时间加速,其所用速率要超过正常使用的速率。自动化试验设施可对单元作连续操作。使用时间和实效时间可被记录。一项每分钟点击 120 次的固定操作可在计算机键盘上进行,不到 6 天就可完成百万次操作。一台家用洗碗机每 2 小时可以循环一次,累计 1200 次循环要用 100 天(不超过三个半月)。

加速应力通常可用来加速时间。假设在正常使用场合总体的 5% 产品失效已知为 $t_{(n)}$。相同产品在增加环境应力下进行相同操作,而相同 5% 产品失效发生在时间 $t_{(S)}$ ($t_{(S)} < t_{(n)}$)。比率 $t_{(n)}/t_{(s)}$ 定义为加速因子($A_F$)。试验的实际时间($t$)被称为试验时间或试验的时钟时间。该试验的等效时间是 $t(\mathrm{Eq})$,它等于加速因子与试验时间的乘积:

$$t(\mathrm{Eq}) = A_F \times t$$

其中,假设加速因子不随试验时间而变。

用于加速时间的模型将依赖于几个因子。电气和机械失效模式将需要不同模型。递增的常数失效率或减少时间都会显现在不同模型之中。两个常用的加速模型是 Arrhenius 模型和幂率(有时又称逆幂律)模型。当用温度作为加速应力时,可用 Arrhenius 模型;当用电压作加速应力时,可用幂律模型。加速因子常来自不同失效模式的失效物理分析,用试验确加速因子的值,然后验证加速因子,多次验证直到来自现场的结果亦可得出。确定加速因子是一个漫长而又昂贵的过程。

**Arrhenius 模型**

Arrhenius 加速模型是基于 Arrhenius 方程(Savanti Arrhenius, 1858 - 1927)。Arrhenius 方程指明：化学反应比率是随着温度增加而增加。

$$R = Ae^{-E_A/kT}$$

其中，

$R$ 是化学反应比率；

$A$ 是尺度因子，它隔开了最后因子；

$k$ 是玻耳兹曼常数（$8.617\times10^{-5}$eV/K）；

$T$ 是绝对（热力学）温度（℃ +273）；

$E_A$ 是电子伏特中的激活能。

反应比率可以看作失效率的同义词。增加试验温度将会增加单元的常数失效率，该失效率会影响加速时间。

加速因子是增加温度（$t_s$）处的反应比率与在使用温度（$T_U$）处的反应比率之比：

$$A_F = \frac{R_S}{R_U}$$

此式可化简为

$$A_F = \exp\left\{\frac{E_A}{k}\left(\frac{1}{T_U} - \frac{1}{T_S}\right)\right\}$$

使用 Arrhenius 模型的关键在于确定适当的激活能。在缺少激活能知识时，可使用一种近似方法：每次温度增加 10℃，失效率加倍。激活能通常界于 0.5eV ~ 2.0eV 范围内。在给定失效模式时激活能是常数。

**例 11.1**

Arrhenius 模型

一种常在温度 50℃ 下运转的电子设备现处于温度 100℃ 下操作，若设其失效模式的激活能是 0.8eV。

使用 Arrhenius 方程确定加速因子是多少？

$$A_F = \exp\left\{\frac{E_A}{k}\left(\frac{1}{T_U} - \frac{1}{T_S}\right)\right\}$$

$$= \exp\left\{\frac{0.8}{8.617\times10^{-5}}\left(\frac{1}{323} - \frac{1}{375}\right)\right\} = 47$$

假设温度升高引起新的失效模式。此种设备在温度 100℃ 下工作 2 天相当于在正常温度下工作三个月。

为了验证数值，有必要在各种应力（温度）水平下对一些产品进行试验。例如，产品可以在高温、中温和低温下进行试验。其中低温水平就是正常使用值，但须有足够多的产品参加试验才可能有少量失效。高温水平将接近于失效模式保留不变的上限。中温水平将明显不同于另外两个温度水平。很多产品必须安排在低温水平下试验，以保证在试验期间有失效发生。若有 100 个产品可用于试验，则按 4:2:1分配原则将有 57 个产品在低温下试验,29 个产品在中温下试验,14 个产品在高温下试验。希望在更多试验区寻求这些值。在高温下失效将以很快的比例发生。假如结果分析表明,在每个温度水平下有相同的失效模式发生,那么加速因子可用给定的失效发生的百分数的时间的比来确定。例如用失效发生的百分数为 5% ,在高温度下达到 5% 失效的时间为 $t_s$,而在低温度下达到 5% 的失效的时间为 $t_L$,则加速因子为 $t_L/t_S$。这项分析在威布尔分布下可用图上作业获得(见 Meeker and Hahn,1985)。

**幂律模型**

幂律模型可应用于对应力不敏感的产品所进行的加速寿命试验。该模型是指:产品寿命与所增加的应力成反比,即:

$$\frac{\text{额定应力下的寿命}}{\text{加速应力下的寿命}} = \left[\frac{\text{加速应力}}{\text{额定应力}}\right]^b$$

用 2 个应力水下的试验数据区寻求 $b$。然后假设 $b$ 在应力使用范围内保持不变。

**例 11.2**

幂律模型

一个 5V 电压设备分别在 $V_1 = 15\text{V}$ 和 $V_2 = 30\text{V}$ 的应力下进行试验。从试验数据分析表明:使用 30V 的高应力电压时,总体的 5% 的产品在 150h 内失效。使用 15V 的高应力电压时,总体的 5% 的产品在 750h 内失效。

在 5V 正常应力下,将在多少小时内可使总体的 5% 产品期望失效?

$$[750/150] = [30/15]^b$$

$$\ln[750/150] = b\ln[30/15]$$

$$b = 2.3$$

$$[t/150] = [30/5]^{2.3}$$

$$t = 9240\text{h}$$

这意味着,30V 电压下工作 1h 相当于正常使用 5V 电压 62h。这个结果表示其加速因子为 62。

**多应力试验**。其他模型可以使用组合应力。温度与湿度或温度与振动是组合应力的例子,它们可用于加速失效和减少实际试验时间。Eyring 模型也可用于温度作为加速应力。Eyring 模型、Arrhenius 模型和幂律模型可组合起来用于多应力加速寿命试验。组合应力模型的杰出讨论参见 Kececioglu(2001)。

步进应力试验是另一种加速可靠性试验。这项技术的要点是一面在固定的时间节点上提高应力水平,一面记录失效时间或退化量。例如,一项试验在前 100h 通电 5A,在下一个 100h 通电 10A 等。在每一步都记录产品的性能。这些数据的统计分析有些复杂,可参见 Sheng – Tsing(2000)的文献。

## 2. 探索性试验(如 HALF、边际试验、样本量为 1 的试验)

高加速寿命试验(HALF)是一种可靠性试验方案,它常使用在产品开发的早期阶段。HALF不是一个新概念。HALF衍生出步进应力试验或过载试验方案。并可利用相同策略组织试验,如对一个产品连续地增加应力直至失效发生。目的是找出设计中的薄弱环节,从而对设计作出改进。

对产品施加的应力在设计界限内,产品一般不会发生失效,当施加应力超过设计的规格限,可促使产品失效。根据每个失效都进行失效分析和设计改进。这个过程可保证在设计和开发阶段内产生一个稳健设计,但不包含在生产阶段的设计改进需求。HALT常可用于温度、湿度和振动的组合环境。

HALT的目的是为了提高产品的可靠性。它必须在产品开发的早期使用。它在设计完成和零件定制、过程工具设置之前使用更有效,特别在成本效益上更是如此。

产品失效分析的目的是为了改进产品,这些失效未必是产品在设计规格内正常操作的代表。其目的是为了使用少量参试产品,加快失效发生。

失效的次数不被记录且所有参试产品都可以失效。因此诸如平均无故障工作时间(MTBF或MTTF)或失效率等可靠性特性值不能利用这些试验数据算出。通过设计变更而得到的大量可靠性改进是不能用HALT结果把它们数量化的。若产品设计是稳健的,不仅要使强度超过正常使用的应力,还要使强度超过应力分布尾部的应力。正是这些应力,才能在不太好的设计产品中产生失效。

假如期望交付的产品是零失效或很少失效,那么高加速寿命试验将在产品设计和开发阶段是标准部分。HALT方案的细节将因产品而异。产品依赖于使用的应力、应力的界限、试验是循环的还是静态的和其他一些细节。HALT应力用在新型步进电机和雷达天线伺服系统的设计不同于用在新型军用飞机自动驾驶仪的设计。当整个部件的试验对某些产品是适宜的,那么子系统的试验可以导致快速提高其他产品的可靠性。试验计划和试验方法需要由可靠性工程、试验工程、产品工程和设计诸多方面人员共同商议开发,这可确保HALT更加高效。

Mclean(2002)介绍了HALT过程的3个不同阶段。

**第一阶段:前HALT阶段**

在这个阶段,试验方法要公文化,要采购并备齐试验设备,记录数据方法要到位,保证必要资源的可用性。

**第二阶段:HALT阶段**

试验在这一阶段里进行。已在前HALT阶段开发的试验方法被执行。运作的产品承受升高的应力,监测试验、分析结果,按之前确定的方式记录数据。

**第三阶段:后HALT阶段**

每个在第二节阶段未被注意到的问题都要作根源分析并采取修正行动。对每个行动要制定专人负责。每个行动从开始到结束都需要可靠性工程师关心。

如有必要,第二阶段和第三阶段可以重复。

**边际试验**。对特定失效模式的规格,为开发边际效应而致力于增加应力水平的试验称为边际试验。当失效发生,原因又可补救时,该试验要继续到上述设计规格产生预先确定的边

际效应为止。在特定失效模式,将在设计应力下发生大的边际效应的概率是较小的。

### 3. 可靠性增长试验[如:试验、分析和固化(TAAF)Duane 试验]

**可靠性增长**是指在一段时间内对产品可靠性的改进。这种可靠性改进是由于产品设计变更所产生的。在新产品开发的早期阶段,设计中存在许多问题致使对可靠性产生负面影响。早期开发可靠性活动,如 FMEA、设计再检查、可靠性预测、早期试验样机和工程模型等可以识别这些问题。改变产品设计就是从剔去这些问题开始的。然后对新设计的产品又开始试验,其他问题又被识别和剔去。这项活动可反复进行,如此的试验、分析和固化(TAAF)将使可靠性不断增长。MIL - HDBK - 189 提供这些概念的理解和可靠性增长试验的原则。

为跟踪可靠性增长足迹,最常用的模型是 Duane 模型,它是由 James Duane 在 1962 年开发出来的。军用材料系统分析活动(AMSAA)模型被 Larry Crowe 在 1978 年开发出来。这两个模型是用来考察累计 MTBF 的对数与累计试验时间的对数之间的线性关系。Duane 模型是基于观察和使用确定性方法去跟踪可靠性增长。而 AMSAA 模型是允许用统计方法可使可靠性增加模型化。

当 TAAF 过程进行时,数据是累积的。被称为累积 MTBF( $\theta_m$ )的数量可计算为:

$$\theta_m = \frac{T}{r}$$

其中,

$T$ 是含有全部试验的总试验时间;

$r$ 是含有全部试验的总失效数。

在 Duane 模型中,

$$\theta_m = k(T)^b$$

随着 TAAF 过程的继续和 $T$ 的增加,$\theta_m$ 也在增加,这反映着可靠性在增长。该增长可以跟踪:

$$\ln \theta_m = \ln k + b\ln T$$

是对数线性方程,在双对数纸上可画出一条直线。从图上可测出的 $b$ 将给出可靠性增长的比率。

$b$ 的值也可算得。设 $\theta_0$ 是在累计试验时间 $T_0$ 处的累积 MTBF 的初始值,在总试验时间 $T_1(T_1 > T_0)$后累计 MTBF 值为 $\theta_1$,则有

$$b = \frac{\ln(\theta_1/\theta_0)}{\ln(T_1/T_0)}$$

在 Duane 模型中,实际的 MTBF 将以同样的速率随着累计的 MTBF 值而增长。实际的 MTBF($\theta$)可以算得

$$\theta = \theta_m/(1 - b)$$

该增长率 $b$ 可以用来比较给定项目与其他类似项目的增长率。高于平均增长率,表明资源对项目有积极作用;低于平均增长率表明资源对项目有局限性。

多数项目的平均增长率在 0.25～0.4 之间。高平均增长率显示致力于剔去设计薄弱部分被最先选择，而低的增长率则表明可靠性改进行动只剔去最明显的设计缺陷。

## 例 11.3

Duane 可靠性增长

ABS 刹车系统中一个新速度传感器和控制模块正在开发中。该单元经受三期增长开发试验。在设置每个试验之后、分析结果、实施纠正行动。在每次设计变更之后，新单元产生，随后进行试验。每个试验是用 20 个单元作有替换试验。每个试验等价试验时间为 1000h，总试验时间为 20000h。

可获得以下结果：

第一试验期，等价试验时间 $T_{(1)} = 20000$ h。累计试验时间 $T = 20000$h。失效数 $r_{(1)} = 20$，累计失效数 $r = 20$，

$$\theta_{(1)} = 20000/20 = 1000\text{h}$$

第二试验期，等价试验时间 $T_{(2)} = 20000$ h。累计试验时间 $T = 40000$h。失效数 $r_{(2)} = 12$。累计失效数 $r = 32$，

$$\theta_{(2)} = 40000/32 = 1250\text{h}$$

$\theta_{(2)}$ 的计算用到来自第一试验期和第二试验期的数据。

第三试验期，等价试验时间 $T_{(3)} = 20000$ h。累计时间 $T = 60000$ h。失效数 $r_{(3)} = 8$。累计失效数 $r = 40$，

$$\theta_{(3)} = 60000/40 = 1500\text{h}$$

$\theta_{(3)}$ 的计算用到来自第一试验期、第二试验期和第三试验期的数据。

在双对数纸上数据显示的图见图 11.1。累计 MTBF$\theta_{(m)}$ 画在 $y$ 轴上，累计时间 $T$ 画在 $x$ 轴上。图上直线的斜率显示的增长率为 0.37。

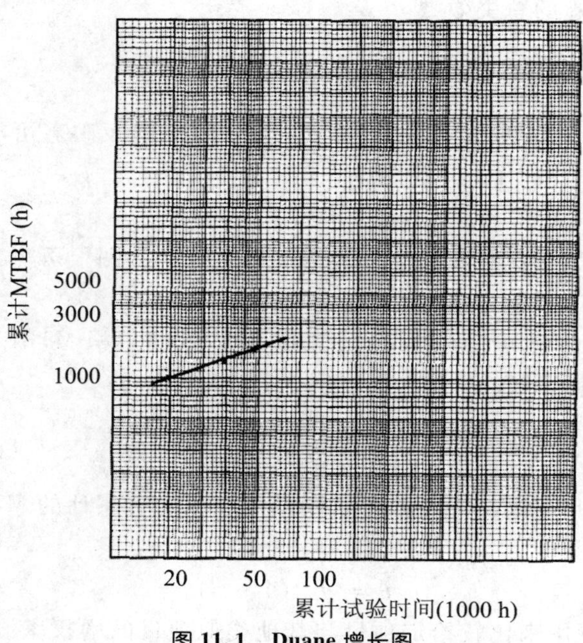


图 11.1　Duane 增长图

## 4. 软件试验(如白箱、黑箱、操作侧面、故障注入)

各种软件试验策略已被使用。为了更有效地从软件中清除故障和“错误”,试验应在每个开发阶段有一定功能。**白箱试验**,又称**结构试验**,它是在完全已知被测系统的内部结构的情况下而设计和施行的试验。这种试验是为检查内部结构,必须在特定的出口处收集结果,其目的是想覆盖系统内部的所有路径和所有分枝。可以说,白箱试验的注意力是放在“软件是怎样工作的”上。

白箱试验希望能从新的软件包中对清除大多数故障所需作的检测次数作出预测,随着软件中的故障被发现和剔去,故障率就会下降。为了在给定时刻能预测尚留在被检测程序中的故障数,必须先预测被检程序在开始时的故障数。有一个方法可用,即**故障嵌入法**。该法是把已知的一些故障“种”入到程序中去,然后计算不能找到这些故障所用时间在总检测时间中所占的百分数。比较在程序中所占的百分数。比较在程序中实际的故障数与在给定检测时间内找到的故障数,再利用故障率做出原程序中故障数的预测。

含在大量软件程序中的很多故障是表述不准确或误解规范而导出的故障。软件可靠性的注意力应该用缺陷的预防去代替缺陷的检测和剔除。O’Connor(2002)指出:多于 50% 的程序错误是缺乏对规范的理解上。好的设计控制和正确的使用规范可减少程序中错误发生的概率。宁愿做把错误移出程序的尝试,也绝不能把错误引入程序中。

当故障被找到并被剔除后,另外故障发生的概率在减少。这是软件浴盆曲线的早期失效阶段。这时的检测活动是该开发阶段的一部分,但不同于硬件浴盆曲线的早期失效部分。硬件浴盆曲线的早期失效部分是发生在产品生产阶段之后。在各种条件下每项可能的输入检验软件包都是满意的。假如没有被遮盖故障都已剔去,除去追加的故障,然后,无错软件就可交付给顾客了。对于复杂的软件包,所有可能的条件都无法预知,故障的剔去可能导致新的故障。一般说来,用最极端的检验程序也不能全覆盖,因此能剔去软件程序中 95% 的故障就很好了,也就可接收了。

检验软件程序的外部规范的试验被称为**黑箱试验**或**功能性试验**。典型的输入被嵌入到软件中,把最后的输出与预定的要求相比较。该试验是用来确定软件的响应是否就是想要的。其意图是检测整个系统来确定是否满足最初的要求。黑箱试验不涉及内部功能,黑箱试验是用实际的接口产品在操作环境内进行。

软件测试是从编写程序开始的。测试较小程序是有效的且不很复杂。测试将在程序整合或系统之后继续进行。白箱试验是设计系统是怎样的工作的。一些程序员更适宜作这类试验,因为他们理解自己的编码,当程序发生错误时可立即被修正。

软件发布之后,顾客发现的错误可能不会立即被修改。顾客要求使用软件的方式可能并没有被测试工程师预测到。假如顾客在发布之前能试用这些软件,那么这些故障就可能被发现且被剔去。对某些应用者,可以在发布之后邀请部分顾客去使用这些软件,这项试验被称为**贝塔试验**。对于飞行控制软件包,这项测试可在飞行模拟器上完成，而不是在实际的飞行器上。

操作侧面的检测是把软件包放在使用者的所有可能出现的条件下进行。仍留在软件中的故障是隐匿的和难于检测的。这些故障经验上被认为是随机出现的，且不能立即被修正。已被考察的故障率是常数，于是在公布之后软件可靠性可用指数分布模型来描述。

# 第12章 C. 产 品 检 验

叙述本章中一些试验的目的、优点和局限性，利用通用模型开发产品检验方案，评估风险和解释试验结果。（评估）

知识点 V.C

## 1. 合格/验证检验（如序贯检验、固定长度检验）

合格/验证可靠性检验通常被认为是一种符合性检验。符合性检验是用来验证产品的参数符合给定的要求。在可靠性符合检验中，参数可以是平均无故障工作时间（MTBF），或平均失效时间（MTTF）、失效率（失效强度），或某个可靠性值。可靠性符合性检验有如下标准可以参用：

- IEC 61124 - 2006 可靠性检验——常数失效率和常数失效强度的符合性检验，其含有失效率或 MTBF/MTTF 的检验值。
- IEC 61123 - 1997 可靠性检验——成功比率的符合性检验，其含有成功/失败产品的检验可靠性值。
- IEC 61124 含有定时检验计划。
- IEC 61123 含有固定试验的检验计划。

上述两个标准中还含有截断序贯试验计划。

- 最著名的可靠性验证或符合性检验的军用标准是 MIL - HDBK - 781 **可靠性检验方法、计划、工程开发环境、合格和生产。**

所有这些符合性检验计划的共同假设为，时间作为连续变量、失效模型是指数分布。这意味着其失效率为常数、MTBF/MTTF 等于失效率的倒数。在固定试验/失效检验计划场合所假设的失效模型是二项分布。

所有符合性检验方案可用一条操作特性（OC）曲线描述。操作特性曲线是一张图，该图显示在给定产品参数的真值处的符合概率。在时间为连续变量的检验中，OC 曲线将把参数的真值[失效率（$\lambda$）或 MTBF（$m$）]放在 $x$ 轴上，而把所验证的符合性概率[$P(A)$]放在 $y$ 轴上。每个固定试验中产品的可靠性（$R$）或成功概率放在 $x$ 轴上，而把所验证的符合性概率放在 $y$ 轴上。

若失效率被用于符合性要求，则验证符合性的概率在失效率真值等于或小于要求处是高的。随着失效率真值的增加,验证符合性的概率将减少。若 MTBF 是符合性要求,则验证符合性的概率在 MTBF 真值等于或大于要求值处是高的,随着 MTBF 真值的降低,验证符合性的概率也将降低。IEC 61124 就是把 MTBF 当作符合值使用。

失效率的典型 OC 曲线见图 12.1。

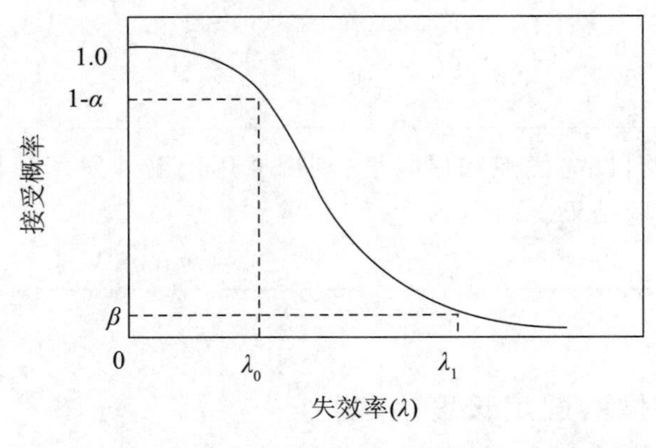


图 12.1　抽样方案的操作特性曲线

该 OC 曲线显示:所用的失效率是符合值。一个检验可被一条 OC 曲线上的两个点所确定:一个是用 $\lambda_0$ 和 $(1-\alpha)$ 确定的接收点,另一个是用 $\lambda_1$ 和 $\beta$ 确定的拒收点。假如真实失效率等于或小于 $\lambda_0$,则产品批量符合要求的,并通过检验。但还存在犯错风险,哪怕产品符合要求。这个风险就是 $\alpha$,它被称为**犯第Ⅰ类错误的概率**。例如真实失效率大于 $\lambda_1$(更差了),则该产品批不符合要求,检验失败了。这时也存在检验被通过的风险,哪怕产品批没有符合要求,这项风险为 $\beta$,它被称为**犯第Ⅱ类错误的概率**。这两个 $\lambda$ 值的比($\lambda_1/\lambda_0$)被称为鉴别比。当鉴别比越来越接近于 1 时,参检产品的总量将不断增加。这将导致试验时间和参试产品数两者都要增加。

MTBF/MTTF 也可作为符合值。这时 OC 曲线上的接收点被 $m_0$ 和 $(1-\alpha)$ 确定,拒收点被 $m_1$ 和 $\beta$ 确定。其中 $m_0/m_1$ 称为鉴别比。

**基本抽检方案**

**定时抽检方案**。一个定时符合性检验这样组成:适当的一些产品参试,在每个失效时刻记录其累计试验时间。其接受(符合)准则是基于给定的累计试验时间和可接收的失效数。符合性检验的最大允许失效数常记为 $c$。试验不断进行直到达到要求的累计时间(接收),或允许的失效数 $c$ 被超过(拒收)。

需求的累计时间和允许的失效数这两者是被 OC 曲线上的接收点和拒收点所确定。一旦这两点被确定,则累计试验时间 $T$ 被要求,允许失效数 $c$ 被设置。这里累计时间 $T$ 是所有参试产品在试验期内的总试验时间,其中包括已失效产品的试验时间和尚未失效产品但经过的试验时间。

无论有替换试验,还是无替换试验,都可参与计算累计试验时间。在有替换试验中失效产品被好的产品替换。它的本质是保持有相同数量的单元参与全程试验。例如使

用无替换试验,失效单元不被替换,随着每次失效参试单元在减少。不论哪种试验类型被利用,其累计试验时间是在试验期内所有单元运转时间的总和。

**例 12.1**

有 10 个产品参加试验,当他们失效时没有替换。第一个产品失效在 $t_1=685\text{h}$,第二个产品失效在 $t_2=1690\text{h}$,试验在 $t=2500\text{h}$ 结束,再无产品失效。累计试验时间的总和是多少?

$$T=685+1690+8\times2500=22375\text{h}$$

**例 12.2**

利用在 IEC 61124 中的一个例子显示如下:

该例显示产品 MTBF 的符合性。其接收值 $m_0=3000\text{h}$,拒收值 $m_1=1000\text{h}$。其鉴别比 $m_0/m_1=3000/1000=3$。

该例的 $\alpha$ 与 $\beta$ 风险两者都设置为 0.10。

IEC 61124 的表 3(见表 12.1)中的试验方案 B.7 可以使用。

这个方案的 OC 曲线显示在该标准的图 B.6(见图 12.2)上。

这个检验需要累计试验时间为 9300h 和允许失效数是 5。

$$T=3.1\times m_0=3.10\times3000=9300\text{h}$$

$$C=5$$

**表 12.1　定时检验方案表(取自 IEC 61124)**

| 检验方案号 | 方案的特征 | | | 截断时试验时间 | 失效的接收数 | 真实风险 | |
|---|---|---|---|---|---|---|---|
| | 名义风险 | | 鉴别比 | | | $m=m_0$ | $m=m_1$ |
| | $\alpha\%$ | $\beta\%$ | D | $T_1/m_0$ | $c$ | $\alpha\%$ | $\beta\%$ |
| B.1 | 5 | 5 | 1.5 | 54.10 | 66 | 4.96 | 4.84 |
| B.2 | 5 | 5 | 2 | 15.71 | 22 | 4.97 | 4.99 |
| B.3 | 5 | 5 | 3 | 4.76 | 8 | 5.35 | 5.40 |
| B.4 | 5 | 5 | 5 | 1.88 | 4 | 4.25 | 4.29 |
| B.5 | 10 | 10 | 1.5 | 32.14 | 39 | 10.00 | 10.20 |
| B.6 | 10 | 10 | 2 | 9.47 | 13 | 10.00 | 10.07 |
| B.7 | 10 | 10 | 3 | 3.10 | 5 | 9.40 | 9.90 |
| B.8 | 10 | 10 | 5 | 1.08 | 2 | 9.96 | 9.48 |

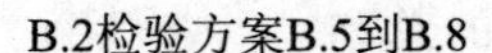

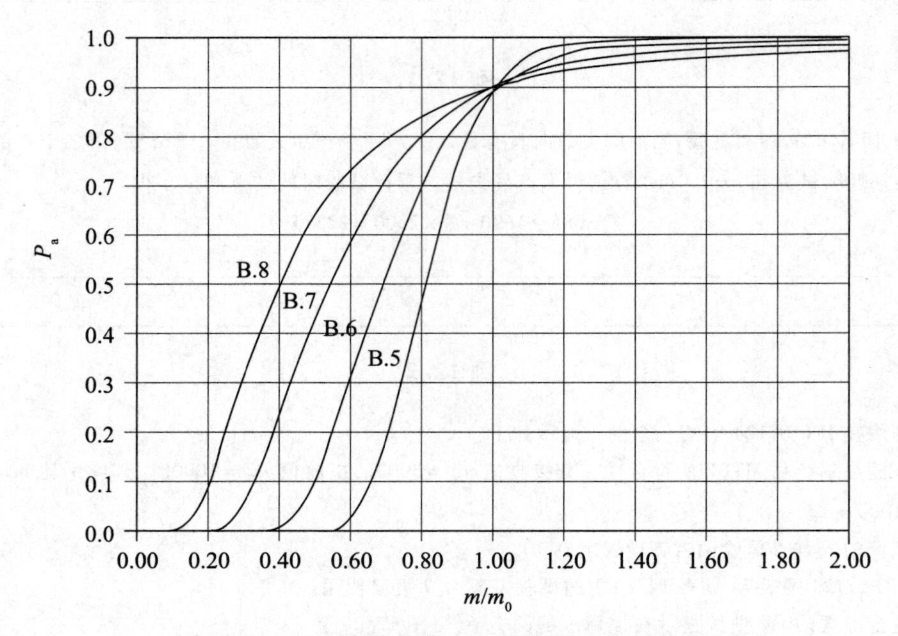


**图 12.2　定时检验方案的 OC 曲线(取自 IEC 61124)**

OC 曲线上的接收点与拒收点可以被实证。利用常数失效率概念,期望的失效数是 $\lambda \times T$。例如真实的 MTBF 是 3000h,$\lambda \times T = \left(\frac{1}{3000}\right) \times 9300 = 3.1$,这是接收点。利用累积泊松表,由于常数失效率,该表可以提供 5 个或更少的失效概率为 0.90。在拒收点 $\lambda \times T = \left(\frac{1}{3000}\right) \times 9300 = 9.3$,再一次从累积泊松表上查得,5 个或更少的失效概率为 0.10。

**例 12.3**

假如可接收的 MTBF 更改为 1500h($m_1 = 1500$h),鉴别比更新为 2,则检验方案 B.6 可以使用。其所需求的累计试验时为 28410h(9.47×3000),而允许失效数为 13。

一个重要的提示是:随着鉴别比接近于 1,所需求的累计试验时间要增加。

为了进行验证试验所需时间有可能过长。例如加速试验可以使用(见第 11 章),则实际进行时间可以缩短。在例 12.3 中,要求累计试验时间是 28410h。这可用 20 个参试产品运行 1420h(近似 2 个月)可以完成。例如进行无替换试验,则试验时间将要延伸,使每次失效都在 1420h 之后发生。例如有一个加速因子为 60 的项目可以用于此种试验,则实际试验时间($t$)可缩短到 23.7h 就可达到相同的累计试验时间(近似于 20 个产品试验一天):

$$T = A_F \times t \times n = 60 \times 23.7 \times 20 = 28140\text{h}$$

**序贯检验方案**。序贯检验或**概率比序贯检验（PRST）**方案是不同于定时检验的方案。定时检验是在完成试验且累计试验时间达到要求时才能做出接收的决定。序贯检验的结果是在不断地评估是达到三个备选决策项中哪一项。这三个备选决策项是：接收符合性、拒收符合性、继续检验。它们在每个累积试验时刻上作一次选择。其意图是在最短时间内对接收或拒绝符合性作出决策。序贯检验方案的图见图 12.3。

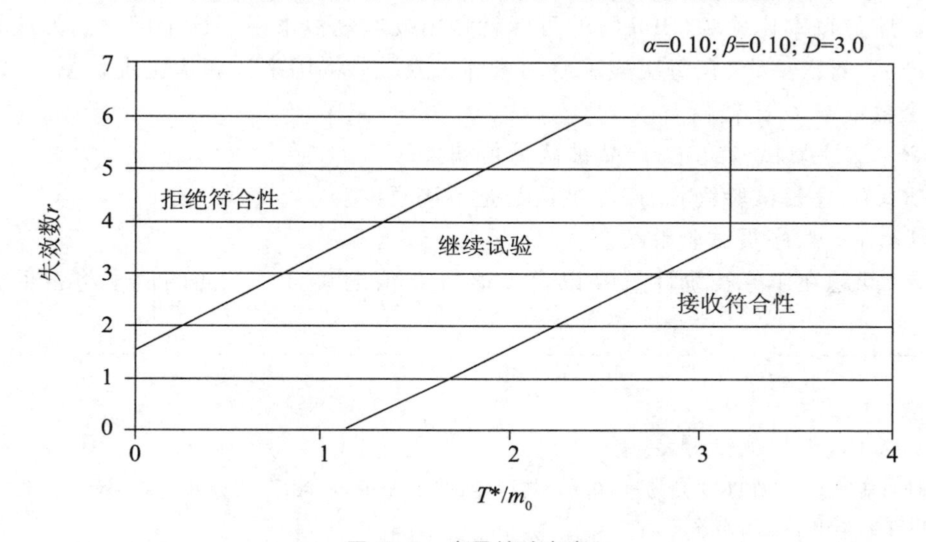


**图 12.3　序贯检验方案**

图 12.3 中三个区域描述的待选项是接收符合性、拒收符合性或继续检验。这三个区域被平行直线确定，假如 MTBF 要被验证，则此平行线可用值 $m_0$（接收的 MTBF）、值 $m_1$（拒收的 MTBF）以及先前 OC 曲线上的 $\alpha$ 与 $\beta$ 来构造平行线。假如符合值是失效率，则可用接收失效率（$\lambda_0$）和拒收失效率（$\lambda_1$）来构造。

为了保证试验不是无限次地继续下去，要有一个结束试验的规则。例如接收或拒收的条件没有达到，可在给定的时间或给定的失效数截断试验。这样的试验被称为截尾序贯检验。

取自 IEC 61124 的序贯检验方案见图 12.3。该方案的 $\alpha$ 与 $\beta$ 风险都等于 0.10，鉴别比 $D=3$，这个检验的 OC 曲线见图 12.2（检验 B.7）。为区分接收、拒收和继续试验的直线方程以及截尾规则都包含在标准中。平均来讲，做出接收或拒收决策所需的累计试验时间要少于定时试验方案。

## 2. 产品可靠性接收检验（PRAT）

**产品可靠性接收检验（PRAT）**是在生产期内对可靠性关键特性所作的检验。该检验是为了确保产品固有的设计可靠性在生产中不受损害。这个检验是对生产的产品进行的，故又称此为**生产可靠性检验**。假如检验是基于特定可靠性要求对产品批作出接收或拒绝的决定，这样的检验被称为 PRAT。这个检验是用于检测过程中的飘移，这种飘移将会影响产品可靠性。

## 3. 序贯可靠性检验[如序贯概率比检验(SPRT)]

一旦达到期望的可靠性水平，则下一步要求就要监视生产线并确定什么水平将要去维修。序贯概率比检验(SPRT)的目标就是用成本效益来回答这个问题。方法是检验一系列产品，每次一个，在每次检验后的累计失效数 $c$ 将用来计算检验统计量 $R$，此 $R$ 值将与两个数 $L$ 与 $U$ 比较：

若 $R \leqslant L$，序贯试验终止，产品被认为是满意的。

若 $R \geqslant U$，序贯试验终止，产品被认为是不满意的。

若 $L < R < U$，序贯试验继续。

当然，问题在于寻找统计量 $R$ 以及 $L$ 值与 $U$ 值的集合。下面的例子将帮助解释其方法。

**例 12.4**

假如某产品的 MTTF 必须超过 100h。其期望 MTTF 至少为 200h。假如其使用寿命是指数分布，则其生存概率由下式给出：

$$f(x) = e^{-x/\mu}$$

其中 $x$ 为时间，$\mu$ 为 MTTF。

该产品每隔 20h 检查一次。假如一个产品工作到试验结束为止，那时将考察成功的概率。

当 $\mu = 200$ 时，获得成功的概率为：

$$P_{200}(\text{成功}) = e^{-20/200} = 0.905$$

当 $\mu = 100$ 时，获得成功的概率为：

$$P_{100}(\text{成功}) = e^{-20/100} = 0.819$$

设有 $n$ 个产品参加试验，则二项公式表明：获得 $y$ 次成功的概率为：

$$P(n\text{ 次试验中有 }y\text{ 次成功}) = \binom{n}{y} p^{y}(1-p)^{n-y}$$

其中，$\binom{n}{y}$ = 二项系数 $\dfrac{n!}{y!\,(n-y)!}$。于是

$$P(\text{在 }\mu = 100\text{ 假设下，}n\text{ 次试验中有 }y\text{ 次成功}) = \binom{n}{y} 0.819^{y} \times 0.181^{n-y}$$

$$P(\text{在 }\mu = 200\text{ 假设下，}n\text{ 次试验中有 }y\text{ 次成功}) = \binom{n}{y} 0.905^{y} \times 0.095^{n-y}$$

定义 $R$ 为这两个概率之比：

$$R = \frac{P(\text{在 }\mu = 100\text{ 假设下，}n\text{ 次试验中有 }y\text{ 次成功})}{P(\text{在 }\mu = 200\text{ 假设下，}n\text{ 次试验中有 }y\text{ 次成功})} = \frac{0.819^{y} \times 0.181^{n-y}}{0.905^{y} \times 0.095^{n-y}}$$

例如，设 10 个参试产品中 6 个成活，则：

$$R = \frac{0.819^6 \times 0.181^4}{0.905^6 \times 0.095^4} = 7.24$$

然后把这个 $R$ 与 $L$ 和 $U$ 比较。

接着的问题就是确定 $L$ 和 $U$。这些值依赖于 $\alpha$ 与 $\beta$ 的值，对应为犯第Ⅰ类和第Ⅱ类错误的概率。$L$ 和 $U$ 的值可近似为：

$$L = \frac{\beta}{1-\alpha} \text{ 和 } U = \frac{1-\beta}{\alpha}$$

对这个例子，取 $\alpha = 0.05$ 和 $\beta = 0.10$，由此可得 $L = 0.1053$，$U = 18$。

在本例中，10 个产品中有 6 个存活，算得 $R = 7.24$，因 7.24 界于 0.1053 与 18 之间，故应继续试验。

下一步为简化计算使它们更便于实际使用。

$$R = \frac{0.819^y \times 0.181^{u-y}}{0.905^y \times 0.095^{u-y}} = \left(\frac{0.819}{0.905}\right)^y \times \left(\frac{0.181}{0.095}\right)^{u-y} = 0.905^y \times 1.9053^{u-y}$$

因这是指数项，两边取自然对数：

$$\ln R = y\ln(0.905) + (u-y)\ln(1.9053) = -0.7444y + 0.64446n$$

$R$ 的一个边界是 $L = 0.1053$，$\ln R$ 的对应的一个边界是 $\ln L$，于是 $\ln R$ 的边界的公式为：

$$\ln L = -0.7444y + 0.64446n$$

在本例中 $L = 0.1053$，于是 $\ln L = -2.251$，从而：

$$-2.251 = -0.7444y + 0.64446n$$

$$y = 0.87n + 3.02$$

类似地，$R$ 的另一个边界为：

$$y - 0.87n - 3.882$$

画出这两条直线，见图 12.4。

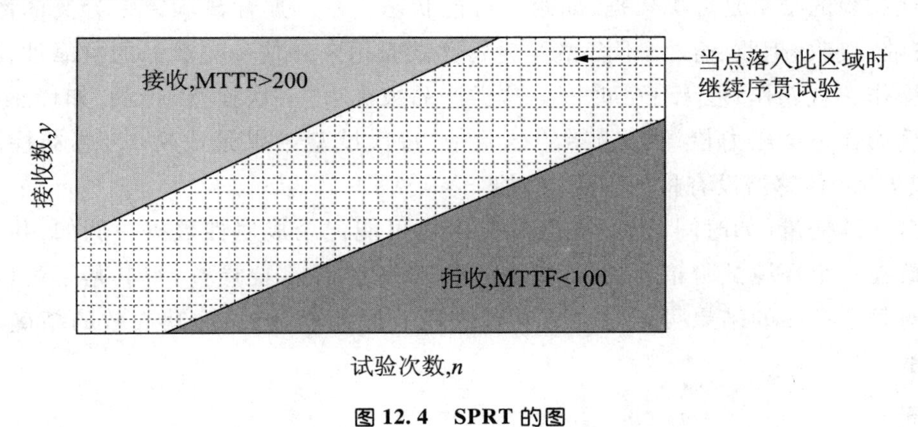


**图 12.4　SPRT 的图**

## 4. 应力筛选（如 ESS、HASS、考机试验）

应力筛选是在产品交付顾客之前对该产品进行的最后试验。考机试验是在产品交付之前允许对产品累计使用时间。考机或筛选试验程序也可在产品交付之后进行，以减少早期失效发生。在考机期内与制造有关的可导致早期失效的不合格品将被检出。为加速薄弱产品失效（早期失效）的比率，某些应力（常用环境应力）将应用在这个试验中。这种试验被称为环境应力筛选（ESS）。这种应力将不会损坏可接收产品，不失效的产品将交付给顾客。

高加速应力筛选（HASS）（见第10章）是保证最终产品将超过环境要求的一种应力筛选方案。利用高加速寿命试验（HALT）方案可证实设计是稳健的。HASS方案的环境应力可超过产品设计规范。HASS方案仅在产品开发过程中使用过HALT方案的情况下才可使用（见第10章HALT试验）。HASS方案可检测出开发过程中对产品可靠性有负面影响的问题。其目的是要检测过程中的飘移，该过程先前曾显示过是有能力的。在HASS成功进行之前，过程质量方法必须应用于过程并被接收。整个过程在接收水平处必须是有能力的，可用Cpk度量。适当的SPC方法必须到位。现代的试验设备允许试验在组合环境下进行。

一旦过程被验证为统计受控，它就可能去替代HASS试验方案，HASS需对100%产品进行，并对应力方案也需核查。如今不要了，这可降低成本，也可减少试验设备和人员，还可减少大量产品等待上市时间。为了用应力筛选去审核生产线上产品的样本的统计方法称为**高加速应力审核**（HASA），一个HASA试验方案将可检出过程飘移，但仍有可能有一些早期失效产品到达顾客手中的风险。

## 5. 属性试验（如二项分布、超几何分布）

属性试验的结果是分类数据，如两种可能状态之一。属性试验结果分类的例子有：成功/失败、接收/拒收、合格/不合格等。属性试验用来评估一类产品的可靠性，这类产品叫它操作它就操作，但无任务时间。这类产品被称为“一次投篮”产品，如传感器或触发器。例如在一个压力检测传感器的试验中，每次试验结果是成功（传感器检测到压力）的或失败（传感器没有检测到压力）的。

来自连续变量（如时间）的试验结果有时也可能记录成属性数据。例如，几个运行的产品放在一个环境试验箱内，在试验结束时，每个产品都要检查，观其是否可以再用。该试验对每个产品的结果可记录为成功或失败。假如产品失效，其失效的精确时间是不知道的。

### 二项分布

二项分布常用来估计属性试验产品的可靠性。用于二项分布的必要条件是每次重复试验中成功概率保持相同。这意味着每个参试产品有相同的成功概率。

来自属性试验可以得到可靠性估计。此种试验是离散的，若 $n$ 个参试产品中有 $r$ 个失效。该类产品在此试验条件下的可靠性估计为：

$$\bar{R}=\frac{n-r}{n}，其中\ r\geqslant 1$$

在属性试验场合还可用置信限代替可靠性估计。置信限要用到 $F$ 分布，置信水平是 $C$，该试验的风险或显著性是 $\alpha = 1 - C$（见第 5 章二项分布），则

$$R_L = \frac{n - r}{(n - r) + (r + 1)F_{\alpha}(2(r + 1), 2(n - r))}$$

其中 $F$ 值是两个 $\chi^2$ 值之比，有两个自由度。分子的第一自由度是 $2(r + 1)$，分母的第二个自由度是 $2(n - r)$。

**例 12.5**

汽车气囊系统中有 20 只传感器参与试验，检测其压力，但其中有一只传感器失效，该传感器在检测压力上的可靠性估计是多少？

$$n = 20, r = 1$$

$$\hat{R} = \frac{20 - 1}{20} = 0.95$$

**例 12.6**

对例 12.5 的试验结果寻求其可靠性的 0.90 置信水平的下限。

从 $F$ 分布表（见附录 $F$）可得

$$F_{0.10}(4, 38) = 2.1$$

$$R_L = \frac{19}{19 + 2 \times 2.1} = 0.82$$

这表明：真实可靠性超过 0.82 的置信水平为 0.90。

**零失效试验**。当试验结果是零失效，可靠性的点估计不能做出。而对零失效试验可以寻求其置信下限。对 $n$ 个产品和零失效的试验在置信水平 $C$ 上其可靠性的置信下限 $R_L$ 为：

$$R_L = (1 - C)^{1/n}$$

在上述方程中，$(1 - C)$ 是风险，又称为试验的显著性水平，它可用 $\alpha$ 代替。此方程变为：

$$R_L = \alpha^{1/n}$$

从这个方程可解出参加无失效试验的产品数，但要事先给出可靠性和置信水平。在试验是无失效运行下，有：

$$\ln R_L = \frac{1}{n} \times \ln\alpha$$

$$n = \frac{\ln\alpha}{\ln R_L}$$

**例 12.7**

在汽车气囊系统中装有150只传感器参加压力方面的试验，没有一个传感器失效。因此传感器的可靠性没有点估计。那么检测压力的传感器的可靠性的90%的置信下限是多少？

$$R_L = (0.10)^{1/150} = 0.985$$

这表明：其真实可靠性超过0.985的置信水平为0.90。

**超几何分布**

**例 12.8**

为了验证气囊传感器的最小可靠性为0.98，且置信水平为0.90，这是符合性要求的。在零失效试验场合需要多少个传感器参加试验呢？

$$n = \frac{\ln 0.10}{\ln 0.98} = 114$$

假如成功概率在试验间不能保持相同，则二项模型不能使用，但超几何分布可以用。一个例子就是不返回抽样。有限总体的容量将随着样本抽出而逐渐减少。例如总体含有固定的不合格品数，则寻求不合格品的概率将随着每个个别产品从总体取出而改变。

超几何分布给出从 $n$ 个产品组成的样本中有 $d$ 个不合格品的概率 $P(d)$，其中样本是从含有 $D$ 个不合格品的 $N$ 个产品总体中取得，有：

$$P(d) = \frac{\binom{D}{d}\binom{N-D}{n-d}}{\binom{N}{n}}$$

式中：

$d$——样本中的不合格品数；

$D$——总体中的不合格品数；

$n$——样本中的产品数；

$N$——总体中的产品数。

其中，$\binom{D}{d}$ 是从 $D$ 个产品中随机地一次取出 $d$ 个的所有可能的组合数：

$$\binom{D}{d} = \frac{D!}{d!\ (D-d)!}$$

**例 12.9**

由 200 个产品组成的产品批中含有 10 个不合格品。从该批中取出 30 个产品进行检查,则样本中含个一个或更少的不合格品的概率是多少?

$d \leqslant 1$ 的概率就是 $d=1$ 或 $d=0$ 的概率。由互不相容事件的概率法则,它是如下两项之和:

$$P(d \leqslant 1)=P(d=0)+P(d=1)=\frac{\binom{10}{0}\binom{190}{30}}{\binom{200}{30}}+\frac{\binom{10}{1}\binom{190}{30}}{\binom{200}{30}}=0.189+0.352=0.541$$

大多数科学计算器可完成这些计算,只要利用组合键即可。

## 6. 退化(弱失效)试验

有必要对试验产品确定其使用寿命的终端。这起源于耗损。某些产品可期望有很长的生命期。某些汽车运行 150000 英里或某些电子系统可工作 10 年等现象都并不罕见。为了检验这些产品的寿命,增加耗损速率的某种形式的加速寿命试验是必要的。为增加金属疲劳速率的快速旋转、为增加腐蚀速率而加强烟雾喷射、为增加固态电子系统的退化速率而提高温度,这些都是加速应力试验。

固态电子系统的失效率将随着温度升高而升高。固态电子系统的优良设计是把热量不断排出系统,保持最低温度。为了使产品在试验期内以快速比率失效,追加的热量可使其快速退化,这相当于增加了试验时间。Arrhenius 模型常用来确定等价时间,即产品在试验中的时间(见第 11 章加速寿命试验)。

有时可能用观察到的退化总量去外推试验产品的失效时间。这将可减少试验时间总量和确定终端寿命。从轴承测量到的衰退总量所得信息或从疲劳断裂传播强度所得信息都可用来预测失效时间,例如退化比率模型是已知的或被假设的话。模型常用线性的、指数的、幂律的模型。模型也可从失效物理得到。

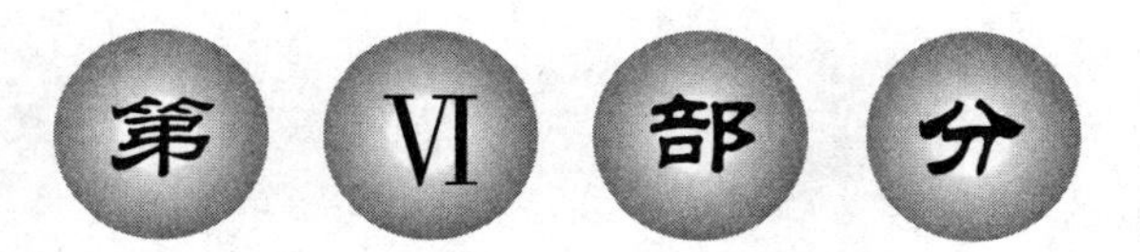


# 维修性与可用性

# 第13章

# A. 管理策略

## 1. 计划

开发维修性与可用性的计划,以支持可靠性目标和真实性。(创造)

知识点Ⅵ. A. 1

**可修系统**是用紧跟失效后的服务来恢复功能的系统。紧跟失效后的服务来恢复系统功能的行动是修复维修行动。多数可修系统还可采用预防维修行动以保持系统处于正常运转条件,以及减少耗损失效的概率。这样的行动就是预防维修行动。

**预防维修**(PM)包含用于预防耗损失效而保持系统处于运转状态所采用的一切行动。预防维修不能减少系统固有的常数失效率,但保留在失效概率水平下维修系统。预防维修行动可以有计划地进行,若有可能,可在不需要使用系统时进行维修行动。

**修复维修**(CM)包含在失效发生后可使系统回到运转状态的一切行动。修复维修行动不能事先计划,在系统失效后必须进行。修复维修行动在某些情况可能会推迟,直到修复维修完成后系统才可运转。

**可用性**是用来度量"要系统运转时系统就可运转(系统到位)"的可能性。系统没有准备好运转(系统缺位)的原因可能是发生了失效或修复行动没有完成。也可能正在执行必要的预防维修行动,系统无法运行。也可能其他逻辑上的原因而使系统无法运转。可用性是必要的修复维修行动的次数和完成这些行动(使单位恢复到可服务状态)所需总维修时间的函数。

可用性是可靠性与维修性的函数。可靠性要减少计划外停工的次数。维修性是使产品保持在或需要维修后恢复到特定条件的一种能力。维修性是要求缩短停工期。停工有两种:计划内行动和计划外行动。例如预防维修行动是在计划内并已在执行,当不需要使用系统时,执行这些行动将不会影响可用性。可用性是可看得见的,它是在时间(系统在运转)除以总体时间(需要使用系统的时间)。

失效后系统又返回到运转状态所需时间的平均值称为**平均修复时间**(MTTR)。在指数分布场合,这个值是所有修复维修行动所需时间的加权平均,其权就是维修部件的失效率在全部失效率(即系统失效率)中所占的比率,具体公式如下:

$$\mathrm{MTTR}=\frac{\sum\lambda_i t_i}{\sum\lambda_i}=\sum\left(\frac{\lambda_i}{\sum\lambda_i}\right)t_i$$

其中 $\lambda_i$ 是第 $i$ 个失效模式的失效率，$t_i$ 是第 $i$ 个失效模式发生失效后使用修复维修行动所需时间，$\Sigma$ 是对所有可能发生的失效模式求和。大多数修复时间（即众数）是低于平均修复时间的。修复时间的分布有时候还用对数正态分布。

预防维修行动所需的平均时间也可用上述公式算得，只需把每个失效模式的失效率 $\lambda_i$ 用每个预防维修行动发生的频率去替代，而时间用 $t_i$ 预防维修行动所需时间去替代。

在常数失效率场合系统的可用性是

$$A = \frac{\text{MTBF}}{\text{MTBF} + \text{MTTR}}$$

为了提高系统的可用性应提高系统可靠性（提高**平均无故障工作时间**，MTBF），或减少维修时间（减少 MTTR）。

MTTR 是平均修复时间，它是在失效后为系统服务。假如 MTBF 用系统停工（任何原因）间平均时去替代，而 MTTR 用修复维修、或预防维修、或逻辑原因、或管理停工等中之一替代就可得到可用性关系的另一些形式。

## 2. 维修策略

识别各种维修策略（如以可靠性为中心的维修（RCM）、预防维修、修理或替换的决策）的优点与局限性，为使用在特定场合确定何种策略。（应用）

**知识点Ⅵ. A. 2**

维修策略的选择应在控制成本下保证有一个较高的可用性水平。预防性维修不能改善系统的固有可靠性。预防性维修可维持使用寿命的可靠性水平、可保持失效率处于较低水平。它还能延迟损耗产生、进而增加使用寿命的长度。预防性维修行动也可能把故障引入系统，造成系统失效，需要修复维修。一项研究表明：最佳的成本—效益维修行动必须保持系统运转，不必要的维修行动应该剔去。

一个单独单元，如泵，可视为是一个系统，也可将泵视为一个更大系统中的一个部件。在这两种情况下，若所有单元都处于使用寿命阶段，那么系统可靠性处于最高水平。预防维修策略如**以可靠性为中心的维修**和**预测维修**是有效的，且要求替换或整修系统的部件，使得系统接近使用寿命末端或进入损耗失效期。替换必须在失效发生前进行。基于条件的维修是可以复活的，是一种修复维修策略，替换是在失效发生之后进行。

替换是需要选择合适的策略。选择最合适替换策略所需的信息是：

- 单元的失效分布；
- 单元失效带来的成本；
- 与失效有关的任何安全问题；
- 替换单元的成本；
- 按方案要求（定期）替换带来的成本；

- 检查或试验的成本。

**预测和以可靠性为中心的维修性**

**预防维修**要假设操作者可以检测到即将失效的单元。这种检测可用观察、分析、或用试验设备来实现。一个油样的分析或一次振动增量的测量可以指出耗损量和增加的失效概率。如果失效概率的增量不能被操作者检测出来,则可采用**以可靠性为中心的维修**策略。这个策略利用预测到的失效概率去确定进入耗损阶段的单元的最佳替换时间。进入浴盆曲线的耗损阶段的单元替换将在使用寿命水平上保持系统可靠性。

由于任何维修行动都可能对可靠性产生负面影响,这是因为维修行动会带来的各种失效模式。这些因维修引入的失效很类似于系统的制造或安装期内产生的早期失效。在设计阶段要努力确保标准预防维修行动能快速执行并以低风险引出问题,并采取合适的维修行动。

**维修性/分配**

可靠性涉及减少系统失效和减少方案外维修行动的频率。维修性涉及减少停工的持续时间,其中停工是由方案内和方案外两种维修行动所引起的。维修性常常通过一项技术使得做修理变得容易实现。然而工程上还希望总的停工时间最小化。

MIL – HDBK – 472 对维修性给出如下定义:

**维修性是使产品保持和修复到规定条件的一种能力,其中执行维修行动的人员应具有规定的技能水平和在每个规定的维护和修理水平上有使用规定方法和资源的技术。**

维修行动由技术人员执行,他们会利用适当的操作流程、适当的工具、并带有标准替换部件。他们的目标就是经过努力要达到剔去方案外的停工,减少方案内停工的持续时间。

系统级别的维修需分配到系统各低级别上。维修性分配是把系统级别的要分配到各子系统级别上去的一个持续过程。这要给定一些设计者可使用的值,这类似于系统可靠性要求被分配到各种子系统上一样。为分配维修性需求,失效率和 MTTR 是要用到的。

**MTTR 分配**

- 一个串联系统有三个子系统;
- 第 $i$ 个子系统的失效率为 $\lambda_i$,第 $i$ 个子系统的 MTTR 为 $t_1$;
- 系统失效率为 $\lambda = \lambda_1 + \lambda_2 + \lambda_3$;
- 系统级别的 MTTR 要求是 $t^*$,而实际系统的 MTTR 为:

$$\mathrm{MTTR_S} = t = \frac{\lambda_1 t_1 + \lambda_2 t_2 + \lambda_3 t_3}{\lambda_1 + \lambda_2 + \lambda_3} = \frac{\lambda_1 t_1}{\lambda} + \frac{\lambda_2 t_2}{\lambda} + \frac{\lambda_3 t_3}{\lambda}$$

- 当 $t \leqslant t^*$(系统的 MTTR 低于要求)时,无需对 MTTR 进行调整;而当 $t > t^*$(系统的 MTTR 高于要求)时,为满足维修性目标需对维修时间进行调整,即对 MTTR 进行重新分配。MTTR 分配到第 $i$ 个子系统的值为:

$$t_i^* = (t_i/t) \times t^*$$

维修者按此子系统 MTTR 要求工作要优于系统级别 MTTR 要求。

**例 13.1**

一串联系统有三个子系统，各子系统的失效率分别为：

$$\lambda_1 = 10 \times 10^{-6} \text{ 失效数 /h}$$

$$\lambda_2 = 30 \times 10^{-6} \text{ 失效数 /h}$$

$$\lambda_3 = 60 \times 10^{-6} \text{ 失效数 /h}$$

每个子系统的 MTTR 值分别为：

$$t_1 = 150\text{min}$$

$$t_2 = 100\text{min}$$

$$t_3 = 50\text{min}$$

若系统 MTTR 要求是 1h($t^* = 60$min)

$$\text{MTTR}_S = \frac{10}{100} \times 150 + \frac{30}{100} \times 100 + \frac{60}{100} \times 50 = 75\text{min}$$

得到的系统 MTTR 值已大于要求值。

为了满足系统要求，维修性分配给每个子系统的值为：

$$t_1^* = (150/75) \times 60 = 120\text{min}$$

$$t_2^* = (100/75) \times 60 = 80\text{min}$$

$$t_3^* = (50/75) \times 60 = 40\text{min}$$

## 3. 可用性权衡

叙述各种类型的可用性(如固有的、可操作的)及其在可靠性与维修性中权衡使其达到可用性目标的要求。(应用)

知识点 **Ⅵ. A. 3**

系统可用性是用可靠性(系统不失效的概率)和维修性(使系统恢复服务的能力)确定的量。

可用性是用系统处于运转的时间与总时间之比来度量的。存有几种常用的可用性的度量尺度。各种可用性都依赖于包含在总时间内的停工时间。在下面几个等式中系统的失效率都假设为常数。

**固有可用性**除去预防性维修和任何逻辑上的停工，包含在总时间内的停工时间仅是校正性维修引起的。

$$A = \frac{\text{MTBF}}{\text{MTBF} + \text{MTTR}}$$

MTTR 是平均修复时间，它包含修复维修行动的时间及其相应失效发生的概率。

**实际可用性**包含修复和预防维修行动期间的停工时间。仅包含供给的延迟时间和管理的停工时间。**维修行动间的平均时间**(MTBMA)包含方案内和方案外的维修时间。

MTBMA 是失效率($\lambda$)与预防维修率($\mu$)的函数。例如预防维修率是常数,则有:

$$\mathrm{MTBMA} = \frac{1}{\lambda + \mu}$$

**平均有效维修时间**(MAMT)包含平均修复维修时间和为执行预防维修的平均时间,在计算中包含了行动发生的频率。实际可用性可算得:

$$A = \frac{\mathrm{MTBMA}}{\mathrm{MTBMA} + \mathrm{MAMT}}$$

**操作可用性**包括所有停工时间。**平均停工时间**(MDT)包括逻辑时间、等待替换部件的时间和管理停工时间。操作可用性可计算为

$$A = \frac{\mathrm{MTBMA}}{\mathrm{MTBMA} + \mathrm{MDT}}$$

设计应当尽力保证:当顾客需要使用设备时,设备可用的概率较高。这就要求可靠性和维修设备的能力两者都要符合设计的规范特征。

# 第14章

# B. 维修性和检测分析

## 1. 预防性维修(PM)分析

> 定义与使用PM任务,最优PM区间,及这种分析的其他要素,识别PM分析不适用的情况。(应用)
>
> 知识点Ⅵ.B.1

预防性维修的目标是要优化系统可靠性。应对系统或各种子系统的失效率状态下的预防性维修需建立流程。假如预防性维修(替换)的失效率在增加中的系统中进行,则可实现成本节约。预防性维修行动对常数失效率的单元也有一个好处,假如不及时进行维修的话其失效率将开始增加。假如在使用寿命阶段的单元没进行定期润滑,则其失效率将会因过度耗损而增加。假如这时采用预防性维修行动,替换一个工作单元,将会带来好处。假如单元接近使用寿命终端或进入耗损期更是这样。可能的是:维修行动可能会引入新的失效,对系统可靠性产生负面影响。

可以确定一个最优维修区间,其中兼顾进行维修的成本、不进行维修的失效成本以及系统停工带来的成本。假如该区间过窄,则维修成本会增加。如果该区间过长,失效又会增加。

如果存有不需要使用系统时,预防维修可按方案进行,那系统停工造成的损失最小。例如按方案允许进行重复维修行动,一旦系统处于线外状态,停工损失也可减少。

有一种可能:单元失效之前采用预防性维修行动去替换这个单元。O'Connor(2002)列出下面几点来确定最优替换时间:

1. 失效时间分布及其分布参数。

2. 失效对系统的影响。

3. 失效的成本。这包括由于失效引发停工的成本和由于失效招致安全性方面的成本。

4. 方案内维修成本,包括被替换单元的成本。

5. 方案内维修对可靠性影响。维修行动会把失效引入系统吗?

6. 潜在失效能被操作者检测出来吗?操作者能否在失效传播到整个系统前采取修复行动吗?

7. 检查和测试成本。

见第 13 章第 2 节。

## 2. 修复维修分析

确定修复维修分析的要素(如:故障间隔时间、修理/替换时间、技能水平等)并将他们用于具体情况。(应用)

知识点 Ⅵ. B. 2

修复维修是在系统内发生失效或故障事件时进行的。修复维修行动是无计划的,因为系统发生失效的时间是不知道的。系统回到运转状态的目标是总停工时间达到最短。总停工时间包括有效的维修时间和无效的维修时间的延迟时间。有效的修复维修时间可按七步法(MIL-HDBK-472)进行分析。有效的修复维修时间在数量上就是修理时间。用必须进行维修的概率和进行维修所需要的平均时间可以确定被称作为**平均修复时间**(MTTR)的一个值。

七个步骤如下:

1. **定位**。不利用试验设备确定系统故障的位置。
2. **隔离**。利用试验设备核查系统故障。
3. **拆解**。评定故障。
4. **呼唤**。替换或修理该故障。
5. **重组**。复原产品。
6. **校准**。对每项规范校准产品。
7. **检查**。为核实修正后的运转需进行标准 QA 检查。

为了最小化修理时间,有必要最小化每步所需时间。减少维修时间的工作在产品开发的设计阶段就应想到。每个失效的 MTTR 都可以找到。

设计者不会故意设计这样一个汽车系统,使其在更换一个坏了的风扇皮带时必须先卸下发动机。然而,如果没有有效的维修工程投入到设计阶段,那这样的荒谬设计将会交付给顾客。良好的设计实践是会规定很少需要 MTTR 过长的修理。

在复杂系统中,特别在计算机控制系统中,隔离故障的作业是困难的又是耗时的。计算机控制的汽车发动机、飞行控制系统、电子控制的武器系统和许多其他复杂系统可以是含有内测装置(BIT)的设计。此种设计含有一个检验窗口,它把诊断检测设备与系统连接起来,或有一个指示器,以显示可能出现的故障。内测装置是用来减少故障定位、故障隔离的时间、提前恢复系统服务时间等来提高系统的可用性。

内测装置系统的失效会对可靠性产生负面影响。内测装置系统在很多场合是外加的硬件,因此失效概率将随着设计复杂性的追加和 BIT 加入系统而增加。如果能用软件监测系统报告故障取代机械电子传感器,那未可靠性会得到改善。

为了最小化停工时间有必要最小化无效的维修时间。无效停工时间包括等待获得零件、工具或测试设备的时间、延迟把失效系统交付给修理部门,以及管理性的延迟时间。

### 3. 非破坏性的评估

描述几类工具(如疲劳、分层、振动信号分析)及其应用来考察潜在缺陷。(理解)

知识点Ⅵ. B. 3

非破坏性的评估包含几个单项的技术。他们提供的产品的信息是用肉眼看不到的。这些试验主要用来评估极端环境或失效会带来不寻常的灾难后果的系统设计。这些技术是用来检测刚生产的产品和对用过的产品又以某种方式施加应力后所发生的故障。

**漩涡气流**测试有一项应用,一股备用气流短暂地通过一个线圈,若把该线圈放在产品附近就可对产品作出评估。该线圈产生的电流信号可用来检测裂缝、接痕、凹陷和其他表面缺陷。漩涡气流试验还可用于测量热处理的结果,包括厚度、深度和形态。漩涡气流试验局限于处理材料,但也可以测量金属部件上薄膜厚度。漩涡的设计有相当大的尺寸(为了覆盖大的表面),也有铅笔状线圈,这是为了检查洞或桶的内部尺寸。

**超声波测试**可用来检测表面缺陷。它把高频声音对准产品、研究偏斜的波动。使用超声波的设计还可用来非破坏性地测量塑料的厚度,也可检验某些金属产品的分层情况。

**X 射线测试**是用来检验产品内部特征和缺陷。这项技术大量地用在评价焊接过程。

**X 射线的荧幕分析**(XRF)是用来确定合金材料组成成分的。

液体渗透可对产品着色或喷雾,为了显示出产品上的破裂、腐蚀、和其他表面的缺陷,如图 14.1 所示。

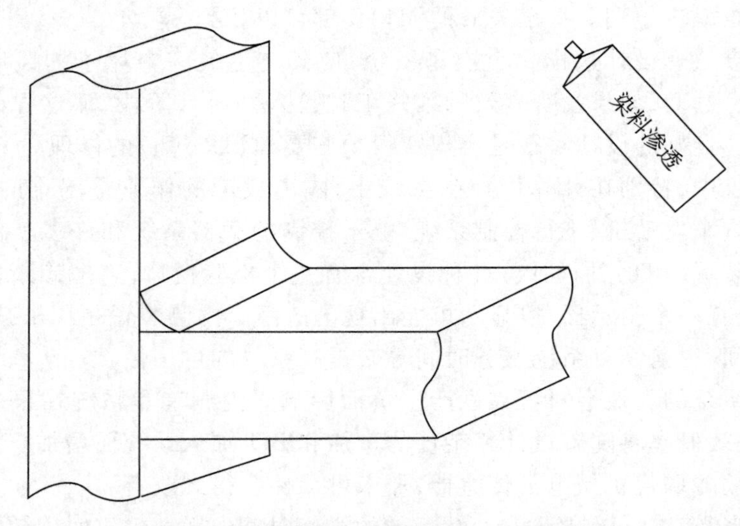


**图 14.1　对焊接处喷雾的液体渗透是为了检验其裂缝和空隙**

**磁性部分检查**可用来检查用铁磁体做成的产品上的表面缺陷。产品接受此种检查首先要磁化，然后把铁锉屑放在其表面，或是干燥的形式、或是潮湿的泥浆状。这时在金属材料表面的下方出现磁力线，当裂缝出现时，磁通量“漏了”，被吸引到铁锉屑上，如图 14.2 所示。

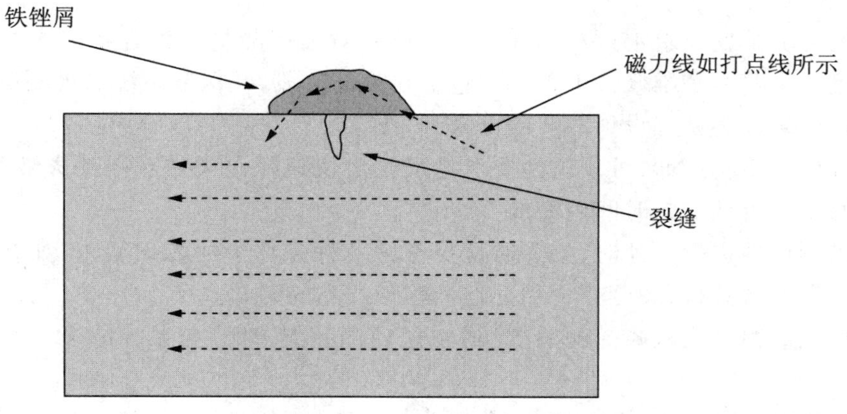


图 14.2　磁性部分检查

**振动信号分析**常用于声音检测器，它与一个信号过程软件相联结。它可用于检查旋转设备发生的故障、疲劳和耗损。它可以用于检测新制造的产品作连续的或间断的操作设备的分析。用软件把检测到的信号系列与设置警告信号进行比较，如图 14.3 所示。

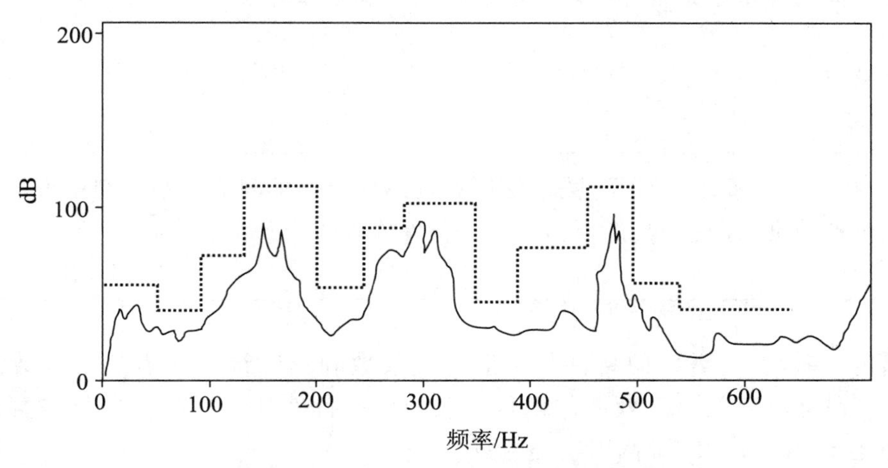


图 14.3　振动系列分析及其警告水平（点直线显示）的例子

## 4. 可测试性

> 利用各种可测试性要求和方法［如：内测装置（BIT）、假警告比率、诊断、错误编码、故障公差］去达到可靠性目标。（应用）
>
> 知识点 VI. B. 4

影响系统维修性的是检测和修理系统故障的能力。因此测试要求系统能提供一种检测系统故障和隔离失效部件的方法。在某些场合，如某个复杂系统，用一个内置的检测系统就可满足要求，但这会给系统增加额外的复杂性，因此需要更加注意确保测试系统的可靠性。

系统的可测试性要求也可利用外部测试设备对关键测量提供容易进入的测试点的方法来满足。重要的是维修性工程要被包含在设计阶段，并保证系统的可测试性。系统的可测试性必须作为系统设计的一部分来开发。

在系统或子系统层面，可测试性要求将反映出快速探测失效和隔离失效的能力，以便替换或修理在可接受的时间内完成。

在对可测试性进行设计时，重要的是要考虑各种条件下的测试要求，如在新产品开发期内要进行安全分析，疲劳分析和其他依赖于产品的时间。

**故障探测能力**是用故障探测系统（通常是内测装置 BIT）与系统故障总数之比来度量的。

**故障隔离能力**是用失效被隔离次数在总的替换（再修理）部件的次数中所占的百分比来度量的。故障隔离可以用诊断分析、内部测试或外部测试设备来完成的。

**虚警率**是用系统宣布探测到失效，但失效并未发生的比率来度量的。

**系统的故障记录与分析**有助于识别一些特定部件在改进可靠性中的作用。特别关心故障类型间的相依性是否存在。探索瀑布地出现故障的根本原因在何处。

## 5. 备件分析

> 描述备件要求与可靠性、维修性和可用性等要求间的关系。利用现场数据、生产数据、存货和其他预测工具对备件要求作出预测。（分析）
>
> 知识点 Ⅵ. B. 5

在给定的时间内，需要的备件数是期望失效数和预防维修所需的备件数的函数。失效数是产品运转时间与失效率的函数。假如任一备件都为预防维修所需要的，则其需求量是运转时间和预防维修周期的函数。

MTTR 的计算需要假设：备选准备充足。这意味着若有需要可启用备件存货。若为获得备件而要等待一段时间，则停工时间增加，可用性将减少。假如产品有常数失效率，则其要求不多于 $r$ 个替换产品的概率可用累计泊松分布算得。

假如产品带有常数失效率 $\lambda$ 在运作，则在运作时间 $t$ 内有 $r$ 个或更少个产品失效的概率为：

$$P(r) = \sum_{n=0}^{r} \frac{(\lambda t)^n e^{-\lambda t}}{n!}$$

为计算累计泊松分布可用其表。

**例 14.1**

某产品每年平均要工作 2000h,其失效率为

$$\lambda = 100 \times 10^{-6} \text{失效数/h}$$

维修策略是每 5000 工作小时要替换该产品。在 5 年期内

a. 为预防维修需要多少备件?

b. 若以概率 0.90 保证修复维修正常进行需要多少备件?

解:

a. 在 5 年期内总工作时间为 $t = 5 \times 2000 = 10000\text{h}$。而预防维修周期时 1/5000h,则预防维修所需备件数为

$$n = (1/5000) \times 10000 = 2$$

b. 我们希望 $P(r) \geqslant 0.90$,而

$$\lambda t = (100 \times 10^{-6}) \times 10000 = 1$$

从累计泊松分布表(见附录 N)上 $\lambda = 1$ 的行上找第一次大于或等于 0.90 的列,得到

$$P(r \leqslant 2) = 0.92, \lambda t = 1$$

这表明:以 0.92 概率保证修复维修所需备件数不会超过 2 个。

假如预防维修需要备件,则备件数量是操作时间和维修周期的函数。预防维修所需的备件数是维修周期数和总操作时间的乘积。必须保持库存的总备件数是交付时间、维持库存的成本和可用性要求的函数。

有几种方法在预测备件需求中可使用。这里列出如下四种。经验将帮助你确定:对给定产品选用哪一种方法是最好的。

**移动平均**

备件需求的预测值是前 $n$ 次需求量的平均值。其中 $n$ 值由经验确定。其公式为:

$$R_t = \frac{X_{t-1} + X_{t-2} + \cdots + X_{t-n}}{n}$$

其中:

$R_t$——在时刻 $t$ 处的备件需求的预测值;

$X_t$——在时刻 $t$ 处的精确的备件需求数。

例如,若最佳的 $n$ 值已找到为 5,前 8 周的需求量依次为:23,25,22,26,21,20,23,24,那该产品第 9 周的备件需求的预测值为:

$$R_9 = \frac{26 + 21 + 20 + 23 + 24}{5} = 23$$

**加权移动平均**

这个方法所用的权是:最近的值的权要高于过去值的权。$n$ 周期的加权移动平均可用下面公式计算:

$$R_t = \frac{nX_{t-1} + (n-1)X_{t-2} + \cdots + X_{t-n}}{n + (n-1) + \cdots + 1}$$

例如：若 $n$ 的最佳值为5，某特定产品最8周的备件需量依次为23，25，22，26，21，20，23，24，那这个产品第9周的备件需求量的预测值为：

$$R_9 = \frac{(5)24 + (4)23 + (3)20 + (2)21 + 26}{5+4+3+2+1} = 23$$

**单个指数平滑**

备件需求量的预测值的公式为：

$$R_t = \alpha X_{t-1} + (1-\alpha)R_{t-1}$$

其中：

$R_t$ = 在时刻 $t$ 处备件需求的预测值。

$X_t$ = 在时刻 $t$ 处精确的备件需求数。

$\alpha$ = 光滑因子，常界于0.1和0.4之间，在不稳定场合可用高一些 $\alpha$ 值，依经验选取 $\alpha$ 的最佳值。

例如：设时间周期为一周，第一周的备件需求数为23个产品。又设 $\alpha$ 值为0.2，第二周的精确备件需求数为16，那第3周的备件需求量的预测值为：

$$R_3 = 0.2 \times 16 + 0.8 \times 23 = 21.6 \text{ 或 } 22 \text{ 个产品}$$

例如第4周的精确需求量为18个产品，则第4周的需求量的预测值为：

$$R_4 = 0.2 \times 18 + 0.8 \times 21.6 = 20.9 \text{ 或 } 21 \text{ 个产品}$$

**Croston 法**

Croston法是把指数光滑用在两个量上，一个是备件需求量 $Z_t$，另一个是时间周期数 $P_t$。若在考察周期的末端不需要使用备件，则 $Z$ 与 $P$ 的值保持不变。然而，若在时刻 $t$ 需要备件 $X_t$ 个，则 $X$ 与 $P$ 的修正估计值用下面二个光滑公式给出：

$$Z_{t+1} = \alpha X_{t+1} + (1-\alpha)Z_t$$
$$P_{t+1} = \beta G_{t+1} + (1-\beta)P_t$$

其中：

$X_t$——在时刻 $t$ 处精确的需求值。

$Z_t$——在时刻 $t$ 处需求的预测值。

$G_t$——在过去的需求与这次需求间的精确时间。

$P_t$——在过去的需求与这次需求间的时间的预测值。

$\alpha,\beta$——界于0与1之间的光滑因子。

最后，对每个周期的备件需求量可以做出预测，如下一个周期的预测值为：

$$R_{t+2} = \frac{Z_{t+1}}{P_{t+1}}$$

例如，设时间周期仍用一周，第一周的备件需求数为23个产品，进一步假设 $\alpha = 0.2$ 和 $\beta = 0.3$，又设第二周精确需求量为0，第三周精确需求为16个产品，则第四周备件需求的预测值计算如下：

$$Z_3 = 0.2 \times 16 + 0.8 \times 23 = 21.6$$

$$P_3 = 0.3 \times 2 + 0.7 \times 1 = 1.3$$

$$R_4 = \frac{21.6}{1.3} = 16.6$$

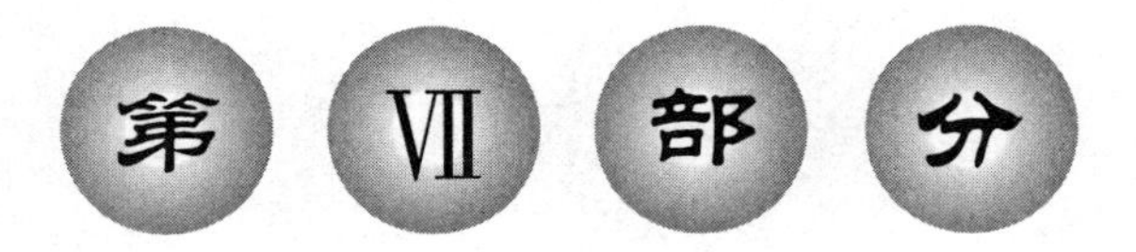


# 数据的收集与使用

# 第 15 章

# A. 数据的收集

## 1. 数据的类型

> 识别和区分各种类型数据(如:属性的与变量的、离散的与连续的、截断的与完全的、单变量的与多变量的)。选择适当的数据类型去满足各种分析对象的需要。(评估)
>
> 知识点Ⅶ. A. 1

当所研究的特性有有限个可能值,或无限可数个值时,这可获得离散(属性)数据。例如,泄露试验结果可以被设计为 0 或 1,它们分别表示失败或通过。另一个例子是对一物体上被划伤痕的个数,在这种情况,可能值是 0,1,2,…,即所谓无限可数集。属性控制图(如 $p$、$np$、$u$ 和 $c$ 图)可用来画出离散数据。

当所研究的特性可以为数的区域内任一个值时,这可获得连续(变量)数据。例如,某产品的长度可以是零以上的任何数。在连续的尺度上每两个值之间存在无限多个其他的值。例如,在 2.350 与 2.351 之间存有 2.3502,2.350786 等值。变量控制图(如 $\bar{x}$ 图、$R$ 图、ImR 图)可用来画出连续数据。这些图可用来画出单变量,故又称单变量控制图。输出变量(诸如尺寸、厚度、pH 值)和输入变量(诸如压力、温度、电压等)常画在这些图上。假如需要两个或更多个输入变量共同反映某个过程,这时最好用多变量控制图,它要比多个单变量控制图更有效。多变量控制图很像 $\bar{x}$ 图和 $R$ 图又称为 $T^2$ **通用方差图**。多变量控制图常借助于软件包画出。多变量控制图的一个缺点是其尺度不能直接解释单个的输入变量。

在收集失效数据时,有几种可能途径可使试验仍可进行。考察几个水泵的试验,计时器可放在每个水泵上,这可记录其精确失效时间。该试验中某些泵仍在工作时突然被截断。在这种场合,人们仅知这些泵的失效时间比试验时间长,这样的数据称为**右删失数据**。另一种试验方案要求每 100h 检查一次泵,例如有一个泵在 400h 仍在工作,但在 500h 不工作了。在这种场合人们仅知失效发生在两个时间之间。这样的数据称为**区间删失数据**。假如有一只泵发现失效是在首次检查 100h 处,在这种场合,人们仅知失效发生在 100h 前。这样的数据称为**左删失数据**。它不同于区间删失,因为失效可能在区间开始以前,在零时刻没有对泵进行检查。

## 2. 收集方法

> 识别合适的方法,评价来自调查、自动化试验、自动化检测和报告的数据,使得用于各种数据分析具有客观性。(评估)
>
> 知识点Ⅶ. A. 2

一个收集数据方法要强调信息的"清洁性"的重要。这个观点希望最佳数据不被外部因子变化而受污染。这可用维持严格实验室条件来做到。有时可用人工环境室。此项行动的一个缺点是只有少数产品或过程可在所有外部因子都被控制的环境里进行试验。这项技术最适宜在早期调查阶段,因在这个基础设计中因果关系已被确定。某些数据,诸如温度、时间、压力等都可自动被收集。用感官方法去测量的数据如味道或疼痛等被称为**主观数据**,其相反者,**客观数据**如长度或重量。

另一类数据是现场服务数据。这是指顾客使用产品而聚集起来的信息。这种信息常常被不同的安装、环境、操作流程和类似因子所影响着,因此对它们做分析是困难的。另一方面,现场服务数据代表着产品实际应用情况,因此必须把它们作为可靠性分析的一部分综合考虑。在大多数场合,这个方法被用在反馈过程中去帮助决定其他可靠性分析方法的精确性以及为未来回顾和设计提供灵感。

各种其他收集数据的方法已被研发出来。也许最强的技术是研究可能发生的失效模式及机理。为此目的而设计出的不同工具的细节可参看第17章。但必须强调应把所提供的足够资源尽早地投向设计阶段去影响最终的产品。

在考察数据源时,必须特别注意产品被传送、储存和使用的条件,这条件包括地理位置、操作习惯、润滑剂、可能的化学的、放射的、或生物的暴露、振动、电磁环境等,还要注意这些因子影响程度上的差别。

可靠性数据常处于二元状态,如失效与不失效。某些现象值得注意,满意度在衰退,从使用者角度看尚未达到失效程度,但随着使用者期望的增长,衰退到失效是可以发生的。

一旦数据源被确定,必须制定数据的收集计划。这个计划必须回答如下一些问题:

- **谁去收集信息?** 数据收集者必须熟悉测量设备和产品本身。假如要收集失效数据,必须界定失效定义并对此定义在本质上的理解。假如有可能,最好有多人参与收集数据,以便交叉检查和覆盖,当有一人离开时可不受影响。

- **什么时候去作数据的收集?** 该计划必须指出在哪个设计阶段或哪个使用阶段去收集数据。日期和时间也要计划好,这有助于其他团队成员执行。

- **将以何种形式去收集数据?** 在这里最佳步骤是去设计一张数据收集表并指定形式便于数据综合。

- **将使用什么测量设备?** 该计划应指定设备,若适宜的话还可指定记录方法。

- **将使用什么测量方法去确保数据的精度和完整性?** 该计划可指定测量单元、校

正设备、记录辅助设备(可影响数据)。假如数据要按数字化被传送或储存,则误差修正系统按规范使用。

## 3. 数据管理

> 描述数据库的关键特征(如:精度、完整性、校正频率)。对可靠性辅助测量系统、数据库计划,包括数据的收集者和使用者的功能责任的要求作出详细叙述。(评估)
>
> 知识点Ⅶ. A. 3

**好的数据库设计的特征**

1. **数据结构的充分性规则**,有时又称正规性规则。这种规则的主要清单如下:

- 每张表含有一列,该列把唯一的 ID 赋值到每一行。
- 表中的主结构将有相同类型。
- 保持空项目最少。
- 避免冗余。

2. **数据完整性规则**。规则要能预防无效的项目。例如,产品号列将禁止对两个产品给同一个号。

3. **数据安全性规则**。规则限制某些使用者进入敏感数据。规则仅允许某些使用者采取某些行动或改变某些数据。

4. **为更新实时数据或一批项目所做的防备**。注意对自动化入口如传感器或测量工具的误差检测。

5. **为维修所做的防备**。数据的备份以及修改数据结构。

产品失效数据库是该组织数据库管理系统的一个部分,故必须符合系统的规则。数据库必须有一个查询系统,允许使用者根据本人的特许水平去搜索、分析和更新数据。进入和编辑特许规则被团队控制着。

数据库的指导原则是使它成为所有与产品失效有关的数据的存储器。因此我们应尽力做到数据的输入和检索很方便。数据库是容易进入的,通过一种查询语言可以发问,数据就有响应。

在建立产品失效数据库中关键一步是确定属性,数据就是按此属性进入软件包的。这些属性将由团队及潜在使用者群体的代表所确定。重要的是属性应尽早确定,因为追加属性到已有的软件包是很费力的。表 15.1 列出了可能的使用团体和他们要求的某些属性。这个清单不是很详尽,但可从这里开始进行讨论。

当然,每组数据必须明白地被识别其来源、收集方法、日期/时间、产品、责任人等项目。

存在一些自然趋势,由于所有权或其他原因某些失效数据被限制进入软件包。这就在使用者与持有者之间产生冲突，使用者愿望是让所有失效数据都进入软件包，而持有者担心所输入的信息会被滥用。为了解决这个问题，有必要在软件包中建立特权协议和分隔结构。

**表 15.1　软件包可能的用户群清单**

| 用户群 | 属性 | 典型的疑问 |
| --- | --- | --- |
| 生产 | 可使用的工具和设备，过程参数、原材料识别 | 当产品 ABC 在使用不锈钢的 135 机器上运转时，其失效率是多少？ |
| 研究 | 测试协议、测试实验室，材料类型、设计类型、环境条件、外部资料（如：大学研究） | 在压铸锌合金在低温应用方面有哪些发表文献含有其失效率的论述？ |
| 现场服务 | 地理位置、安装类型、装运/卸货参数、用户/操作条件 | 产品 CDE 用在东海岸时，其失效率是多少？ |
| 采购 | 规范细节，供应商识别、批次识别 | FGH 供应的夹子的失率是多少？ |
| 核算 | 由于失效形成的废弃物/修复工作/保修等成本分解 | 2007 年对产品 JKL 的保修成本是多少？ |

# 第16章 B. 数据的使用

## 1. 数据综述和报告

检查所收集数据的精度和可使用性。分析、解释和综述数据以便引出使用技术,如趋势分析、威布尔图表示等,基于数据类型、来源和要求输出。(创造)

知识点Ⅶ. B.

数据分析之后必须把结果转送到决策制定者。好的决策不是基于无法理解信息而制定的。这就使分析→评估→总结的顺序成为数据对产品和过程影响的基础。

在综合数据中第一步是构造直方图和运行图或控制图。这些图将会帮助人们确定过程是否稳定,是否可以提供均值与标准差的估计。例如,如果一系列批次的电子元器件要在某化学溶液中浸泡 1h,然后记录 1h 内失效数,这些数据是构造 $P$ 图以及直方图的基础。

控制图可助于画出趋势图。线性回归可用来对数据拟合直线。例 16.1 用例子说明直方图、控制图和线性回归的使用。

**例 16.1**

一位可靠性工程师收集如下的每千周循环的失效率:

| 周 | 1000 | 2000 | 3000 | 4000 | 5000 | 6000 | 7000 | 8000 | 9000 | 10,000 |
|---|---|---|---|---|---|---|---|---|---|---|
| 失效率 | 0.002 | 0.003 | 0.002 | 0.002 | 0.003 | 0.004 | 0.002 | 0.003 | 0.003 | 0.004 |

| 周 | 11,000 | 12,000 | 13,000 | 14,000 | 15,000 | 16,000 | 17,000 | 18,000 | 19,000 | 20,000 |
|---|---|---|---|---|---|---|---|---|---|---|
| 失效率 | 0.003 | 0.003 | 0.004 | 0.005 | 0.004 | 0.006 | 0.005 | 0.007 | 0.007 | 0.008 |

| 周 | 21,000 | 22,000 | 23,000 | 24,000 | 25,000 | 26,000 | 27,000 | 28,000 | 29,000 | 30,000 |
|---|---|---|---|---|---|---|---|---|---|---|
| 失效率 | 0.010 | 0.009 | 0.010 | 0.011 | 0.009 | 0.008 | 0.008 | 0.011 | 0.010 | 0.011 |

| 周 | 31,000 | 32,000 | 33,000 | 34,000 |
|---|---|---|---|---|
| 失效率 | 0.009 | 0.011 | 0.010 | 0.009 |

该工程师做出如下的直方图：

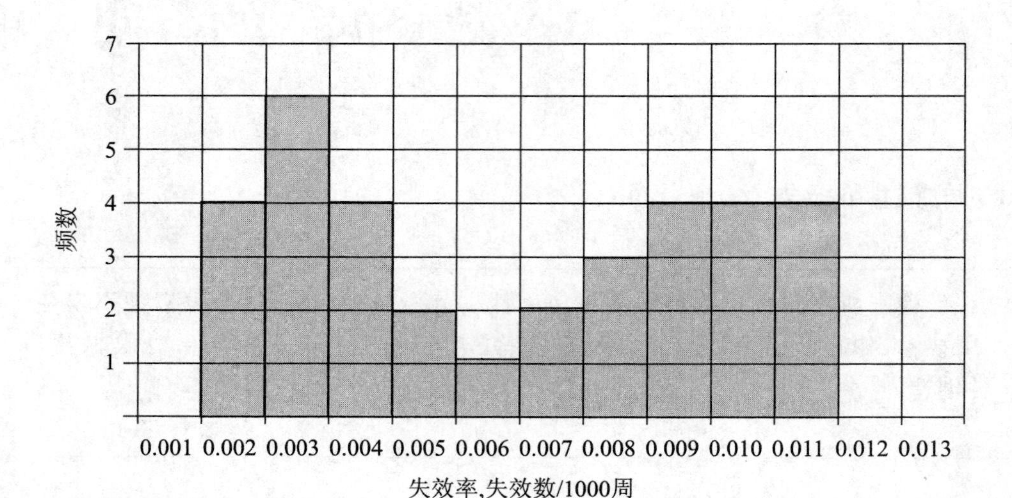


直方图上显示出有趣的二元态势。工程师做了如下运行图：

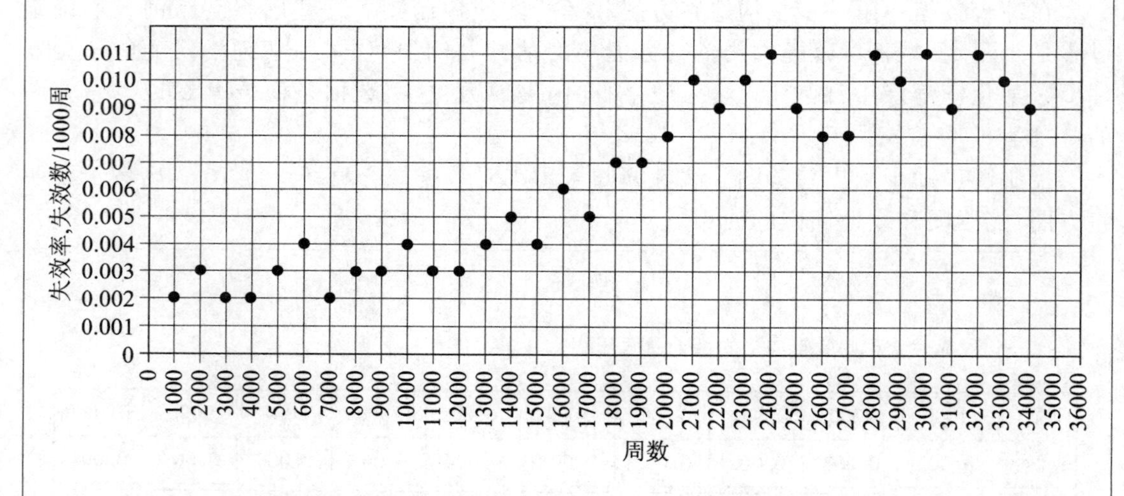


从运行图上可看到如下态势，在前12000周是处于低失效率，然后失效率在增加，约在24000周后失效率持续在高失效率水平上。这个现象指出，约在12000周出现一个附加失效模式。为了更好地叙述，该工程师在12000周至24000周间建立一个线性回归公式。

失效率 = 0.000000648 ×（过去了的圈数）- 0.00482

（这个线性回归公式将在例16.6中导出）

重要的是，这里用线性回归可得数据的最佳拟合直线。若不用线性关系，则不能拟合数据。

为了说明该回归公式与给定数据拟合得很好，该工程师又给如下的表：

| | 失效率 | | |
|---|---|---|---|
| 周 | 预测值 | 实际值 | 误差 |
| 12000 | 0. 0030 | 0. 003 | 0. 0000 |
| 13000 | 0. 0036 | 0. 004 | 0. 0004 |
| 14000 | 0. 0043 | 0. 005 | 0. 0007 |
| 15000 | 0. 0049 | 0. 004 | 0. 0009 |
| 16000 | 0. 0056 | 0. 006 | 0. 0004 |
| 17000 | 0. 0062 | 0. 005 | 0. 0012 |
| 18000 | 0. 0069 | 0. 007 | 0. 0001 |
| 19000 | 0. 0075 | 0. 007 | 0. 0005 |
| 20000 | 0. 0081 | 0. 008 | 0. 0001 |
| 21000 | 0. 0088 | 0. 010 | 0. 0012 |
| 22000 | 0. 0094 | 0. 009 | 0. 0004 |
| 23000 | 0. 0100 | 0. 010 | 0. 0000 |
| 24000 | 0. 0107 | 0. 011 | 0. 0003 |

为防止误解这个公式特加说明:它只利用 12000 到 24000 周内的数据建立的,沿着这个工作外推是不能作出有效的预测。

显然,这里主要涉及失效模式的识别与修正,表面上它发生在 12000 周附近,进一步说明还须该工程师作出努力。

一旦失效数据已收集起来,常常用图的形式显示它们,然后计算关键的可靠性特征,具体有:

- **概率密度函数**(PDF)。可以先画出其直方图,表明它在每个小区上的失效个数。
- **失效率函数**。表明失效率是时间的函数,利用下面的公式可方便地计算失效率函数:

$$\lambda(t) = \frac{\text{在某个时间段内的失效个数}}{\text{这个时间段的长度}}$$

- **可靠性函数**。表明可靠性是时间的函数,计算公式为:

$$R(t) = \frac{\text{在某个时间段末端处尚存活的产品数}}{\text{被测试产品数}}$$

## 例 16.2

有 283 个产品参加试验,持续 1100h,在每隔 100h 的小区内失效数记录如下:

| 时间 | 失效数 | 存活数 | $\lambda(t)$ | $R(t)$ |
|---|---|---|---|---|
| 0 - 99 | 0 | 283 | 0 | 1.00 |
| 100 - 199 | 2 | 281 | 0.0001 | 0.99 |
| 200 - 399 | 10 | 271 | 0.0004 | 0.96 |
| 300 - 399 | 30 | 241 | 0.0011 | 0.85 |
| 400 - 499 | 48 | 193 | 0.0020 | 0.68 |
| 500 - 599 | 60 | 133 | 0.0031 | 0.47 |
| 600 - 699 | 50 | 83 | 0.0038 | 0.29 |
| 700 - 799 | 42 | 41 | 0.0051 | 0.14 |
| 800 - 899 | 30 | 11 | 0.0073 | 0.04 |
| 900 - 999 | 8 | 3 | 0.0073 | 0.01 |
| 1000 - 1099 | 3 | 0 | 0.0100 | 0.00 |

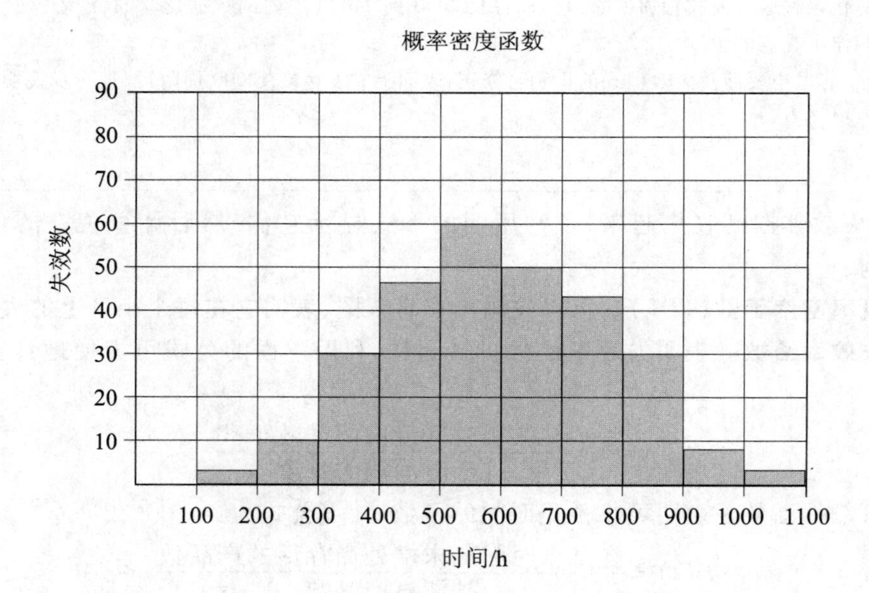

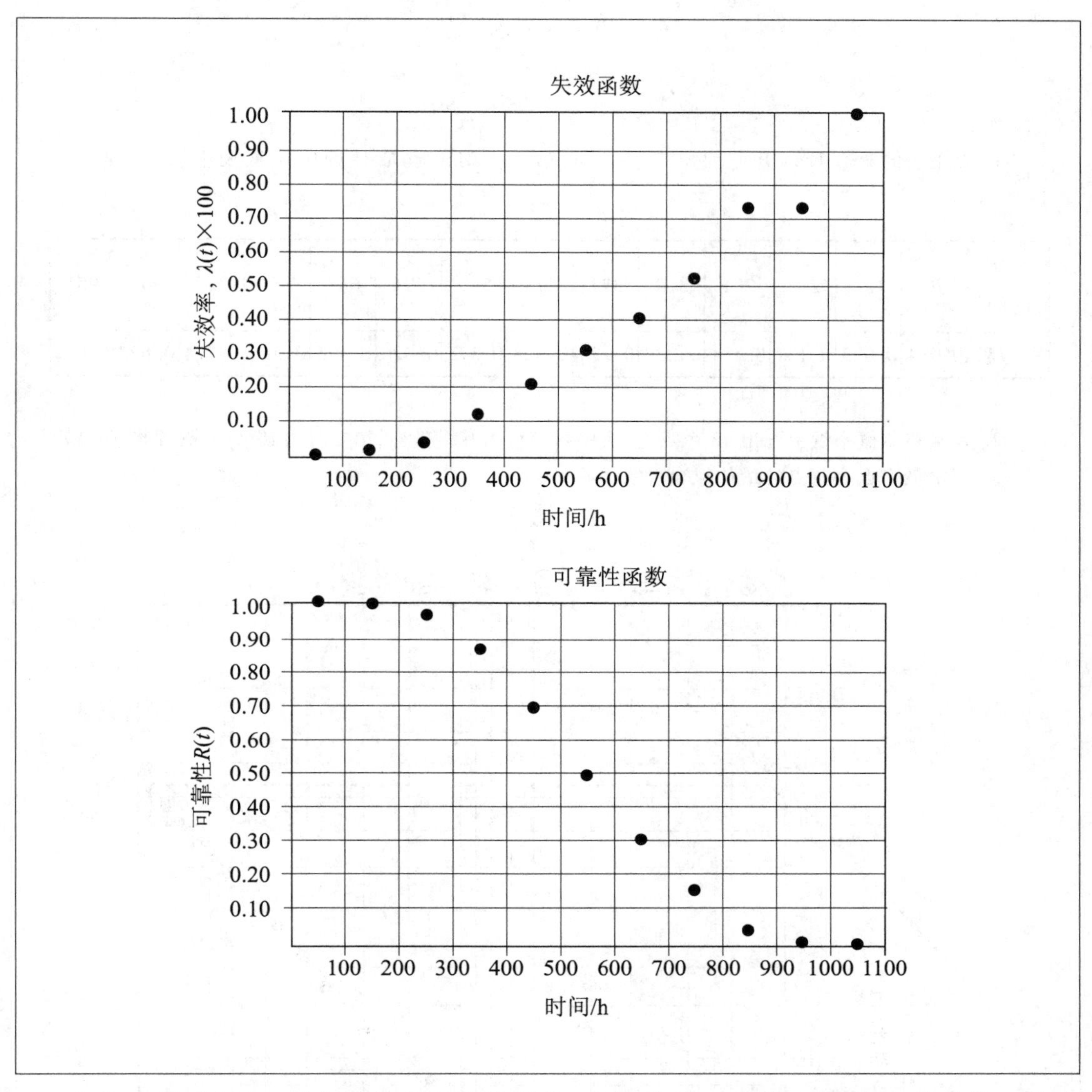


在第 4 章曾指出，威布尔分布有多种形状，它依赖于一个值 $\beta$，称为形状参数。这个特性使得这个分布成为一个及其灵活的工具来解决可靠性问题和展示结果。例 16.3 说明在威布尔概率纸上绘制失效数的方法。各种版本的图纸可以从威布尔主页上下载。

**例 16.3**

20 个产品参加试验，其中 14 个产品在 1000h 前失效。

70，128，204，291，312，377，473

549，591，663，748，827，903，955

要求对形状参数 $\beta$ 和特征寿命 $\eta$ 作出估计。

解：

1. 在下表的第一行以升序列出失效时间，第二行列出附录 Q 的中位秩表中第 20 列中前 14 个数。

| 失效时间 | 70 | 128 | 204 | 291 | 312 | 377 | 473 | 549 | 591 | 663 | 748 | 827 | 903 | 955 |
|---|---|---|---|---|---|---|---|---|---|---|---|---|---|---|
| 中位秩 | 0.034 | 0.083 | 0.131 | 0.181 | 0.230 | 0.279 | 0.328 | 0.377 | 0.426 | 0.475 | 0.525 | 0.574 | 0.623 | 0.672 |

2. 在威布尔概率纸上画出 12 个点，上表中第一行为其横坐标，第二行为其纵坐标（见图 16.1）

3. 画出最逼近这些点的最佳拟合直线。

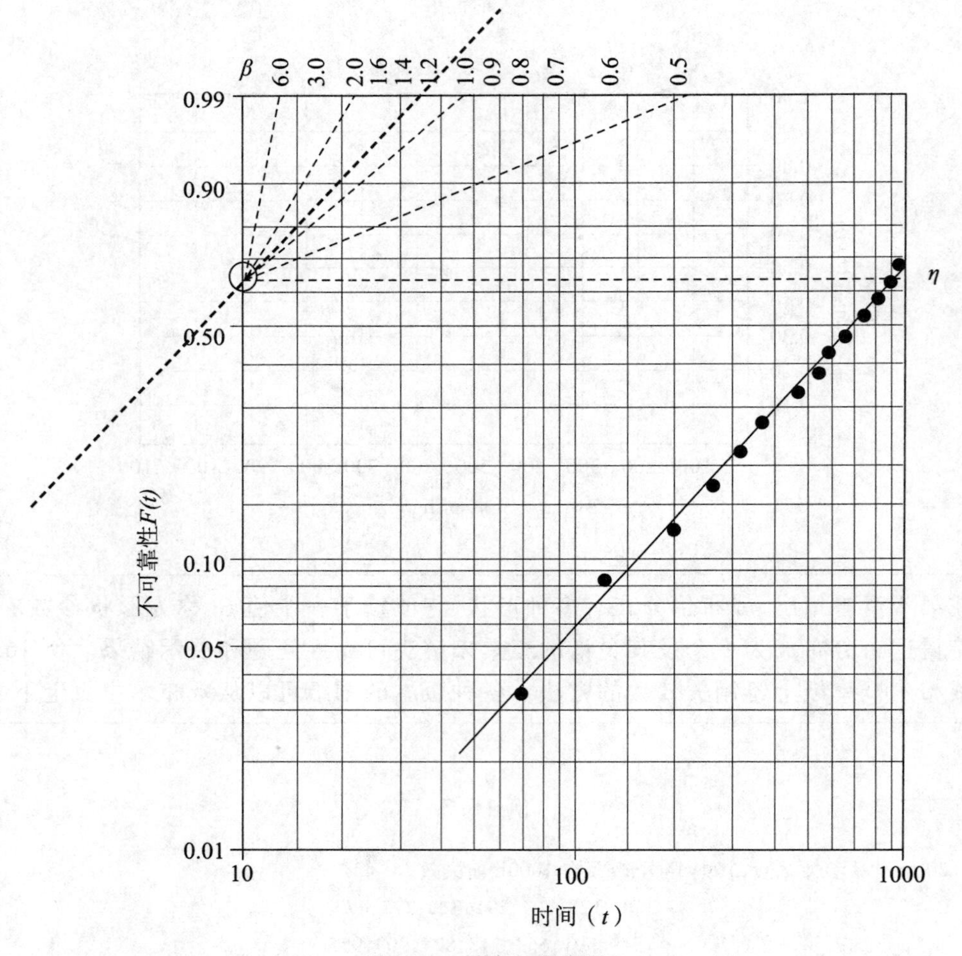


图 16.1　威布尔概率图

4. 在威布尔概率纸左侧边上有一个标 O 的点，通过这点 O 作最佳拟合直线的平行线（图 16.1 上的虚线表示）该线与威布尔概率纸顶部的 $\beta$ 尺度相交，其交点的 $\beta$ 值就是形状参数 $\beta$ 的估计值，在本例中 $\hat{\beta}=1.3$。

5. 威布尔概率纸右侧的纵轴上标以“不可靠性”。这意味着该轴上的值为（1－可靠性）。回想我们曾在可靠性标尺上使用 0.368 来找到 $\eta$。现可在不可靠性标尺上可转换成 0.632。这个值可在纵轴上找到，通过此点作水平线（虚线），并与最佳拟合直线有一个交点，此交点的横坐标就是特征寿命 $\eta$ 的估计值，在本例中 $\hat{\eta}=900\text{h}$。

威布尔可靠性函数为：

$$R(t) = e^{-\left(\frac{t}{\eta}\right)\beta}$$

在图 16.1 上，在 200h 处的垂直线与最佳拟合直线的焦点的纵坐标就是不可靠性，约为 14%，对应的可靠性＝86%。

为了寻求可靠性为 95% 的时间在何处，先找到纵轴上 5% 的点，由此作水平线与最佳拟合直线相交，交点的纵坐标约为 90h，这就是可靠性为 95% 的时间。

**例 16.4**

在前面的例子里，寻求：

- 可靠性函数
- 在 200h 处的可靠性，并与作图的结果（见图 16.1）比较
- 95% 可靠性将发生在何时

解：

$\eta=900$ 和 $\beta=1.3$ 的可靠度函数为

$$R(t)=e^{-(t/900)\,1.3}$$

把 $t=200$ 代入上式，可得

$$R(200)=e^{-(0.222)\,1.3}=0.87$$

为了解出时间 $t$，对可靠性方程 $R^{-(t/n)^{B}}=0.95$ 两边取自然数，可得

$$(t/\eta)^{\beta}=-\ln(0.95)$$

$$t=\eta\left[-\ln(0.95)\right]^{1/\beta}$$

$$t=900\left[-\ln(0.95)\right]^{1/1.3}=91.6\text{h}$$

## 2. 预防和修复行动

选择和使用各种主要原因和失效分析工具去确定退化和失效原因，并识别适当的预防或修复行动去应对特殊情况。（评估）

**知识点Ⅶ. B. 2**

一旦缺陷或失效被确认后，在整个企业中最困难和最关键的任务之一就是确定其根本原因或原因。达到这个目的的基本工具是**原因和效果图（因果图）**，又称**鱼骨图**或**石川馨图**。这个工具可帮助团队识别、探索和传送引起问题是所有可能的原因。为此特把可能原因分成几个大类，这有助于激发人们不断地查询更深层次的原因。通用的结构图如图 16.2 所示，这也说明为什么把它称为鱼骨图。类别的选择或主骨的名称以实际问题而定。某些备选项可以是政策、技术、传统、立法等。

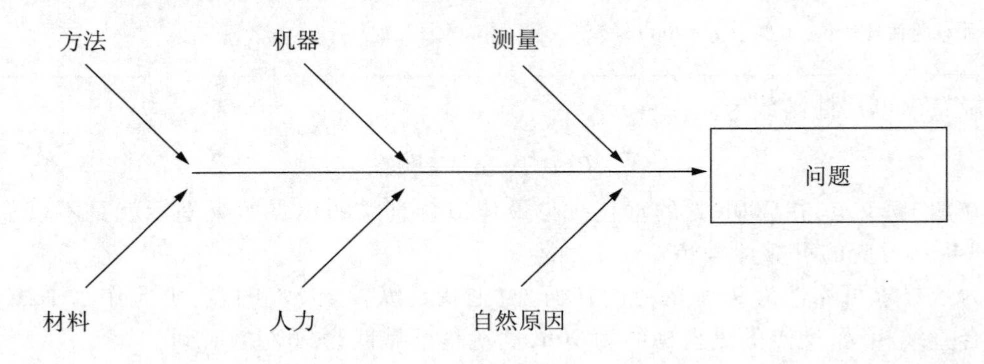


图 16.2　传统的 6M 因果图

团队可用因果图在每个类别上产生许多潜在的原因。当每个原因被确认后，在主要类别区域可添加一些短线深入查找原因，这个活动可继续到全组成员都满意为止。到那时所有可能原因都被列出。然后，个别团队成员被安排去收集分枝或子枝的数据，准备在将来的会议上的发言。理想的情况是，数据是用改变原因本质而得到的，这里改变是调查和观察的结果形成的。例如：若电压波动被怀疑是原因，可放入一台电压调节器并观察缺陷数是否改变。这个方法的一个优点是把团队的注意力放在追查原因上，而不是症状、个人情绪、历史和各种其他装备上。另一种代替会议的方式是设计一张在线的鱼骨图给每个团队成员，让他们在一段时间和内发表自己认为可能的原因。

鱼骨图是分叉思考的一个例子，在这些思考中寻找发生在各个方向上可能的失效原因。在完成这个练习后，下一步要集中讨论先前提出的失效预防的有效性。各种选择方案都可使用。另一种选择就是把接口从因果练习转到**因果矩阵**上去，这里所述的各种原因都是对顾客要求而言的。如图 16.3 所示，其原因列在左边的列上，而顾客要求列在顶部。一个显示**重要性**的数字式对每项顾客要求而指定的。矩阵所涉及的对顾客要求的乘积量很类似于在 QFD 矩阵的主要点上做的那样。在矩阵的网点上所制定的数量是描述所在行上的原因与所在列上的顾客要求之间关联程度的量。网上的数乘以列上重要性的数字，其行和就是这些乘积和。例如，在图 16.4 中，“打印速度变化”的行和为 $9\times9+9\times7$，这个行和是对先前失效原因的一种概括。

| 通用的社团保险计划 | | 执行官的综述 | 保险金额 | 便于阅读 | 剩余纸整齐 | 图精确 | 图表清楚 | 将励项的级别 | 为OSHA需求作仲裁 | 支付选择 | 防酸纸 | 税务思考 | 计划显示 | 行和 |
|---|---|---|---|---|---|---|---|---|---|---|---|---|---|---|
| | 重要性 | 5 | 8 | 9 | 4 | 9 | 7 | 3 | 5 | 2 | 3 | 8 | 5 | |
| 机器 | 打印速度变化 | | | 9 | | | 9 | | | | | | | 144 |
| | 装订之损坏了梳子 | | | | | 7 | | | | | | | | 28 |
| | 错用梳子 | | | | | 7 | | | | | | | | 28 |
| 测量 | 切割未达到长度 | | | | | | | | | | | | 5 | 25 |
| | 使用过细墨汁 | | | 8 | | | 7 | | | | | | 6 | 151 |
| | | | | | | | | | | | | | | |
| | | | | | | | | | | | | | | |
| 人力 | 综述不明 | 9 | | 2 | | | | | | | | | | 63 |
| | 备选人不明确 | | 9 | | | | | 3 | | | | | | 81 |
| | 政府没有覆盖 | | | | | | | | 9 | | | 7 | | 101 |
| | 纸过负载 | | | 7 | 3 | | 3 | | | | | | 5 | 121 |
| 方法 | 误用规定重量 | | | 6 | | | | | | | | | 8 | 94 |
| | 误用规定纸型 | | | 5 | | | 5 | | | | | | 7 | 115 |
| | | | | | | | | | | | | | | |
| 材料 | 纸老化 | | | 4 | | | 4 | | | | | | 4 | 84 |
| | 墨汁浓度变化 | | | | | | 5 | | | | | | 3 | 50 |
| | | | | | | | | | | | | | | |
| 自然原因 | | | | | | | | | | | | | | |
| | | | | | | | | | | | | | | |
| | | | | | | | | | | | | | | |
| | | | | | | | | | | | | | | |

图 16.3　因果矩阵

五问为什么是另一项技术，它可帮助人们对问题作深入探究。每当回答出现时就问："为什么会发生这个？"（见例 16.5）。这个工具就是由这些重复地发问组成的。

**例 16.5**

- 为什么这个部件有此缺陷呢?

因为洞太大了。

- 为什么这个洞会很大呢?

因为在钻头操作时偏了一点。

- 为什么钻头在操作时会偏了一点?

因为夹住的固定装置有闪动。

- 为什么固定装置会有闪动?

因为气压钳子没有施加足够的压力。

- 为什么钳子没有施加足够的压力?

因为气压对车间层次有波动?

不用说,数字5是任意的。在这问题中增加对气压波动的探究是适宜的。

一个增强过程流程图的价值常有助于识别根本原因。这里增强将包括过程的每个阶段上的数据的质量水平和可能的原因。若过程很大或复杂,这个工具将特别有用。

## 散点图

当对一个问题提出几种原因时,就有必要去收集某些数据帮助确定谁是潜在的根本原因。分析这种数据的一种途径是散点图。在这项技术中,测量要对每个可疑原因的变量的各种水平进行。然后画出每个变量对问题的测量值的关系图以便获得两者间的大致关系。

**例 16.6**

一台注模机器生产出麻面(毛坏)零件,致使麻面产生有四种可能原因:模压、冷却温度、冷却时间和磨具预压时间。这些变量中每一个的值以及表面最后处理的量已收集到10批,其数据如下表所示:

| 批次 | 模压 | 冷却温度 | 冷却时间 | 预压时间 | 表面处理 |
|---|---|---|---|---|---|
| 1 | 220 | 102.5 | 14.5 | 0.72 | 37 |
| 2 | 200 | 100.8 | 16.0 | 0.91 | 30 |
| 3 | 410 | 102.6 | 15.0 | 0.90 | 40 |
| 4 | 350 | 101.5 | 16.2 | 0.68 | 32 |
| 5 | 490 | 100.8 | 16.8 | 0.85 | 27 |
| 6 | 360 | 101.4 | 14.8 | 0.76 | 35 |
| 7 | 370 | 102.5 | 14.3 | 0.94 | 43 |
| 8 | 330 | 99.8 | 16.5 | 0.71 | 23 |
| 9 | 280 | 100.8 | 15.0 | 0.65 | 32 |
| 10 | 400 | 101.2 | 16.6 | 0.96 | 30 |

四组数据对表面处理可以分别画四张图，见图 16.4。在每张图上表面处理为纵坐标。第一张图上画出磨具压力对表面处理的散点图。第一批的模压为 220psi（磅/平方英寸），表面处理量为 37，因此在横坐标 220 和纵坐标为 37 处打一个点。在每张图上每个批次打一个点。如果这些点呈直线趋势，这表示他们之间有线性相关，或者说，两个变量间线性相依。如果这些点所呈趋势曲线比直线更接近一些，这是称它们之间呈非线性相关。应该指出，高度相关性并不意味着因果关系一定线性相关，当然，低度相关性也不提供它们之间不存在线性相关的证据。基于上面的分析，什么变量可作为可能原因而被剔除呢？

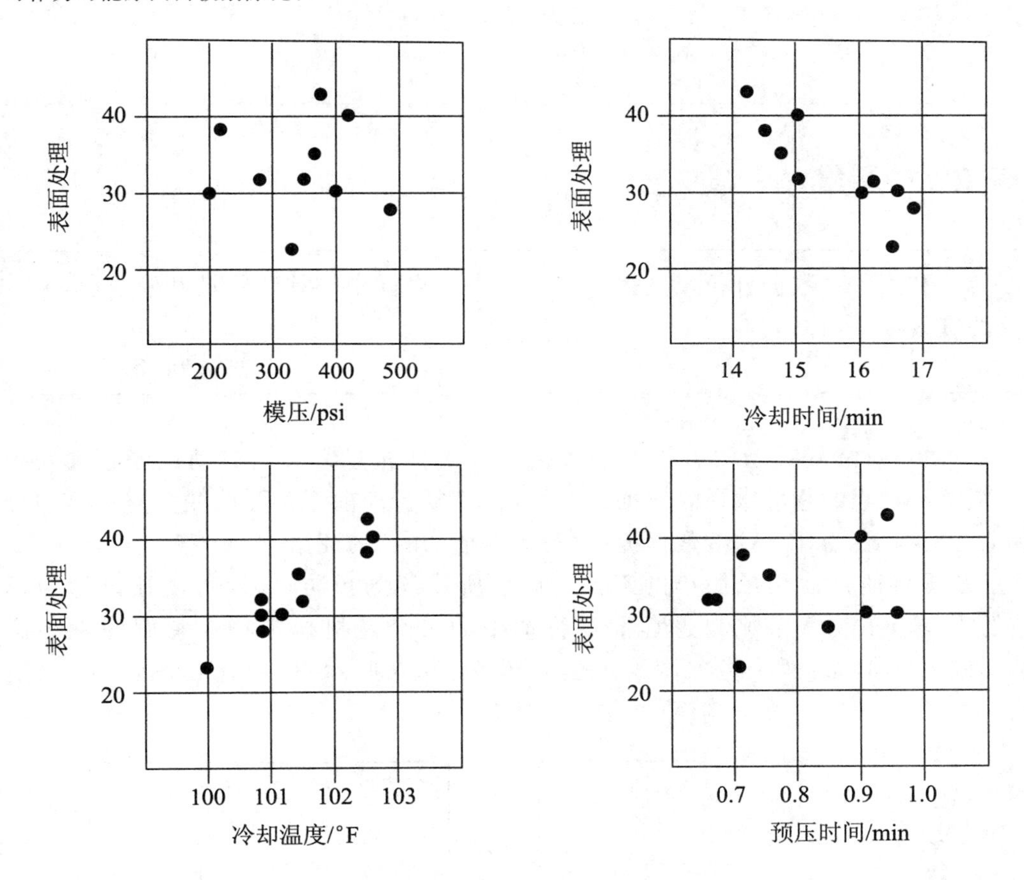


**图 16.4　在注模机操作中各变量的散点图**

临近的诸点呈直线状表示有较强的线性相关系数，该系数用字母 $r$ 表示。正相关意味着直线向右端上升。而负相关意味着直线向左端上升。例如所有的点完全精确地在右端上升直线上，则 $r=1$。例如所有的点完全在向左端上升的直线上，则 $r=-1$。一般场合 $-1\leqslant r\leqslant 1$。

相关系数的计算公式为

$$r=\frac{S_{xy}}{\sqrt{S_{xx}\cdot S_{yy}}}$$

其中 $x$ 与 $y$ 是独立的或相依变量，且

$$S_{xx} = \sum x^2 - \frac{(\sum x)^2}{n}$$

$$S_{xy} = \sum xy - \frac{(\sum x)(\sum y)}{n}$$

$$S_{yy} = \sum y^2 - \frac{(\sum y)^2}{n}$$

最佳拟合直线方程为 $y = mx + b$,其中

$$m = \frac{S_{xy}}{S_{xx}} \text{和} b = \bar{y} - b\bar{x}$$

## 3. 有效性的测量

利用各种数据分析工具去评价在改进可靠性中的预防行动和修复行动的有效性。(评估)

知识点Ⅶ. B. 3

一个预防或修复行动的有效性的最终检验是把注意力转向启动或停止的一种能力,并观察对过程的相应效果。数据应在预防/修复行动前后都要收集。这一节将列出一些工具来确定:为什么这些数据提供“行动是成功的”的证据。

**直方图**可能是使用最简单的工具。假设所建议的预防/修复行动被设计为提高产品的平均有效寿命。来自过程前后行动中的二个随机样本将在它们的中心位置上是不同的。例如:两个直方图看上去很像图 16.5 所示,则可做出结论,行动是有效的。

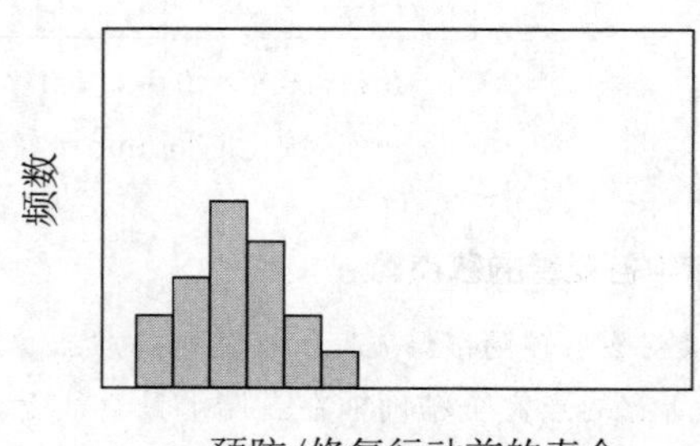


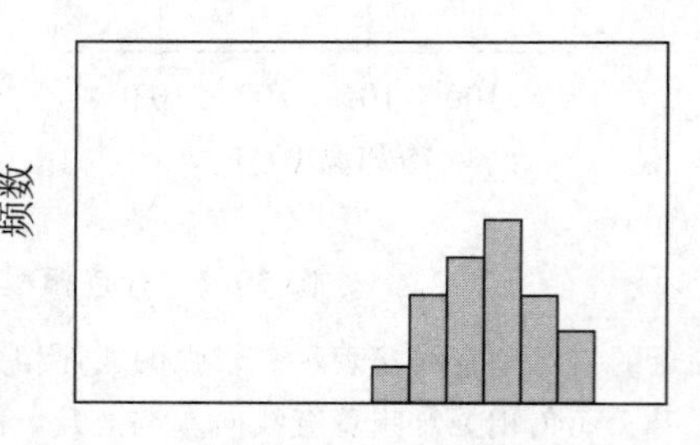


**图 16.5 显示平均寿命增长的直方图**

另一方面,例如:两个直方图看上去如图 16.6 所示那样,则结果不能肯定。在这种场合有必要对所测得的数据进行二总体均值的假设检验,详见第 5 章。它可用来确认二总体平均寿命间是否存有显著差别。

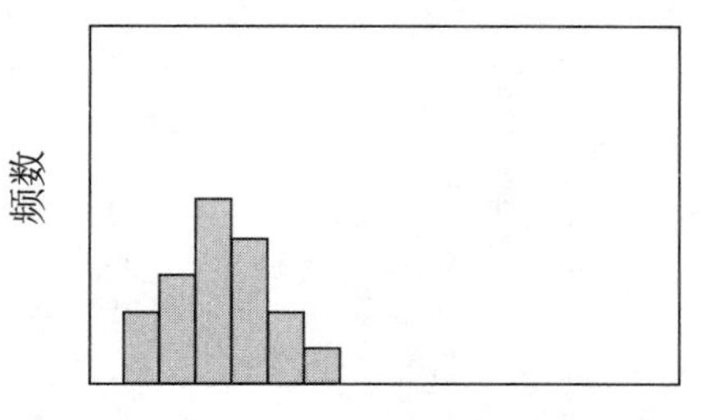


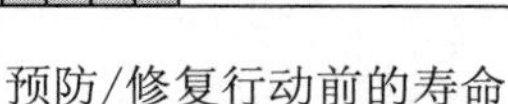

预防/修复行动前的寿命

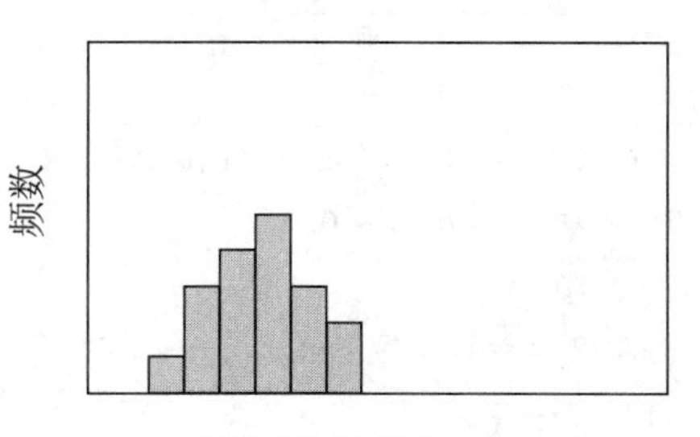


预防/修复行动后的寿命

**图 16.6　不能做结论的直方图**

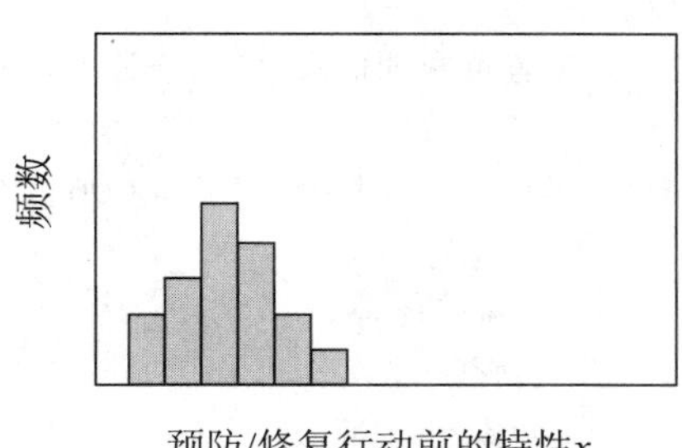


预防/修复行动前的特性$x$

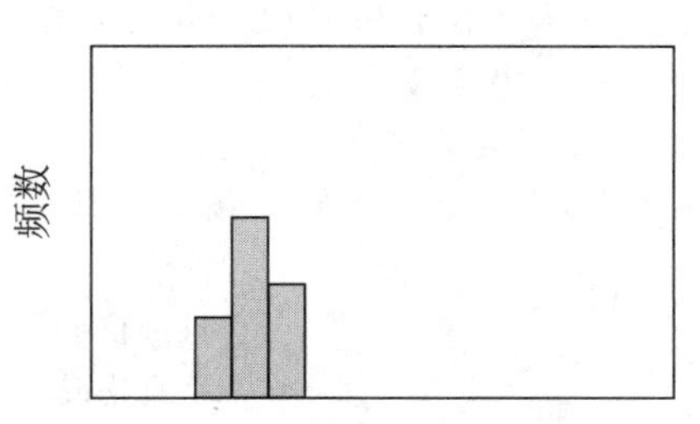


预防/修复行动后的特性$x$

**图 16.7　显示特性 $x$ 波动在减少的直方图**

类似地，例如预防/修复行动的设计是为了减少特性 $x$ 的波动，其直方图看上去如图 16.7 所示，在这样的场合，可以做出一个安全的结论："行动是有效的"。

还有一种类似，若从直方图上所得结果是模棱两可的，那可用假设检验获得明确结论。在这种场合可用两总体标准差的检验，详见第 5 章。

在对比率进行假设检验时要注意：应避免合并不同缺陷类型。有时候最好先把缺陷类型分开，然后单独研究它们。

**例 16.7**

离开干燥机的淀粉的含水量就会有波动，为了减少这种波动，一台速度控制器被临时安装在网状驱动器上。问题解决团队在安装速度控制器前后分别收集淀粉的含水量。最后用二总体标准差的假设检验来确定波动是否被减少。

**例 16.8**

质量改进团队需要减少由于表面伤痕而被拒收的产品百分比。现今的拒收率为 15%。造成伤痕的一种原因是固定装置的设计。容量为 1000 个产品的样本用新的固定装置生产出来了。检查样本，其中有 138 个产品因有伤痕而被拒收。团队要在 0.10 的显著性水平下作假设检验确定是否减少了拒收率。在第 5 章中对总体比率的假设检验使用如下：

$$n=1000,\ p_0=0.15$$

1. 条件满足，因 1000 × 0.15 和 1000 × 0.85 都大于 5。

2. $H_0: P=0.15$；$H_1: P<0.15$

3. $\alpha=0.10$

4. 对左侧检验的临界值是 $z_{0.10}=-1.28$

5. 检验统计量为：

$$z=\frac{0.138-0.15}{\sqrt{\frac{0.15\times(1-0.15)}{1000}}}=-1.06$$

6. 在 0.10 显著性水平下原假设不能被拒绝。

7. 数据在 0.10 显著性水平下不支持假设“新的固定装置可减少拒收率”。于是团队不需花费资源去生产新的固定装置。

团队决定更仔细地研究带有伤痕的产品，它们可分五类伤痕。每类在拒收产品中所占百分数分别为：

| | |
|---|---|
| 锥形伤痕 | 24% |
| 垂直伤痕 | 27% |
| 对角线伤痕 | 23% |
| 平行对伤痕 | 17% |
| J形伤痕 | 9% |

（没有一个产品上有多于一种伤痕）

然后团队重新检查用新装置生产的 1000 个产品，发现它们中间没有丁形伤痕。换句话说，新的固定装置设计完全剔去 J 型伤痕。当然，若对 J 形伤痕进行单独研究假设检验亦会揭示这个事实。用发掘的缺陷分类，团队有可能剔去 9% 的缺陷。更重要的是他们有了其他原因的线束。

思考问题：倘若癌症可派生出许多疾病那将会怎样？数据检验说明它们中某些完全会被治愈，那是会被拒绝吗？

在预防和修复行动解决之后最使人沮丧的一个方面是同样的问题又重复出现。这可能是因为安装方案没有真正地解决问题，或者虽然解决了修复问题，但由于某些原因不能持续。因此大部分预防和修复行动的有效性仍在于系统的安装、该系统要能监视过程，保证该问题不再发生。

在问题很少发生场合常常最好去建立一张控制图来确定期望的变化是否会发生。

有关问题解决有效性的文件要保留，团队每个成员都可使用。适当地相互参照，这个文件可帮助团队提供当今的或类似问题的史科。

# 第 17 章

# C. 失效分析和相关

## 1. 失效分析方法

> 描述这样一些方法,如机理的、材料的和物理的分析,以及细致的电子显微镜等用来识别失效机理。(理解)
>
> 知识点Ⅶ.C.1

重要的是对每次失效有许多信息要尽可能地收集起来。这一节将讨论已证实很有用的一些方法。

失效分析的第一步是确定产品为什么被认定为失效?这项调查将开始于保修单,但不结束于此。产品将在结构上检查其失效原因,但还要研究其使用和安装,其中包含保修单上的项目,但常不限于此。可查明的原因和其他文件将被检查为失效根本原因提供线索。假如产品不是机理性的失效,那要对产品功能所要求的环境作全面检查。

假如产品发生变形或被打碎,可引出两个问题:

- 失效的产品满足设计强度吗?
- 产品所经受的应力超出其设计强度吗?

为了分辨二元结构的一个方法是让许多相同的产品经受各种应力。当然"相同"一词是指尽量达到临界值。为了确定产品是否容易受到应力伤害必须全面检查已失效的产品。这种检查技术是广泛的,从视力到化学/金相学检查。非破坏性工具有超声波、涡流、X-射线、液态渗透、磁化粒子检验等都可以使用。在某些场合粒子结构分析和电子微波检查也可适用。

假如这项分析显示:某产品承受的应力超出了它的设计强度,于是引出以下问题:

- 设计强度是适当的吗?
- 产品使用不恰当吗?
- 环境(热的、化学的、电磁的、振动等)使其失效吗?

**例 17.1**

一家住宅窗子已坏,需要更换。保修单上指明:"泄露"。下面的清单列出一系列对话。

| 问: | 答: |
| --- | --- |
| 泄露发生在何处? | 两处都在垂直边上。 |

| | |
|---|---|
| 玻璃有裂开或缺口？ | 无。 |
| 泄露处的框格有裂缝吗？ | 无。 |
| 堵缝的化合物老化了吗？ | 有。 |
| 泄露处有明显磨损吗？ | 无。 |
| 能看出是什么类型老化吗？ | 常见的锈斑与某些碎屑。 |
| 窗户朝什么方向？ | 朝北。 |
| 住宅在何处？ | 俄勒冈州海滨一个小区。 |
| 窗户已处于烟雾环境吗？ | 是。 |
| 堵缝物已处于烟雾环境吗？ | 是。 |
| 处于烟雾的堵缝物能抵抗烟雾环境吗？ | 否，试验表明，它的退化使窗户坏了。 |
| （对堵缝物供应商）你的处于烟雾的堵缝物为什么失去抵抗烟雾的能力呢？ | 我们贴错了标签，把常用的堵缝物贴上了对烟雾环境是安全的标签。 |
| （对堵缝物供应商）你希望我们继续做生意吗？那你应提高快速检查每根管状堵缝物对烟雾有抵抗力的方法，因为我们不相信你的标签。 | 是。 |
| （对制造商）你能在窗户的固定位置上贴上适用的堵缝物的标签吗？ | 我们将如此去做。 |

可靠性程序将支持一个可追查系统，它能对每个产品识别材料、方法、过程和供应商信息。这有助于确定在这个领域内那些产品是脆弱的。

在确定失效的根本原因后，将会产生一份报告，它包含任一项推荐的改变都将在今后有利于减少失效类型。

## 2. 失效报告、分析和修复行动系统（FRACAS）

识别 FRACAS 的基本元素，有效地论证闭环过程的重要性，该过程包含根本原因的调查并探究到底。（应用）

知识点Ⅶ. C. 2

尽管我们在识别和预防失效模式上付出很多努力，但还会有一些不曾预料的失效发生。这些失效常常隐藏在自然界中，它们要么在 FMEA 活动期间被团队遗漏，要么在过去的修复/预防行动中曾出现过。由于这些理由需要有一份严谨的失效报告。

**失效报告、分析、和修复系统**（FRACAS）对这个问题提供一个有组织、有训练的方法。第一步是建立一个**失效再考察小组**，这个小组对实现这些指南是有责任的。

- 要求迅速而全面地整理失效记录。
- 报告开始于产品和过程的早期试验，并且始终贯穿产品的寿命周期。
- 每个报告的分析和修复行动阶段必须确定根本原因和适当的修复/预防行动。

该阶段需要一个预期时间内完成,通常为 30 天。

- 修复行动必须在闭环内进行,如图 17.1 所示。完成审计需要确定修复行动是否可取、结果是否有效。当修复行动不能解决问题时,失效再考察小组有责任对失效机理进行再研究和完成附加的修复行动。

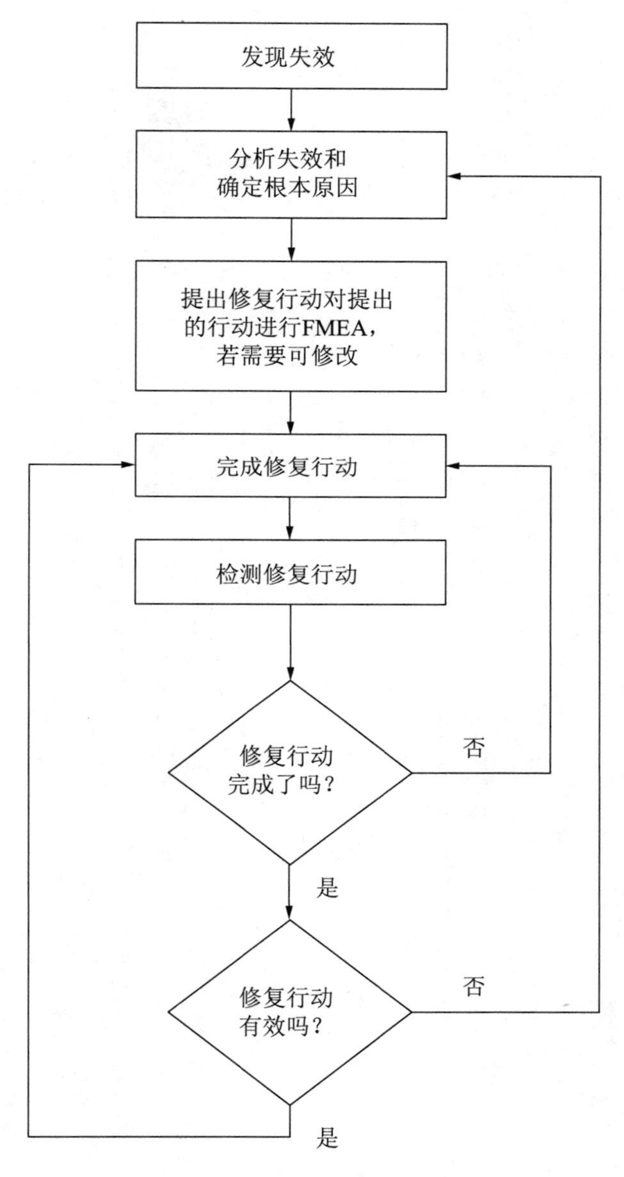


图 17.1　FRACAS 流程图

# 第Ⅷ部分

# 附　录

# 附 录 A

# ASQ 注册可靠性工程师知识点

在知识点中的各个专题中还含有一些附加细节，已用分专题的解释形式表示出来并加上认知等级，在这些认知水平上可提出各种问题。这些信息将对考试执行委员会和准备参加考试的投考人提供使用指南。设计这些分专题不是想限制主体材料和包含在考试中的各类问题。每个条目最后指出知识的最高等级。在这个等级上专题将可能被测试。这个附录的最后将提供一个识知等级全面的叙述。

## 第Ⅰ部分 可靠性管理（18 个问题）

### A. 策略管理（第 1 章）

1. **可靠性工程的好处**。描述可靠性工程技术和方法怎样去改进程序、流程、产品、系统和服务。（理解）

2. **质量与可靠性的关系**。确定和叙述安全性、质量和可靠性的关系。（理解）

3. **可靠性部门在组织机构中的作用**。介绍可靠性技术如何应用于组织机构中的其他部门，如市场部、工程部、顾客 / 产品服务部、安全和产品责任部等。（应用）

4. **产品和过程开发中的可靠性**。把可靠性工程技术与其他开发行动整合起来，同步工程，共同改进，如积极使用精益与六西格玛方法以及新兴技术。（应用）

5. **失效后果和责任管理**。描述这些概念在确定可靠性接受准则中的重要性。（理解）

6. **保修单管理**。确定和介绍保修项目和条件，包括保修期、使用条件、失效临界值等，并识别保修数据的使用与时效。（理解）

7. **顾客需求评估**。利用各种反馈方法 [ 如质量功能展开（QFD）、样机研究、贝塔检验 ] 去确定有关产品与服务的可靠性方面的顾客需求。（应用）

8. **供应商的可靠性**。确定和描述供应商可靠性的评价，它将在整个可靠性方案的执行中被监控。（理解）

### B. 可靠性方案管理（第 2 章）

1. **术语**。解释基本可靠性术语（如 MTTF、MTBF、MTTR、可用性、失效率、可靠性、维修性）。（理解）

2. **可靠性方案的要素**。解释怎样利用设计、检验、跟踪、利用顾客的需要和要求来开发可靠性方案。识别可靠性要求的各种推动力，包括市场期望和标准化，以及安全性、责任性和受规章限制的事项。（理解）

3. **风险的类型**。描述可靠性与各类风险间的关系，包括技术、规划表、安全、金融上的风险。（理解）

4. **产品寿命工程**。描述寿命期各种状态（概念 / 设计、导入、增长、成熟、衰落）

对可靠性的影响和伴随这些阶段的成本流失（产品维修、寿命期望、软件缺陷期的污染等）。（理解）

**5．设计评估**。利用实证、检验和其他技术去评估一项产品设计在各个寿命周期的可靠性。（分析）

**6．系统工程和综合**。叙述这些过程怎样被用来适应要求、提前设计和开发行动。（理解）

**C．伦理学、安全和责任（第3章）**

**1．伦理学的问题**。可靠性工程师在各种场合都应识别适当的伦理学的行为，并遵守它。（评估）

**2．角色和职责**。描述可靠性工程师在产品的安全性与责任性方面所承担的角色与职责。（理解）

**3．系统安全性**。通过分析顾客反馈、设计数据、现场数据和其他信息来识别安全有关问题。利用风险管理工具（如失效分析、FMEA、FTA、风险矩阵等）去识别和优先考虑安全隐患，以及逐步识别误用产品和过程的问题，并使其最小化。（分析）

**第Ⅱ部分　可靠性中的概率和统计（27问）**

**A．基本概念（第4章）**

**1．统计术语**。定义和使用的术语，如总体、参数、统计量、随机样本、中心极限定理等，并计算它们的值。（应用）

**2．使用基本概率概念**。如独立性、互不相容、对立和条件概率，并会计算期望值。（应用）

**3．离散和连续的概率分布**。比较和对照不同分布（二项、泊松、指数、威布尔、正态、对数正态等）以及表示它们的函数（累积分布函数（CDF）、概率密度函数（PDF）、危险函数等），以及有关联的浴盆曲线。（分析）

**4．泊松过程模型**。定义和描述齐次和非齐次泊松过程模型（HPP和NHPP）。（理解）

**5．非参数统计方法**。应用非参数统计方法，包括中位数方法、Kaplan-Meier方法、Mann-Whitney方法等，以及在各种场合的应用。（应用）

**6．样本量的确定**。用各种理论、图表和公式去确定统计检验和可靠性检验中所需的样本量。（应用）

**7．统计过程控制（SPC）**。定义和描述SPC和过程能力（$C_p$,$C_{pk}$等），它们的控制图，为什么它们与可靠性都有关。（理解）

**B．统计推断（第5章）**

**1．参数的点估计**。用概率图、最大似然法等去获得模型参数的点估计。分析这些估计有效性与偏性。（评估）

**2．统计区间估计**。计算置信区间，容许区间等，并从这些结果引出一些结论。（评估）

3. 假设检验（参数的与非参数的）。对参数（诸如均值、方差、比率和分布参数）作出假设检验，解释显著性水平和对接受/拒绝原假设的Ⅰ类和Ⅱ类错误。（评估）

**第Ⅲ部分 设计和开发中的可靠性（26问）**

**A. 可靠性设计技术（第6章）**

1. **环境和使用因子**。识别环境、使用因子（如温度、湿度、振动）和产品可承受的外界应力（如严格保养、静电放电[ESD]、通过量）。（应用）

2. **应力－强度分析**。应用应力－强度分析方法计算失效概率，且解释这些结果。（评估）

3. **FMEA和FMECA**。定义和区分失效模式和后果分析（FMEA）与失效模式、后果和危险度分析（FMECA），以及在产品、过程和设计中应用这些技术。（分析）

4. **共有模式失效分析**。描述这类失效（已知共有原因模式失效）和它怎样影响可靠性失效。（理解）

5. **故障树分析与成功树分析**。应用这些技术去开发一些模型，它们可用来评价不合需要的事件与合乎需要的事件。（分析）

6. **容差和最不利情况分析**。描述容差和最不利情况分析（如平方和的根、极值）怎样被用来刻划影响可靠性的波动。（理解）

7. **试验设计**。计划和实施标准化的试验设计（DOE）（如全因子、部分因子、拉丁方设计）、用稳健设计方法（如田口设计、参数设计、DOE混合噪声因子）去改进或优化设计。（分析）

8. **故障可容许性**。定义和描述故障可容许性及其维护系统功能的可靠性方法。（理解）

9. **可靠性最优化**。利用各种方法，包括冗余、减税、交易研究等方面在成本、方案、重量设计要求的约束下去优化可靠性。（应用）

10. **人为因子**。描述人为因子与可靠性工程间的关系。（理解）

11. **对X的设计（DFX）**。应用DFX技术诸如装配、可检测性、可维修性、环境（再循环和配置）等项设计，提高产品的生产力和服务能力。（应用）

12. **可靠性分配（分派）技术**。利用这些技术去分派子系统和零部件可靠性要求。（分析）

**B. 零件和材料管理（第7章）**

1. **挑选、标准化、和再利用**。应用如下技术：材料挑选、零件标准化与减少并行模式化、软件再利用、包括商用现货COTS（commercial off-the-shelf）软件等。（应用）

2. **降额法和原则**。利用诸如S-N图、应力－寿命关系等方法去确定使用应力与额定级别值间的关系，且去改进设计。（分析）

3. **零件过期的管理**。解释零件过期的含义，要求对零件和系统再做论证。开发风险缓和计划，如用寿命换取、后退可和谐共存等。（应用）

4. **建立规范**。为可靠性、维修性和服务性开发度量尺度（如MTBF、MTBR、

MTBUMA、服务区间），也为产品建立规范。（创建）

**第Ⅳ部分　可靠性模型化与预测（22问）**

**A. 可靠性模型化（第8章）**

**1.可靠性数据的来源与使用。**描述可靠性数据的来源（原型、开发、试验、领域保单、发布等）及它们的优点和局限性。如何用数据来度量和提高产品可靠性。（应用）

**2.可靠性框图和模型。**绘出和分析各类框图和模型，包括串联、并联、局部冗余、时间相依等。（评估）

**3.失效物理模型。**识别各种失效机理（如断裂、腐蚀、记忆力衰退等）和选择适合的理论模型（如阿伦尼兹模型、S-N曲线等）去评估它们的影响。（应用）

**4.模拟技术。**描述蒙特卡罗法与马尔可夫模型的优点与局限性。（应用）

**5.动态可靠性。**当它涉及的失效临界值是随时间而变化或随不同条件而改变时，描述动态可靠性。（理解）

**B. 可靠性预测（第9章）**

**1.零件累计预测和零件应力分析。**利用零件失效率数据去预计系统与子系统级别的可靠性。（应用）

**2.可靠性预测的评述。**可靠性预测的作用、局限性与可靠性估计的差别。（应用）

**第Ⅴ部分　可靠性试验（24问）**

**A. 可靠性试验计划（第10章）**

**1.可靠性试验策略。**对各种产品的开发阶段创造和应用适宜的试验策略（如截断、试验到失效、退化）。（创造）

**2.试验环境。**评价系统所处期间的环境，和更适宜可靠性试验的操作条件。（评估）

**B. 开发期内的试验（第11章）**叙述各种类型试验的目的、优点和局限性，并利用常规模型去开发试验计划、评估风险和解释试验结果。（评估）

1. 加速寿命试验（如单应力、多应力、序贯应力、步进应力）。
2. 探索性试验（如HALF、边际试验、样本量为1的试验）。
3. 可靠性增长试验［如：试验、分析和固化（TAAF）Duane试验］。
4. 软件试验（如白箱、黑箱、操作侧面、故障注入）。

**C. 产品检验（第12章）**叙述本章中一些试验的目的、优点和局限性，利用通用模型开发产品检验方案，评估风险和解释试验结果。（评估）

1. 合格/验证检验（如序贯检验、固定长度检验）。
2. 产品可靠性接收检验（PRAT）。
3. 序贯可靠性检验［如序贯概率比检验（SPRT）］。

4. 应力筛选（如 ESS、HASS、考机试验）。
5. 属性试验（如二项分布、超几何分布）。
6. 退化（弱失效）试验。

## 第Ⅵ部分 维修性与可用性（15 问）

### A. 管理策略（第 13 章）

**1. 计划**。开发维修性与可用性的计划，以支持可靠性目标和真实性。（创造）

**2. 维修策略**。识别各种维修策略（如以可靠性为中心的维修（RCM）、预测维修、修理或替换的决策）的优点与局限性，为使用在特定场合确定何种策略。（应用）

**3. 可用性权衡**。叙述各种类型的可用性（如固有的、可操作的）及其在可靠性与维修性中权衡使其达到可用性目标的要求。（应用）

### B. 维修性和检测分析（第 14 章）

**1. 预防性维修（PM）分析**。定义与使用 PM 任务、最优 PM 区间，及这种分析的其他要素，识别 PM 分析不适用的情况。（应用）

**2. 修复维修分析**。确定修复维修分析的要素（如：故障间隔时间、修理 / 替换时间、技能水平等），并将他们用于具体情况。（应用）

**3. 非破坏性的评估**。描述几类工具（如疲劳、分层、振动信号分析）及其应用来考察潜在缺陷。（理解）

**4. 可测试性**。利用各种可测试性要求和方法［如：内测装置（BIT）、假警告比率、诊断、错误编码、故障公差］去达到可靠性目标。（应用）

**5. 备件分析**。描述备件要求与可靠性、维修性和可用性等要求间的关系。利用现场数据、生产数据、存货和其他预测工具对备件要求作出预测。（分析）

## 第Ⅶ部分 数据的收集与使用（18 问）

### A. 数据的收集（第 15 章）

**1. 数据的类型**。识别和区分各种类型数据（如：属性的与变量的、离散的与连续的、截断的与完全的、单变量的与多变量的）。选择适当的数据类型去满足各种分析对象的需要。（评估）

**2. 收集方法**。识别合适的方法，评价来自调查、自动化试验、自动化检测和报告的数据，使得用于各种数据分析具有客观性。（评估）

**3. 数据管理**。描述数据库的关键特征（如：精度、完整性、校正频率）。对可靠性辅助测量系统、数据库计划，包括数据的收集者和使用者的功能责任的要求作出详细叙述。（评估）

### B. 数据的使用（第 16 章）

**1. 数据综述和报告**。检查所收集数据的精度和可使用性。分析、解释和综述数

据以便引出使用技术，如趋势分析、威布尔图表示等，基于数据类型、来源和要求输出。（创造）

**2. 预防和修复行动**。选择和使用各种主要原因和失效分析工具去确定退化和失效原因，并识别适当的预防或修复行动去应对特殊情况。（评估）

**3. 有效性的测量**。利用各种数据分析工具去评价在改进可靠性中的预防行动和修复行动的有效性。（评估）

C. **失效分析与相关（第17章）**

**1. 失效分析方法**。描述这样一些方法，如机理的、材料的和物理的分析，以及细致的电子显微镜等用来识别失效机理。（理解）

**2. 失效报告、分析和修复行动系统（FRACAS）**。识别FRACAS的基本元素，有效地论证闭环过程的重要性，该过程包含根本原因的调查并探究到底。（应用）

## 认知等级，基于Bloom的分类法——修订本（2001）

除指定内容外，在知识点（BOK）的每个专题的正文后面还指出其复杂性的等级。这些等级是基于“认知等级”（来自Bloom的分类法——修订本，2001），现按复杂性程度从低到高的顺序分述如下：

**记忆**

记住或认知的术语、定义、事实、思想、材料、形态、次序、方法、原则等。

**理解**

阅读和理解描述、交流、报告、表、图、倾向、规章等。

**应用**

要知道什么时候和怎样去使用思想、手续、方法、公式、原则、原理等。

**分析**

把信息分解为若干组成部分，识别它们之间的彼此关系和它们怎样组成有机体、从复杂的方案中识别次要因子或突出数据。

**评估**

用指定的准则或标准对提出的思想解答等的价值作出判断。

**创造**

把部件和元件放在这样的路径中，以便显现出与以前不同的姿态和结构；从此复杂的设置中识别某些数据与信息，以适应于进一步考核，或从中引出可支撑的结论。

# 附 录 B
# ASQ的道德规范

为坚持和促进职业的荣誉和尊严，为保持高标准的道德行为我承诺：

## 基本原则

- 我将认真地、公正地、专心地为我的雇主、我的委托人和公众事业服务。
- 我将努力增强职业的能力和声誉。
- 我将用我的知识和技能促进人类幸福、为让大众更好地使用而提升产品的安全性和可靠性。
- 我将认真尽力地帮助协会的工作。

## 有关公众事业

1.1 我将做什么？我将在我的职权内尽力提高所有产品的可靠性与安全性。

1.2 我将努力推广协会及其成员的公众知识，使公众更幸福。

1.3 我在说明自己的工作和长处时要有尊严和谦虚。

1.4 我在任何公开陈述时可明白指出：他们在为谁的利益服务。

## 有关雇主和委托人

2.1 我将在职责范围内做一个对雇主和委托人守信的代理人或托管人。

2.2 我要将影响个人判断或影响个人服务公平性的任何商业联系、利益关系、或从属关系都要告之委托人或雇主。

2.3 我将要告知自己的雇主或委托人，当自己的职业判断遭遇否决时，将会出现与他们期望相反的结果。

2.4 未经雇主或委托人的同意，我将不得透露商业事态或技术过程相关的任何信息。

2.5 我将对同一项服务不接收来自多于一方的补偿，除非所有方都同意。若被雇佣，在追加雇佣作咨询服务时，我将要征得雇主的同意。

## 有关同事

3.1 我要注意，对其他人的工作应得到的荣誉要适当地给予。

3.2 我将努力在我的学业内或在我的管理下进行专业开发及其促进工作。

3.3 我不与其他人进行不公平的竞争，且将我的友谊和信任延伸到所有协会和有商业联系的人。

# 附　录　C
# 控制限的公式

**变量控制图**

$\bar{x}$ 与 $R$ 图：

均值：$\bar{\bar{x}} \pm A_2\bar{R}$　极差图：LCL=$D_3\bar{R}$，UCL = $D_4\bar{R}$

$\bar{x}$ 与 $s$ 图：

均值图：$\bar{\bar{x}} \pm A_3\bar{s}$　标准差图：LCL = $B_3\bar{s}$, UCL = $B_4\bar{s}$

单值与移动极差图（二值移动窗口）：

单值图：$\bar{x} \pm 2.66\bar{R}$　移动极差：UCL = $3.267\bar{R}$

移动均值与移动极差图（二值移动窗口）：

移动均值：$\bar{\bar{x}} \pm 1.88\bar{R}$　　移动极差：UCL = $3.267\bar{R}$

中位数图：

中位数图：$\bar{x'} \pm A_2'\bar{R}$　极差图：LCL = $D_3\bar{R}$，UCL = $D_4\bar{R}$

**属性控制图**

$p$ 图：$\bar{p} \pm 3\sqrt{\frac{\bar{p}(1-\bar{p})}{n}}$　　　　$c$ 图：$\bar{c} \pm 3\sqrt{\bar{c}}$

$np$ 图：$n\bar{p} \pm 3\sqrt{n\bar{p}(1-\bar{p})}$　　　　$u$ 图：$\bar{u} \pm 3\sqrt{\frac{\bar{u}}{n}}$

# 附　录　D

# 控制图中的常数

| 子组容量 $N$ | $A_2$ | $d_2$ | $D_3$ | $D_4$ | $A_3$ | $c_4$ | $B_3$ | $B_4$ | $E_2$ | 用于中位数图的 $A_2$ | $A_4$ | $D_5$ | $D_6$ |
|---|---|---|---|---|---|---|---|---|---|---|---|---|---|
| 2 | 1.880 | 1.128 | – | 3.267 | 2.659 | 0.798 | – | 3.267 | 2.660 | 1.880 | 2.224 | – | 3.865 |
| 3 | 1.023 | 1.693 | – | 2.574 | 1.954 | 0.886 | – | 2.568 | 1.772 | 1.187 | 1.091 | – | 2.745 |
| 4 | 0.729 | 2.059 | – | 2.282 | 1.628 | 0.921 | – | 2.266 | 1.457 | 0.796 | 0.758 | – | 2.375 |
| 5 | 0.577 | 2.326 | – | 2.114 | 1.427 | 0.940 | – | 2.089 | 1.290 | 0.691 | 0.594 | – | 2.179 |
| 6 | 0.483 | 2.534 | – | 2.004 | 1.287 | 0.952 | 0.030 | 1.970 | 1.184 | 0.548 | 0.495 | – | 2.055 |
| 7 | 0.419 | 2.704 | 0.076 | 1.924 | 1.182 | 0.959 | 0.118 | 1.882 | 1.109 | 0.508 | 0.429 | 0.078 | 1.967 |
| 8 | 0.373 | 2.847 | 0.136 | 1.864 | 1.099 | 0.965 | 0.185 | 1.815 | 1.054 | 0.433 | 0.380 | 0.139 | 1.901 |
| 9 | 0.337 | 2.970 | 0.184 | 1.816 | 1.032 | 0.969 | 0.239 | 1.761 | 1.010 | 0.412 | 0.343 | 0.187 | 1.850 |
| 10 | 0.308 | 3.078 | 0.223 | 1.777 | 0.975 | 0.973 | 0.284 | 1.716 | 0.975 | 0.362 | 0.314 | 0.227 | 1.809 |

## 附　录　E
# 标准正态曲线下的区域

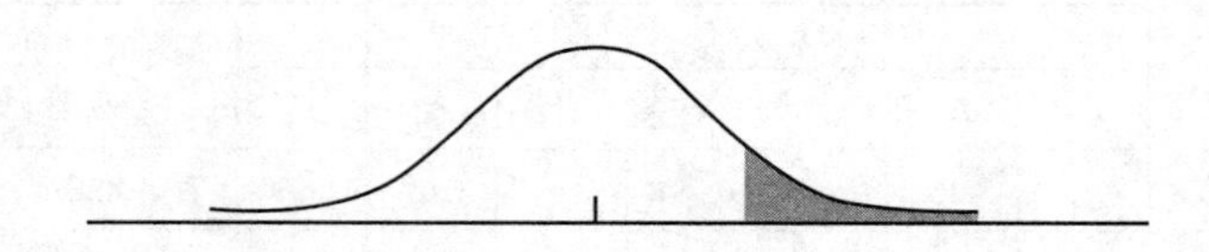

| z | 0.00 | 0.01 | 0.02 | 0.03 | 0.04 | 0.05 | 0.06 | 0.07 | 0.08 | 0.09 |
|---|---|---|---|---|---|---|---|---|---|---|
| 0.0 | 0.500 0 | 0.496 0 | 0.492 0 | 0.488 0 | 0.484 0 | 0.480 1 | 0.476 1 | 0.472 1 | 0.468 1 | 0.464 1 |
| 0.1 | 0.460 2 | 0.456 2 | 0.452 2 | 0.448 | 0.444 3 | 0.440 4 | 0.436 4 | 0.432 5 | 0.428 6 | 0.424 7 |
| 0.2 | 0.420 7 | 0.416 8 | 0.412 9 | 0.409 0 | 0.405 1 | 0.401 3 | 0.397 4 | 0.393 6 | 0.389 7 | 0.385 9 |
| 0.3 | 0.382 1 | 0.378 3 | 0.374 5 | 0.370 7 | 0.366 9 | 0.363 2 | 0.359 4 | 0.355 7 | 0.352 0 | 0.348 3 |
| 0.4 | 0.344 6 | 0.340 9 | 0.337 2 | 0.333 6 | 0.330 0 | 0.326 4 | 0.322 8 | 0.319 2 | 0.315 6 | 0.312 1 |
| 0.5 | 0.308 5 | 0.305 0 | 0.301 5 | 0.298 1 | 0.294 6 | 0.291 2 | 0.287 7 | 0.284 3 | 0.281 0 | 0.277 6 |
| 0.6 | 0.274 3 | 0.270 9 | 0.267 6 | 0.264 3 | 0.261 1 | 0.257 8 | 0.254 6 | 0.251 4 | 0.248 3 | 0.245 1 |
| 0.7 | 0.242 0 | 0.238 9 | 0.235 8 | 0.232 7 | 0.229 6 | 0.226 6 | 0.223 6 | 0.220 6 | 0.217 7 | 0.214 8 |
| 0.8 | 0.211 9 | 0.209 0 | 0.206 1 | 0.203 3 | 0.200 5 | 0.197 7 | 0.194 9 | 0.192 2 | 0.189 4 | 0.186 7 |
| 0.9 | 0.184 1 | 0.181 4 | 0.178 8 | 0.176 2 | 0.173 6 | 0.171 1 | 0.168 5 | 0.166 0 | 0.163 5 | 0.161 1 |
| 1.0 | 0.158 7 | 0.156 2 | 0.153 9 | 0.151 5 | 0.149 2 | 0.146 9 | 0.144 6 | 0.142 3 | 0.140 1 | 0.137 9 |
| 1.1 | 0.135 7 | 0.133 5 | 0.131 4 | 0.129 2 | 0.127 1 | 0.125 1 | 0.123 0 | 0.121 0 | 0.119 0 | 0.117 0 |
| 1.2 | 0.115 1 | 0.113 1 | 0.111 2 | 0.109 3 | 0.107 5 | 0.105 6 | 0.103 8 | 0.102 0 | 0.100 3 | 0.098 5 |
| 1.3 | 0.096 8 | 0.095 1 | 0.093 4 | 0.091 8 | 0.090 1 | 0.088 5 | 0.086 9 | 0.085 3 | 0.083 8 | 0.082 3 |
| 1.4 | 0.080 8 | 0.079 3 | 0.077 8 | 0.076 4 | 0.074 9 | 0.073 5 | 0.072 1 | 0.070 8 | 0.069 4 | 0.068 1 |
| 1.5 | 0.066 8 | 0.065 5 | 0.064 3 | 0.063 0 | 0.061 8 | 0.060 6 | 0.059 4 | 0.058 2 | 0.057 1 | 0.055 9 |
| 1.6 | 0.054 8 | 0.053 7 | 0.052 6 | 0.051 6 | 0.050 5 | 0.049 5 | 0.048 5 | 0.047 5 | 0.046 5 | 0.045 5 |
| 1.7 | 0.044 6 | 0.043 6 | 0.042 7 | 0.041 8 | 0.040 9 | 0.040 1 | 0.039 2 | 0.038 4 | 0.037 5 | 0.036 7 |
| 1.8 | 0.035 9 | 0.035 1 | 0.034 4 | 0.033 6 | 0.032 9 | 0.032 2 | 0.031 4 | 0.030 7 | 0.030 0 | 0.029 4 |
| 1.9 | 0.028 7 | 0.028 1 | 0.027 4 | 0.026 8 | 0.026 2 | 0.025 6 | 0.025 0 | 0.024 4 | 0.023 9 | 0.023 3 |
| 2.0 | 0.022 8 | 0.022 2 | 0.021 7 | 0.021 2 | 0.020 7 | 0.020 2 | 0.019 7 | 0.019 2 | 0.018 8 | 0.018 3 |
| 2.1 | 0.017 9 | 0.017 4 | 0.017 0 | 0.016 6 | 0.016 2 | 0.015 8 | 0.015 2 | 0.015 0 | 0.014 6 | 0.014 3 |
| 2.2 | 0.013 9 | 0.013 6 | 0.013 2 | 0.012 9 | 0.012 5 | 0.012 2 | 0.011 9 | 0.011 6 | 0.011 3 | 0.011 0 |
| 2.3 | 0.010 7 | 0.010 4 | 0.010 2 | 0.009 9 | 0.009 6 | 0.009 4 | 0.009 1 | 0.008 9 | 0.008 7 | 0.008 4 |
| 2.4 | 0.008 2 | 0.008 0 | 0.007 8 | 0.007 5 | 0.007 3 | 0.007 1 | 0.006 9 | 0.006 8 | 0.006 6 | 0.006 4 |

续表

| z | **0.00** | **0.01** | **0.02** | **0.03** | **0.04** | **0.05** | **0.06** | **0.07** | **0.08** | **0.09** |
|---|---|---|---|---|---|---|---|---|---|---|
| 2.5 | 0.006 2 | 0.006 0 | 0.005 9 | 0.005 7 | 0.005 5 | 0.005 4 | 0.005 2 | 0.005 1 | 0.004 9 | 0.004 8 |
| 2.6 | 0.004 7 | 0.004 5 | 0.004 4 | 0.004 3 | 0.004 1 | 0.004 0 | 0.003 9 | 0.003 8 | 0.003 7 | 0.003 6 |
| 2.7 | 0.003 5 | 0.003 4 | 0.003 3 | 0.003 2 | 0.003 1 | 0.003 0 | 0.002 9 | 0.002 8 | 0.002 7 | 0.002 6 |
| 2.8 | 0.002 6 | 0.002 5 | 0.002 4 | 0.002 3 | 0.002 3 | 0.002 2 | 0.002 1 | 0.002 1 | 0.002 0 | 0.001 9 |
| 2.9 | 0.001 9 | 0.001 8 | 0.001 8 | 0.001 7 | 0.001 6 | 0.001 6 | 0.001 5 | 0.001 5 | 0.001 4 | 0.001 4 |
| 3.0 | 0.001 3 | 0.001 3 | 0.001 3 | 0.001 2 | 0.001 2 | 0.001 1 | 0.001 1 | 0.001 1 | 0.001 0 | 0.001 0 |
| 3.1 | 0.001 0 | 0.000 9 | 0.000 9 | 0.000 9 | 0.000 8 | 0.000 8 | 0.000 8 | 0.000 8 | 0.000 7 | 0.000 7 |
| 3.2 | 0.000 7 | 0.000 7 | 0.000 6 | 0.000 6 | 0.000 6 | 0.000 6 | 0.000 6 | 0.000 5 | 0.000 5 | 0.000 5 |
| 3.3 | 0.000 5 | 0.000 5 | 0.000 5 | 0.000 4 | 0.000 4 | 0.000 4 | 0.000 4 | 0.000 4 | 0.000 4 | 0.000 3 |
| 3.4 | 0.000 3 | 0.000 3 | 0.000 3 | 0.000 3 | 0.000 3 | 0.000 3 | 0.000 3 | 0.000 3 | 0.000 3 | 0.000 2 |
| 3.5 | 0.000 2 | 0.000 2 | 0.000 2 | 0.000 2 | 0.000 2 | 0.000 2 | 0.000 2 | 0.000 2 | 0.000 2 | 0.000 2 |
| 3.6 | 0.000 2 | 0.000 2 | 0.000 1 | 0.000 1 | 0.000 1 | 0.000 1 | 0.000 1 | 0.000 1 | 0.000 1 | 0.000 1 |
| 3.7 | 0.000 1 | 0.000 1 | 0.000 1 | 0.000 1 | 0.000 1 | 0.000 1 | 0.000 1 | 0.000 1 | 0.000 1 | 0.000 1 |
| 3.8 | 0.000 1 | 0.000 1 | 0.000 1 | 0.000 1 | 0.000 1 | 0.000 1 | 0.000 1 | 0.000 1 | 0.000 1 | 0.000 1 |

注：对 $z \geqslant 3.90$, 区域是 0.0000, 精确到小数四位。

# 附 录 F

## $F$ 分布的 $F_{0.1}$

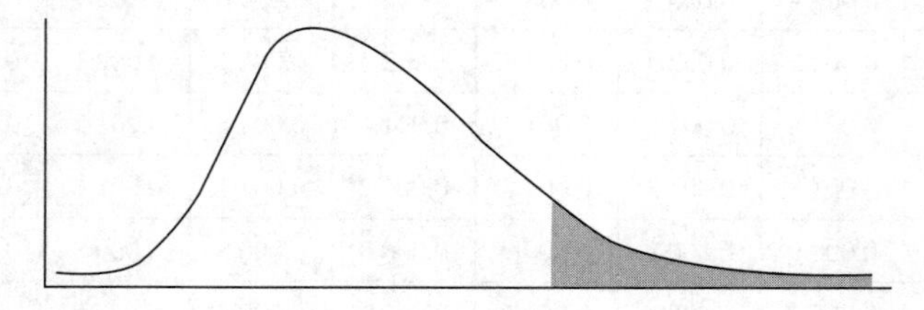

$F$ 分布的 $F_{0.1}$

| 分母自由度 \ 分子自由度 | 1 | 2 | 3 | 4 | 5 | 6 | 7 | 8 | 9 | 10 | 11 |
|---|---|---|---|---|---|---|---|---|---|---|---|
| **1** | 39.86 | 49.50 | 53.59 | 55.83 | 57.24 | 58.20 | 58.91 | 59.44 | 59.86 | 60.19 | 60.47 |
| **2** | 8.53 | 9.00 | 9.16 | 9.24 | 9.29 | 9.33 | 9.35 | 9.37 | 9.38 | 9.39 | 9.40 |
| **3** | 5.54 | 5.46 | 5.39 | 5.34 | 5.31 | 5.28 | 5.27 | 5.25 | 5.24 | 5.23 | 5.22 |
| **4** | 4.54 | 4.32 | 4.19 | 4.11 | 4.05 | 4.01 | 3.98 | 3.95 | 3.94 | 3.92 | 3.91 |
| **5** | 4.06 | 3.78 | 3.62 | 3.52 | 3.45 | 3.40 | 3.37 | 3.34 | 3.32 | 3.30 | 3.28 |
| **6** | 3.78 | 3.46 | 3.29 | 3.18 | 3.11 | 3.05 | 3.01 | 2.98 | 2.96 | 2.94 | 2.92 |
| **7** | 3.59 | 3.26 | 3.07 | 2.96 | 2.88 | 2.83 | 2.78 | 2.75 | 2.72 | 2.70 | 2.68 |
| **8** | 3.46 | 3.11 | 2.92 | 2.81 | 2.73 | 2.67 | 2.62 | 2.59 | 2.56 | 2.54 | 2.52 |
| **9** | 3.36 | 3.01 | 2.81 | 2.69 | 2.61 | 2.55 | 2.51 | 2.47 | 2.44 | 2.42 | 2.40 |
| **10** | 3.29 | 2.92 | 2.73 | 2.61 | 2.52 | 2.46 | 2.41 | 2.38 | 2.35 | 2.32 | 2.30 |
| **11** | 3.23 | 2.86 | 2.66 | 2.54 | 2.45 | 2.39 | 2.34 | 2.30 | 2.27 | 2.25 | 2.23 |
| **12** | 3.18 | 2.81 | 2.61 | 2.48 | 2.39 | 2.33 | 2.28 | 2.24 | 2.21 | 2.19 | 2.17 |
| **13** | 3.14 | 2.76 | 2.56 | 2.43 | 2.35 | 2.28 | 2.23 | 2.20 | 2.16 | 2.14 | 2.12 |
| **14** | 3.10 | 2.73 | 2.52 | 2.39 | 2.31 | 2.24 | 2.19 | 2.15 | 2.12 | 2.10 | 2.07 |
| **15** | 3.07 | 2.70 | 2.49 | 2.36 | 2.27 | 2.21 | 2.16 | 2.12 | 2.09 | 2.06 | 2.04 |
| **16** | 3.05 | 2.67 | 2.46 | 2.33 | 2.24 | 2.18 | 2.13 | 2.09 | 20.06 | 2.03 | 2.01 |
| **17** | 3.03 | 2.64 | 2.44 | 2.31 | 2.22 | 2.15 | 2.10 | 2.06 | 2.03 | 2.00 | 1.98 |
| **18** | 3.01 | 2.62 | 2.42 | 2.29 | 2.20 | 2.13 | 2.08 | 2.04 | 2.00 | 1.98 | 1.95 |
| **19** | 2.99 | 2.61 | 2.40 | 2.27 | 2.18 | 2.11 | 2.06 | 2.02 | 1.98 | 1.96 | 1.93 |
| **20** | 2.97 | 2.59 | 2.38 | 2.25 | 2.16 | 2.09 | 2.04 | 2.00 | 1.96 | 1.94 | 1.91 |
| **21** | 2.96 | 2.57 | 2.36 | 2.23 | 2.14 | 2.08 | 2.02 | 1.98 | 1.95 | 1.92 | 1.90 |
| **22** | 2.95 | 2.56 | 2.35 | 2.22 | 2.13 | 2.06 | 2.01 | 1.97 | 1.93 | 1.90 | 1.88 |
| **23** | 2.94 | 2.55 | 2.34 | 2.21 | 2.11 | 2.05 | 1.99 | 1.95 | 1.92 | 1.89 | 1.87 |
| **24** | 2.93 | 2.54 | 2.33 | 2.19 | 2.10 | 2.04 | 1.98 | 1.94 | 1.91 | 1.88 | 1.85 |
| **25** | 2.92 | 2.53 | 2.32 | 2.18 | 2.09 | 2.02 | 1.97 | 1.93 | 1.89 | 1.87 | 1.84 |
| **26** | 2.91 | 2.52 | 2.31 | 2.17 | 2.08 | 2.01 | 1.96 | 1.92 | 1.88 | 1.86 | 1.83 |
| **27** | 2.90 | 2.51 | 2.30 | 2.17 | 2.07 | 2.00 | 1.95 | 1.91 | 1.87 | 1.85 | 1.82 |
| **28** | 2.89 | 2.50 | 2.29 | 2.16 | 2.06 | 2.00 | 1.94 | 1.90 | 1.87 | 1.84 | 1.81 |
| **29** | 2.89 | 2.50 | 2.28 | 2.15 | 2.06 | 1.99 | 1.93 | 1.89 | 1.86 | 1.83 | 1.80 |
| **30** | 2.88 | 2.49 | 2.28 | 2.14 | 2.05 | 1.98 | 1.93 | 1.88 | 1.85 | 1.82 | 1.79 |
| **40** | 2.84 | 2.44 | 2.23 | 2.09 | 2.00 | 1.93 | 1.87 | 1.83 | 1.79 | 1.76 | 1.74 |
| **60** | 2.79 | 2.39 | 2.18 | 2.04 | 1.95 | 1.87 | 1.82 | 1.77 | 1.74 | 1.71 | 1.68 |
| **100** | 2.76 | 2.36 | 2.14 | 2.00 | 1.91 | 1.83 | 1.78 | 1.73 | 1.69 | 1.66 | 1.64 |
| **150** | 2.74 | 2.34 | 2.12 | 1.98 | 1.89 | 1.81 | 1.76 | 1.71 | 1.67 | 1.64 | 1.61 |
| **200** | 2.73 | 2.33 | 2.11 | 1.97 | 1.88 | 1.80 | 1.75 | 1.70 | 1.66 | 1.63 | 1.60 |

续表

| 分母自由度 \ 分子自由度 | 12 | 13 | 14 | 15 | 16 | 17 | 18 | 19 | 20 | 21 | 22 |
|---|---|---|---|---|---|---|---|---|---|---|---|
| 1 | 60.71 | 60.90 | 61.07 | 61.22 | 61.35 | 61.46 | 61.57 | 61.66 | 61.74 | 61.81 | 61.88 |
| 2 | 9.41 | 9.41 | 9.42 | 9.42 | 9.43 | 9.43 | 9.44 | 9.44 | 9.44 | 9.44 | 9.45 |
| 3 | 5.22 | 5.21 | 5.20 | 5.20 | 5.20 | 5.19 | 5.19 | 5.19 | 5.18 | 5.18 | 5.18 |
| 4 | 3.90 | 3.89 | 3.88 | 3.87 | 3.86 | 3.86 | 3.85 | 3.85 | 3.84 | 3.84 | 3.84 |
| 5 | 3.27 | 3.26 | 3.25 | 3.24 | 3.23 | 3.22 | 3.22 | 3.21 | 3.21 | 3.20 | 3.20 |
| 6 | 2.90 | 2.89 | 2.88 | 2.87 | 2.86 | 2.85 | 2.85 | 2.84 | 2.84 | 2.83 | 2.83 |
| 7 | 2.67 | 2.65 | 2.64 | 2.63 | 2.62 | 2.61 | 2.61 | 2.60 | 2.59 | 2.59 | 2.58 |
| 8 | 2.50 | 2.49 | 2.48 | 2.46 | 2.45 | 2.45 | 2.44 | 2.43 | 2.42 | 2.42 | 2.41 |
| 9 | 2.38 | 2.36 | 2.35 | 2.34 | 2.33 | 2.32 | 2.31 | 2.30 | 2.30 | 2.29 | 2.29 |
| 10 | 2.28 | 2.27 | 2.26 | 2.24 | 2.23 | 2.22 | 2.22 | 2.21 | 2.20 | 2.19 | 2.19 |
| 11 | 2.21 | 2.19 | 2.18 | 2.17 | 2.16 | 2.15 | 2.14 | 2.13 | 2.12 | 2.12 | 2.11 |
| 12 | 2.15 | 2.13 | 2.12 | 2.10 | 2.09 | 2.08 | 2.08 | 2.07 | 2.06 | 2.05 | 2.05 |
| 13 | 2.10 | 2.08 | 2.07 | 2.05 | 2.04 | 2.03 | 2.02 | 2.01 | 2.01 | 2.00 | 1.99 |
| 14 | 2.05 | 2.04 | 2.02 | 2.01 | 2.00 | 1.99 | 1.98 | 1.97 | 1.96 | 1.96 | 1.95 |
| 15 | 2.02 | 2.00 | 1.99 | 1.97 | 1.96 | 1.95 | 1.94 | 1.93 | 1.92 | 1.92 | 1.91 |
| 16 | 1.99 | 1.97 | 1.95 | 1.94 | 1.93 | 1.92 | 1.91 | 1.90 | 1.89 | 1.88 | 1.88 |
| 17 | 1.96 | 1.94 | 1.93 | 1.91 | 1.90 | 1.89 | 1.88 | 1.87 | 1.86 | 1.86 | 1.85 |
| 18 | 1.93 | 1.92 | 1.90 | 1.89 | 1.87 | 1.86 | 1.85 | 1.84 | 1.84 | 1.83 | 1.82 |
| 19 | 1.91 | 1.89 | 1.88 | 1.86 | 1.85 | 1.84 | 1.83 | 1.82 | 1.81 | 1.81 | 1.80 |
| 20 | 1.89 | 1.87 | 1.86 | 1.84 | 1.83 | 1.82 | 1.81 | 1.80 | 1.79 | 1.79 | 1.78 |
| 21 | 1.87 | 1.86 | 1.84 | 1.83 | 1.81 | 1.80 | 1.79 | 1.78 | 1.78 | 1.77 | 1.76 |
| 22 | 1.86 | 1.84 | 1.83 | 1.81 | 1.80 | 1.79 | 1.78 | 1.77 | 1.76 | 1.75 | 1.74 |
| 23 | 1.84 | 1.83 | 1.81 | 1.80 | 1.78 | 1.77 | 1.76 | 1.75 | 1.74 | 1.74 | 1.73 |
| 24 | 1.83 | 1.81 | 1.80 | 1.78 | 1.77 | 1.76 | 1.75 | 1.74 | 1.73 | 1.72 | 1.71 |
| 25 | 1.82 | 1.80 | 1.79 | 1.77 | 1.76 | 1.75 | 1.74 | 1.73 | 1.72 | 1.71 | 1.70 |
| 26 | 1.81 | 1.79 | 1.77 | 1.76 | 1.75 | 1.73 | 1.72 | 1.71 | 1.71 | 1.70 | 1.69 |
| 27 | 1.80 | 1.78 | 14.76 | 1.75 | 1.74 | 1.72 | 1.71 | 1.70 | 1.70 | 1.69 | 1.68 |
| 28 | 1.79 | 1.77 | 1.75 | 1.74 | 1.73 | 1.71 | 1.70 | 1.69 | 1.69 | 1.68 | 1.67 |
| 29 | 1.78 | 1.76 | 1.75 | 1.73 | 1.72 | 1.71 | 1.69 | 1.68 | 1.68 | 1.67 | 1.66 |
| 30 | 1.77 | 1.75 | 1.74 | 1.72 | 1.71 | 1.70 | 1.69 | 1.68 | 1.67 | 1.66 | 1.65 |
| 40 | 1.71 | 1.70 | 1.68 | 1.66 | 1.65 | 1.64 | 1.62 | 1.61 | 1.61 | 1.60 | 1.59 |
| 60 | 1.66 | 1.64 | 1.62 | 1.60 | 1.59 | 1.58 | 1.56 | 1.55 | 1.54 | 1.53 | 1.53 |
| 100 | 1.61 | 1.59 | 1.57 | 1.56 | 1.54 | 1.53 | 1.52 | 1.50 | 1.49 | 1.48 | 1.48 |
| 150 | 1.59 | 1.57 | 1.55 | 1.53 | 1.52 | 1.50 | 1.49 | 1.48 | 1.47 | 1.46 | 1.45 |
| 200 | 1.58 | 1.56 | 1.54 | 1.52 | 1.51 | 1.49 | 1.48 | 1.47 | 1.46 | 1.45 | 1.44 |

续表

| 分母自由度 \ 分子自由度 | 23 | 24 | 25 | 26 | 27 | 28 | 29 | 30 | 40 | 60 | 100 |
|---|---|---|---|---|---|---|---|---|---|---|---|
| 1 | 61.94 | 62.00 | 62.05 | 62.10 | 62.15 | 62.19 | 62.23 | 62.26 | 62.53 | 62.79 | 63.01 |
| 2 | 9.45 | 9.45 | 9.45 | 9.45 | 9.45 | 9.46 | 9.46 | 9.46 | 9.47 | 9.47 | 9.48 |
| 3 | 5.18 | 5.18 | 5.17 | 5.17 | 5.17 | 5.17 | 5.17 | 5.17 | 5.16 | 5.15 | 5.14 |
| 4 | 3.83 | 3.83 | 3.83 | 3.83 | 3.82 | 3.82 | 3.82 | 3.82 | 3.80 | 3.79 | 3.78 |
| 5 | 3.19 | 3.19 | 3.19 | 3.18 | 3.18 | 3.18 | 3.18 | 3.17 | 3.16 | 3.14 | 3.13 |
| 6 | 2.82 | 2.82 | 2.81 | 2.81 | 2.81 | 2.81 | 2.80 | 2.80 | 2.78 | 2.76 | 2.75 |
| 7 | 2.58 | 2.58 | 2.57 | 2.57 | 2.56 | 2.56 | 2.56 | 2.56 | 2.54 | 2.51 | 2.50 |
| 8 | 2.41 | 2.40 | 2.40 | 2.40 | 2.39 | 2.39 | 2.39 | 2.38 | 2.36 | 2.34 | 2.32 |
| 9 | 2.28 | 2.28 | 2.27 | 2.27 | 2.26 | 2.26 | 2.26 | 2.25 | 2.23 | 2.21 | 2.19 |
| 10 | 2.18 | 2.18 | 2.17 | 2.17 | 2.17 | 2.16 | 2.16 | 2.16 | 2.13 | 2.11 | 2.09 |
| 11 | 2.11 | 2.10 | 2.10 | 2.09 | 2.09 | 2.08 | 2.08 | 2.08 | 2.05 | 2.03 | 2.01 |
| 12 | 2.04 | 2.04 | 2.03 | 2.03 | 2.02 | 2.02 | 2.01 | 2.01 | 1.99 | 1.96 | 1.94 |
| 13 | 1.99 | 1.98 | 1.98 | 1.97 | 1.97 | 1.96 | 1.96 | 1.96 | 1.93 | 1.90 | 1.88 |
| 14 | 1.94 | 1.94 | 1.93 | 1.93 | 1.92 | 1.92 | 1.92 | 1.91 | 1.89 | 1.86 | 1.83 |
| 15 | 1.90 | 1.90 | 1.89 | 1.89 | 1.88 | 1.88 | 1.88 | 1.87 | 1.85 | 1.82 | 1.79 |
| 16 | 1.87 | 1.87 | 1.86 | 1.86 | 1.85 | 1.85 | 1.84 | 1.84 | 1.81 | 1.78 | 1.76 |
| 17 | 1.84 | 1.84 | 1.83 | 1.83 | 1.82 | 1.82 | 1.81 | 1.81 | 1.78 | 1.75 | 1.73 |
| 18 | 1.82 | 1.81 | 1.80 | 1.80 | 1.80 | 1.79 | 1.79 | 1.78 | 1.75 | 1.72 | 1.70 |
| 19 | 1.79 | 1.79 | 1.78 | 1.78 | 1.77 | 1.77 | 1.76 | 1.76 | 1.73 | 1.70 | 1.67 |
| 20 | 1.77 | 1.77 | 1.76 | 1.76 | 1.75 | 1.75 | 1.74 | 1.74 | 1.71 | 1.68 | 1.65 |
| 21 | 1.75 | 1.75 | 1.74 | 1.74 | 1.73 | 1.73 | 1.72 | 1.72 | 1.69 | 1.66 | 1.63 |
| 22 | 1.74 | 1.73 | 1.73 | 1.72 | 1.72 | 1.71 | 1.71 | 1.70 | 1.67 | 1.64 | 1.61 |
| 23 | 1.72 | 1.72 | 1.71 | 1.70 | 1.70 | 1.69 | 1.69 | 1.69 | 1.66 | 1.62 | 1.59 |
| 24 | 1.71 | 1.70 | 1.70 | 1.69 | 1.69 | 1.68 | 1.68 | 1.67 | 1.64 | 1.61 | 1.58 |
| 25 | 1.70 | 1.69 | 1.68 | 1.68 | 1.67 | 1.67 | 1.66 | 1.66 | 1.63 | 1.59 | 1.56 |
| 26 | 1.68 | 1.68 | 1.67 | 1.67 | 1.66 | 1.66 | 1.65 | 1.65 | 1.61 | 1.58 | 1.55 |
| 27 | 1.67 | 1.67 | 1.66 | 1.65 | 1.65 | 1.64 | 1.64 | 1.64 | 1.60 | 1.57 | 1.54 |
| 28 | 1.66 | 1.66 | 1.65 | 1.64 | 1.64 | 1.63 | 1.63 | 1.63 | 1.59 | 1.56 | 1.53 |
| 29 | 1.65 | 1.65 | 1.64 | 1.63 | 1.63 | 1.62 | 1.62 | 1.62 | 1.58 | 1.55 | 1.52 |
| 30 | 1.64 | 1.64 | 1.63 | 1.63 | 1.62 | 1.62 | 1.61 | 1.61 | 1.57 | 1.54 | 1.51 |
| 40 | 1.58 | 1.57 | 1.57 | 1.56 | 1.56 | 1.55 | 1.55 | 1.54 | 1.51 | 1.47 | 1.43 |
| 60 | 1.52 | 1.51 | 1.50 | 1.50 | 1.49 | 1.49 | 1.48 | 1.48 | 1.44 | 1.40 | 1.36 |
| 100 | 1.47 | 1.46 | 1.45 | 1.458 | 1.44 | 1.43 | 1.43 | 1.42 | 1.38 | 1.34 | 1.29 |
| 150 | 1.44 | 1.43 | 1.43 | 1.42 | 1.41 | 1.41 | 1.40 | 1.40 | 1.35 | 1.30 | 1.26 |
| 200 | 1.43 | 1.42 | 1.41 | 1.41 | 1.40 | 1.39 | 1.39 | 1.38 | 1.34 | 1.29 | 1.24 |

# 附 录 G

# $F$ 分布的 $F_{0.05}$

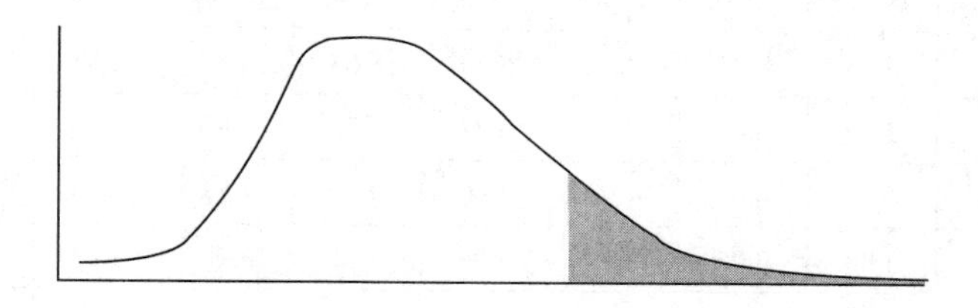

$F$ 分布的 $F_{0.05}$

| 分母自由度 | 分子自由度 | | | | | | | | | | |
|---|---|---|---|---|---|---|---|---|---|---|---|
| | **1** | **2** | **3** | **4** | **5** | **6** | **7** | **8** | **9** | **10** | **11** |
| **1** | 161.4 | 199.5 | 215.7 | 224.6 | 230.2 | 234.0 | 236.8 | 238.9 | 240.5 | 241. 9 | 243.0 |
| **2** | 18.51 | 19.00 | 19.16 | 19.25 | 19.30 | 19.33 | 19.35 | 19.37 | 19.38 | 19.40 | 19.40 |
| **3** | 10.13 | 9.55 | 9.28 | 9.12 | 9.01 | 8.94 | 8.89 | 8.85 | 8.81 | 8.79 | 8.76 |
| **4** | 7.71 | 6.94 | 6.59 | 6.39 | 6.26 | 6.16 | 6.09 | 6.04 | 6.00 | 5.96 | 5.94 |
| **5** | 6.61 | 5.79 | 5.41 | 5.19 | 5.05 | 4.95 | 4.88 | 4.82 | 4.77 | 4.74 | 4.70 |
| **6** | 5.99 | 5.14 | 4.76 | 4.53 | 4.39 | 4.28 | 4.21 | 4.15 | 4.10 | 4.06 | 4.03 |
| **7** | 5.59 | 4.74 | 4.35 | 4.12 | 3.97 | 3.87 | 3.79 | 3.73 | 3.68 | 3.64 | 3.60 |
| **8** | 5.32 | 4.46 | 4.07 | 3.84 | 3.69 | 3.58 | 3.50 | 3.44 | 3.39 | 3.35 | 3.31 |
| **9** | 5.12 | 4.26 | 3.86 | 3.63 | 3.48 | 3.37 | 3.29 | 3.23 | 3.18 | 3.14 | 3.10 |
| **10** | 4.96 | 4.10 | 3.71 | 3.48 | 3.33 | 3.22 | 3.14 | 3.07 | 3.02 | 2.98 | 2.94 |
| **11** | 4.84 | 3.98 | 3.59 | 3.36 | 3.20 | 3.09 | 3.01 | 2.95 | 2.90 | 2.85 | 2.82 |
| **12** | 4.75 | 3.89 | 3.49 | 3.26 | 3.11 | 3.00 | 2.91 | 2.85 | 2.80 | 2.75 | 2.72 |
| **13** | 4.67 | 3.81 | 3.41 | 3.18 | 3.03 | 2.92 | 2.83 | 2.77 | 2.71 | 2.67 | 2.63 |
| **14** | 4.60 | 3.74 | 3.34 | 3.11 | 2.96 | 2.85 | 2.76 | 2.70 | 2.65 | 2.60 | 2.57 |
| **15** | 4.54 | 3.68 | 3.29 | 3.06 | 2.90 | 2.79 | 2.71 | 2.64 | 2.59 | 2.54 | 2.51 |
| **16** | 4.49 | 3.63 | 3.24 | 3.01 | 2.85 | 2.74 | 2.66 | 2.59 | 2.54 | 2.49 | 2.46 |
| **17** | 4.45 | 3.59 | 3.20 | 2.96 | 2.81 | 2.70 | 2.61 | 2.55 | 2.49 | 2.45 | 2.41 |
| **18** | 4.41 | 3.55 | 3.16 | 2.93 | 2.77 | 2.66 | 2.58 | 2.51 | 2.46 | 2.41 | 2.37 |
| **19** | 4.38 | 3.52 | 3.13 | 2.90 | 2.74 | 2.63 | 2.54 | 2.48 | 2.42 | 2.38 | 2.34 |
| **20** | 4.35 | 3.49 | 3.10 | 2.87 | 2.71 | 2.60 | 2.51 | 2.45 | 2.39 | 2.35 | 2.31 |
| **21** | 4.32 | 3.47 | 3.07 | 2.84 | 2.68 | 2.57 | 2.49 | 2.42 | 2.37 | 2.32 | 2.28 |
| **22** | 4.30 | 3.44 | 3.05 | 2.82 | 2.66 | 2.55 | 2.46 | 2.40 | 2.34 | 2.30 | 2.26 |
| **23** | 4.28 | 3.42 | 3.03 | 2.80 | 2.64 | 2.53 | 2.44 | 2.37 | 2.32 | 2.27 | 2.24 |
| **24** | 4.26 | 3.40 | 3.01 | 2.78 | 2.62 | 2.51 | 2.42 | 2.36 | 2.30 | 2.25 | 2.22 |
| **25** | 4.24 | 3.39 | 2.99 | 2.76 | 2.60 | 2.49 | 2.40 | 2.34 | 2.28 | 2.24 | 2.20 |
| **26** | 4.23 | 3.37 | 2.98 | 2.74 | 2.59 | 2.47 | 2.39 | 2.32 | 2.27 | 2.22 | 2.18 |
| **27** | 4.21 | 3.35 | 2.96 | 2.73 | 2.57 | 2.46 | 2.37 | 2.31 | 2.25 | 2.20 | 2.17 |
| **28** | 4.20 | 3.34 | 2.95 | 2.71 | 2.56 | 2.45 | 2.36 | 2.29 | 2.24 | 2.19 | 2.15 |
| **29** | 4.18 | 3.33 | 2.93 | 2.70 | 2.55 | 2.43 | 2.35 | 2.28 | 2.22 | 2.18 | 2.14 |
| **30** | 4.17 | 3.32 | 2.92 | 2.69 | 2.53 | 2.42 | 2.33 | 2.27 | 2.21 | 2.16 | 2.13 |
| **40** | 4.08 | 3.23 | 2.84 | 2.61 | 2.45 | 2.34 | 2.25 | 2.18 | 2.12 | 2.08 | 2.04 |
| **60** | 4.00 | 3.15 | 2.76 | 2.53 | 2.37 | 2.25 | 2.17 | 2.10 | 2.04 | 1.99 | 1.95 |
| **100** | 3.94 | 3.09 | 2.70 | 2.46 | 2.31 | 2.19 | 2.10 | 2.03 | 1.97 | 1.93 | 1.89 |

续表

| 分母自由度 | 分子自由度 12 | 13 | 14 | 15 | 16 | 17 | 18 | 19 | 20 | 21 | 22 |
|---|---|---|---|---|---|---|---|---|---|---|---|
| 1 | 243.9 | 244.7 | 245.4 | 245.9 | 246.5 | 246.9 | 247.3 | 247.7 | 248.0 | 248.3 | 248.6 |
| 2 | 19.41 | 19. 42 | 19.42 | 19.43 | 19.43 | 19.44 | 19.44 | 19.44 | 19.45 | 19.45 | 19.45 |
| 3 | 8.74 | 8.73 | 8.71 | 8.70 | 8.69 | 8.68 | 8.67 | 8.67 | 8.66 | 8.65 | 8.65 |
| 4 | 5.91 | 5.89 | 5.87 | 5.86 | 5.84 | 5.38 | 5.82 | 5.81 | 5.80 | 5.79 | 5.79 |
| 5 | 4.68 | 4.66 | 4.64 | 4.62 | 4.60 | 4.59 | 4.58 | 4.57 | 4.56 | 4.55 | 4.54 |
| 6 | 4.00 | 3.98 | 3.96 | 3.94 | 3.92 | 3.91 | 3.90 | 3.88 | 3.87 | 3.86 | 3.86 |
| 7 | 3.57 | 3.55 | 3.53 | 3.51 | 3.49 | 3.48 | 3.47 | 3.46 | 3.44 | 3.43 | 3.43 |
| 8 | 3.28 | 3.26 | 3.24 | 3.22 | 3.20 | 3.19 | 3.17 | 3.16 | 3.15 | 3.14 | 3.13 |
| 9 | 3.07 | 3.05 | 3.03 | 3.01 | 2.99 | 2.97 | 2.96 | 2.95 | 2.94 | 2.93 | 2.92 |
| 10 | 2.91 | 2.89 | 2.86 | 2.85 | 2.83 | 2.81 | 2.80 | 2.79 | 2.77 | 2.76 | 2.75 |
| 11 | 2.79 | 2.76 | 2.74 | 2.72 | 2.70 | 2. 69 | 2.67 | 2.66 | 2.65 | 2.64 | 2.63 |
| 12 | 2.69 | 2.66 | 2.64 | 2.62 | 2.60 | 2.58 | 2.57 | 2.56 | 2.54 | 2.53 | 2.52 |
| 13 | 2.60 | 2.58 | 2.55 | 2.53 | 2.51 | 2.50 | 2.48 | 2.47 | 2.46 | 2.45 | 2.44 |
| 14 | 2.53 | 2.51 | 2.48 | 2.46 | 2.44 | 2.43 | 2.41 | 2.40 | 2.39 | 2.38 | 2.37 |
| 15 | 2.48 | 2.45 | 2.42 | 2.40 | 2.38 | 2.37 | 2.35 | 2.34 | 2.33 | 2.32 | 2.31 |
| 16 | 2.42 | 2.40 | 2.37 | 2.35 | 2.33 | 2.32 | 2.30 | 2.29 | 2.28 | 2.26 | 2.25 |
| 17 | 2.38 | 2.35 | 2.33 | 2.31 | 2.29 | 2.27 | 2.26 | 2.24 | 2.23 | 2.22 | 2.21 |
| 18 | 2.34 | 2.31 | 2.29 | 2.27 | 2.25 | 2.23 | 2.22 | 2.20 | 2.19 | 2.18 | 2.17 |
| 19 | 2.31 | 2.28 | 2.26 | 2.23 | 2.21 | 2.20 | 2.18 | 2.17 | 2.16 | 2.14 | 2.13 |
| 20 | 2.28 | 2.25 | 2.22 | 2.20 | 2.18 | 2.17 | 2.15 | 2.14 | 2.12 | 2.11 | 2.10 |
| 21 | 2.25 | 2.22 | 2.20 | 2.18 | 2.16 | 2.14 | 2.12 | 2.11 | 2.10 | 2.08 | 2.07 |
| 22 | 2.23 | 2.20 | 2.17 | 2.15 | 2.13 | 2.11 | 2.10 | 2.08 | 2.07 | 2.06 | 2.05 |
| 23 | 2.20 | 2.18 | 2.15 | 2.13 | 2.11 | 2.09 | 2.08 | 2.06 | 2.05 | 2.04 | 2.02 |
| 24 | 2.18 | 2.15 | 2.13 | 2.11 | 2.09 | 2.07 | 2.05 | 2.04 | 2.03 | 2.01 | 2.00 |
| 25 | 2.16 | 2.14 | 2.11 | 2.09 | 2.07 | 2.05 | 2.04 | 2.02 | 2.01 | 2.00 | 1.98 |
| 26 | 2.15 | 2.12 | 2.09 | 2.07 | 2.05 | 2.03 | 2.02 | 2.00 | 1.99 | 1.98 | 1.97 |
| 27 | 2.13 | 2.10 | 2.08 | 2.06 | 2.04 | 2.02 | 2.00 | 1.99 | 1.97 | 1.96 | 1.95 |
| 28 | 2.12 | 2.09 | 2.06 | 2.04 | 2.02 | 2.00 | 1.99 | 1.97 | 1. 96 | 1.95 | 1.93 |
| 29 | 2.10 | 2.08 | 2.05 | 2.03 | 2.01 | 1.99 | 1.97 | 1.96 | 1.94 | 1.93 | 1.92 |
| 30 | 2.09 | 2.06 | 2.04 | 2.01 | 1.99 | 1.98 | 1.96 | 1.95 | 1.93 | 1.92 | 1.91 |
| 40 | 2.00 | 1.97 | 1.95 | 1.92 | 1.90 | 1.89 | 1.87 | 1.85 | 1.84 | 1.83 | 1.81 |
| 60 | 1.92 | 1.89 | 1.86 | 1.84 | 1.82 | 1.80 | 1.78 | 1.76 | 1.75 | 1.73 | 1.72 |
| 100 | 1.85 | 1.82 | 1.79 | 1.77 | 1.75 | 1.73 | 1.71 | 1.69 | 1.68 | 1.66 | 1.65 |

续表

| 分母自由度 | 分子自由度 | | | | | | | | | | |
|---|---|---|---|---|---|---|---|---|---|---|---|
| | 23 | 24 | 25 | 26 | 27 | 28 | 29 | 30 | 40 | 60 | 100 |
| 1 | 248.8 | 249.1 | 249.3 | 249.5 | 249.6 | 249.8 | 250.0 | 250.1 | 251.1 | 252.2 | 253.0 |
| 2 | 19.45 | 19.45 | 19.46 | 19.46 | 19.46 | 19.46 | 19.46 | 19.46 | 19.47 | 19.48 | 19.49 |
| 3 | 8.64 | 8.64 | 8.63 | 8.63 | 8.62 | 8.62 | 8.62 | 8.62 | 8.59 | 8.57 | 8.55 |
| 4 | 5.78 | 5.77 | 5.77 | 5.76 | 5.76 | 5.75 | 5.75 | 5.75 | 5.72 | 5.69 | 5.66 |
| 5 | 4.53 | 4.53 | 4.52 | 4.52 | 4.51 | 4.50 | 4.50 | 4.50 | 4.46 | 4.43 | 4.41 |
| 6 | 3.85 | 3.84 | 3.83 | 3.83 | 3.82 | 3.82 | 3.81 | 3.81 | 3.77 | 3.74 | 3.71 |
| 7 | 3.42 | 3.41 | 3.40 | 3.40 | 3.39 | 3.39 | 3.38 | 3.38 | 3.34 | 3.30 | 3.27 |
| 8 | 3.12 | 3.12 | 3.11 | 3.10 | 3.10 | 3.09 | 3.08 | 3.08 | 3.04 | 3.01 | 2.97 |
| 9 | 2.91 | 2.90 | 2.89 | 2.89 | 2.88 | 2.87 | 2.87 | 2.86 | 2.83 | 2.79 | 2.76 |
| 10 | 2.75 | 2.74 | 2.73 | 2.72 | 2.72 | 2.71 | 2.70 | 2.70 | 2.66 | 2.62 | 2.59 |
| 11 | 2.62 | 2.61 | 2.60 | 2.59 | 2.59 | 2.58 | 2.58 | 2.57 | 2.53 | 2.49 | 2.46 |
| 12 | 2.51 | 2.51 | 2.50 | 2.49 | 2.48 | 2.48 | 2.47 | 2.47 | 2.43 | 2.38 | 2.35 |
| 13 | 2.43 | 2.42 | 2.41 | 2.41 | 2.40 | 2.39 | 2.39 | 2.38 | 2.34 | 2.30 | 2.26 |
| 14 | 2.36 | 2.35 | 2.34 | 2.33 | 2.33 | 2.32 | 2.31 | 2.31 | 2.27 | 2.22 | 2.19 |
| 15 | 2.30 | 2.29 | 2.28 | 2.27 | 2.27 | 2.26 | 2.25 | 2.25 | 2.20 | 2.16 | 2.12 |
| 16 | 2.24 | 2.24 | 2.23 | 2.22 | 2.21 | 2.21 | 2.20 | 2.19 | 2.15 | 2.11 | 2.07 |
| 17 | 2.20 | 2.19 | 2.18 | 2.17 | 2.17 | 2.16 | 2.15 | 2.15 | 2.10 | 2.06 | 2.02 |
| 18 | 2.16 | 2.15 | 2.14 | 2.13 | 2.13 | 2.12 | 2.11 | 2.11 | 2.06 | 2.02 | 1.98 |
| 19 | 2.12 | 2.11 | 2.11 | 2.10 | 2.09 | 2.08 | 2.08 | 2.07 | 2.03 | 1.98 | 1.94 |
| 20 | 2.09 | 2.08 | 2.07 | 2.07 | 2.06 | 2.05 | 2.05 | 2.04 | 1.99 | 1.95 | 1.91 |
| 21 | 2.06 | 2.05 | 2.05 | 2.04 | 2.03 | 2.02 | 2.02 | 2.01 | 1.96 | 1.92 | 1.88 |
| 22 | 2.04 | 2.03 | 2.02 | 2.01 | 2.00 | 2.00 | 1.99 | 1.98 | 1.94 | 1.89 | 1.85 |
| 23 | 2.01 | 2.01 | 2.00 | 1.99 | 1.98 | 1.97 | 1.97 | 1.96 | 1.91 | 1.86 | 1.82 |
| 24 | 1.99 | 1.98 | 1.97 | 1.97 | 1.96 | 1.95 | 1.95 | 1.94 | 1.89 | 1.84 | 1.80 |
| 25 | 1.97 | 1.96 | 1.96 | 1.95 | 1.94 | 1.93 | 1.93 | 1.92 | 1.87 | 1.82 | 1.78 |
| 26 | 1.96 | 1.95 | 1.94 | 1.93 | 1.92 | 1.91 | 1.91 | 1.90 | 1.85 | 1.80 | 1.76 |
| 27 | 1.94 | 1.93 | 1.92 | 1.91 | 1.90 | 1.90 | 1.89 | 1.88 | 1.84 | 1.79 | 1.74 |
| 28 | 1.92 | 1.91 | 1.91 | 1.90 | 1.89 | 1.88 | 1.88 | 1.87 | 1.82 | 1.77 | 1.73 |
| 29 | 1.91 | 1.90 | 1.89 | 1.88 | 1.88 | 1.87 | 1.86 | 1.85 | 1.81 | 1.75 | 1.71 |
| 30 | 1.90 | 1.89 | 1.88 | 1.87 | 1.86 | 1.85 | 1.85 | 1.84 | 1.79 | 1.74 | 1.70 |
| 40 | 1.80 | 1.79 | 1.78 | 1.77 | 1.77 | 1.76 | 1.75 | 1.74 | 1.69 | 1.64 | 1.59 |
| 60 | 1.71 | 1.70 | 1.69 | 1.68 | 1.67 | 1.66 | 1.66 | 1.65 | 1.59 | 1.53 | 1.48 |
| 100 | 1.64 | 1.63 | 1.62 | 1.61 | 1.60 | 1.59 | 1.58 | 1.57 | 1.52 | 1.45 | 1.39 |

# 附　录　H

# $F$ 分布的 $F_{0.01}$

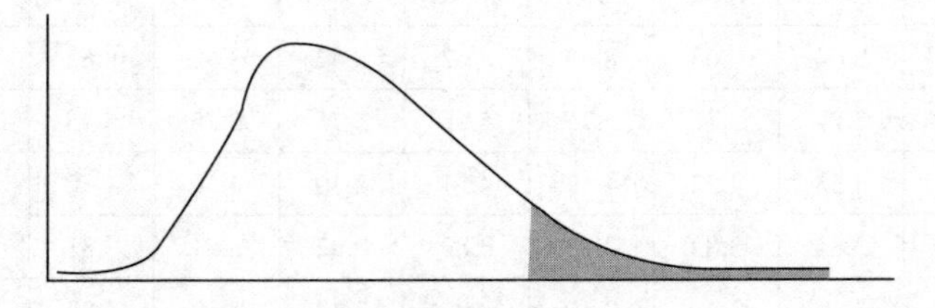

$F$ 分布的 $F_{0.01}$

分子自由度（列）；分母自由度（行）

| 分母自由度 | 1 | 2 | 3 | 4 | 5 | 6 | 7 | 8 | 9 | 10 | 11 |
|---|---|---|---|---|---|---|---|---|---|---|---|
| **1** | 4052 | 4999 | 5404 | 5624 | 5764 | 5859 | 5982 | 5981 | 6022 | 6056 | 6083 |
| **2** | 98.5 | 99 | 99.16 | 99.25 | 99.3 | 99.33 | 99.36 | 99.38 | 99.39 | 99.4 | 99.41 |
| **3** | 34.12 | 30.82 | 29.46 | 28.71 | 28.24 | 27.91 | 27.67 | 27.49 | 27.34 | 27.23 | 27.13 |
| **4** | 21.2 | 18 | 16.69 | 15.98 | 15.52 | 15.21 | 14.98 | 14.8 | 14.66 | 14.55 | 14.45 |
| **5** | 16.26 | 13.27 | 12.06 | 11.39 | 10.97 | 10.67 | 10.46 | 10.29 | 10.16 | 10.05 | 9.963 |
| **6** | 13.75 | 10.92 | 9.78 | 9.148 | 8.746 | 8.466 | 8.26 | 8.102 | 7.976 | 7.874 | 7.79 |
| **7** | 12.25 | 9.547 | 8.451 | 7.847 | 7.46 | 7.191 | 6.993 | 6.84 | 6.719 | 6.62 | 6.538 |
| **8** | 11.26 | 8.649 | 7.591 | 7.006 | 6.632 | 6.371 | 6.178 | 6.029 | 5.911 | 5.814 | 5.734 |
| **9** | 10.56 | 8.022 | 6.992 | 6.422 | 6.057 | 5.802 | 5.613 | 5.467 | 5.351 | 5.257 | 5.178 |
| **10** | 10.04 | 7.559 | 6.552 | 5.994 | 5.636 | 5.386 | 5.2 | 5.057 | 4.942 | 4.849 | 4.772 |
| **11** | 9.646 | 7.206 | 6.217 | 5.668 | 5.316 | 5.069 | 4.886 | 4.744 | 4.632 | 4.539 | 4.462 |
| **12** | 9.33 | 6.927 | 5.953 | 5.412 | 5.064 | 4.821 | 4.64 | 4.499 | 4.388 | 4.296 | 4.22 |
| **13** | 9.074 | 6.701 | 5.739 | 5.205 | 4.862 | 4.62 | 4.441 | 4.302 | 4.191 | 4.1 | 4.025 |
| **14** | 8.862 | 6.515 | 5.564 | 5.035 | 4.695 | 4.456 | 4.278 | 4.14 | 4.03 | 3.939 | 3.864 |
| **15** | 8.683 | 6.359 | 5.417 | 4.893 | 4.556 | 4.318 | 4.142 | 4.004 | 3.895 | 3.805 | 3.73 |
| **16** | 8.531 | 6.226 | 5.292 | 4.773 | 4.437 | 4.202 | 4.026 | 3.89 | 3.78 | 3.691 | 3.616 |
| **17** | 8.4 | 6.112 | 5.185 | 4.669 | 4.336 | 4.101 | 3.927 | 3.791 | 3.682 | 3.593 | 3.518 |
| **18** | 8.285 | 6.013 | 5.092 | 4.579 | 4.248 | 4.015 | 3.841 | 3.705 | 3.597 | 3.508 | 3.434 |
| **19** | 8.185 | 5.926 | 5.01 | 4.5 | 4.171 | 3.939 | 3.765 | 3.631 | 3.523 | 3.434 | 3.36 |
| **20** | 8.096 | 5.849 | 4.938 | 4.431 | 4.103 | 3.871 | 3.699 | 3.564 | 3.457 | 3.368 | 3.294 |
| **21** | 8.017 | 5.78 | 4.874 | 4.369 | 4.042 | 3.812 | 3.64 | 3.506 | 3.398 | 3.31 | 3.236 |
| **22** | 7.945 | 5.719 | 4.817 | 4.313 | 3.988 | 3.758 | 3.587 | 3.453 | 3.346 | 3.258 | 3.184 |
| **23** | 7.881 | 5.664 | 4.765 | 4.264 | 3.939 | 3.71 | 3.539 | 3.406 | 3.299 | 3.211 | 3.137 |
| **24** | 7.823 | 5.614 | 4.718 | 4.218 | 3.895 | 3.667 | 3.496 | 3.363 | 3.256 | 3.168 | 3.094 |
| **25** | 7.77 | 5.568 | 4.675 | 4.177 | 3.855 | 3.627 | 3.457 | 3.324 | 3.217 | 3.129 | 3.056 |
| **26** | 7.721 | 5.526 | 4.637 | 4.14 | 3.818 | 3.591 | 3.421 | 3.288 | 3.182 | 3.094 | 3.021 |
| **27** | 7.677 | 5.488 | 4.601 | 4.106 | 3.785 | 3.558 | 3.388 | 3.256 | 3.149 | 3.062 | 2.988 |
| **28** | 7.636 | 5.453 | 4.568 | 4.074 | 3.754 | 3.528 | 3.358 | 3.226 | 3.12 | 3.032 | 2.959 |
| **29** | 7.598 | 5.42 | 4.538 | 4.045 | 3.725 | 3.499 | 3.33 | 3.198 | 3.092 | 3.005 | 2.931 |
| **30** | 7.562 | 5.39 | 4.51 | 4.018 | 3.699 | 3.473 | 3.305 | 3.173 | 3.067 | 2.979 | 2.906 |
| **40** | 7.314 | 5.178 | 4.313 | 3.828 | 3.514 | 3.291 | 3.124 | 2.993 | 2.888 | 2.801 | 2.727 |
| **60** | 7.077 | 4.977 | 4.126 | 3.649 | 3.339 | 3.119 | 2.953 | 2.823 | 2.718 | 2.632 | 2.559 |
| **100** | 6.895 | 4.824 | 3.984 | 3.513 | 3.206 | 2.988 | 2.823 | 2.694 | 2.59 | 2.503 | 2.43 |

续表

| | 分子自由度 | | | | | | | | | | |
|---|---|---|---|---|---|---|---|---|---|---|---|
| 分母自由度 | 12 | 13 | 14 | 15 | 16 | 17 | 18 | 19 | 20 | 21 | 22 |
| 1 | 6107 | 6126 | 6143 | 6157 | 6170 | 6181 | 6191 | 6201 | 6208.7 | 6216.1 | 6223.1 |
| 2 | 99.42 | 99.42 | 99.43 | 99.43 | 99.44 | 99.44 | 99.44 | 99.45 | 99.448 | 99.451 | 99.455 |
| 3 | 27.05 | 26.98 | 26.92 | 26.87 | 26.83 | 26.79 | 26.75 | 26.72 | 26.69 | 26.664 | 26.639 |
| 4 | 14.37 | 14.31 | 14.25 | 14.2 | 14.15 | 14.11 | 14.08 | 14. 05 | 14.019 | 13.994 | 13.97 |
| 5 | 9.888 | 9.825 | 9.77 | 9.722 | 9.68 | 9.643 | 9.609 | 9.58 | 9.552 7 | 9.528 1 | 9.505 8 |
| 6 | 7.718 | 7.657 | 7.605 | 7.559 | 7.519 | 7.483 | 7.451 | 7.422 | 7.395 8 | 7.372 1 | 7.350 6 |
| 7 | 6.469 | 6.41 | 6.359 | 6.314 | 6.275 | 6.24 | 6.209 | 6.181 | 6.155 5 | 6.132 4 | 6.111 3 |
| 8 | 5.667 | 5.609 | 5.559 | 5.515 | 5.477 | 5.442 | 5.412 | 5.384 | 5.359 1 | 5.336 5 | 5.315 7 |
| 9 | 5.111 | 5.055 | 5.005 | 4.962 | 4.924 | 4.89 | 4.86 | 4.833 | 4.808 | 4.785 5 | 4.765 1 |
| 10 | 4.706 | 4.65 | 4.601 | 4.558 | 4.52 | 4.487 | 4.457 | 4.43 | 4.405 4 | 4.383 1 | 4.362 8 |
| 11 | 4.397 | 4.342 | 4.293 | 4.251 | 4.213 | 4.18 | 4.15 | 4.123 | 4.099 | 4.076 9 | 4.056 6 |
| 12 | 4.155 | 4.1 | 4.052 | 4.01 | 3.972 | 3.939 | 3.91 | 3.883 | 3.858 4 | 3.836 3 | 3.816 1 |
| 13 | 3.96 | 3.905 | 3.857 | 3.815 | 3.778 | 3.745 | 3.716 | 3.689 | 3.664 6 | 3.642 5 | 3.622 3 |
| 14 | 3.8 | 3.745 | 3.698 | 3.656 | 3.619 | 3.586 | 3.556 | 3.529 | 3.505 2 | 3.483 2 | 3.463 |
| 15 | 3.666 | 3.612 | 3.564 | 3.522 | 3.485 | 3.452 | 3.423 | 3.396 | 3.371 9 | 3.349 8 | 3.329 7 |
| 16 | 3.553 | 3.498 | 3.451 | 3.409 | 3.372 | 3.339 | 3.31 | 3.283 | 3.258 7 | 3.236 7 | 3.216 5 |
| 17 | 3.455 | 3.401 | 3.353 | 3.312 | 3.275 | 3.242 | 3.212 | 3.186 | 3.161 5 | 3.139 4 | 3.119 2 |
| 18 | 3.371 | 3.316 | 3.269 | 3.227 | 3.19 | 3.158 | 3.128 | 3.101 | 3.077 1 | 3.055 | 3.034 8 |
| 19 | 3.297 | 3.242 | 3.195 | 3.153 | 3.116 | 3.084 | 3.054 | 3.027 | 3.003 1 | 2.981 | 2.960 7 |
| 20 | 3.231 | 3.177 | 3.13 | 3.088 | 3.051 | 3.018 | 2.989 | 2.962 | 2.937 7 | 2.915 6 | 2.895 3 |
| 21 | 3.173 | 3.119 | 3.072 | 3.03 | 2.993 | 2.96 | 2.931 | 2.904 | 2.879 5 | 2.857 4 | 2.837 |
| 22 | 3.121 | 3.067 | 3.019 | 2.978 | 2.941 | 2.908 | 2.879 | 2.852 | 2.827 4 | 2.805 2 | 2.784 9 |
| 23 | 3.074 | 3.02 | 2.973 | 2.931 | 2.894 | 2.861 | 2.832 | 2.805 | 2.780 5 | 2.758 2 | 2.737 8 |
| 24 | 3.032 | 2.977 | 2.93 | 2.889 | 2.852 | 2.819 | 2.789 | 2.762 | 2.738 | 2.715 7 | 2.695 3 |
| 25 | 2.993 | 2.939 | 2.892 | 2.85 | 2.813 | 2.78 | 2.751 | 2.724 | 2.699 3 | 2.677 | 2.656 5 |
| 26 | 2.958 | 2.904 | 2.857 | 2.815 | 2.778 | 2.745 | 2.715 | 2.688 | 2.664 | 2.641 6 | 2.621 1 |
| 27 | 2.926 | 2.872 | 2.824 | 2.783 | 2.746 | 2.713 | 2.683 | 2.656 | 2.631 6 | 2.609 | 2.588 6 |
| 28 | 2.896 | 2.842 | 2.795 | 2.753 | 2.716 | 2.683 | 2.653 | 2.626 | 2.601 8 | 2.579 3 | 2.558 7 |
| 29 | 3.868 | 2.814 | 2.767 | 2.726 | 2.689 | 2.656 | 2.626 | 2.599 | 2.574 2 | 2.551 7 | 2.531 1 |
| 30 | 2.843 | 2.789 | 2.742 | 2.7 | 2.663 | 2.63 | 2.6 | 2.573 | 2.548 7 | 2.526 2 | 2.505 5 |
| 40 | 2.665 | 2.611 | 2.563 | 2.522 | 2.484 | 2.451 | 2.421 | 2.394 | 2.368 9 | 2.346 1 | 2.325 2 |
| 60 | 2.496 | 2.442 | 2.394 | 2.352 | 2.315 | 2.281 | 2.251 | 2.223 | 2.197 8 | 2.174 7 | 2.153 3 |
| 100 | 2.368 | 2.313 | 2.265 | 2.223 | 2.185 | 2.151 | 2.12 | 2.092 | 2.066 6 | 2.043 1 | 2.021 4 |

续表

| 分母自由度 | 分子自由度 23 | 24 | 25 | 26 | 27 | 28 | 29 | 30 | 40 | 60 | 100 |
|---|---|---|---|---|---|---|---|---|---|---|---|
| 1 | 6228.7 | 6234.3 | 6239.9 | 6244.5 | 6249.2 | 6252.9 | 6257.1 | 6260.4 | 6286.4 | 6313 | 6333.9 |
| 2 | 99.455 | 99.455 | 99.459 | 99.462 | 99.462 | 99.462 | 99.462 | 99.466 | 99.477 | 99.484 | 99.491 |
| 3 | 26.617 | 26.59 7 | 26.579 | 26.562 | 26.546 | 26.531 | 26.517 | 26.504 | 26.411 | 26.316 | 26.241 |
| 4 | 13.949 | 13.92 9 | 13.911 | 13.894 | 13.878 | 13.864 | 13.85 | 13.838 | 13.745 | 13.652 | 13.577 |
| 5 | 9.485 8 | 9.466 5 | 9.449 2 | 9.433 1 | 9.418 3 | 9.404 4 | 9.391 4 | 9.379 4 | 9.291 2 | 9.202 | 9.13 |
| 6 | 7.330 9 | 7.312 8 | 7.296 | 7.280 5 | 7.266 1 | 7.252 8 | 7.240 3 | 7.228 6 | 7.143 2 | 7.056 8 | 6.986 7 |
| 7 | 6.092 | 6.074 3 | 6.057 9 | 6.042 8 | 6.028 7 | 6.015 6 | 6.003 5 | 5.992 | 5.908 4 | 5.823 6 | 5.754 6 |
| 8 | 5.296 7 | 5.279 3 | 5.263 1 | 5.248 2 | 5.234 4 | 5.221 4 | 5.209 4 | 5.198 1 | 5.115 6 | 5.031 6 | 4.963 3 |
| 9 | 4.746 3 | 4.729 | 4.713 | 4.698 2 | 4.684 5 | 4.671 7 | 4.659 8 | 4.648 6 | 4.566 7 | 4.483 1 | 4.415 |
| 10 | 4.344 1 | 4.326 9 | 4.311 1 | 4.296 3 | 4.282 7 | 4.27 | 4.258 2 | 4.246 9 | 4.165 3 | 4.081 9 | 4.013 7 |
| 11 | 4.038 | 4.020 9 | 4.005 1 | 3.990 4 | 3.976 8 | 3.964 1 | 3.952 2 | 3.941 1 | 3.859 6 | 3.776 1 | 3.707 7 |
| 12 | 3.797 6 | 3.780 5 | 3.764 7 | 3.750 1 | 3.736 4 | 3.723 8 | 3.711 9 | 3.700 8 | 3.619 2 | 3.535 5 | 3.466 8 |
| 13 | 3.603 8 | 3.586 8 | 3.571 | 3.556 3 | 3.542 7 | 3.53 | 3.518 2 | 3.507 | 3.425 3 | 3.341 3 | 3.272 3 |
| 14 | 3.444 5 | 3.427 4 | 3.411 6 | 3.396 9 | 3.383 3 | 3.370 6 | 3.358 7 | 3.349 6 | 3.265 7 | 3.181 3 | 3.111 8 |
| 15 | 3.311 1 | 3.294 | 3.278 2 | 3.263 6 | 3.249 9 | 3.237 2 | 3.225 3 | 3.214 1 | 3.131 9 | 3.047 1 | 2.977 2 |
| 16 | 3.197 9 | 3.180 8 | 3.165 | 3.150 3 | 3.136 6 | 3.123 8 | 3.111 9 | 3.100 7 | 3.018 2 | 2.933 | 2.862 7 |
| 17 | 3.100 6 | 3.083 5 | 3.067 6 | 3.052 9 | 3.039 2 | 3.026 4 | 3.014 5 | 3.003 2 | 2.920 4 | 2.834 8 | 2.763 9 |
| 18 | 30161 | 2.999 | 2.983 1 | 2.968 3 | 2.954 6 | 2.941 8 | 2.929 8 | 2.918 5 | 2.835 4 | 2.749 3 | 2.677 9 |
| 19 | 2.942 1 | 2.924 9 | 2.908 9 | 2.894 2 | 2.880 4 | 2.867 5 | 2.855 5 | 2.844 2 | 2.760 8 | 2.674 2 | 2.602 3 |
| 20 | 2.876 6 | 2.8594 | 2.843 4 | 2.828 6 | 2.814 8 | 2.801 9 | 2.789 8 | 2.778 5 | 2.694 7 | 2.607 7 | 2.535 3 |
| 21 | 2.818 3 | 2.801 | 2.785 | 2.770 2 | 2.756 3 | 2.743 4 | 2.731 3 | 2.72 | 2.635 9 | 2.548 4 | 2.475 5 |
| 22 | 2.766 1 | 2.748 8 | 2.732 8 | 2.717 9 | 2.704 | 2.691 | 2.678 9 | 2.667 5 | 2.583 1 | 2.495 1 | 2.421 8 |
| 23 | 2.719 1 | 2.701 7 | 2.685 7 | 2.670 7 | 2.656 8 | 2.643 8 | 2.631 6 | 2.620 2 | 2.535 5 | 2.447 1 | 2.373 2 |
| 24 | 2.676 4 | 2.659 1 | 2.643 | 2.628 | 2.614 | 2.601 | 2.588 8 | 2.577 3 | 2.492 3 | 2.403 5 | 2.329 1 |
| 25 | 2.637 7 | 2.620 3 | 2.604 1 | 2.589 1 | 2.5751 | 2.562 | 2.549 8 | 2.538 3 | 2.453 | 2.363 7 | 2.288 8 |
| 26 | 2.602 2 | 2.584 8 | 2.568 6 | 2.553 5 | 2.539 5 | 2.526 4 | 2.514 2 | 2.502 6 | 2.417 | 2.327 3 | 2.2519 |
| 27 | 2.569 7 | 2.552 2 | 2.536 | 2.520 9 | 2.506 9 | 2.493 7 | 2.481 4 | 2.469 9 | 2.384 | 2.293 8 | 2.218 |
| 28 | 2.539 8 | 2.522 3 | 2.50 6 | 2.490 9 | 2.476 8 | 2.463 6 | 2.451 3 | 2.439 7 | 2.353 5 | 2.262 9 | 2.186 7 |
| 29 | 2.512 1 | 2.494 6 | 2.478 3 | 2.463 1 | 2.449 | 2.435 8 | 2.423 4 | 2.411 8 | 2.325 3 | 2.234 4 | 2.157 7 |
| 30 | 2.486 5 | 2.468 9 | 2.452 6 | 2.437 4 | 2.423 3 | 2.41 | 2.397 6 | 2.38 6 | 2.299 2 | 2.207 9 | 2.130 7 |
| 40 | 2.305 9 | 2.28 8 | 2.271 4 | 2.255 9 | 2.241 5 | 2.228 | 2.215 3 | 2.203 4 | 2.114 2 | 2.019 4 | 1.938 3 |
| 60 | 2.133 6 | 2.115 4 | 2.098 4 | 2.082 5 | 2.067 7 | 2.053 8 | 2.040 8 | 2.028 5 | 1.936 | 1.836 3 | 1.749 3 |
| 100 | 2.001 2 | 1.982 6 | 1.965 1 | 1.948 9 | 1.933 7 | 1.919 4 | 1.905 9 | 1.893 3 | 1.797 2 | 1.691 8 | 1.597 7 |

# 附　录　I

# 卡方分布的临界值 $\chi^2_\alpha$

卡方分布的临界值 $\chi^2_\alpha$

| df | $\chi^2_{0.995}$ | $\chi^2_{0.99}$ | $\chi^2_{0.975}$ | $\chi^2_{0.95}$ | $\chi^2_{0.90}$ | $\chi^2_{0.10}$ | $\chi^2_{0.05}$ | $\chi^2_{0.025}$ | $\chi^2_{0.01}$ | $\chi^2_{0.005}$ |
|---|---|---|---|---|---|---|---|---|---|---|
| 1 | 0.000 | 0.000 | 0.001 | 0.004 | 0.016 | 2.706 | 3.841 | 5.024 | 6.635 | 7.879 |
| 2 | 0.010 | 0.020 | 0.051 | 0.103 | 0.211 | 4.605 | 5.991 | 7.378 | 9.210 | 10.597 |
| 3 | 0.072 | 0.115 | 0.216 | 0.352 | 0.584 | 6.251 | 7.815 | 9.348 | 11.345 | 12.838 |
| 4 | 0.207 | 0.297 | 0.484 | 0.711 | 1.064 | 7.779 | 9.488 | 11.143 | 13.277 | 14.860 |
| 5 | 0.412 | 0.554 | 0.831 | 1.145 | 1.610 | 9.236 | 11.070 | 12.832 | 15.086 | 16.750 |
| 6 | 0.676 | 0.872 | 1.237 | 1.635 | 2.204 | 10.645 | 12.592 | 14.449 | 16.812 | 18.548 |
| 7 | 0.989 | 1.239 | 1.690 | 2.167 | 2.833 | 12.017 | 14.067 | 16.013 | 18.475 | 20.278 |
| 8 | 1.344 | 1.647 | 2.180 | 2.733 | 3.490 | 13.362 | 15.507 | 17.535 | 20.090 | 21.955 |
| 9 | 1.735 | 2.088 | 2.700 | 3.325 | 4.168 | 14.684 | 16.919 | 19.023 | 21.666 | 23.589 |
| 10 | 2.156 | 2.558 | 3.247 | 3.940 | 4.865 | 15.987 | 18.307 | 20.483 | 23.209 | 25.188 |
| 11 | 2.603 | 3.053 | 3.816 | 4.575 | 5.578 | 17.275 | 19.675 | 21.920 | 24.725 | 26.757 |
| 12 | 3.074 | 3.571 | 4.404 | 5.226 | 6.304 | 18.549 | 21.026 | 23.337 | 26.217 | 28.300 |
| 13 | 3.565 | 4.107 | 5.009 | 5.892 | 7.041 | 19.812 | 22.362 | 24.736 | 27.688 | 29.819 |
| 14 | 4.075 | 4.660 | 5.629 | 6.571 | 7.790 | 21.064 | 23.685 | 26.119 | 29.141 | 31.319 |
| 15 | 4.601 | 5.229 | 6.262 | 7.261 | 8.547 | 22.307 | 24.996 | 27.488 | 30.578 | 32.801 |
| 16 | 5.142 | 5.812 | 6.908 | 7.962 | 9.312 | 23.542 | 26.296 | 28.845 | 32.000 | 34.267 |
| 17 | 5.697 | 6.408 | 7.564 | 8.672 | 10.085 | 24.769 | 27.587 | 30.191 | 33.409 | 35.718 |
| 18 | 6.265 | 7.015 | 8.231 | 9.390 | 10.865 | 25.989 | 28.869 | 31.526 | 34.805 | 37.156 |
| 19 | 6.844 | 7.633 | 8.907 | 10.117 | 11.651 | 27.204 | 30.144 | 32.852 | 36.191 | 38.582 |
| 20 | 7.434 | 8.260 | 9.591 | 10.851 | 12.443 | 28.412 | 31.410 | 34.170 | 37.566 | 39.997 |
| 21 | 8.034 | 8.897 | 10.283 | 11.591 | 13.240 | 29.615 | 32.671 | 35.479 | 38.932 | 41.401 |
| 22 | 8.643 | 9.542 | 10.982 | 12.338 | 14.041 | 30.813 | 33.924 | 36.781 | 40.289 | 42.796 |
| 23 | 9.260 | 10.196 | 11.689 | 13.091 | 14.848 | 32.007 | 35.172 | 38.076 | 41.638 | 44.181 |
| 24 | 9.886 | 10.856 | 12.401 | 13.848 | 15.659 | 33.196 | 36.415 | 39.364 | 42.980 | 45.558 |
| 25 | 10.520 | 11.524 | 13.120 | 14.611 | 16.473 | 34.382 | 37.652 | 40.646 | 44.314 | 46.928 |
| 26 | 11.160 | 12.198 | 13.844 | 15.379 | 17.292 | 35.563 | 38.885 | 41.923 | 45.642 | 48.290 |
| 27 | 11.808 | 12.878 | 14.573 | 16.151 | 18.114 | 36.741 | 40.113 | 43.195 | 46.963 | 49.645 |
| 28 | 12.461 | 13.565 | 15.308 | 16.928 | 18.939 | 37.916 | 41.337 | 44.461 | 48.278 | 50.994 |

续表

| df | $\chi^2_{0.995}$ | $\chi^2_{0.99}$ | $\chi^2_{0.975}$ | $\chi^2_{0.95}$ | $\chi^2_{0.90}$ | $\chi^2_{0.10}$ | $\chi^2_{0.05}$ | $\chi^2_{0.025}$ | $\chi^2_{0.01}$ | $\chi^2_{0.005}$ |
|---|---|---|---|---|---|---|---|---|---|---|
| **29** | 13.121 | 14.256 | 16.047 | 17.708 | 19.768 | 39.087 | 42.557 | 45.722 | 49.588 | 52.335 |
| **30** | 13.787 | 14.953 | 16.791 | 18.493 | 20.599 | 40.256 | 43.773 | 46.979 | 50.892 | 53.672 |
| **31** | 14.458 | 15.655 | 17.539 | 19.281 | 21.434 | 41.422 | 44.985 | 48.232 | 52.191 | 55.002 |
| **32** | 15.134 | 16.362 | 18.291 | 20.072 | 22.271 | 42.585 | 46.194 | 49.480 | 53.486 | 56.328 |
| **33** | 15.815 | 17.073 | 19.047 | 20.867 | 23.110 | 43.745 | 47.400 | 50.725 | 54.775 | 57.648 |
| **34** | 16.501 | 17.789 | 19.806 | 21.664 | 23.952 | 44.903 | 48.602 | 51.966 | 56.061 | 58.964 |
| **35** | 17.192 | 18.509 | 20.569 | 22.465 | 24.797 | 46.059 | 49.802 | 53.203 | 57.342 | 60.275 |
| **40** | 20.707 | 22.164 | 24.433 | 26.509 | 29.051 | 51.805 | 55.758 | 59.342 | 63.691 | 66.766 |
| **45** | 24.311 | 25.901 | 28.366 | 30.612 | 33.350 | 57.505 | 61.656 | 65.410 | 69.957 | 73.166 |
| **50** | 27.991 | 29.707 | 32.357 | 34.764 | 37.689 | 63.167 | 67.505 | 71.420 | 76.154 | 79.490 |
| **55** | 31.735 | 33.571 | 36.398 | 38.958 | 42.060 | 68.796 | 73.311 | 77.380 | 82.292 | 85.749 |
| **60** | 35.534 | 37.485 | 40.482 | 43.188 | 46.459 | 74.397 | 79.082 | 83.298 | 88.379 | 91.952 |
| **65** | 39.383 | 41.444 | 44.603 | 47.450 | 50.883 | 79.973 | 84.821 | 89.177 | 94.422 | 98.105 |
| **70** | 43.275 | 45.442 | 48.758 | 51.739 | 55.329 | 85.527 | 90.531 | 95.023 | 100.425 | 104.215 |
| **75** | 47.206 | 49.475 | 52.942 | 56.054 | 59.795 | 91.061 | 96.217 | 100.839 | 106.393 | 110.285 |
| **80** | 51.172 | 53.540 | 57.153 | 60.391 | 64.278 | 96.578 | 101.879 | 106.629 | 112.329 | 116.321 |
| **85** | 55.170 | 57.634 | 61.389 | 64.749 | 68.777 | 102.079 | 107.522 | 112.393 | 118.236 | 122.324 |
| **90** | 59.196 | 61.754 | 65.647 | 69.126 | 73.291 | 107.565 | 113.145 | 118.136 | 124.116 | 128.299 |
| **95** | 63.250 | 65.898 | 69.925 | 73.520 | 77.818 | 113.038 | 118.752 | 123.858 | 129.973 | 134.247 |
| **100** | 67.328 | 70.065 | 74.222 | 77.929 | 82.358 | 118.498 | 124.342 | 129.561 | 135.807 | 140.170 |

# 附 录 J

# $t$ 分布的临界值 $t_\alpha$

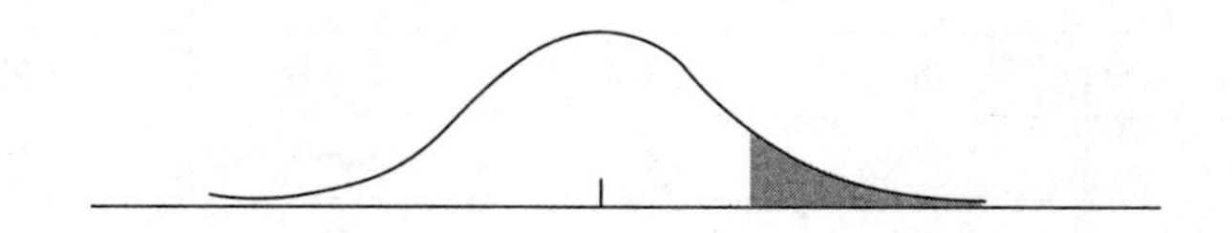

$t$ 分布的临界值 $t_\alpha$

| $v$ | $t_{0.100}$ | $t_{0.050}$ | $t_{0.025}$ | $t_{0.010}$ | $t_{0.005}$ | $v$ |
|---|---|---|---|---|---|---|
| **1** | 3.078 | 6.314 | 12.706 | 31.821 | 63.656 | 1 |
| **2** | 1.886 | 2.920 | 4.303 | 6.965 | 9.925 | 2 |
| **3** | 1.638 | 2.353 | 3.182 | 4.541 | 5.841 | 3 |
| **4** | 1.533 | 2.132 | 2.776 | 3.747 | 4.604 | 4 |
| **5** | 1.476 | 2.015 | 2.571 | 3.365 | 4.032 | 5 |
| **6** | 1.440 | 1.943 | 2.447 | 3.143 | 3.707 | 6 |
| **7** | 1.415 | 1.895 | 2.365 | 2.998 | 3.499 | 7 |
| **8** | 1.397 | 1.860 | 2.306 | 2.896 | 3.355 | 8 |
| **9** | 1.383 | 1.833 | 2.262 | 2.821 | 3.250 | 9 |
| **10** | 1.372 | 1.812 | 2.228 | 2.764 | 3.169 | 10 |
| **11** | 1.363 | 1.796 | 2.201 | 2.718 | 3.106 | 11 |
| **12** | 1.356 | 1.782 | 2.179 | 2.681 | 3.055 | 12 |
| **13** | 1.350 | 1.771 | 2.160 | 2.650 | 3.012 | 13 |
| **14** | 1.345 | 1.761 | 2.145 | 2.624 | 2.977 | 14 |
| **15** | 1.341 | 1.753 | 2.131 | 2.602 | 2.947 | 15 |
| **16** | 1.337 | 1.746 | 2.120 | 2.583 | 2.921 | 16 |
| **17** | 1.333 | 1.740 | 2.110 | 2.567 | 2.898 | 17 |
| **18** | 1.330 | 1.734 | 2.101 | 2.552 | 2.878 | 18 |
| **19** | 1.328 | 1.729 | 2.093 | 2.539 | 2.861 | 19 |
| **20** | 1.325 | 1.725 | 2.086 | 2.528 | 2.845 | 20 |
| **21** | 1.323 | 1.721 | 2.080 | 2.518 | 2.831 | 21 |
| **22** | 1.321 | 1.717 | 2.074 | 2.508 | 2.819 | 22 |
| **23** | 1.319 | 1.714 | 2.069 | 2.500 | 2.807 | 23 |



251

续表

| $v$ | $t_{0.100}$ | $t_{0.050}$ | $t_{0.025}$ | $t_{0.010}$ | $t_{0.005}$ | $v$ |
|---|---|---|---|---|---|---|
| **24** | 1.318 | 1.711 | 2.064 | 2.492 | 2.797 | 24 |
| **25** | 1.316 | 1.708 | 2.060 | 2.485 | 2.787 | 25 |
| **26** | 1.315 | 1.706 | 2.056 | 2.479 | 2.779 | 26 |
| **27** | 1.314 | 1.703 | 2.052 | 2.473 | 2.771 | 27 |
| **28** | 1.313 | 1.701 | 2.048 | 2.467 | 2.763 | 28 |
| **29** | 1.311 | 1.699 | 2.045 | 2.462 | 2.756 | 29 |
| **30** | 1.310 | 1.697 | 2.042 | 2.457 | 2.750 | 30 |
| **31** | 1.309 | 1.696 | 2.040 | 2.453 | 2.744 | 31 |
| **32** | 1.309 | 1.694 | 2.037 | 2.449 | 2.738 | 32 |
| **33** | 1.308 | 1.692 | 2.035 | 2.445 | 2.733 | 33 |
| **34** | 1.307 | 1.691 | 2.032 | 2.441 | 2.728 | 34 |
| **35** | 1.306 | 1.690 | 2.030 | 2.438 | 2.724 | 35 |
| **40** | 1.303 | 1.684 | 2.021 | 2.423 | 2.704 | 40 |
| **45** | 1.301 | 1.679 | 2.014 | 2.412 | 2.690 | 45 |
| **50** | 1.299 | 1.676 | 2.009 | 2.403 | 2.678 | 50 |
| **55** | 1.297 | 1.673 | 2.004 | 2.396 | 2.668 | 55 |
| **60** | 1.296 | 1.671 | 2.000 | 2.390 | 2.660 | 60 |
| **70** | 1.294 | 1.667 | 1.994 | 2.381 | 2.648 | 70 |
| **80** | 1.292 | 1.664 | 1.990 | 2.374 | 2.639 | 80 |
| **90** | 1.291 | 1.662 | 1.987 | 2.368 | 2.632 | 90 |
| **100** | 1.290 | 1.660 | 1.984 | 2.364 | 2.626 | 100 |
| **200** | 1.286 | 1.653 | 1.972 | 2.345 | 2.601 | 200 |
| **400** | 1.284 | 1.649 | 1.966 | 2.336 | 2.588 | 400 |
| **600** | 1.283 | 1.647 | 1.964 | 2.333 | 2.584 | 600 |
| **800** | 1.283 | 1.647 | 1.963 | 2.331 | 2.582 | 800 |
| **999** | 1.282 | 1.646 | 1.962 | 2.330 | 2.581 | 999 |

# 附 录 K
# 统计容许因子

## 至少含有总体的 99 个百分点
## （"$k$- 值"）

单侧容许限的置信水平

| $n$ | 0.90 | 0.95 | 0.99 |
|---|---|---|---|
| 10 | 3.532 | 3.981 | 5.075 |
| 11 | 3.444 | 3.852 | 4.828 |
| 12 | 3.371 | 3.747 | 4.633 |
| 13 | 3.310 | 3.659 | 4.472 |
| 14 | 3.257 | 3.585 | 4.336 |
| 15 | 3.212 | 3.520 | 4.224 |
| 16 | 3.172 | 3.463 | 4.124 |
| 17 | 3.136 | 3.415 | 4.038 |
| 18 | 3.106 | 3.370 | 3.961 |
| 19 | 3.078 | 3.331 | 3.893 |
| 20 | 3.052 | 3.295 | 3.832 |
| 21 | 3.028 | 3.262 | 3.776 |
| 22 | 3.007 | 3.233 | 3.727 |
| 23 | 2.987 | 3.206 | 3.680 |
| 24 | 2.969 | 3.181 | 3.638 |
| 25 | 2.952 | 3.158 | 3.601 |
| 30 | 2.884 | 3.064 | 3.446 |
| 40 | 2.793 | 2.941 | 3.250 |
| 50 | 2.735 | 2.863 | 3.124 |

双侧容许限的置信水平

| $n$ | 0.90 | 0.95 | 0.99 |
|---|---|---|---|
| 10 | 3.959 | 4.433 | 5.594 |
| 11 | 3.849 | 4.277 | 5.308 |
| 12 | 3.758 | 4.150 | 5.079 |
| 13 | 3.682 | 4.044 | 4.893 |
| 14 | 3.618 | 3.955 | 4.737 |
| 15 | 3.562 | 3.878 | 4.605 |
| 16 | 3.514 | 3.812 | 4.492 |
| 17 | 3.471 | 3.754 | 4.393 |
| 18 | 3.433 | 3.702 | 4.307 |
| 19 | 3.399 | 3.656 | 4.230 |
| 20 | 3.368 | 3.615 | 4.161 |
| 21 | 3.340 | 3.577 | 4.100 |
| 22 | 3.315 | 3.543 | 4.044 |
| 23 | 3.292 | 3.512 | 3.993 |
| 24 | 3.270 | 3.483 | 3.947 |
| 25 | 3.251 | 3.457 | 3.904 |
| 30 | 3.170 | 3.350 | 3.733 |
| 40 | 3.066 | 3.213 | 3.518 |
| 50 | 3.001 | 3.126 | 3.385 |

# 附　录　L

# Mann–Whitney 检验的临界值

$\alpha$=0.05 的单侧 Mann–Whitney 检验或 $\alpha$=0.10 的双侧 Mann–Whitney 检验的临界值。

| $n_2$ \ $n_1$ | 3 | | 4 | | 5 | | 6 | | 7 | | 8 | | 9 | | 10 | |
|---|---|---|---|---|---|---|---|---|---|---|---|---|---|---|---|---|
| | $M_L$ | $M_R$ | $M_L$ | $M_R$ | $M_L$ | $M_R$ | $M_L$ | $M_R$ | $M_L$ | $M_R$ | $M_L$ | $M_R$ | $M_L$ | $M_R$ | $M_L$ | $M_R$ |
| 3 | 6 | 15 | | | | | | | | | | | | | | |
| 4 | 7 | 17 | 12 | 24 | | | | | | | | | | | | |
| 5 | 7 | 20 | 13 | 27 | 19 | 36 | | | | | | | | | | |
| 6 | 8 | 22 | 14 | 30 | 20 | 40 | 28 | 50 | | | | | | | | |
| 7 | 9 | 24 | 15 | 33 | 22 | 43 | 30 | 54 | 39 | 66 | | | | | | |
| 8 | 9 | 27 | 16 | 36 | 24 | 46 | 32 | 58 | 41 | 71 | 52 | 84 | | | | |
| 9 | 10 | 29 | 17 | 39 | 25 | 50 | 33 | 63 | 43 | 76 | 54 | 90 | 66 | 105 | | |
| 10 | 11 | 31 | 18 | 42 | 26 | 54 | 35 | 67 | 46 | 80 | 57 | 95 | 69 | 111 | 83 | 127 |

$\alpha$=0.025 的单侧 Mann–Whitney 检验或 $\alpha$=0.05 的双侧 Mann–Whitney 检验的临界值。

| $n_2$ \ $n_1$ | 3 | | 4 | | 5 | | 6 | | 7 | | 8 | | 9 | | 10 | |
|---|---|---|---|---|---|---|---|---|---|---|---|---|---|---|---|---|
| | $M_L$ | $M_R$ | $M_L$ | $M_R$ | $M_L$ | $M_R$ | $M_L$ | $M_R$ | $M_L$ | $M_R$ | $M_L$ | $M_R$ | $M_L$ | $M_R$ | $M_L$ | $M_R$ |
| 3 | - | - | | | | | | | | | | | | | | |
| 4 | 6 | 18 | 11 | 25 | | | | | | | | | | | | |
| 5 | 6 | 21 | 12 | 28 | 18 | 37 | | | | | | | | | | |
| 6 | 7 | 23 | 12 | 32 | 19 | 41 | 26 | 52 | | | | | | | | |
| 7 | 7 | 26 | 13 | 35 | 20 | 45 | 28 | 56 | 37 | 68 | | | | | | |
| 8 | 8 | 28 | 14 | 38 | 21 | 49 | 29 | 61 | 39 | 73 | 49 | 87 | | | | |
| 9 | 8 | 31 | 15 | 41 | 22 | 53 | 31 | 65 | 41 | 78 | 51 | 93 | 63 | 108 | | |
| 10 | 9 | 33 | 16 | 44 | 24 | 56 | 32 | 70 | 43 | 83 | 54 | 98 | 66 | 114 | 79 | 131 |

# 附　录　M
# Wilcoxon 符号秩检验的临界值

| | 近似值 | | 临界值 | |
|---|---|---|---|---|
| *n* | **1 tail** | **2 tail** | $W_l$ | $W_r$ |
| **7** | 0.01 | 0.02 | 0 | 28 |
| | 0.025 | 0.05 | 2 | 26 |
| | 0.05 | 0.1 | 4 | 24 |
| | 0.1 | 0.2 | 6 | 32 |
| **8** | 0.005 | 0.01 | 0 | 36 |
| | 0.01 | 0.02 | 2 | 34 |
| | 0.025 | 0.05 | 4 | 32 |
| | 0.05 | 0.1 | 6 | 30 |
| | 0.1 | 0.2 | 8 | 28 |
| **9** | 0.005 | 0.01 | 2 | 43 |
| | 0.01 | 0.02 | 3 | 42 |
| | 0.025 | 0.05 | 6 | 39 |
| | 0.05 | 0.1 | 8 | 37 |
| | 0.1 | 0.2 | 11 | 34 |
| **10** | 0.005 | 0.01 | 3 | 52 |
| | 0.01 | 0.02 | 5 | 50 |
| | 0.025 | 0.05 | 8 | 47 |
| | 0.05 | 0.1 | 11 | 44 |
| | 0.1 | 0.2 | 14 | 41 |
| **11** | 0.005 | 0.01 | 5 | 61 |
| | 0.01 | 0.02 | 7 | 59 |
| | 0.025 | 0.05 | 11 | 55 |
| | 0.05 | 0.1 | 14 | 52 |
| | 0.1 | 0.2 | 18 | 48 |
| **12** | 0.005 | 0.01 | 7 | 71 |
| | 0.01 | 0.02 | 10 | 68 |
| | 0.025 | 0.05 | 14 | 64 |
| | 0.05 | 0.1 | 17 | 61 |
| | 0.1 | 0.2 | 22 | 56 |
| **13** | 0.005 | 0.01 | 10 | 81 |
| | 0.01 | 0.02 | 13 | 78 |
| | 0.025 | 0.05 | 17 | 74 |
| | 0.05 | 0.1 | 21 | 70 |
| | 0.1 | 0.2 | 26 | 65 |
| **14** | 0.005 | 0.01 | 13 | 92 |
| | 0.01 | 0.02 | 16 | 89 |
| | 0.025 | 0.05 | 21 | 84 |
| | 0.05 | 0.1 | 26 | 79 |
| | 0.1 | 0.2 | 31 | 74 |
| **15** | 0.005 | 0.01 | 16 | 104 |
| | 0.01 | 0.02 | 20 | 100 |
| | 0.025 | 0.05 | 25 | 95 |
| | 0.05 | 0.1 | 30 | 90 |
| | 0.1 | 0.2 | 37 | 83 |
| **16** | 0.005 | 0.01 | 19 | 117 |
| | 0.01 | 0.02 | 24 | 112 |
| | 0.025 | 0.05 | 30 | 106 |
| | 0.05 | 0.1 | 36 | 100 |
| | 0.1 | 0.2 | 42 | 94 |
| **17** | 0.005 | 0.01 | 23 | 130 |
| | 0.01 | 0.02 | 28 | 125 |
| | 0.025 | 0.05 | 35 | 118 |
| | 0.05 | 0.1 | 41 | 112 |
| | 0.1 | 0.2 | 49 | 104 |
| **18** | 0.005 | 0.01 | 28 | 143 |
| | 0.01 | 0.02 | 33 | 138 |
| | 0.025 | 0.05 | 40 | 131 |
| | 0.05 | 0.1 | 47 | 124 |
| | 0.1 | 0.2 | 55 | 116 |
| **19** | 0.005 | 0.01 | 32 | 158 |
| | 0.01 | 0.02 | 38 | 152 |
| | 0.025 | 0.05 | 46 | 144 |
| | 0.05 | 0.1 | 54 | 136 |
| | 0.1 | 0.2 | 62 | 128 |
| **20** | 0.005 | 0.01 | 37 | 173 |
| | 0.01 | 0.02 | 43 | 167 |
| | 0.025 | 0.05 | 52 | 158 |
| | 0.05 | 0.1 | 60 | 150 |
| | 0.1 | 0.2 | 70 | 140 |

# 附　录　N

# 泊松分布

一个事件发生 $x$ 次或更少次数的概率见下表。

泊松分布

| $\lambda \downarrow \chi \rightarrow$ | 0 | 1 | 2 | 3 | 4 | 5 | 6 | 7 | 8 | 9 | 10 | 11 | 12 | 13 | 14 | 15 | 16 | 17 |
|---|---|---|---|---|---|---|---|---|---|---|---|---|---|---|---|---|---|---|
| **0.005** | 0.995 | 1.000 | 1.000 | 1.000 | 1.000 | 1.000 | 1.000 | 1.000 | 1.000 | 1.000 | 1.000 | 1.000 | 1.000 | 1.000 | 1.000 | 1.000 | 1.000 | 1.000 |
| **0.01** | 0.990 | 1.000 | 1.000 | 1.000 | 1.000 | 1.000 | 1.000 | 1.000 | 1.000 | 1.000 | 1.000 | 1.000 | 1.000 | 1.000 | 1.000 | 1.000 | 1.000 | 1.000 |
| **0.02** | 0.980 | 1.000 | 1.000 | 1.000 | 1.000 | 1.000 | 1.000 | 1.000 | 1.000 | 1.000 | 1.000 | 1.000 | 1.000 | 1.000 | 1.000 | 1.000 | 1.000 | 1.000 |
| **0.03** | 0.970 | 1.000 | 1.000 | 1.000 | 1.000 | 1.000 | 1.000 | 1.000 | 1.000 | 1.000 | 1.000 | 1.000 | 1.000 | 1.000 | 1.000 | 1.000 | 1.000 | 1.000 |
| **0.04** | 0.961 | 0.999 | 1.000 | 1.000 | 1.000 | 1.000 | 1.000 | 1.000 | 1.000 | 1.000 | 1.000 | 1.000 | 1.000 | 1.000 | 1.000 | 1.000 | 1.000 | 1.000 |
| **0.05** | 0.951 | 0.999 | 1.000 | 1.000 | 1.000 | 1.000 | 1.000 | 1.000 | 1.000 | 1.000 | 1.000 | 1.000 | 1.000 | 1.000 | 1.000 | 1.000 | 1.000 | 1.000 |
| **0.06** | 0.942 | 0.998 | 1.000 | 1.000 | 1.000 | 1.000 | 1.000 | 1.000 | 1.000 | 1.000 | 1.000 | 1.000 | 1.000 | 1.000 | 1.000 | 1.000 | 1.000 | 1.000 |
| **0.07** | 0.932 | 0.998 | 1.000 | 1.000 | 1.000 | 1.000 | 1.000 | 1.000 | 1.000 | 1.000 | 1.000 | 1.000 | 1.000 | 1.000 | 1.000 | 1.000 | 1.000 | 1.000 |
| **0.08** | 0.923 | 0.997 | 1.000 | 1.000 | 1.000 | 1.000 | 1.000 | 1.000 | 1.000 | 1.000 | 1.000 | 1.000 | 1.000 | 1.000 | 1.000 | 1.000 | 1.000 | 1.000 |
| **0.09** | 0.914 | 0.996 | 1.000 | 1.000 | 1.000 | 1.000 | 1.000 | 1.000 | 1.000 | 1.000 | 1.000 | 1.000 | 1.000 | 1.000 | 1.000 | 1.000 | 1.000 | 1.000 |
| **0.1** | 0.905 | 0.995 | 1.000 | 1.000 | 1.000 | 1.000 | 1.000 | 1.000 | 1.000 | 1.000 | 1.000 | 1.000 | 1.000 | 1.000 | 1.000 | 1.000 | 1.000 | 1.000 |
| **0.15** | 0.861 | 0.990 | 0.999 | 1.000 | 1.000 | 1.000 | 1.000 | 1.000 | 1.000 | 1.000 | 1.000 | 1.000 | 1.000 | 1.000 | 1.000 | 1.000 | 1.000 | 1.000 |
| **0.2** | 0.819 | 0.982 | 0.999 | 1.000 | 1.000 | 1.000 | 1.000 | 1.000 | 1.000 | 1.000 | 1.000 | 1.000 | 1.000 | 1.000 | 1.000 | 1.000 | 1.000 | 1.000 |
| **0.25** | 0.779 | 0.974 | 0.998 | 1.000 | 1.000 | 1.000 | 1.000 | 1.000 | 1.000 | 1.000 | 1.000 | 1.000 | 1.000 | 1.000 | 1.000 | 1.000 | 1.000 | 1.000 |
| **0.3** | 0.741 | 0.963 | 0.996 | 1.000 | 1.000 | 1.000 | 1.000 | 1.000 | 1.000 | 1.000 | 1.000 | 1.000 | 1.000 | 1.000 | 1.000 | 1.000 | 1.000 | 1.000 |
| **0.35** | 0.705 | 0.951 | 0.994 | 1.000 | 1.000 | 1.000 | 1.000 | 1.000 | 1.000 | 1.000 | 1.000 | 1.000 | 1.000 | 1.000 | 1.000 | 1.000 | 1.000 | 1.000 |
| **0.4** | 0.670 | 0.938 | 0.992 | 0.999 | 1.000 | 1.000 | 1.000 | 1.000 | 1.000 | 1.000 | 1.000 | 1.000 | 1.000 | 1.000 | 1.000 | 1.000 | 1.000 | 1.000 |
| **0.5** | 0.607 | 0.910 | 0.986 | 0.998 | 1.000 | 1.000 | 1.000 | 1.000 | 1.000 | 1.000 | 1.000 | 1.000 | 1.000 | 1.000 | 1.000 | 1.000 | 1.000 | 1.000 |
| **0.6** | 0.549 | 0.878 | 0.977 | 0.997 | 1.000 | 1.000 | 1.000 | 1.000 | 1.000 | 1.000 | 1.000 | 1.000 | 1.000 | 1.000 | 1.000 | 1.000 | 1.000 | 1.000 |
| **0.7** | 0.497 | 0.844 | 0.966 | 0.994 | 0.999 | 1.000 | 1.000 | 1.000 | 1.000 | 1.000 | 1.000 | 1.000 | 1.000 | 1.000 | 1.000 | 1.000 | 1.000 | 1.000 |
| **0.8** | 0.449 | 0.809 | 0.953 | 0.991 | 0.999 | 1.000 | 1.000 | 1.000 | 1.000 | 1.000 | 1.000 | 1.000 | 1.000 | 1.000 | 1.000 | 1.000 | 1.000 | 1.000 |
| **0.9** | 0.407 | 0.772 | 0.937 | 0.987 | 0.998 | 1.000 | 1.000 | 1.000 | 1.000 | 1.000 | 1.000 | 1.000 | 1.000 | 1.000 | 1.000 | 1.000 | 1.000 | 1.000 |
| **1** | 0.368 | 0.736 | 0.920 | 0.981 | 0.996 | 0.999 | 1.000 | 1.000 | 1.000 | 1.000 | 1.000 | 1.000 | 1.000 | 1.000 | 1.000 | 1.000 | 1.000 | 1.000 |
| **1.2** | 0.301 | 0.663 | 0.879 | 0.966 | 0.992 | 0.998 | 1.000 | 1.000 | 1.000 | 1.000 | 1.000 | 1.000 | 1.000 | 1.000 | 1.000 | 1.000 | 1.000 | 1.000 |
| **1.4** | 0.247 | 0.592 | 0.833 | 0.946 | 0.986 | 0.997 | 0.999 | 1.000 | 1.000 | 1.000 | 1.000 | 1.000 | 1.000 | 1.000 | 1.000 | 1.000 | 1.000 | 1.000 |
| **1.6** | 0.202 | 0.525 | 0.783 | 0.921 | 0.976 | 0.994 | 0.999 | 1.000 | 1.000 | 1.000 | 1.000 | 1.000 | 1.000 | 1.000 | 1.000 | 1.000 | 1.000 | 1.000 |

续表

| λ↓χ→ | 0 | 1 | 2 | 3 | 4 | 5 | 6 | 7 | 8 | 9 | 10 | 11 | 12 | 13 | 14 | 15 | 16 | 17 |
|---|---|---|---|---|---|---|---|---|---|---|---|---|---|---|---|---|---|---|
| **1.8** | 0.165 | 0.463 | 0.731 | 0.891 | 0.964 | 0.990 | 0.997 | 0.999 | 1.000 | 1.000 | 1.000 | 1.000 | 1.000 | 1.000 | 1.000 | 1.000 | 1.000 | 1.000 |
| **2** | 0.135 | 0.406 | 0.677 | 0.857 | 0.947 | 0.983 | 0.995 | 0.999 | 1.000 | 1.000 | 1.000 | 1.000 | 1.000 | 1.000 | 1.000 | 1.000 | 1.000 | 1.000 |
| **2.2** | 0.111 | 0.355 | 0.623 | 0.819 | 0.928 | 0.975 | 0.993 | 0.998 | 1.000 | 1.000 | 1.000 | 1.000 | 1.000 | 1.000 | 1.000 | 1.000 | 1.000 | 1.000 |
| **2.4** | 0.091 | 0.308 | 0.570 | 0.779 | 0.904 | 0.964 | 0.988 | 0.997 | 0.999 | 1.000 | 1.000 | 1.000 | 1.000 | 1.000 | 1.000 | 1.000 | 1.000 | 1.000 |
| **2.6** | 0.074 | 0.267 | 0.518 | 0.736 | 0.877 | 0.951 | 0.983 | 0.995 | 0.999 | 1.000 | 1.000 | 1.000 | 1.000 | 1.000 | 1.000 | 1.000 | 1.000 | 1.000 |
| **2.8** | 0.061 | 0.231 | 0.469 | 0.692 | 0.848 | 0.935 | 0.976 | 0.992 | 0.998 | 0.999 | 1.000 | 1.000 | 1.000 | 1.000 | 1.000 | 1.000 | 1.000 | 1.000 |
| **3** | 0.050 | 0.199 | 0.423 | 0.647 | 0.815 | 0.916 | 0.966 | 0.988 | 0.996 | 0.999 | 1.000 | 1.000 | 1.000 | 1.000 | 1.000 | 1.000 | 1.000 | 1.000 |
| **3.2** | 0.041 | 0.171 | 0.380 | 0.603 | 0.781 | 0.895 | 0.955 | 0.983 | 0.994 | 0.998 | 1.000 | 1.000 | 1.000 | 1.000 | 1.000 | 1.000 | 1.000 | 1.000 |
| **3.4** | 0.033 | 0.147 | 0.340 | 0.558 | 0.744 | 0.871 | 0.942 | 0.977 | 0.992 | 0.997 | 0.999 | 1.000 | 1.000 | 1.000 | 1.000 | 1.000 | 1.000 | 1.000 |
| **3.6** | 0.027 | 0.126 | 0.303 | 0.515 | 0.706 | 0.844 | 0.927 | 0.969 | 0.988 | 0.996 | 0.999 | 1.000 | 1.000 | 1.000 | 1.000 | 1.000 | 1.000 | 1.000 |
| **3.8** | 0.022 | 0.107 | 0.269 | 0.473 | 0.668 | 0.816 | 0.909 | 0.960 | 0.984 | 0.994 | 0.998 | 0.999 | 1.000 | 1.000 | 1.000 | 1.000 | 1.000 | 1.000 |
| **4** | 0.018 | 0.092 | 0.238 | 0.433 | 0.629 | 0.785 | 0.889 | 0.949 | 0.979 | 0.992 | 0.997 | 0.999 | 1.000 | 1.000 | 1.000 | 1.000 | 1.000 | 1.000 |
| **4.5** | 0.011 | 0.061 | 0.174 | 0.342 | 0.532 | 0.703 | 0.831 | 0.913 | 0.960 | 0.983 | 0.993 | 0.998 | 0.999 | 1.000 | 1.000 | 1.000 | 1.000 | 1.000 |
| **5** | 0.007 | 0.040 | 0.125 | 0.265 | 0.440 | 0.616 | 0.762 | 0.867 | 0.932 | 0.968 | 0.986 | 0.995 | 0.998 | 0.999 | 1.000 | 1.000 | 1.000 | 1.000 |
| **5.5** | 0.004 | 0.027 | 0.088 | 0.202 | 0.358 | 0.529 | 0.686 | 0.809 | 0.894 | 0.946 | 0.975 | 0.989 | 0.996 | 0.998 | 0.999 | 1.000 | 1.000 | 1.000 |
| **6** | 0.002 | 0.017 | 0.062 | 0.151 | 0.285 | 0.446 | 0.606 | 0.744 | 0.847 | 0.916 | 0.957 | 0.980 | 0.991 | 0.996 | 0.999 | 0.999 | 1.000 | 1.000 |
| **6.5** | 0.002 | 0.011 | 0.043 | 0.112 | 0.224 | 0.369 | 0.527 | 0.673 | 0.792 | 0.877 | 0.933 | 0.966 | 0.984 | 0.993 | 0.997 | 0.999 | 1.000 | 1.000 |
| **7** | 0.001 | 0.007 | 0.030 | 0.082 | 0.173 | 0.301 | 0.450 | 0.599 | 0.729 | 0.830 | 0.901 | 0.947 | 0.973 | 0.987 | 0.994 | 0.998 | 0.999 | 1.000 |
| **7.5** | 0.001 | 0.005 | 0.020 | 0.059 | 0.132 | 0.241 | 0.378 | 0.525 | 0.662 | 0.776 | 0.862 | 0.921 | 0.957 | 0.978 | 0.990 | 0.995 | 0.998 | 0.999 |
| **8** | 0.000 | 0.003 | 0.014 | 0.042 | 0.100 | 0.191 | 0.313 | 0.453 | 0.593 | 0.717 | 0.816 | 0.888 | 0.936 | 0.966 | 0.983 | 0.992 | 0.996 | 0.998 |
| **8.5** | 0.000 | 0.002 | 0.009 | 0.030 | 0.074 | 0.150 | 0.256 | 0.386 | 0.523 | 0.653 | 0.763 | 0.849 | 0.909 | 0.949 | 0.973 | 0.986 | 0.993 | 0.997 |
| **9** | 0.000 | 0.001 | 0.006 | 0.021 | 0.055 | 0.116 | 0.207 | 0.324 | 0.456 | 0.587 | 0.706 | 0.803 | 0.876 | 0.926 | 0.959 | 0.978 | 0.989 | 0.995 |
| **9.5** | 0.000 | 0.001 | 0.004 | 0.015 | 0.040 | 0.089 | 0.165 | 0.269 | 0.392 | 0.522 | 0.645 | 0.752 | 0.836 | 0.898 | 0.940 | 0.967 | 0.982 | 0.991 |
| **10** | 0.000 | 0.000 | 0.003 | 0.010 | 0.029 | 0.067 | 0.130 | 0.220 | 0.333 | 0.458 | 0.583 | 0.697 | 0.792 | 0.864 | 0.917 | 0.951 | 0.973 | 0.986 |
| **10.5** | 0.000 | 0.000 | 0.002 | 0.007 | 0.021 | 0.050 | 0.102 | 0.179 | 0.279 | 0.397 | 0.521 | 0.639 | 0.742 | 0.825 | 0.888 | 0.932 | 0.960 | 0.978 |

# 附　录　O
# 二项分布

在容量为 $n$ 的样本中，发生 $x$ 次或更少次数的概率见下表。

二项分布

| $n$ | $x$ | $p$ 0.01 | 0.02 | 0.03 | 0.04 | 0.05 | 0.06 | 0.07 | 0.08 | 0.09 | 0.10 | 0.15 | 0.20 | 0.25 | 0.30 | 0.35 | 0.40 | 0.45 | 0.50 |
|---|---|---|---|---|---|---|---|---|---|---|---|---|---|---|---|---|---|---|---|
| 2 | 0 | 0.980 | 0.960 | 0.941 | 0.922 | 0.903 | 0.884 | 0.865 | 0.846 | 0.828 | 0.810 | 0.723 | 0.640 | 0.563 | 0.490 | 0.423 | 0.360 | 0.303 | 0.250 |
| 2 | 1 | 1.000 | 1.000 | 0.999 | 0.998 | 0.998 | 0.996 | 0.995 | 0.994 | 0.992 | 0.990 | 0.978 | 0.960 | 0.938 | 0.910 | 0.878 | 0.840 | 0.798 | 0.750 |
| 3 | 0 | 0.970 | 0.941 | 0.913 | 0.885 | 0.857 | 0.831 | 0.804 | 0.779 | 0.754 | 0.729 | 0.614 | 0.512 | 0.422 | 0.343 | 0.275 | 0.216 | 0.166 | 0.125 |
| 3 | 1 | 1.000 | 0.999 | 0.997 | 0.995 | 0.993 | 0.990 | 0.986 | 0.982 | 0.977 | 0.972 | 0.939 | 0.896 | 0.844 | 0.784 | 0.718 | 0.648 | 0.575 | 0.500 |
| 3 | 2 | 1.000 | 1.000 | 1.000 | 1.000 | 1.000 | 1.000 | 1.000 | 0.999 | 0.999 | 0.999 | 0.997 | 0.992 | 0.984 | 0.973 | 0.957 | 0.936 | 0.909 | 0.875 |
| 4 | 0 | 0.961 | 0.922 | 0.885 | 0.849 | 0.815 | 0.781 | 0.748 | 0.716 | 0.686 | 0.656 | 0.522 | 0.410 | 0.316 | 0.240 | 0.179 | 0.130 | 0.092 | 0.063 |
| 4 | 1 | 0.999 | 0.998 | 0.995 | 0.991 | 0.986 | 0.980 | 0.973 | 0.966 | 0.957 | 0.948 | 0.890 | 0.819 | 0.738 | 0.652 | 0.563 | 0.475 | 0.391 | 0.313 |
| 4 | 2 | 1.000 | 1.000 | 1.000 | 1.000 | 1.000 | 0.999 | 0.999 | 0.998 | 0.997 | 0.996 | 0.988 | 0.973 | 0.949 | 0.916 | 0.874 | 0.821 | 0.759 | 0.688 |
| 4 | 3 | 1.000 | 1.000 | 1.000 | 1.000 | 1.000 | 1.000 | 1.000 | 1.000 | 1.000 | 1.000 | 0.999 | 0.998 | 0.996 | 0.992 | 0.985 | 0.974 | 0.959 | 0.938 |
| 5 | 0 | 0.951 | 0.904 | 0.859 | 0.815 | 0.774 | 0.734 | 0.696 | 0.659 | 0.624 | 0.590 | 0.444 | 0.328 | 0.237 | 0.168 | 0.116 | 0.078 | 0.050 | 0.031 |
| 5 | 1 | 0.999 | 0.996 | 0.992 | 0.985 | 0.977 | 0.968 | 0.958 | 0.946 | 0.933 | 0.919 | 0.835 | 0.737 | 0.633 | 0.528 | 0.428 | 0.337 | 0.256 | 0.188 |
| 5 | 2 | 1.000 | 1.000 | 1.000 | 0.999 | 0.999 | 0.998 | 0.997 | 0.995 | 0.994 | 0.991 | 0.973 | 0.942 | 0.896 | 0.837 | 0.765 | 0.683 | 0.593 | 0.500 |
| 5 | 3 | 1.000 | 1.000 | 1.000 | 1.000 | 1.000 | 1.000 | 1.000 | 1.000 | 1.000 | 1.000 | 0.998 | 0.993 | 0.984 | 0.969 | 0.946 | 0.913 | 0.869 | 0.813 |
| 5 | 4 | 1.000 | 1.000 | 1.000 | 1.000 | 1.000 | 1.000 | 1.000 | 1.000 | 1.000 | 1.000 | 1.000 | 1.000 | 0.999 | 0.998 | 0.995 | 0.990 | 0.982 | 0.969 |
| 6 | 0 | 0.941 | 0.886 | 0.833 | 0.783 | 0.735 | 0.690 | 0.647 | 0.606 | 0.568 | 0.531 | 0.377 | 0.262 | 0.178 | 0.118 | 0.075 | 0.047 | 0.028 | 0.016 |
| 6 | 1 | 0.999 | 0.994 | 0.988 | 0.978 | 0.967 | 0.954 | 0.939 | 0.923 | 0.905 | 0.886 | 0.776 | 0.655 | 0.534 | 0.420 | 0.319 | 0.233 | 0.164 | 0.109 |
| 6 | 2 | 1.000 | 1.000 | 0.999 | 0.999 | 0.998 | 0.996 | 0.994 | 0.991 | 0.988 | 0.984 | 0.953 | 0.901 | 0.831 | 0.744 | 0.647 | 0.544 | 0.442 | 0.344 |
| 6 | 3 | 1.000 | 1.000 | 1.000 | 1.000 | 1.000 | 1.000 | 1.000 | 0.999 | 0.999 | 0.999 | 0.994 | 0.983 | 0.962 | 0.930 | 0.883 | 0.821 | 0.745 | 0.656 |
| 6 | 4 | 1.000 | 1.000 | 1.000 | 1.000 | 1.000 | 1.000 | 1.000 | 1.000 | 1.000 | 1.000 | 1.000 | 0.998 | 0.995 | 0.989 | 0.978 | 0.959 | 0.931 | 0.891 |
| 6 | 5 | 1.000 | 1.000 | 1.000 | 1.000 | 1.000 | 1.000 | 1.000 | 1.000 | 1.000 | 1.000 | 1.000 | 1.000 | 1.000 | 0.999 | 0.998 | 0.996 | 0.992 | 0.984 |
| 7 | 0 | 0.932 | 0.868 | 0.808 | 0.751 | 0.698 | 0.648 | 0.602 | 0.558 | 0.517 | 0.478 | 0.321 | 0.210 | 0.133 | 0.082 | 0.049 | 0.028 | 0.015 | 0.008 |
| 7 | 1 | 0.998 | 0.992 | 0.983 | 0.971 | 0.956 | 0.938 | 0.919 | 0.897 | 0.875 | 0.850 | 0.717 | 0.577 | 0.445 | 0.329 | 0.234 | 0.159 | 0.102 | 0.063 |
| 7 | 2 | 1.000 | 1.000 | 0.999 | 0.998 | 0.996 | 0.994 | 0.990 | 0.986 | 0.981 | 0.974 | 0.926 | 0.852 | 0.756 | 0.647 | 0.532 | 0.420 | 0.316 | 0.227 |
| 7 | 3 | 1.000 | 1.000 | 1.000 | 1.000 | 1.000 | 1.000 | 0.999 | 0.999 | 0.998 | 0.997 | 0.988 | 0.967 | 0.929 | 0.874 | 0.800 | 0.710 | 0.608 | 0.500 |
| 7 | 4 | 1.000 | 1.000 | 1.000 | 1.000 | 1.000 | 1.000 | 1.000 | 1.000 | 1.000 | 1.000 | 0.999 | 0.995 | 0.987 | 0.971 | 0.944 | 0.904 | 0.847 | 0.773 |

续表

| n | x | 0.01 | 0.02 | 0.03 | 0.04 | 0.05 | 0.06 | 0.07 | 0.08 | 0.09 | 0.10 | 0.15 | 0.20 | 0.25 | 0.30 | 0.35 | 0.40 | 0.45 | 0.50 |
|---|---|---|---|---|---|---|---|---|---|---|---|---|---|---|---|---|---|---|---|
| | | ← | | | | | | | | | p | | | | | | | | → |
| 7 | 5 | 1.000 | 1.000 | 1.000 | 1.000 | 1.000 | 1.000 | 1.000 | 1.000 | 1.000 | 1.000 | 1.000 | 1.000 | 0.999 | 0.996 | 0.991 | 0.981 | 0.964 | 0.938 |
| 7 | 6 | 1.000 | 1.000 | 1.000 | 1.000 | 1.000 | 1.000 | 1.000 | 1.000 | 1.000 | 1.000 | 1.000 | 1.000 | 1.000 | 1.000 | 0.999 | 0.998 | 0.996 | 0.992 |
| 8 | 0 | 0.923 | 0.851 | 0.784 | 0.721 | 0.663 | 0.610 | 0.560 | 0.513 | 0.470 | 0.430 | 0.272 | 0.168 | 0.100 | 0.058 | 0.032 | 0.017 | 0.008 | 0.004 |
| 8 | 1 | 0.997 | 0.990 | 0.978 | 0.962 | 0.943 | 0.921 | 0.897 | 0.870 | 0.842 | 0.813 | 0.657 | 0.503 | 0.367 | 0.255 | 0.169 | 0.106 | 0.063 | 0.035 |
| 8 | 2 | 1.000 | 1.000 | 0.999 | 0.997 | 0.994 | 0.990 | 0.985 | 0.979 | 0.971 | 0.962 | 0.895 | 0.797 | 0.679 | 0.552 | 0.428 | 0.315 | 0.220 | 0.145 |
| 8 | 3 | 1.000 | 1.000 | 1.000 | 1.000 | 1.000 | 0.999 | 0.999 | 0.998 | 0.997 | 0.995 | 0.979 | 0.944 | 0.886 | 0.806 | 0.706 | 0.594 | 0.477 | 0.363 |
| 8 | 4 | 1.000 | 1.000 | 1.000 | 1.000 | 1.000 | 1.000 | 1.000 | 1.000 | 1.000 | 1.000 | 0.997 | 0.990 | 0.973 | 0.942 | 0.894 | 0.826 | 0.740 | 0.637 |
| 8 | 5 | 1.000 | 1.000 | 1.000 | 1.000 | 1.000 | 1.000 | 1.000 | 1.000 | 1.000 | 1.000 | 1.000 | 0.999 | 0.996 | 0.989 | 0.975 | 0.950 | 0.912 | 0.855 |
| 8 | 6 | 1.000 | 1.000 | 1.000 | 1.000 | 1.000 | 1.000 | 1.000 | 1.000 | 1.000 | 1.000 | 1.000 | 1.000 | 1.000 | 0.999 | 0.996 | 0.991 | 0.982 | 0.965 |
| 8 | 7 | 1.000 | 1.000 | 1.000 | 1.000 | 1.000 | 1.000 | 1.000 | 1.000 | 1.000 | 1.000 | 1.000 | 1.000 | 1.000 | 1.000 | 1.000 | 0.999 | 0.998 | 0.996 |
| 9 | 0 | 0.914 | 0.834 | 0.760 | 0.693 | 0.630 | 0.573 | 0.520 | 0.472 | 0.428 | 0.387 | 0.232 | 0.134 | 0.075 | 0.040 | 0.021 | 0.010 | 0.005 | 0.002 |
| 9 | 1 | 0.997 | 0.987 | 0.972 | 0.952 | 0.929 | 0.902 | 0.873 | 0.842 | 0.809 | 0.775 | 0.599 | 0.436 | 0.300 | 0.196 | 0.121 | 0.071 | 0.039 | 0.020 |
| 9 | 2 | 1.000 | 0.999 | 0.998 | 0.996 | 0.992 | 0.986 | 0.979 | 0.970 | 0.960 | 0.947 | 0.859 | 0.738 | 0.601 | 0.463 | 0.337 | 0.232 | 0.150 | 0.090 |
| 9 | 3 | 1.000 | 1.000 | 1.000 | 1.000 | 0.999 | 0.999 | 0.998 | 0.996 | 0.994 | 0.992 | 0.966 | 0.914 | 0.834 | 0.730 | 0.609 | 0.483 | 0.361 | 0.254 |
| 9 | 4 | 1.000 | 1.000 | 1.000 | 1.000 | 1.000 | 1.000 | 1.000 | 1.000 | 0.999 | 0.999 | 0.994 | 0.980 | 0.951 | 0.901 | 0.828 | 0.733 | 0.621 | 0.500 |
| 9 | 5 | 1.000 | 1.000 | 1.000 | 1.000 | 1.000 | 1.000 | 1.000 | 1.000 | 1.000 | 1.000 | 0.999 | 0.997 | 0.990 | 0.975 | 0.946 | 0.901 | 0.834 | 0.746 |
| 9 | 6 | 1.000 | 1.000 | 1.000 | 1.000 | 1.000 | 1.000 | 1.000 | 1.000 | 1.000 | 1.000 | 1.000 | 1.000 | 0.999 | 0.996 | 0.989 | 0.975 | 0.950 | 0.910 |
| 9 | 7 | 1.000 | 1.000 | 1.000 | 1.000 | 1.000 | 1.000 | 1.000 | 1.000 | 1.000 | 1.000 | 1.000 | 1.000 | 1.000 | 1.000 | 0.999 | 0.996 | 0.991 | 0.980 |
| 9 | 8 | 1.000 | 1.000 | 1.000 | 1.000 | 1.000 | 1.000 | 1.000 | 1.000 | 1.000 | 1.000 | 1.000 | 1.000 | 1.000 | 1.000 | 1.000 | 1.000 | 0.999 | 0.998 |
| 10 | 0 | 0.904 | 0.817 | 0.737 | 0.665 | 0.599 | 0.539 | 0.484 | 0.434 | 0.389 | 0.349 | 0.197 | 0.107 | 0.056 | 0.028 | 0.013 | 0.006 | 0.003 | 0.001 |
| 10 | 1 | 0.996 | 0.984 | 0.965 | 0.942 | 0.914 | 0.882 | 0.848 | 0.812 | 0.775 | 0.736 | 0.544 | 0.376 | 0.244 | 0.149 | 0.086 | 0.046 | 0.023 | 0.011 |
| 10 | 2 | 1.000 | 0.999 | 0.997 | 0.994 | 0.988 | 0.981 | 0.972 | 0.960 | 0.946 | 0.930 | 0.820 | 0.678 | 0.526 | 0.383 | 0.262 | 0.167 | 0.100 | 0.055 |
| 10 | 3 | 1.000 | 1.000 | 1.000 | 1.000 | 0.999 | 0.998 | 0.996 | 0.994 | 0.991 | 0.987 | 0.950 | 0.879 | 0.776 | 0.650 | 0.514 | 0.382 | 0.266 | 0.172 |
| 10 | 4 | 1.000 | 1.000 | 1.000 | 1.000 | 1.000 | 1.000 | 1.000 | 0.999 | 0.999 | 0.998 | 0.990 | 0.967 | 0.922 | 0.850 | 0.751 | 0.633 | 0.504 | 0.377 |
| 10 | 5 | 1.000 | 1.000 | 1.000 | 1.000 | 1.000 | 1.000 | 1.000 | 1.000 | 1.000 | 1.000 | 0.999 | 0.994 | 0.980 | 0.953 | 0.905 | 0.834 | 0.738 | 0.623 |

# 附　录　P
# 指数分布

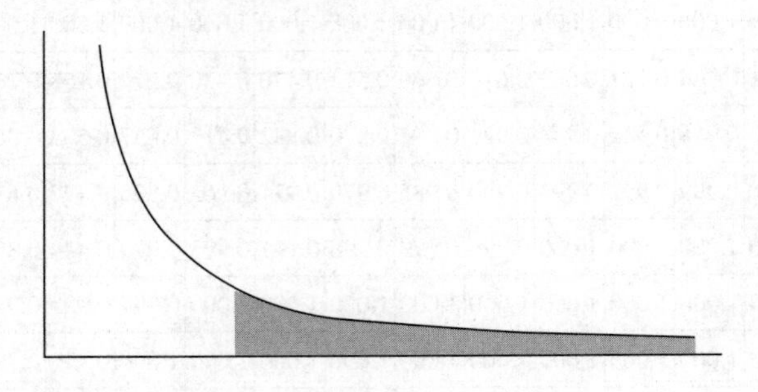

## 指数分布

| *X* | *X* 的左侧区域 | *X* 的右侧区域 |
|---|---|---|
| 0 | 0.000 00 | 1.000 00 |
| 0.1 | 0.095 16 | 0.904 84 |
| 0.2 | 0.181 27 | 0.818 73 |
| 0.3 | 0.259 18 | 0.740 82 |
| 0.4 | 0.329 68 | 0.670 32 |
| 0.5 | 0.393 47 | 0.606 53 |
| 0.6 | 0.451 19 | 0.548 81 |
| 0.7 | 0.503 41 | 0.496 59 |
| 0.8 | 0.550 67 | 0.449 33 |
| 0.9 | 0.593 43 | 0.406 57 |
| 1 | 0.632 12 | 0.367 88 |
| 1.1 | 0.667 13 | 0.332 87 |
| 1.2 | 0.698 81 | 0.301 19 |
| 1.3 | 0.727 47 | 0.272 53 |
| 1.4 | 0.753 40 | 0.246 60 |
| 1.5 | 0.776 87 | 0.223 13 |
| 1.6 | 0.798 10 | 0.201 90 |
| 1.7 | 0.817 32 | 0.182 68 |
| 1.8 | 0.834 70 | 0.165 30 |
| 1.9 | 0.850 43 | 0.149 57 |
| 2 | 0.864 66 | 0.135 34 |
| 2.1 | 0.877 54 | 0.122 46 |
| 2.2 | 0.889 20 | 0.110 80 |
| 2.3 | 0.899 74 | 0.100 26 |

续表

| X | X 的左侧区域 | X 的右侧区域 |
|---|---|---|
| 2.4 | 0.909 28 | 0.090 72 |
| 2.5 | 0.917 92 | 0.082 08 |
| 2.6 | 0.925 73 | 0.074 27 |
| 2.7 | 0.932 79 | 0.067 21 |
| 2.8 | 0.939 19 | 0.060 81 |
| 2.9 | 0.944 98 | 0.055 02 |
| 3 | 0.950 21 | 0.049 79 |
| 3.1 | 0.954 95 | 0.045 05 |
| 3.2 | 0.959 24 | 0.040 76 |
| 3.3 | 0.963 12 | 0.036 88 |
| 3.4 | 0.966 63 | 0.033 37 |
| 3.5 | 0.969 80 | 0.030 20 |
| 3.6 | 0.972 68 | 0.027 32 |
| 3.7 | 0.975 28 | 0.024 72 |
| 3.8 | 0.977 63 | 0.022 37 |
| 3.9 | 0.979 76 | 0.020 24 |
| 4 | 0.981 68 | 0.018 32 |
| 4.1 | 0.983 43 | 0.016 57 |
| 4.2 | 0.985 00 | 0.015 00 |
| 4.3 | 0.986 43 | 0.013 57 |
| 4.4 | 0.987 72 | 0.012 28 |
| 4.5 | 0.988 89 | 0.011 11 |
| 4.6 | 0.989 95 | 0.010 05 |
| 4.7 | 0.990 90 | 0.009 10 |
| 4.8 | 0.991 77 | 0.008 23 |
| 4.9 | 0.992 55 | 0.007 45 |
| 5 | 0.993 26 | 0.006 74 |
| 5.1 | 0.993 90 | 0.006 10 |
| 5.2 | 0.994 48 | 0.005 52 |
| 5.3 | 0.995 01 | 0.004 99 |
| 5.4 | 0.995 48 | 0.004 52 |
| 5.5 | 0.995 91 | 0.004 09 |
| 5.6 | 0.996 30 | 0.003 70 |
| 5.7 | 0.996 65 | 0.003 35 |
| 5.8 | 0.996 97 | 0.003 03 |
| 5.9 | 0.997 26 | 0.002 74 |
| 6 | 0.997 52 | 0.002 48 |

# 附 录 Q

# 中位秩

| n | 1 | 2 | 3 | 4 | 5 | 6 | 7 | 8 | 9 | 10 | 11 | 12 |
|---|---|---|---|---|---|---|---|---|---|---|---|---|
| 1 | 0.500 | 0.292 | 0.206 | 0.159 | 0.130 | 0.109 | 0.095 | 0.083 | 0.074 | 0.067 | 0.061 | 0.056 |
| 2 | | 0.708 | 0.500 | 0.386 | 0.315 | 0.266 | 0.230 | 0.202 | 0.181 | 0.163 | 0.149 | 0.137 |
| 3 | | | 0.794 | 0.614 | 0.500 | 0.422 | 0.365 | 0.321 | 0.287 | 0.260 | 0.237 | 0.218 |
| 4 | | | | 0.841 | 0.685 | 0.578 | 0.500 | 0.440 | 0.394 | 0.356 | 0.325 | 0.298 |
| 5 | | | | | 0.870 | 0.734 | 0.635 | 0.560 | 0.500 | 0.452 | 0.412 | 0.379 |
| 6 | | | | | | 0.891 | 0.770 | 0.679 | 0.606 | 0.548 | 0.500 | 0.460 |
| 7 | | | | | | | 0.905 | 0.798 | 0.713 | 0.644 | 0.588 | 0.540 |
| 8 | | | | | | | | 0.917 | 0.819 | 0.740 | 0.675 | 0.621 |
| 9 | | | | | | | | | 0.926 | 0.837 | 0.763 | 0.702 |
| 10 | | | | | | | | | | 0.933 | 0.851 | 0.782 |
| 11 | | | | | | | | | | | 0.939 | 0.863 |
| 12 | | | | | | | | | | | | 0.944 |

| n | 13 | 14 | 15 | 16 | 17 | 18 | 19 | 20 | 21 | 22 | 23 | 24 |
|---|---|---|---|---|---|---|---|---|---|---|---|---|
| 1 | 0.052 | 0.049 | 0.045 | 0.043 | 0.040 | 0.038 | 0.036 | 0.034 | 0.033 | 0.031 | 0.030 | 0.029 |
| 2 | 0.127 | 0.118 | 0.110 | 0.104 | 0.098 | 0.092 | 0.088 | 0.083 | 0.079 | 0.076 | 0.073 | 0.070 |
| 3 | 0.201 | 0.188 | 0.175 | 0.165 | 0.155 | 0.147 | 0.139 | 0.132 | 0.126 | 0.121 | 0.115 | 0.111 |
| 4 | 0.276 | 0.257 | 0.240 | 0.226 | 0.213 | 0.201 | 0.191 | 0.181 | 0.173 | 0.165 | 0.158 | 0.152 |
| 5 | 0.351 | 0.326 | 0.305 | 0.287 | 0.270 | 0.255 | 0.242 | 0.230 | 0.220 | 0.210 | 0.201 | 0.193 |
| 6 | 0.425 | 0.396 | 0.370 | 0.348 | 0.328 | 0.310 | 0.294 | 0.279 | 0.266 | 0.254 | 0.244 | 0.234 |
| 7 | 0.500 | 0.465 | 0.435 | 0.409 | 0.385 | 0.364 | 0.345 | 0.328 | 0.313 | 0.299 | 0.286 | 0.275 |
| 8 | 0.575 | 0.535 | 0.500 | 0.470 | 0.443 | 0.418 | 0.397 | 0.377 | 0.360 | 0.344 | 0.329 | 0.316 |
| 9 | 0.649 | 0.604 | 0.565 | 0.530 | 0.500 | 0.473 | 0.448 | 0.426 | 0.407 | 0.388 | 0.372 | 0.357 |
| 10 | 0.724 | 0.674 | 0.630 | 0.591 | 0.557 | 0.527 | 0.500 | 0.475 | 0.453 | 0.433 | 0.415 | 0.398 |
| 11 | 0.799 | 0.743 | 0.695 | 0.652 | 0.615 | 0.582 | 0.552 | 0.525 | 0.500 | 0.478 | 0.457 | 0.439 |
| 12 | 0.873 | 0.813 | 0.760 | 0.713 | 0.672 | 0.636 | 0.603 | 0.574 | 0.547 | 0.522 | 0.500 | 0.480 |
| 13 | 0.948 | 0.882 | 0.825 | 0.774 | 0.730 | 0.690 | 0.655 | 0.623 | 0.593 | 0.567 | 0.543 | 0.520 |
| 14 | | 0.951 | 0.890 | 0.835 | 0.787 | 0.745 | 0.706 | 0.672 | 0.640 | 0.612 | 0.585 | 0.561 |
| 15 | | | 0.955 | 0.896 | 0.845 | 0.799 | 0.758 | 0.721 | 0.687 | 0.656 | 0.628 | 0.602 |

续表

| n | 13 | 14 | 15 | 16 | 17 | 18 | 19 | 20 | 21 | 22 | 23 | 24 |
|---|---|---|---|---|---|---|---|---|---|---|---|---|
| 16 | | | | 0.957 | 0.902 | 0.853 | 0.809 | 0.770 | 0.734 | 0.701 | 0.671 | 0.643 |
| 17 | | | | | 0.960 | 0.908 | 0.861 | 0.819 | 0.780 | 0.746 | 0.714 | 0.684 |
| 18 | | | | | | 0.962 | 0.912 | 0.868 | 0.827 | 0.790 | 0.756 | 0.725 |
| 19 | | | | | | | 0.964 | 0.917 | 0.874 | 0.835 | 0.799 | 0.766 |
| 20 | | | | | | | | 0.966 | 0.921 | 0.879 | 0.842 | 0.807 |
| 21 | | | | | | | | | 0.967 | 0.924 | 0.885 | 0.848 |
| 22 | | | | | | | | | | 0.969 | 0.927 | 0.889 |
| 23 | | | | | | | | | | | 0.970 | 0.930 |
| 24 | | | | | | | | | | | | 0.971 |

# 术语汇编

## A

**accelerated life testing, 加速寿命试验**——一项技术，在这项技术中产品在高于设计应力下进行试验，以图失效尽早出现的一项技术。

**accuracy, 精度**——试验结果或测量结果与真值的接近程度。

**alias, 假名**——一种后果，在某种设计的试验中它与另外一个后果完全混杂在一起，假名是混杂的结果，此种混杂可以是故意、也可以不是故意的。

**$\alpha$（阿法）**——①在处理一个检验的显著性水平时，$\alpha$ 是发生第Ⅰ类错误的概率或风险的最大值险；②在过程没有改变时（在通常意义下使用 $\alpha$ 或在检验中所得的 $P$ 值时），$\alpha$ 是错误认定过程均值发生了漂移的概率或风险；③ $\alpha$ 常被设计为生产方风险。

**alternative hypothesis, 备设假设 $H_a$**——一种假设，若原假设 $H_0$ 被拒绝时，此种假设 $H_a$ 就被接受。例如：若原假设 $H_a$: 某总体的统计模型是正态分布，则相应的备择假设 $H_a$ 为该总体的设计模型不是正态分布，则相应的备择假设 $H_a$ 为该总体的统计模型不是正态分布。注 1: 备择假设是与原假设相抵触的一个命题，相应的检验统计量在原假设和备择假设间被用来作决策之用；注 2: 备择假设也可用 $H_1$、$H_A$、$H^A$ 等表示，没有偏好，只要与原假设的符号相适应即可。

**analysis of covariance(ANCOVA), 协方差分析**——一项技术。在有一个或多个伴随变量影响着响应变量时，对其处理的后果所作的估计和检验的一项技术。注：协方差分析可看作是回归分析和方差分析的组合。

**analysis of variance(ANOVA), 方差分析**——一项技术，用组间方差去确认多个组内均值是否存在统计显著性差异的一项技术。

**Arrhenius model, Arrhenius, 模型**——加速寿命试验中在温度与失效率间建立关系所使用的一项技术。

**attribute, 属性**——一种可计数或可分类的质量特性，在性质上，定性的比定量的更适合一些。

**availability, 可用性**——在一定状态条件下使用时，系统或设备在任意时间上都满足可运转的概率。这里所考察的时间包括运转时间、有效的修理时间、管理时间和逻辑时间。

## B

**balanced design, 平衡设计**——一种设计，它的所有处理组合都有相同的观察次数。假如在一个设计里存在重复，它要成为平衡的仅需对所有处理组合的交叉部分都要有重复。换句话说，每个处理组合的重复数是相同的。

**balanced incomplete block (BIB) design, 平衡不完全区组设计**——一种特殊

的不完全区组设计，把某因子的Ⅰ个水平按如下方法分到b个区组中去：①每个区组含有不同水平数相等，均为 $k(k \leqslant \mathrm{I})$；②每个水平在不同区组里出现次数相等，均为 $r(r \leqslant b)$；③每对水平在不同区组相遇次数相同，均为 $\lambda$。这样的不完全区组设计称为平衡不完全区组设计。例如，一个因子有5个水平，若把它们均衡地放入10个区组里去，其BIB设计如下（打√处要做试验）：

| 水平号 \ 区组号 | 1 | 2 | 3 | 4 | 5 | 6 | 7 | 8 | 9 | 10 |
|---|---|---|---|---|---|---|---|---|---|---|
| 1 | √ | √ | √ | √ | √ | √ | | | | |
| 2 | √ | √ | √ | | | | √ | √ | √ | |
| 3 | √ | | | √ | √ | | √ | √ | | √ |
| 4 | | √ | | √ | | √ | √ | | √ | √ |
| 5 | | | √ | | √ | √ | | √ | √ | √ |

在这个BIB设计中有：

$$I=5,\ b=5,\ k=3,\ r=6,\ \lambda=3$$

这个BIB设计共做30次试验，比完全区组设计要作5×10=50次试验要少2/5。(增加一些说明和例子便于理解——译者注)

**batch, 批量**——某种产品在相同条件下累计生产量，或从某个共同来源的累积量。这个词有用时批（lot）表示。

***β*(Beta)**——发生第Ⅱ类错误概率或风险的最大值（见 $\alpha$ 注译）。当过程有改变时，认为过程均值没有发生漂移的错误决策的概率或风险。$\beta$ 常称为使用方风险。见**势函数曲线**。

**bias, 偏差**——试验结果均值或测量结果均值与真值之间的差。

**BIB**——见**平衡不完全区组设计**。

**bimodal, 二元模式**——有两个不同的统计模式。

**binominal distribution, 二项分布**—— 一个二参数离散分布，其均值 $\mu$ 与方差 $\sigma^2$ 可由概率 $p(0<p<1)$ 和样本量 $n$ 确定：$\mu=np,\ \sigma^2=np(1-p)$。

**blemish, 瑕疵**—— 一种不完美的缺陷，其出现是可识别的，但它不会丧失功能和使用。

**block, 区组**——在全部试验单元中把较为相似的单元汇集成的组称为区组。在某些特定场合，若全部试验单元按此想法可分为若干个区组，这些区组又可组成一个新的因子——区组因子——参加到分析中去，可以把区组间的差异分解出来并排除在误差之外，这样一来就提供一个更齐性的试验子空间。

**block diagram(或 reliability block diagram［RBD］), 框图（或可靠性框图）**——一类图形，它描述一个系统的各部件之间的关系，如串联、并联或某种其他构形。

**block effect, 区组效应**——在试验设计中由区组产生的效应。区组效应的存在性一般说明区组化方法是适宜的、分派方式是找对的。

**blocking, 区组化**——在一个试验中含有区组的方法，使其能更宽广地应用于各种结论或使所选用的分派方式的影响最小化。试验的随机化限于在各区组内进行。

**BX life, *X*% 寿命**——某个时刻，在这个时刻在总体中有 $X$ 个百分数产品将失效。例如，产品在 100h 内有 B10 寿命是指总体的 10% 产品在 100h 运作时间内将失效。

# C

***c*(count), *c*（计数）**——在给定分类标准下，发生在固定样本量中的事件（常指不合格）数。

**capability, 能力**——为保持统计受控状态的过程的性能，见**过程能力**和**过程性能**。

**capability index, 能力指数**——见**过程能力指数**。

**chi square distribution($\chi^2$distribution), 卡方分布（$\chi^2$ 分布）**——一种正偏分布，它随自由度而变化，其最小值为 0。见附录Ⅰ。

**chi square statistics($\chi^2$ statistics), 卡方统计量（$\chi^2$ 统计量）**——在给定百分点和给定自由度下来自 $\chi^2$ 分布的值。

**chi square test($\chi^2$ test), 卡方检验（$\chi^2$ 检验）**——检验观察值与期望值间偏差的假设所用的统计量。

**coefficient of determination $R^2$, 决定系数 $R^2$**——在一个变量被另一个或多个变量的线性关系所能解释部分的波动大小的度量。决定系数就是观察值 $y$ 与拟合值 $\hat{y}$ 间相关程度的平方。它也是 $y$ 被拟合方程能解释的波动部分。

**coefficient of variation (CV), 变异系数（CV）**——相对分散度的度量。它是标准差除以均值，常用百分数表示。

**complete block, 完全区组**——能容纳全部处理组合的区组。

**completely randomized design, 完全随机化设计**——一种设计，在这种设计中诸处理被随机安排在全部试验单元里。在完全随机化设计中没有区组。

**completely randomized factorial design, 完全随机化因子设计**——一种因子设计，在这种设计中所有处理（水平组合）被随机安排在全部试验单元中，见**完全随机化设计**。

**concomitant variable, 协变量**——是一种变量或因子，它不被考察在试验设计及其分析中，但它对结果的影响将不得不考虑。

**confidence coefficient(1-$\alpha$), 置信系数（1-$\alpha$）**——见**置信水平**。

**confidence interval, 置信区间**——用两个统计量组成的区间去估计参数，并以一定概率含有参数的真值。

**confidence level(confidence coefficient)(1-$\alpha$), 置信水平（置信系数）（1-$\alpha$）**——一种概率，用两个置信限所描述的置信区间精确含有总体参数的概率。

**confidence limits, 置信限**——置信区间的端点。它具有指定的置信水平区，包含总体参数，见**置信区间**。

**confounding, 混杂**——一种影响与另一些影响或区组结合在一起，且难以区分。

**consumers's risk (*β*), 顾客风险（*β*）**——当质量水平处于不满意状态时，可按抽样接受方案仍要接收的概率。

注 1: 这样的接受是发生第Ⅱ类错误。

注 2: 顾客风险常用 $\beta$（Beta）表示。

**continuous distribution, 连续分布**——数据来自某连续尺度的分布。连续分布的例子有正态、$t$、$F$ 分布等。

**continuous scale, 连续尺度**——可能取值连在一起的尺度。

注：一种连续尺度可用分组方法转化成离散尺度，但这会导致损失某些信息。

**control plan, 控制计划**——描述系统要素的文件，其中要素是用来控制过程、产品和服务的波动，使得他们与其性能值的偏差最小化。

**correlation, 相关性**——相关性是度量两个变量间线性相依程度。它常用相关系数 $r$ 度量。见**回归分析**。

**correlation coefficient($r$), 相关系数（$r$）**——介于 -1 与 1 之间的一个数，它表示两个数集之间线性相依程度。

**covariance, 协方差**——度量两个变量的成对观察值间的相依程度大小的一个参数。

**$C_p$(process capability index),$C_p$（过程能力指数）**——描述过程能力的一个指数。它在过程处于统计受控状态下使用，它是基准区间的长度除以特性值的特定公差而得到的。

**$C_{pk}$(minimum process capability index),$C_{pk}$（最小过程能力指数）**——它是 $C_{pk_u}$（上过程能力指数）与 $C_{pk_L}$（下过程能力指数）中的较小值。

**$C_{pk_L}$(lower process capability index;$C_{p_L}$),$C_{pk_L}$（下过程能力指数;$C_{p_L}$）**——它是对下规范限而描述的过程能力指数。

**$C_{pk_u}$(upper process capability index,$C_{p_u}$),$C_{pk_u}$（上过程能力指数;$C_{pu}$）**——它是对上规范限而描述的过程能力指数。

**critical value, 临界值**——它是检验统计量的数值，它决定了拒绝域。

**CTQ**——见**关键质量特性**。

**cube point, 立体点**——它是设计中的设计点，它是设计空间的角点。一般而言，因子设计仅由若干立体点组成。它们也存在于部分因子设计和某些中心组合设计中。

**cumulative frequency distribution, 累积频数分布**——累计到分布中某类的上界频数之和。

**cumulative sum chart (CUSUM chart), 累积和控制图（CUSUM 控制图）**——CUSUM 控制图是在可测的水平上计算从目标值到出现漂移的偏差的累积和，然后与控制限比较作出判断。

**CV**——见**变异系数**。

# D

**defect, 缺陷**——与预期的或指定的要求不符合。

**defective(defective unit), 不合格（品）**——具有一个或多个缺陷的产品。

**defects per million opportunities (DPMO), 每百万机会中的缺陷数（DPMO）**

——衡量离散（属性）数据能力的一个指数，它是用缺陷发生数除以缺陷机会数，然后把机会数调整到一百万次而得。它可用来比较不同类型产品的质量高低。

**defects per unit (DPU), 单位产品缺陷数（DPU）**——衡量离散（属性）数据的一个指数，它是用缺陷数除以单位产品数而得到。

**degrees of freedom (*v,df*) 自由度 (*v,df*)**——通常，它是独立变量个数，用于估计特定参数，这些参数可引导人们进入某些分布表。

**dependability, 信赖性**——产品在任务开始时给出可用性的条件下，在任何（随机）时间和指定的任务断面上执行要求功能的可操作性和有能力的程度的度量。

**dependent variable, 相依变量**——见**响应变量**。

**design of experiments(DOE,DOX), 试验设计（DOE,EOX）**——一种安排，在这种安排下产生一张试验计划，包括选择因子组合及它们的水平。

**design space, 设计空间**——用所选出的因子及其水平构成的可能处理组合组成的多维区域。

**designated imperfection(Δ), 设计瑕疵 (Δ)**——一类瑕疵，由于类型、大小、严重性不同，这些瑕疵要当作一件事来处理以实现控制意图。

**deviation(measurement usage), 波动（测量用语）**——是指测量值与它的状态值或预期值之间的差别。

**discrete distribution, 离散分布**——数据来自离散尺度的概率分布。离散分布的例子是二项分布和泊松分布，属性数据包含在离散分布内。

**discrete scale, 离散尺度**——仅能度量一组或一系列孤立值的尺度。例如：单位产品缺陷数、给定时间段内发生的事件数、缺陷的类型、驾驶证号。

**discrimination, 区别**——见**分辨力**。

**dispersion, 分散性**——波动的同义词。

**dispersion effect, 分散效应**——单个因子对响应变量的方差的影响大小。

**dot plot, 打点图**——一种频数分布图，其值在 $x$ 轴上打点，在 $y$ 轴上累计。每当有一个值发生就在该值上打点。

**DOE**——见**试验设计**。

**durability, 耐久性**——使用寿命的度量。

# E

**EDA**——见**探索性数据分析**。

**effect, 后果**——采取一项行动的结果，当一项行动被采用或在进行时，期望或预测的影响。一些后果是症状、缺陷，或问题。见**原因**。

**effect(design of experiments usage), 效应（试验设计用语）**——在因子与响应变量间的关系。特别类型含有主效应、散度效应、交互效应等。

**element, 元素**——见**单元**。

**event, 事件**——指某些属性或结果发生。在质量领域内常指不合格。

**evolutionary operation(EVOP), 进化操作（EVOP）**——在生产设备处于常规生

产状态下试验实施的一种序贯形式。因子的波动范围常很小，这是为了回避在安装中极端变化，于是它常要求作多次重复。

**experiment space, 试验空间**——见**设计空间**。

**experiment error, 试验误差**——响应变量的波动，它是由于因子、区组、或其他原因在试验产品中积累而形成的。

**exploratory data analysis(EDA), 探索性数据分析（EDA）**——从数据本身出发，不拘泥于分布模型的假设而灵活使用各种方法和图表来探究数据的规律，展示分析者的聪明才智。

**eyring model, Eyring 模型**——在加速寿命试验中的一个加速模型，常用温度作加速因素。

# F

$F_{\nu_1,\nu_2}$——F 检验统计量，见 **F 检验**。

$F_{\nu_1,\nu_2\alpha}$——F 检验的临界值，见 **F 检验**。

**F distribution, F 分布**——一种连续分布，用于描述两独立方差比的分布。分布的精确值可见附录 F、G 和 H。

**F test, F 检验**——利用 F 分布所作的一种统计检验。当所作处理的假设涉及两个方差比时，最常用这个检验。

**factor, 因子**——预测者手中的变量，随着它对响应度量的影响而改变自己。

**factor level, 因子水平**——见**水平**。

**factorial design, 因子设计**——一种由所有可能处理组成的一种试验设计方案，它可产生于两个或多个因子，每个因子有两个或多个水平。当所有可能组合都运行时，其主效应和交互效应都可被评估出来。

**failure, 失效**——一个零件、一件产品或一项服务在完成它需要的功能时失去能力。

**failure mechanism, 失效机理**——发生缺陷或失效的物理的、化学的、或机械的原理。

**failure mode, 失效模式**——致使失效发生的缺陷类型。

**failure rate, 失效率**——单位时间（或相等时间区间）上的失效数。

**first quartile($Q_1$, lower quartile), 第一四位分数（$Q_1$ 或下四分位数）**——一组数据中位于低端的四分位数。见**四分位数**。

**fixed factor, 固定因子**——仅有有限个感兴趣水平的一个因子。

**fixed model, 固定模型**——仅含固定因子的模型。

**flowchart, 流程图**——一种基本的质量工具，它用图形表示过程中的各个阶段。有效的流程图包括决定、输入、输出、以及过程各个阶段。

**fractional factorial design, 部分因子设计**——由因子设计的某个子集（部分）组成的一个试验设计。

**frequency, 频数**——在特定的类中、样本中、或总体中发生的次数或观察值个数。

**frequency distribution, 频数分布**——所有各种各样值的全体，其中个别观察值在样本或总体中出现频数可能不止一次。

# G

**gage R&R study, 量具的重复性与再现性(R&R)的研究**——一种测量系统分析，它可对试验方法或测量系统的性能做出评估。这项研究在数量上给出测量结构的能力和限制，常用来估计重复性和再现性。

**Gaussian distribution, 高斯分布**——见**正态分布**。

**generator 发生器**——在试验设计中发生器是用来确定混杂的程度和在部分因子设计中的假名式样。

**geometric distribution, 几何分布**——是一种离散分布，它是负二项分布在 $c=1$ 时的特例（$c$ 为整参数）。

**Gopertz model, Gopertz 模型**——用于计算可靠性增长的一种模型。

# H

$H_0$——见**原假设**。

$H_1$——见**备择假设**。

$H_A$——见**备择假设**。

**hazard rate, 危险率**——在某特定时刻 $t$ 的瞬时失效率。

**histogram, 直方图**——是一种频数分布图，外形是一些矩形连结而成，这些矩形的底是相等的区间，其区域的量与频数成比例。

**hypothesis, 假设**——为检验而设置的有关总体的一个命题。见**原假设、备择假设、假设检验**。

**hypothesis testing, 假设检验**——统计假设是关于总体参数的一种猜想。对某种情况都存在两个统计假设：原假设 $H_0$ 和备择假设 $H_a$。原假设成立时在样本所在总体与特定总体间不存在差别，而备择假设成立时在样本所在总体与特定总体间存在差别。

# I

**independent variable, 独立变量**——见**预测变量**。

**inherent process variation, 过程固有波动**——当过程处于统计受控状态时在过程中存有的波动。

**input variable, 输入变量**——在过程的波动中可能作出贡献的变量。

**interaction effect, 交互效应**——它是这样一种效应，一个因子对响应变量的影响出现依赖于一个或多个另外因子。一个交互效应的存在意味着诸因子不可以彼此独立地改变水平。

**interaction plot, 交互作用图**——在两个不同因子的水平组合上提供平均响应的

图形。

**intercept, 截距**——见回归分析。

**interquartile range(IQR), 内距（IQR）**——数据中间50%所占区间的长度，可用$Q_3-Q_1$获得。

**isolated lot, 孤立批**——一个单一的批或连续批中的一段，在批中的产品是同时期生产或是收集起来的。

**isolated sequence of lot, 批的孤立序列**——一组连续的批但不是由长序列产品或连续过程生产的产品构成。

## K

**kaplan-Meier estimator, Kaplan-Meier 估计**——用于估计生存函数$S(t)=P(T>t)$，其中$T$是产品寿命。

**kurtosis, 峰度**——度量分布的尖峭和平坦的一个数字特征，它是在中心附近与正态的比较中获得的。

## L

**λ(lambta)**——失效率的符号。

**latin square design, 拉丁方设计**——一个含有3个因子的设计，在它们的水平组合中任一因子的一个水平与其他两个因子的水平仅相遇一次。不过要求3个因子水平数相同。

**least squares, method of, 最小二乘法**——一项估计参数的技术，它使残差平方和达到最小，其残差是指观察值与模型中获得的预测值之间的距离。

**level, 水平**——因子所处的状态或预测变量的值。

**level of significance, 显著性水平**——见**显著性水平（significance level）**。

**linear regression coefficients, 线性回归系数**——它是一个数，在线性回归方程中它是每个预测变量前的一个系数。它的大小告诉人们：预测变量每增加一个单位，响应变量改变了多少。

**linear regression equation, 线性回归方程**——是一个函数，它表示一组预测变量和一个响应变量间的线性关系。见**回归分析**。

**linearity(general sense), 线性（一般用语）**——一对变量间呈现直线关系的程度。线性可用相关系数度量。

**linearity(measurement system sense), 线性（测量系统用语）**——在可测量的范围内测量的偏倚也会有差别的。一个好的线性的测量系统应有固定偏倚，它不会受被测物质大小的影响。例如有一组真值的测量值，把测量值放在$y$轴上，又把真值放在$x$轴上，则一个理想的测量系统将有斜率为1的直线。

**Lloyd–Lipow model, Lloyd-Iipow 模型**——用于可靠性增长中的模型，要在疲劳是主要的失效原因时使用。

**lognormal distribution, 对数正态分布**——若 $\lg x$ 为正态分布，则 $x$ 为对数正态分布，见**正态分布**。

# M

**main effect, 主效应**——单个因子对响应变量均值的影响。

**main effect plot, 主效应图**——在单个因子的各个水平上画出平均响应值。

**maintainability, 维修性**——指产品通过维修可保持和恢复规定功能的能力，这是在有专门技能水平的人员利用规定的方法和资源对产品进行维修的条件下。

**mean life, 平均寿命**——所有被考察产品的寿命的算术平均数。这里寿命可以是故障之间的时间、修理之间的时间、移动或替换产品前的时间、或是任何其他的观察区间。

**mean time between failures(MTBF), 平均无故障工作时间（MTBF）**——失效事件间的平均时间。

**mean time to failures (MTTF), 平均失效时间（MTTF）**——用于衡量不可修产品的可靠性。它是在特定的时间段内和规定的条件下产品失效前工作时间的期望值。

**mean time to repair (MTTR), 平均修理时间（MTTR）**——维修性的一种度量。在特定时间段内和规定的条件下产品修理时间的总和除以产品修理次数。

**means, test for, 均值检验**——用于比较两个总体均值的假设检验。

**median, 中位数**——它是这样一个值，它把数据集平分为两部分，一半为较大值，另一半为较小值。中位数可提供一种估计，它对数据集中存有极端值不敏感。注：对奇数个数据，中位数就是中间的一个数；对偶数个数据，中位数就是中间两个数的平均。

**midrange, 半距**——（最大值 + 最小值）/2。

**mistake-proofing, 误解证据**——利用过程或设计的特征去预防不合格品的制造。

**mixture design, 混料设计**——一类有特殊结构的设计，其中参与设计的各预测变量之和恒为一个常量，再按配方比例把总量分到各预测变量上去，最后形成一个试验方案。

**model, 模型**——用于描述响应变量与诸预测变量间的关系，并包含一些伴随的假设。

**moving average, 移动平均**——令 $x_1, x_2, \cdots$ 表示一串个别观察值，则在步长为 $\omega$、时刻为 $i$ 处的移动平均为：

$$M_i = \frac{x_i + x_{i+1} + \ldots + x_{i-\omega+1}}{\omega}$$

***μ*(*mu*)**——见**总体均值**。

**multimodal, 多模式模型**——含有多于一个模式的模型。

**multiple linear regression, 多元线性回归**——见**回归分析**。

**multivariate control chart, 多变量控制图**——这种控制图可用 $T^2$ 统计量去组合来自多个变量的散度与均值的信息。

# N

**negative binomial distribution, 负二项分布**——含有两个参数的一种离散分布。

**noise factor, 噪声因子**——在稳健参数设计中，噪声因子是难于控制和不能控制的预测变量。但可作为标准试验条件的一部分。

**normal distribution(Gaussian distribution), 正态分布（高斯分布）**——一种连续、对称、钟形的变量频数分布。它是变量控制图的基础。

**hull hypothesis $H_0$, 原假设 $H_0$**——在样本来自的总体与某个特定总体间（或两样本各来自的总体间）没有差别就一个原假设。原假设从来不提供真实性，但可以（以一定犯错误的风险）显示它是不真实的，即差别存在于两总体之间。例如：来自均值与标准差都未知的正态分布的一个随机样本中，对均值 $\mu$ 小于或等于给定的值 $\mu_0$, 这个假设可写为 :$H_0$: $\mu \leqslant \mu_0$。

# O

**OC curve, OC 曲线**——见操作特性曲线。

**1-$\alpha$**——见置信水平。

**1-$\beta$**——检验一个假设的势是 **1-$\beta$**。它是正确拒绝原假设 $H_0$ 的概率。

**one-tailed test, 单尾检验**——仅含有分布的一个尾部的假设检验。例如：我们希望拒绝原假设 $H_0$: $\mu=\mu_0$, 仅在真实的均值 $\mu$ 小于 $\mu_0$ 时，即

$$H_0: \mu=\mu_0$$
$$H_a: \mu < \mu_0$$

单尾检验可以是右尾或左尾中的一个。这依赖于备择假设中不等式的方向。

**operating characteristic curve(OC curve), 操作特性曲线（OC 曲线）**——一条在给定的接收抽样方案中是用来表示产品接收概率与产品质量水平间关系的曲线。

**ordinal scale, 有序尺度**——标以有序类别的尺度。

**orthogonal design, 正交设计**——一类设计，其中所有成对因子在特定水平上出现相同次数。

**outlier, 异常值（离群值）**——在一组数据中极端大和极端小的值，这是在与其余数据的比较中识别的。在试图识别一个异常值时必须很小心地使用它们。

**output variable, 输出变量**——用于表示过程结果的变量。

# P

**parameter, 参数**——一个常数或系数，用来描述总体的某个特征（例如：标准差、均值）。

**Pareto chart, Pareto 图**——基于 Pareto 原则的图工具，按原因的影响从大到小排序在图上。

**Pareto principle, Pareto 原则**——这是 19 世纪后以经济学家 Vifredo Pareto 命名的

一个原则,他认为大多数影响是来自相对较少的原因,即大约80%影响来自20%的原因。

**part per million(PPM 或 ppm), 百万分之一 (PPM 或 ppm)**——每百万个产品中有一个(或每 $10^6$ 个产品中有一个)。

**Pearson' s correlation coefficient, Pearson 相关系数**——见**相关系数**。

**percentile, 百分率**——把数据集合分成100个等分。

**Poisson distribution, 泊松分布**——泊松分布描述在一个连续的时间或空间内孤立事件发生的统计规律。它仅含一个参数,所描述的分布仅依赖于均值。

**population, 总体**——所考察的全部单元、或材料、或观察值组成的集合。一个总体可以是由有限实数组成,也可以是无限个实数组成,或者是完整的一个假设,见**样本**。

**population mean ($\mu$), 总体均值($\mu$)**——总体的真实均值,常用 $\mu$(mu)表示。样本均值 $\bar{x}$ 是总体均值常用的估计量。

**population standard deviation, 总体标准差**——见**标准差**。

**population variance, 总体方差**——见**方差**。

**power, 势**——它等于1减去发生第Ⅱ类错误的概率,$1-\beta$。较高的势是与一个在统计上可找到有显著差异的较大概率相关联。低的势常发生在小样本量中。

**power curve, 势曲线**——显示拒绝原假设"样本来自具有给定特征的给定总体"的概率 $1-\beta$ 与那个特征的真实总体间的关系。

**$P_{\mathrm{p}}$(过程性能指数)**——描述过程性能在相应的特定公差中的份额的一个指数,其计算公式为:

$$P_{\mathrm{p}}=\frac{U-L}{6s}$$

其中 $s$ 是样本标准差,用来代替 $\sigma$,因为随机性的指定场合总会出现差别。注意:这里不要求过程受控。

**$P_{\mathrm{pk}_L}$(lower process performance index 或 $P_{\mathrm{p}_L}$), 低过程性能指数**——描述过程性能在相应的下规格中的份额的一个指数。对于一个对称的正态分布场合,有

$$P_{\mathrm{pk}_L}=\frac{\overline{X}-L}{3s}$$

其中 $s$ 是样本标准差。

**PPM (or ppm)** ——见**百万分之一**。

**predicted value, 预测值**——基于用公式表示的模型对未来的观察作出预测。

**prediction interval, 预测区间**——类似于置信区间,它是一个机遇预测值的区间,这个区间似乎含有未来的观察值。它要比置信区间更宽一些。因为它含有每个个别观察值的边界点,这比一组观察值的均值的边界点要多一些。

**predictor variable, 预测变量**——可对一个试验结果作出解释的变量。

**probability distribution, 概率分布**——全面地描述概率的一个函数及以这些概率发生的特定值。这些值可以是离散尺度,也可以是连续尺度。

**probability plot, 概率图**——它是有序数据对特殊垂直尺度上的样本累积频数所作的一种图形,其中特殊尺度是可以选择的(如正态、对数正态等),使得累积分布呈近似直线状。

**process, 过程**——一系列同时工作到最后的步骤。它是由相互联系的资源和把输入转换为输出的行动组合而成。它可用流程图作出图形表示。

**process capability, 过程能力**——一个产品特性的内在波动。它表示在稳定操作期内过程的最佳性能。

**process capability index, 过程能力指数**——评价一个质量特性满足其规范限要求的能力的一个数值。这个指数是在比较特性波动于其规范限中获得的。三种过程能力指数是 $C_p$、$C_{pk}$、$C_{pm}$。

**process control, 过程控制**——聚焦于完成过程要求的过程管理。过程受控也是一套方法，为保持过程处于界限内和最小化过程波动的方法。

**process performance, 过程性能**——来自过程特性的结果的测量值，该过程不要求是在统计受控的状态。

**process performance index, 过程性能指数**——评价一个质量特性满足其规范限要求的能力的一个数值。这个指数是在比较过程性能波动与其规范限中获得的，三种过程性能指数是 $P_p$、$P_{pk}$、$P_{pm}$。

**process quality, 过程质量**——来自给定过程的产品质量的一种统计度量。这种度量可以是属性（质量）的，也可以是变量（数量）的。一种常用的过程质量是过程中的不合格品的个数与比例。

**producer's risk($\alpha$), 生产方风险 $\alpha$**——在产品质量水平已达到抽样方案的要求时而被拒绝的概率。

**proportion, test for, 比率检验**——总体比率的假设检验，它要用到二项分布，比率的标准差为

$$s=\sqrt{\frac{p(1-p)}{n}}$$

其中 $p$ 为总体的比率；$n$ 为样本量。

***p*-value, *p* 值**——检验统计量的观察值不利于原假设的概率。

# Q

**$Q_1$**——见**第一四分位数**。

**qualitative data, 质量数据**——见**属性数据**。

**quality, 质量**——内在特性满足要求的程度。

**quality management, 质量管理**——对直接的和可控的与质量有关的组织进行的协调活动。这类活动一般包含建立质量政策、质量目标、质量计划、质量控制、质量保险和质量改进。

**quartiles, 四分位数**——把分布分为四部分，分点分别用 $Q_1$(第一四分位数)、$Q_2$(第二四分位数)、和 $Q_3$(第三四分位数)。注：$Q_1$ 相同于第 25 个百分位数，$Q_2$ 相同于第 50 个百分位数，即中位数，$Q_3$ 对应第 75 个百分位数。

# R

***r***——见相关系数。

***R***——见极差。

**$\bar{R}$(pronounced *r*-bar)**——平均极差，它是通过来自同一观察下一些子组极差计算得到的。

**$R^2$**——见决定系数。

***R* chart, *R* 图**——见极差图。

**random cause 随机原因**——过程波动的源泉，此种波动是过程中固有的。又称正常原因或机会原因。

**random sampling, 随机抽样**——抽样是指从某总体中 *n* 个单元组成一个样本的过程，例如总体中 *n* 个单元的所有可能组合都有同样的机会被抽出，这样的抽样为随机抽样。

**random variation, 随机波动**——来自随机原因的波动。

**randomization, 随机化**——把处理安排到试验单元中去，使得每个处理都有相同机会被安排到指定单元，这样的过程称为随机化。

**randomized block design, 随机化区组设计**——由 *b* 个区组和 *t* 个处理组成的试验设计中，再对每个区组内的 *t* 个处理作随机化分配，就得到随机化区组设计。

**range(*R*), 极差（*R*）**——分散度的一种度量，它是一个给定子组内最大值与最小值之间的差的绝对值：*R*= 最大观察值 - 最小观察值。

**range chart(*R* chart), 极差图（*R* 图）**——一种变量控制图，用子组的极差作图，从中检测出子组极差的飘移。

**rational subgroup, 合理子组**——子组内的波动可认为仅由随机原因发生。

**redundancy, 冗余度**——存在多于一项工具去完成给定的功能，而每项完成功能的工具并不要求完全相同。

**regression, 回归**——见回归分析。

**regression analysis, 回归分析**——是一项技术，它可用一个或多个预测变量去预测响应变量中的波动，回归分析是利用最小二乘法去确定线性回归系数的值和相应的模型。

**rejection region, 拒绝域**——可使原假设被拒绝的检验统计量的取值区域。

**rejection frequency, 相对频率**——发生或观察值落在指定类中的次数除以发生或观察的总次数。

**reliability, 可靠性**——产品在规定的条件下和规定的时间内完成规定功能的概率。

**repairability, 可修理性**——在给定的时间内失效系统可恢复到可操作条件的概率。

**replicate, 重复**——试验的一次重做，见**复制**。

**replication, 复制**——在给定一组预测变量的情况下，进行多于一次的试验。试验的每次复制称为重复。复制不同于重复测量，复制是在给定一组预测变量情况下整个试验进行重复，而不仅仅是对同一试验进行测量的重复。

**representative sample, 代表样本**——它可以是样本本身、或作为抽样系统的部分、或按协议书陈述被抽总体的特征和性质。

**reproducibility, 再现性**——一定条件下的精确度，其中独立测量结果是由不同的操作者使用不同设备用相同方法对同一对象测量。

**residual analysis, 残差分析**——用残差去确定统计方法中所设模型的适宜性的一种方法。

**residual plot 残差图**——在残差分析中用图形去确定统计方法中所设模型的适宜性。

**residuals, 残差**——它是指观察值与预测值之间的差。其中预测值是基于经验确定的模型而获得的。

**resolution, 分辨力**——1.最小的测量增量，其中增量可用测量系统检测出来；2.在试验设计中混杂的程度。例如，在分辨力为Ⅳ的设计中，主效应与另外两因子交互效应混杂。

**response surface design, 响应曲面设计**——一类设计，此种设计意在研究一个响应变量与一组预测变量间的函数关系。一般来说，最常用的预测变量是连续的。

**response surface methodology(RSM), 响应曲面方法**——一种方法，用试验设计、回归分析和最优化技术去确定响应变量和一组预测变量间的最佳关系。

**response variable, 响应变量**——代表试验结果的变量。

**resubmitted lot, 再提交批**——前设计的产品批没有被接收，如今想再一次提交作接收检验，为此要对产品进行检验、分类、再加工等工作。

**robust, 稳健性**——统计量或统计方法的一种特性。一个稳健的统计方法是指在标准假设有偏离时仍能给出合适的结果。一个稳健统计量在出现异常数据点或离群值时仍无多大变化。

**robust parameter design, 稳健参数设计**——目的在于减少产品或过程的性能波动的一种设计，所有方法是选择可控因子水平的适当配置使得来自噪声因子的波动不敏感。

**root cause analysis, 根本原因分析**——这是识别原因的过程。很多系统可用于分析数据，从中最后确定根本原因。

# S

$s$——见样本标准差。

$s^2$——见样本方差。

**sample, 样本**——一组单元、一部分产品、一些材料，或来自大量收集单元中的部分观察值。它们将提供用作涉及总体的一些决策的信息。

**sample mean, 样本均值**——它是随机样本中各随机变量之和除以和中的个数。

**sample size($n$), 样本量（$n$）**——样本中的抽样单元数。

**sample standard deviation, 样本标准差**——见标准差。

**sample variance, 样本方差**——见方差。

**sampling interval, 抽样区间**——在系统抽样中的一个固定区间，样本在其中，其中固定区间可以是时间区间、输出值的区间、旋转次数区间等。

**sampling plan(acceptance sampling usage), 抽样计划（接收抽样用语）**——一个特定计划，它包含样本量（$n$）和接收该批产品的临界值。注意：抽样计划不包含如何进行抽样的规则。

**scatter plot or diagram, 散点图**——一张两个变量的图形，一个在 $y$ 轴上，另一个在 $x$ 轴上。最后的图形可借助于视力来确定其形态。例如变量间显示某种关系，然后选择一个适当模型，并对其中的参数作出估计。

**service ability, 服务能力**——设备修理的容易与困难程度。

**$\sigma$(sigma)**——见**总体标准差**。

**$\sigma^2$(sigma square)**——见**总体方差**。

**$\sigma_{\bar{x}}$(sigma $x$-bar)**——样本均值 $\bar{x}$ 的标准差，又称标准误。

**$\hat{\sigma}$(sigma-hat)**——一般是指总体标准差的一种估计，给出这个估计存在多种方式，还依赖于特定应用场合。

**signal, 信号**——控制图上的一种显示，过程可能不稳定或有飘移发生。典型的表示是有点越出控制限、点的运行状态、点的运行趋势、点的上下循环等形态。

**significance level, 显著性水平**——当原假设为真时而被拒绝的概率的最大值。注意：显著性水平常用 $\alpha$ 表示，应在进行检验之前设置。

**six sigma, 六西格玛**——一种方法论，它为商业提供一种工具，以改进商业过程的能力。

**skewness, 偏度**——关于均值对称性的一种度量。正态分布的偏度为零，因为它是对称分布。

**slope, 斜率**——见**回归分析**。

**special cause, 异常原因**——过程波动的一种来源，它比另一种过程固有波动更为重要。

**specification limit(s), 规范限**——产品某一特征合格所在的界限。见**公差**。

**spread, 散度**——与波动或分散度是同义词。

**stable process, 稳定过程**——这种过程仅受到偶然原因的影响，其输出可预测在界限内。

**standard deviation, 标准差**——度量过程输出的散布大小或度量来自过程的样本内观察值的散布大小。前者的标准差用 $\sigma$ 表示，后者的标准差用 $s$ 表示。

**standard error, 标准误**——样本均值的标准差。

**statistic, 统计量**——样本的函数，基于样本数据可算得统计量的值，如子组的均值与极差。基于统计量的值可作各种推断，最常用于总体某些参数的估计。

**statistical thinking, 统计思想**——学习与行动的哲学都基于的基本原则是：

- 所有工作都发生在相互联系的过程的系统中；
- 波动存在于所有的过程中；
- 理解和减少波动是成功的关键。

**statistical tolerance interval, 统计容许区间**——区间的估计量，它由随机样本所确定，并提供一定的置信水平，使得该区间能覆盖被抽样的总体的（至少）指定比例。

# T

***t* distribution, *t* 分布**—— 一个理论分布，当总体标准差是用样本数据估计时，它在实际中被广泛地应用于样本均值的评估。它又称为学生氏 *t* 分布。

**Taguchi design, 田口设计**——见**稳健参数设计**。

**target value, 目标值**—— 一个特性被推荐的参照值，它位于规范限内。

**temperature-humidity model, 温度湿度模型**——用于加速寿命试验中，其中温度和湿度将作为主要加速应力。

**temperature-nonthermal models, 温度和非导热的模型**——用于加速寿命试验中，其中温度和其他因子将作为主要加速应力。

**test statistic, 检验统计量**——假设检验中所用的统计量。它用于确定是否拒绝原假设的统计量，其值可用样本数据算得。

**testing, 试验**—— 一项工具，可用来确定一个产品满足规定要求的能力。这可把该产品放在一组物理的、化学的、环境的，或运作的行动和条件中进行试验。

**time series, 时间序列**——在连续时间区间上不断随机取值的一串变量，这些变量或多或少有一些相互联系。

**tolerance, 公差**——上下规范限间的差。

**tolerance limits, 公差限**——见**规范限**。

**transformation, 变换**——目的在于使转换后的数据接近正态性。

**treatment, 处理**——因子水平的特定配置，供试验单元使用。

**true value, 真值**——数量特性的值，它不含任何抽样波动或测量波动。（真值从来无法精确得知，它是一个假设的概念）

***t*-test,*t* 检验**—— 一种显著性检验，它用 *t* 分布把样本均值与所假设的总体均值去作比较，或对两个总体均值作比较。

**$2^n$factorial design,$2^n$ 因子设计**——研究 *n* 个因子的设计，其中每个因子仅有两个水平。

**two-tailed test, 双尾检验**—— 一类假设检验，其拒绝域分布的两个尾部。例如，我们希望对如下一对假设作出检验，拒绝 $H_0$ 还是不拒绝 $H_0$:

$$H_0: \mu=\mu_0$$

$$H_a: \mu\neq\mu_0$$

**type Ⅰ error, Ⅰ类错误**——拒绝正确假设的概率或风险，这个概率表示为 $\alpha$（alpha），见**操作特性曲线**和**生产方风险**。

**type Ⅱ error, Ⅱ类错误**——接收错误假设的概率与风险，这个概率表示为 $\beta$（beta）。见**势曲线**和**顾客风险**。

# U

**uncertainty, 不确定性**——刻划某些值分散程度的一个参数，其中某些值在测量和特征条件下隶属于某特定量。不确定性表示为测量值或特性值的波动。它考察两种误差分量:1. 偏倚;2. 来自测量过程中难对付的随机误差。

**unique lot, 独特批**——在特殊条件下生产的产品批,与常规生产产品是不同的。

**unit, 单元**——一宗产品、材料或服务聚合在一起,以便于测量和观察。

**universe, 整体**——一组总体,这些总体常常反映被考察的产品或材料的不同特征。

## V

**variance, 方差**——度量一组数据内的波动。在工作涉及整个总体时使用的是总体方差;在工作涉及样本时,使用的是样本方差。

**Variance, test for, 方差检验**——一类检验,其原假设是不同群体的方差相等。在回归分析中常要用到不同形式的方差检验。例如,残差常用来检查等方差假设,其方差是与响应变量的观察值交叉在一起的。

**variation, 波动**——特性值间的差别。波动可以用来度量和计算差别,可以通过多种途径,如极差、标准差,或方差,如已知的**分散度**或**散布**。

## W

**warning limits, 警界限**——考察可以高概率使统计量处于受控状态,只需在控制图上的 $\pm 2\sigma$ 处设置两条警界限即可。

# 参考文献


Ireson, W. G., C. F. Combs, Jr., and R. Y. Moss. 1995. The Handbook of Reliability Engineering and Management, 2nd ed. New York: Mc Graw Hill.

Kececioglu, D. 1993. Reliability and Life Testing Handbook. Volume I. NJ: Prentice Hall.

Kececioglu,D. 2001. Reliability and Life Testing Handbook. Volume Ⅱ. Tucson, AZ: University of Arizona.

McLean, H. W. 2002. HALT, HASS, and HASA Explained: Accelerated Reliability Techniques. Milwaukee: ASQ Quality Press.

Meeker, W. G., and G. J. Hahn. 1985. How to Plan an Accelerated Life Test—Some Practical Guidelines. Volume 10. Milwaukee: ASQ Quality Press.

O'Connor, P. 2002. Practical Reliability Engineering, 4th ed. England: John Wiley.

Pecht, M., and J. Gu. 2009. "Physics-of-Failure-Based Prognostics for Electronic Product." Transactions of the Institute for Measurement and Control 31(3/4):309-22.

Tseng, S-T., and Z-C. Wen. 2000. "Step-Stress Accelerated Degradation Analysis for Highly Reliable Products." Journal of Quality Technology 32(3):209-16.

# 注册可靠性工程师
# 复习题

## 第Ⅰ部分：可靠性管理

1．可靠性工程的主要目的是

a．提高数据的可靠性　　b．提高产品的使用寿命

c．减少不合格品数　　d．保持过程受控

2．MTBF将可用于替代MTTF，假如

a．产品可修　　b．基于二元决策产品被拒绝

c．产品有常数的失效率　　d．失效是基于可测变量还不如用属性变量

3．通常质量工程功能不同于可靠性工程功能，是由于

a．质量工程比可靠性工程更依赖于数学与统计学

b．可靠性工程比质量工程使用更小的样本

c．质量工程更强调市场力量

d．可靠性工程更注重长时间框架

e．质量工程更关注量具的精度

4．专注于过程和产品开发的可靠性工程在于

a．从最早的设计阶段对设计团队提供可靠性估计

b．检测和分析单元可靠性，这要把它们脱离生产过程进行

c．获得各种设计的复本

d．对设计团队提供有关竞争者的模型的信息

5．可靠性定义中含有如下四个部分：

a．概率、时间、功能、条件

b．概率、检验参数、环境、可靠性

c．功能、失效率、使用寿命、条件

d．环境、失效率、MTBF/MTTF、功能

e．使用寿命、概率、MTBF/MTTF、试验环境

6．可靠性工程可影响组织动向的一种方式是

a．可靠性试验与分析提供有关建议的部件可顶替多个原部件的信息

b．失效率可保存在机密文件夹内

c．一串不独立失效率提供逆向诉讼的保护

d．可靠性数据可用来转变顾客的控告

7．生命周期的花费

a．培育初期的生物产品　　b．不包括维修费用

c．很少涉及可靠性工程师　　d．包括初期的购买价钱

8．QFD（质量功能展开）是

a．国际标准化维护协会，在美国是 NIST（国家标准与技术研究院）

b．用于提供课题进展报告

c．帮助建立顾客要求与设计特色之间的联系

d．用于在可靠性审计中提供使用准则

9．假如 QFD 矩阵（“质量屋”）显示两项技术要求呈负面相关，这意味着

a．一项变得更好另一项给出错误

b．在两项技术要求中不存在相关性

c．成本与质量发生冲突

d．竞争者在这两项技术要求方面都有产品

10．按通常规则，依赖于更多统计工具的一组技术是

a．QFD　　b．顾客需要评估

c．精益思想　　d．六西格玛

11．若由供应商生产的部件失效了，引出的成本增加归

a．顾客　　b．OEM 组织

c．供应商　　d．它依赖于供应商与顾客间的保证协议

12．一个可修产品的失效率为 0.00028 失效数 /h，则可作出如下结论

a．MTTF 大约是 28000h

b．MTTF 大约是 3600h

c．产品处于工作阶段

d．产品处于用坏阶段

e．上面都不是

13．某公司保证它的监视器可连续工作 3000h。若该监视器有常数失效率和 MTTF 为 20000h，则在保证期结束时监视器仍有功能的百分数大约为多少？

a．86%　　b．92%

c．1.16%　　d．36.8%

e．上面都不是

14．一个可修产品有失效率 0.0028 失效数 /h 和平均修理时间为 11.6h，其可用性为

a．0.85　　b．0.88

c．0.92　　d．0.97

e．0.99

**第Ⅱ部分：可靠性中的概率与统计**

1．在下面命题的空白处填充最佳的词：“从样本可得______值；从总体可得______值。”

a．均值，平均数　　b．参数，统计量

c．标准差，方差　　d．统计量，参数

2．若事件X的概率是0.25，事件Y的概率是0.35，那事件“X或Y”的概率是

a．0.10　　b．0.0875

c．0.60　　d．没有足够信息可给出确切的答案

3．中心极限定理指的是

a．样本均值分布的均值小于总体均值

b．样本均值分布的标准差小于总体标准差

c．样本均值分布的方差大于总体的方差

d．总体的均值等于样本均值分布的方差

利用下面的联列表

| | X | Y |
|---|---|---|
| A | 24 | 31 |
| B | 13 | 66 |

提出问题Ⅱ.4到Ⅱ.11。请在如下答案a～h中选一个作为问题Ⅱ.4至Ⅱ.11之一的答案

a．0.44　　b．0.51

c．0.27　　d．0.65

e．0.18　　f．1.00

g．0．41　　h．0

4．$P$（X）

5．$P$（A）

6．$P$（X或Y）

7．$P$（X或A）

8．$P$（X和Y）

9．$P$（X和A）

10．$P$（X | A）

11．$P$（A | X）

12．某产品寿命服从威布尔分布，其参数$\beta=1.18$和$\eta=3000$。求在500h处的产品近似可靠性

a．0.97　　b．1.02

c．0.92　　d．0.99

e．0.89　　f．上面都不是

13．事件X和Y相互独立，且$P$（X）$=0.25$，$P$（Y）$=0.35$，求$P$（X和Y）

a．0.605　　b．0.0875

c．0.250　　d．0.5125

14．事件X与Y相互独立，且$P$（X）$=0.25$，$P$（Y）$=0.35$，求$P$（X或Y）。

a．0.605　　b．0.0875

c．0.250　　d．0.5125

15．两类泊松过程模型分别被称为齐次的和非齐次的。这两类模型间的差别是

a．齐次模型是在各种 $x$ 值间更均匀地混合

b．非齐次模型很少取零值

c．齐次模型对 $\lambda$ 是常数

d．非齐次模型中 $\lambda$ 更趋向于较宽的置信区间

16．非参数统计方法使用在

a．均值确切的值和模式都是未知的

b．基本分布未知

c．缺失某些样本统计量

d．总体参数与样本统计量不匹配

17．某总体有 $\sigma = 6$，为了寻求均值的95%的置信区间，使其总宽度为20，将要求的样本量是

a．14　　b．24

c．37　　d．142

**第Ⅲ部分：设计和开发中的可靠性**

1．在应力强度分析中，利用以下数据计算其可靠性。

| | 均值 | 标准差 |
|---|---|---|
| 强度 | 126 | 10 |
| 应力 | 92 | 12 |

a．0.985　　b．0.977

c．0.955　　d．0.928

2．当应力－强度分析结果处于不可接受的可靠性的值，设计团队可用什么方法去改进它

a．增加应力　　b．增加强度

c．减少强度　　d．对应力和强度都增加标准差

3．两位竞争设计者A与B在进行开发，对一个特定失效，一个DFMEA已经建立起来。请利用下面数据为最佳设计作决策，另一种可能是两者相同：

| | A | B |
|---|---|---|
| O | 5 | 8 |
| S | 8 | 2 |
| D | 4 | 9 |

a．A　　b．B

c．都不是

4．一次故障树分析（FTA）常发生

a．一组统计数据

b．显示原因等级的框图

c．对设计选择的相对成本的报告

d．对特定的行动计划持赞成 / 反对的清单

5．一项全因子试验中有两个因子，每个因子有 3 个水平，该试验应进行多少次试验？

a．6 b．8

c．9 d．12

6．一项全因子试验中有两个因子，每个因子有 3 个水平。试验结果列于下表中

| 试验号 | A | B | 响应值 |
|---|---|---|---|
| 1 | 1 | 1 | 27 |
| 2 | 1 | 2 | 22 |
| 3 | 1 | 3 | 19 |
| 4 | 2 | 1 | 28 |
| 5 | 2 | 2 | 26 |
| 6 | 2 | 3 | 20 |
| 7 | 3 | 1 | 29 |
| 8 | 3 | 2 | 24 |
| 9 | 3 | 3 | 20 |

因子 B 的什么水平产生较大的响应值

a．水平 1 b．水平 2

c．水平 3 d．上面都不是

7．在用部分因子设计去代替全因子试验设计时，一项最重要的告诫是

a．随机化是最重要的 b．测量是最关键的

c．区组是最困难的 d．混杂是最常见的

e．需要多次重复

8．在设计试验中噪声因子是怎样的一个因子

a．迷惑机器的操作者 b．它是不可控因子

c．产生不可期望的结果 d．由于交互作用影响而不能进行分析

9．下面的表显示三因子二水平试验的 1/2 实施

| 试验号 | A | B | C |
|---|---|---|---|
| 1 | − | − | + |
| 2 | − | + | − |
| 3 | + | − | − |
| 4 | + | + | + |

与因子 A 混杂的交互作用是哪一个？

a．$A \times B$ b．$B \times C$

c．A×C　　　　d．A×B×C

10．降额是指

a．为使失效易于发生的一项设计技术

b．用标签移动额定值

c．如在车窗上操作那样把进料级别和速度降低

d．以上都不是

11．失效的正常原因（即正常原因模式失效）被认为是

a．多于一个失效　　　　b．发生频数高的失效原因

c．有相同原因的失效　　　　d．随机波动

12．降额是一项技术，它

a．在高应力场合使用部件

b．改变部件的应力水平使响应趋向失效

c．比原设计较低的应力水平场合使用部件

d．部件被标记为负面形式

13．在试验设计中部分因子设计是

a．没有使用因子与水平的所有可能的组合

b．不包含重复

c．不包含复制

d．可用于计算交互效应吗？

**第Ⅳ部分：可靠性模型与预测**

1．一个串联系统模型的特性是

a．最低可靠性的系统模型　　　　b．最简单的系统模型

c．最少部件组成的系统模型　　　　d．上面全是

2．冗余系统或并联系统的系统可靠性

a．是大于任一子系统的可靠性

b．等于“最佳”子系统的可靠性

c．减少多余的子系统可增强系统

d．假如把最低可靠性的子系统移出系统可提高系统可靠性

3．假如串联系统中的所有子系统都有常数失效率，则

a．系统失效率是常数

b．系统失效率将随着子系统个数增加而增加

c．系统失效率是子系统失效率之和

d．上面全是

4．某系统有3个子系统，其可靠性均为$R$。系统成功要求至少两个子系统运转。则其系统可靠性可算得

a．$3R^3 - 2R^2$　　　　b．$2R^3 - 3R^2$

c．$3R^2 - 2R^3$　　　　d．$2R^2 - 3R^2$

5．系统有4个子系统，每个子系统的可靠性均为$R$，系统成功要求至少两个子

系统运转，系统可靠性的最佳计算是利用

a．集合论　　b．蒙得卡罗技术

c．二项分布　　d．结构理论

6．4 个子系统的可靠性为 $R_A = R_B = 0.90$，$R_C = R_D = 0.95$，这 4 个子系统结合如下图所示，系统可靠性是

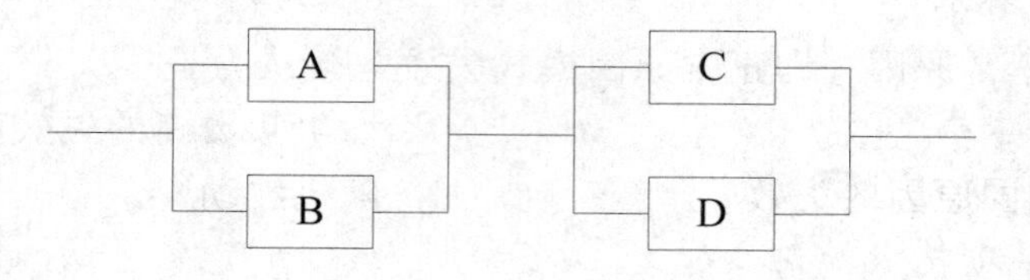


a．0.98978　　b．0.98753

c．0.98542　　d．0.98325

7．某冗余系统使用了两相同单元，每个单元的失效率为 0.0007 失效数 /h，在 200h 处系统的可靠性是（假设开关可靠性是 0.9）

a．0.991　　b．0.983

c．0.979　　d．0.965

8．用于电子设备最好的可靠性预测的数据源是

a．MIL-STD-781　　b．MIL-HDBK-785

c．MIL-HDBK-217　　d．MIL-STD-105

9．一个可靠性预测方法，被称为元件累积法，其假设为

a．所有部件串联在一起　　b．所有部件都有常数失效率

c．所有部件失效都相互独立　　d．上面全是

10．用置信限代替预测

a．用到卡方分布　　b．用到 $F$ 分布

c．用到 $t$ 分布　　d．预测是一种趋势，因此无置信度可言

11．四个子系统有如下预测的失效率：

$\lambda_1 = 0.0015$ 失效数 /h，$\lambda_2 = 0.002$ 失效数 /h

$\lambda_3 = 0.0022$ 失效数 /h，$\lambda_4 = 0.003$ 失效数 /h

若各子系统用串联联结，系统 MTBF 的预测值是

a．115h　　b．330h

c．665h　　d．1950h

12．一个并联系统含有 3 个子系统，若每个子系统的可靠性均为 $R$，则系统可靠性可算得

a．$3R$　　b．$R^3$

c．$1 - (1 - R)^3$　　d．$1 - (1 - R^3)$

13．Arrhenius 方程可用来估计

a．断裂发生的位置　　b．在特定时间处电动力的值

c．试验中容器里的空气压力　　d．试验的加速因子

14．动态可靠性认为

a．远远超过竞争对手产品的可靠性

b．在产品的环境或功能发生变化的假设下计算的可靠性

c．可靠性可按顾客规范要求而调整

d．对改变要求的反应作可靠性检验

**第Ⅴ部分：可靠性试验**

1．什么时候可使用高加速应力筛选（HASS）

a．当工程模型的早期原型可用时

b．当工程模型的最后原型可用时

c．当第一批生产的单元可用时

d．在生产期内早先生产的单元可用时

e．在送到顾客前对每个单元都要使用 HASS

2．在温度从正常值 100 ℉增加到 130 ℉时利用 Arrhenius 模型去计算加速因子。假设失效模式在研究中的激活能是 1.0e V 和在两个温度下有相同模式发生

a．试验一天相当于使用 6 天

b．试验一天相当于使用 8 天

c．试验一天相当于使用 10 天

d．试验一天相当于使用 12 天

3．什么时候可使用 HALT

a．当工程模型的早期原型可用时

b．当工程模型的最后原型可用时

c．当第一批生产的单元可用时

d．在生产期内早先生产的单元可用时

e．在送到顾客前对每个单元都要使用 HALT

4．为在 120psi（磅 / 平方英寸）使用设计一个容器（如船、飞行器等）。团队希望确定一个时间点处有可靠性 99%，期望找到 $x$，使 $R(x)=0.99$。为此团队做了两个试验，其结果如下：

- 用 100 个单位产品在 350psi 下，首个失效在 1075h
- 用 100 个单位产品在 500psi 下，首个失效在 321h

用幂律去寻找 $x$。

a．2.1 年　　b．4.6 年

c．5.5 年　　d．7.6 年

5．在三个接连的试验周期内试验数据将积累如下。希望分别给出其 MTTF 的估计值

| 周期 | 单元数 | 试验时间 /h | 失效数 | 计算 MTTA$\theta_m$ |
|---|---|---|---|---|
| 1 | 50 | 1000 | 18 | |
| 2 | 50 | 1000 | 12 | |
| 3 | 50 | 1000 | 6 | |

a．2778，3333 和 4167　　b．2778，4167 和 8333

c．55.6，83 和 167　　d．55.6，66.7 和 83

6．利用 Duant 增长率模型和问题 5 中的数据计算在周期 2 结束时的增长率

a．0.60　　b．0.58

c．0.46　　d．0.20

7．在软件试验中故障注入法被用于

a．帮助估计程序中的错误个数

b．确定在特定平台上软件合适的价格

c．检查调整的程序

d．探测不恰当使用综合参数

8．提高软件可靠性的最佳途径是

a．用高质量硬件

b．三倍检查每个错误

c．用一组完整的明确的规范程序去检查

d．仔细地坚持去做课题时间方案

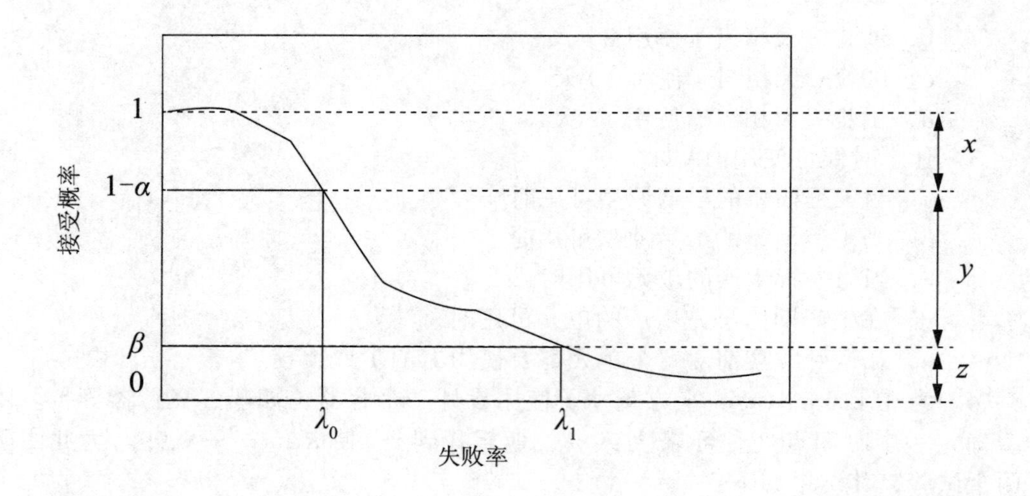


9．一条操作特性（OC）曲线如上所示，顾客风险显示在何处

a．$x$　　b．$y$

c．$z$　　d．以上都不是

10．在问题 9 中的操作特性（OC）曲线上，生产方风险显示在何处

a．$x$　　b．$y$

c．$z$　　d．以上都不是

11．序贯概率比检验（SPRT）用在

a．监控生产　　b．监控设计的每个阶段

c．监控产品的各种版本　　d．监控保证数据

**第Ⅵ部分：维修性与可用性**

1．对固体电路使用温度增高的加速寿命试验中将使用什么加速模型

a．Plonk 律　　b．Arrhenius 方程

c．逆幂律　　d．Miner 规则

2．HALT 试验的目的是

a．测量单位产品的可靠性　　b．在设计阶段提高可靠性

c．检测生产过程中的飘移　　d．查证与顾客可靠性要求的一致性

3．在 HALT 试验期内，应力增加

a．到产品规范限的最大值　　b．到远于最大的规范限

c．到顾客使用的期望限　　d．界限在期望值正负 3 倍标准差内

4．HASS 试验的目的是

a．提高设计的可靠性　　b．测量产品的可靠性

c．减少早期失效　　d．上面都是

5．CERT 可用于

a．HALT 试验　　b．HASS 试验

c．可靠性寿命试验　　d．上面都是

6．序贯寿命检验

a．比固定时间检验给出更好的结果

b．比固定时间检验更容易进行

c．仅可用于产品寿命终端已知场合

d．在平均次数方面要比固定次数检验要少一些

7．分层在金属产品中发生是在

a．焊件失效　　b．不断闪光发生

c．层次分开　　d．铸铁分界线减弱

**第Ⅶ部分：数据的收集与使用**

1．当试验在全部产品都失效前被截断，那最后的数据是什么形式

a．右截断　　b．左截断

c．区间数据

2．某团队研究湿度与染色渗透力间的关系，他们观察并收集了 3 年数据，计算其线性相关系数为 1.38，这表明

a．计算中有错

b．湿度增加是染色渗透增强的原因

c．湿度增加是染色渗透减弱的原因

d．以上都不是

3．某团队研究湿度与染色渗透力间的关系。他们观察并收集 3 年数据，计算的线性相关系数为 0.95。这表明

a．在计算中有错

b．湿度增加是染色渗透增加的原因

c．湿度增加是染色渗透减弱的原因

d．以上都不是

4．在处理一项 FMEA 时，rpn 值按公式 rpn = S × O × D 计算，其中符号 S、O、D 指的是

a．敏感度、发生可能性、可检测性

b．严重性、发生可能性、可检测性

c．敏感度、可操作性、可检测性

d．严重性、发生可能性、可开发性

5．在故障树分析（FTA）中，一个 AND 门有 4 个输入口和 1 个输出口，若有 3 个输入事件发生了，那有

a．输出事件发生的概率为 0.75

b．输出事件将发生

c．AND 门关闭

d．以上都不是

6．在故障树分析（FTA）中，一个 AND 门有 4 个输入口和 1 个输出口，若所有 4 个输入事件都发生了，那有

a．输出事件发生的概率为 0.75　　b．输出事件将发生

c．AND 门关闭　　d．以上都不是

7．一位检查员从布料的 12 in 样品上记录了零星的 12in 线段。这位检查员记录了

a．质量数据　　b．离散数据

c．连续数据　　d．以上都不是

8．一位检查员从布料的 12in 样品上记录了零星的 12in 线段。这位检查员记录了

a．质量数据　　b．属性数据

c．变量数据　　d．以上都不是

9．散布图帮助检测可能的

a．相关性　　b．试验误差

c．交互作用　　d．干扰

10．当把保单数据用于有关产品结论研究时，重要的是要进行失效分析，因为

a．保单报告不常是完全的

b．有时失效症状处于摸不定原因

c．若实在原因未知，修理无法进行

d．上述都是

# 注册可靠性工程师
# 复习题答案

## 第Ⅰ部分

1．b
2．a
3．d
4．a
5．a
6．a
7．d
8．c
9．a
10．d
11．d
12．e：MTBF 大约为 3600h
13．a：$R(3000)=\mathrm{e}^{-\left(\frac{3000}{20000}\right)}\approx 0.86$
14．d：$A=\frac{\mathrm{MTBF}}{\mathrm{MTBF+MTTR}}$

## 第Ⅱ部分

1．d
2．d：没有确切答案，因缺少关于事件（X & Y）的概率的值
3．b
4．c
5．g
6．f
7．b
8．h
9．e
10．a
11．d
12．e：$R(500)=\mathrm{e}^{-(500/3000)^{1.18}}$

13．b：因为两事件独立，按乘法公式可得：$P(\mathrm{X}\ \&\ \mathrm{Y}) = P(\mathrm{X}) \times P(\mathrm{Y})$

14．d：利用通用的加法公式有：$P(\mathrm{X}$ 或 $\mathrm{Y}) = P(\mathrm{X}) + P(\mathrm{Y}) - P(\mathrm{X}) \times P(\mathrm{Y})$

15．c

16．b

17．a：$n = \frac{(\sigma z_{a/2})^2}{E} = \frac{(6 \times 1.96)^2}{10} \approx 14$

## 第Ⅲ部分

1．a：$\mu_D = 126 - 92 = 34 \quad \sigma_D = \sqrt{10^2 + 12^2} = 15.6 \quad z = \frac{0 - 34}{15.6} = -2.18$ 利用正态表

2．b

3．b：虽然它们都是较低的 rpn（风险先验数），但涉及 A 中失效更严重一些

4．b

5．c：试验次数的公式是 $L^F = 3^2$

6．a：$B_1 = \frac{27 + 28 + 29}{3} \quad B_2 = \frac{22 + 26 + 24}{3} \quad B_3 = \frac{19 + 20 + 20}{3}$

7．d

8．b

9．b：利用符号数的乘法规则，B × C 列等于 A 列

10．d：降额是用比原设计较低的应力水平的部件

11．d

12．c

13．a

## 第Ⅳ部分

1．d

2．a

3．d

4．c：系统成功仅在两个子系统成功一个失效或所有 3 个子系统都成功：

$$R_{\text{System}} = \binom{3}{2} R^2 (1-R)^1 + \binom{3}{3} R^3 (1-R)^0$$

$$= \frac{3|}{(3-2)|2|} R^2 (1-R) + \frac{3|}{3|0|} R^3$$

$$= 3R^2 - 3R^3 + R^3$$

5．c

6．b：（1 − 0.01）（1 − 0.0025）

7．c：$R_{\text{System}}(t) = \mathrm{e}^{-\lambda t}(1 + R_{s/s}\lambda t)$

$R_{\text{System}}(t) = \mathrm{e}^{-0.007(200)}[1 + 9(0.0007)(200)]$

8．c

9．d

10．d

11．a：$\lambda_s=0.0015+0.002+0.0022+0.003$

12．c：$1-(1-R)(1-R)(1-R)$

13．d

14．b

## 第Ⅴ部分

1．e

2．a：100° F ≈ 311K， 130F ≈ 327K

3．a

4．b：$\left(\frac{500}{350}\right)^b=\frac{1075}{321}$

$1.4286^b\approx3.3489$

$b\lg1.4286\approx\lg3.3489$

$b\approx\frac{\lg3.3489}{\lg1.4286}\approx3.39$

$\frac{x}{1075}=\left(\frac{350}{120}\right)^{3.39}$

$x=1075\left(\frac{350}{120}\right)^{3.39}\approx40493\text{h}$

5．a：50000/18，100000/30，150000/36

6．d：$b=\lg\frac{3333}{2778}\div\lg\frac{100000}{50000}\approx0.182\div693$

7．a

8．c

9．c

10．a

11．a

## 第Ⅵ部分

1．b

2．b

3．b

4．c

5．d

6．d

7．c

**第Ⅶ部分**

1．a

2．a：$r$ 必须界于 $-1$ 与 1 之间，即 $-1 \leqslant r \leqslant 1$。

3．d：相关性不意味着原因

4．b

5．d

6．b

7．b

8．b

9．a

10．d

# 考试样本

1．某可靠性工程师希望得到一产品批中具有某指定特性的产品比率的 95% 置信区间。若要求该置信区间宽度不超过 0.06, 则需要样本量是

a．47　　b．155

c．226　　d．1068

2．若事件 X 的概率为 0.25, 事件 Y 的概率为 0.35, 那么事件“X 和 Y ”的概率是

a．0.0875　　b．0.5

c．0.6　　d．没有足够性质去确定这个问题的答案

3．一种可修产品具有的常数失效率为 0．00078 失效数 /h。其平均修理时间为 40h, 可用性为

a．0.85　　b．0.88

c．0.92　　d．0.97

e．0.99

4．某团队对一种产品进行 FMEA 分析，门的开关失效被评定有如下风险值：

发生的可能性 =5;

重要性 =4;

可检测度 =7,

其风险先验数（rpn）是

a．120　　b．130

c．140　　d．150

5．某系统的可靠性框图显示如下：

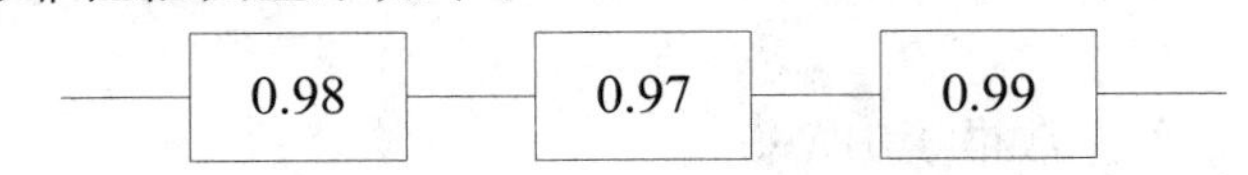


求该系统可靠性

a．2.94　　b．1.94

c．0.94　　d．0.094

6．右截断失效试验数据发生在

a．最好的单位产品失效在预测时间

b．试验设计矩阵右边部分被使用

c．计时器或反面循环没有可修理功能

d．在所有产品失效前截断了试验

7．某产品失效时间服从 Weibull 分布，其 $\beta$=0.85 和 $\theta$=2000, 求该产品在 100h 处的近似可靠性

a．0.97　　b．1.02

c．0.92　　d．0.99

e．0.89　　f．以上都不对

8．设计试验的分辨力定义为

a．响应变量结论的精度　　b．因子的高水平与低水平间散布程度

c．混杂程度　　d．边际误差

9．在设计试验中试验误差定义为

a．因子不合理设置　　b．弄错区组化

c．重复试验内的波动　　d．在该试验期间试验设备失效

10．在 QFD 图的关联矩阵中弱符号意味着

a．顾客对这项要求无强烈感觉　　b．竞争者对这项要求无强烈表示

c．达到目标值无花费　　d．以上都不是

11．一批产品中有 3.2% 不符合规范。从中随机抽取 10 个，求其中至少有一个不符合规范的概率

a．0.968　　b．0.90

c．0.83　　d．0.72

e．0.57　　f．0.42

g．0.28　　h．0.17

12．对一个特定失效模式作 FMEA 分析，其发生可能性为 10, 表明这项失效模式的可能性是

a. 高　　b. 中

c. 低

13．对一项特定应用，MIL–HDBK–217 列出其基本失效率为 $0.07\times10^{-6}$ 和各 pi 的值如下：环境应力因子 =4; 质量因子 =1; 阻抗因子 =1; 找出其预测失效率

a．$0.07\times10^{-6}$　　b．$0.28\times10^{-6}$

c．$4.07\times10^{-6}$　　d．$0.47\times10^{-6}$

14．属于高加速寿命试验（HALT）和高加速应力筛选（HASS）间的一项差别的选项是

a．HALT 实施常早于 HASS

b．HASS 可帮助设计人员在设计过程中剔去较弱部件

c．HALT 常用于质量功能展开

15．一系列试验显示：在啤酒温度与右旋当量（DE）值间存在严格的正相关。这表明

a．增加啤酒温度是提高 DE 值的原因

b．减少啤酒温度是提高 DE 值的原因

c．增加 DE 是提高啤酒温度的原因

d．增加 DE 是减少啤酒温度的原因

e．以上都不是

16．什么时候进行高加速寿命试验？

a．当早先的原型或工程模型可用时

b．当最后的原型或过程模型可用时

c．当首批产品可用时

d．当生产期之前生产的产品可用时

e．在送达顾客前的每个产品都要进行

17．按机器要求每天要为该机器进行 0.44h 的预防性维修，即使该机器不在工作，也要在第三次换班期内进行修复性维修。这个时间如何影响可用性 $A$ 的计算

a．$A$ 增加 0.44
b．$A$ 减少 0.44
c．$A$ 增加 0.44/（总时间）
d．$A$ 减少 0.44/（总时间）
e．不影响

18．串联模型的系统可靠性是

a．等于最强子系统的可靠性
b．等于所有子系统可靠性的平均组
c．低于任一子系统的可靠性
d．子系统可靠性平方和的平方根

19．维修性分配被用在

a．分配维修性工作

b．改进系统维修性

c．分配可靠性值到各种子系统中去

d．测量系统可靠性

20．某产品在 30 天内有能力使用 600h，则

a．MTTR 约为 120h
b．可用性是 120 h
c．失效率约为 0.0017
d．可用性约为 0.83
e．维修性约为 0.17

21．七个产品参加 500h 的试验，失效被记录为 285h、370h、412h，其余 4 个没有失效，失效产品没有替换，估计 MTTF 为

a．0.00098h
b．1022h
c．3067h
d．1067h

22．历史数据的一项分析表明：某指定产品的修理时间可用对数正态分布加以模型化，其 $\mu$=1.7 和 $\sigma$=0.65，估计 MTTR

a．5.5h
b．6.8h
c．7.4h
d．8.1h

23．质量功能展开（QFD）提供一种有组织途径去

a．检控生产过程中的质量问题

b．展示产品需要满足的顾客需求及其程度

c．对开发质量提供支持

d．列出争论的问题

24．当确定了一个合适的预防维修区间后，下一步将要考虑

a．完成维修的成本
b．若维修不进行，也要计算失效的成本
c．停工的成本
d．上面都是
e．上面都不是

25．若 MTTF=1742h，则

a．$\lambda$=0.00057　　b．MTBF 约为 1742h

c．产品处于耗损期　　d．$A=0.1745\times10^4$

26．分析 VOC（顾客的声音）目的在于

a．很好理解顾客购买产品的能力

b．增进对口头交流效应的认识

c．对顾客的需求与担心获得最好的理解

d．搜集有关易变的有机化合物的信息

27．对特定失效模式的一项 FMEA 分析显示：可检测的概率等级为 10。这表明这个失效模式的概率是

a．高　　b．中

c．低

28．300 个发光灯泡参加为期 500h 的试验，在试验中有 5 个灯泡失效，估计在 500h 处的可靠性为

a．0.983　　b．0.996

c．0.9997　　d．0.017

29．要作 FMEA 的团队使用 rpn 数

a．说明撤销发光标识物的原因　　b．优化团队的行动

c．改进保单要求的转换　　d．减少非启动单元的概率

30．对 1000 个最近失效产品 ABC 的记录作检查，有 972 个产品曾修理过，并在 2h 内返回工作，因此有

a．MTBF=2　　b．维修性（2）=0.972

c．可用性（2）=0.972　　d．MTTR=2

31．为减少维修时间的最佳工作时刻是

a．失效发生应立即工作　　b．设备交付时就开始

c．最后的设计和最后的原型可用时就开始

d．在设备设计阶段期间想到维修

32．对给定的任务时间，四个子系统的可靠性分别为

$R_1=0.97$, $R_2=0.94$, $R_3=0.93$, $R_4=0.92$

利用这 4 个子系统组成的串联系统的可靠性为

a．0.92　　b．0.78

c．0.94　　d．0.85

33．为了对高成本产品进行一项高成本产品的检验，下面一些试验中哪一个要求最少试验单元数？

a．定时试验　　b．序贯试验

c．通过 - 失败试验　　d．无失效试验

34．使用部分因子试验设计与全因子设计相比之下的主要缺陷是

a．仅仅使用全部因子中的部分　　b．每个响应计算只给出部分正确答案

c．试验误差的计算更为困难　　d．各种效应被混杂

35．好的数据收集计划将不包含

a．数据的形式　　　　b．测量设备被使用

c．数据的预测数值　　　　d．测量要保证数据精度

36．加速寿命试验引出一个新的失效模式，该模式不发生在实际寿命中

a．产品要进行再设计，预防这种模式发生

b．产品的保单将再评价

c．储存产品的推荐词将再评价

d．试验程序将再评价

37．9台洗碟机参加试验直到失效。失效发生在（单位：周期）

2562、2616、2623、2674、2713、2724、2804、2815、2847

a．MTTF=2709周期　　　　b．$\lambda$=0.000396失效数/h

c．$A$=2709　　　　d．上述都不对

38．某系统的可靠性框图显示如下

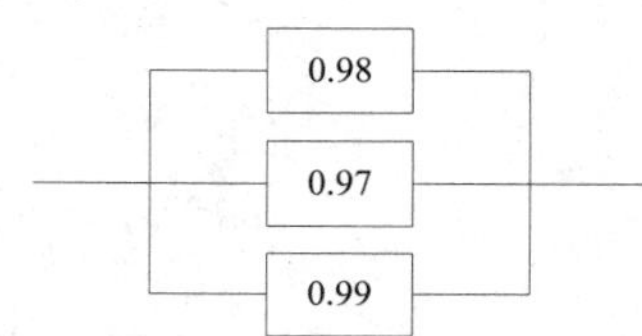


求该系统的可靠性

a．0.999994　　　　b．0.9994

c．0.994　　　　d．0.94

39．可靠性定义中有如下四个部分

a．概率、置信水平、时间、显著性

b．区组、时间、置信水平、概率

c．概率、功能、条件、时间

d．时间、显著性、置信水平、区组

40．一个部件的强度服从正态分布，其$\mu_{强}=734, \sigma_{强}=12$。这个部件要支撑的应力也服从正态分布，其$\mu_{应}=628, \sigma_{应}=5$。求$\mu_{差}$

a．106　　　　b．13

c．633　　　　d．7

e．17　　　　f．169

41．一个部件的强度服从正态分布，其$\mu_{强}=734, \sigma_{强}=12$。这个部件要支撑的应力也服从正态分布，其$\mu_{应}=628, \sigma_{应}=5$。求$\sigma_{差}$

a．106　　　　b．13

c．633　　　　d．7

e．17　　　　f．169

42．在正常使用条件下某联动装置在10000周期的可靠性是0.99。当操作转入环境应力房间内进行，相同类型失效发生且有$R$（900周期）=0.99。这些数据指出

a．加速因子AF约为11

b．对环境房间的应力设置是不适宜的设置

c．对生产或销售产品将要是无污染的

d．产品将要再设计

43．在研究 FMEA 数据中，团队对失效模式是很警觉的，即使 rpn 较低而此模式有高的 $s$ 值也是这样，这是因为

a．具有高的 $s$ 值的模式可危害健康与安全

b．具有高的 $s$ 值的模式是经常发生的

c．具有高的 $s$ 值的模式是难以屏蔽的

44．系统的试验能力是指

a．容易检测和隔离系统故障

b．用系统组件去进行分析的能力

c．系统的相对柔性可询问 / 回答问话

d．在进行试验时，系统与其他设备联结进行系统试验的能力

45．两个部件的可靠性分别为 0.90 与 0.99，第一个部件可靠性提高到何值才能使其串联系统的可靠性为 0.98

a．0.97　　b．0.98

c．0.99　　d．0.995

e．0.999

46．某故障树有 4 个输入事件与或门相联，这意味着

a．若诸输入事件之一发生，则输出事件发生

b．所有输入事件都发生才能导致输出事件发生

c．若所有输入事件都发生，则输出事件不会发生

47．在用温度从正常值 100°F 升高到 150°F 时，利用 Arrhenius 模型计算其加速因子，假设激活能在此失效模式下为 1.0eV，并在两温度值处有相同的失效模式，则

a．试验一天等价于约使用 22 天

b．试验一天等价于约使用 32 天

c．试验一天等价于约使用 44 天

d．试验一天等价于约使用 53 天

48．对给定任务时间下两个子系统的可靠性分别为

$$R_1=0.94,\ R_2=0.92$$

求这两个子系统组成的并联系统的可靠性

a．0.940　　b．0.995

c．0.999　　d．0.989

49．某单位产品有常数失效率 0.00045 失效数 /h，该产品的一年内要运转 7500h。作为预防性维修程序的部分规定每 2000h 要对该单元产品进行替换。每年要有多少个库存品才能覆盖此种预防性维修替换

a．2　　b．4

c．6　　d．8

50．某单位产品有常数失效率 0.00045 失效数 /h，该产品一年要运转 7500h。作为预防性维修程序的部分规定每 2000h 要对该单位产品进行替换。每年需有多少库存

品,才能以至少90%把握足够用于修复性维修之需要呢?注意:若产品有常数失效率$\lambda$,在操作时间$t$处有$x$个失效的概率可用如下泊松公式计算

$$P(x)=\frac{(\lambda t)^x e^{-\lambda t}}{x!}$$

a. 2　　b. 4

c. 6　　d. 8

51. NASA列出748个"临界1"的项目,之所以如此命名是因为任一个失效将引起任务失败。这些项目中每一个可靠性都有99.99%。求没有一个临界1项目失效的概率

a. 0.9999　　b. 0.99

c. 0.93　　d. 0.84

e. 0.16　　f. 0.07

g. 0.01

52. NASA列出748个"临界1"的项目,之所以如此命名是因为任一个失效将引起任务失败。这些项目中每一个可靠性都有99.99%。求至少有一个临界1项目失效的概率

a. 0.9999　　b. 0.99

c. 0.93　　d. 0.84

e. 0.16　　f. 0.07

g. 0.01

53. 一项全因子设计试验控制着如下4个三水平因子:

温度、湿度、pH、种类

为了确定怎样的水平组合可使染色最深,响应变量是

a. 温度　　b. 湿度

c. pH　　d. 种类

e. 以上全不是

54. 数据清洁程度依赖于

a. 数据收集过程的质量　　b. 在数据中噪声的积累

c. 不可控因子波动的污染　　d. 上面都是

e. 上面都不是

55. 4个子系统在给定任务时间上有下面可靠性:

$$R_1=0.97,\ R_2=0.94,\ R_3=0.93,\ R_4=0.92$$

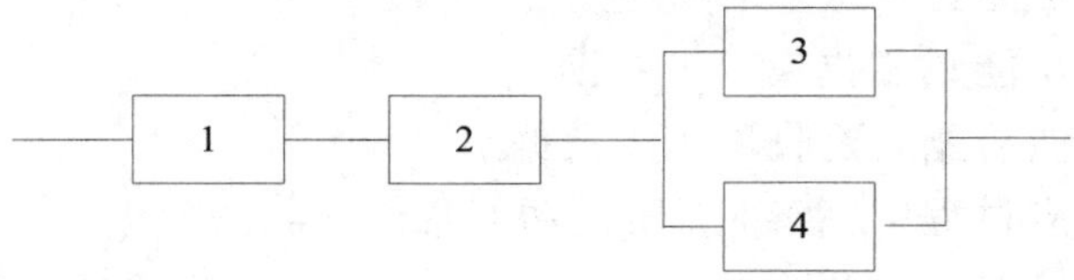


该串并联系统的可靠性是

a. 0.97　　b. 0.94

c. 0.92　　d. 0.91

56．为了计算系统可靠性要利用模型和子系统可靠性，此外还需要

a．所有子系统的失效率都是常数

b．系统的模型分布是已知的

c．系统的失效概率是与子系统独立的

d．诸子系统的失效是彼此独立的

57．在置信区间中使用的 $\alpha$ 被设计为

a．置信水平　　b．参数在区间内的风险

c．参数不在区间内的风险　　d．误差的边际界限

e．统计量不在区间内的风险　　f．统计量在区间内的风险

58．一张完整的质量功能展开（QFD）图上有涉及顾客对技术特色要求的矩阵。这个关联矩阵有几个弱符号但不是适度的或强符号，这将指出

a．产品将有小的竞争　　b．产品在价格上高于其他同类产品

c．产品不满足顾客要求　　d．产品将放弃生产

59．某全因子设试验由四因子三水平组成，诸因子是：

温度、湿度、pH、种类

为了确定怎样水平组合使染色最深，将要安排多少次试验？

a．81　　b．27

c．12　　d．9

e．3

60．概率密度函数（PDF）的图形显示出

a．对于时间的可靠性值

b．对于时间许多事件（如失效）发生的概率

c．均值将增加的可能性

d．对总机会数的成功次数

61．在评价试验设计数据中使用信噪比反映需求于

a．减弱噪声水平

b．增强信号水平

c．在最优信号水平与最低噪声水平间妥协

d．使得噪声水平过高的信号

62．作为通用规则，质量与可靠性在功能上的差别是

a．质量功能更注意产品质量

b．质量功能只需收集较少数据

c．可靠性功能只要收集较少数据

d．在生产过程以完善时，质量功能常停止收集数据

e．质量功能更涉及个人

63．某系统的可靠性框图如下

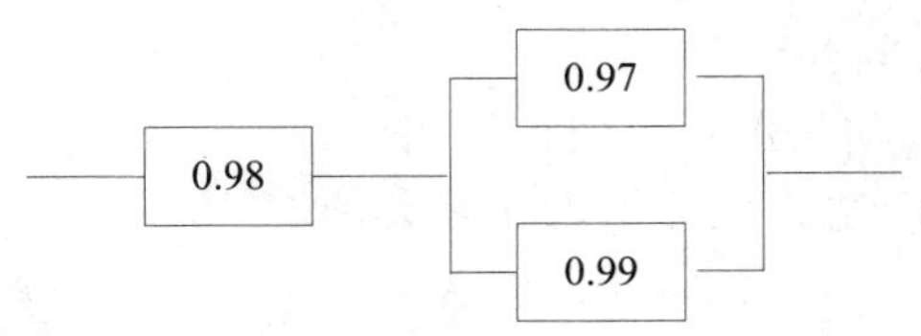


求系统可靠性

a. 1.9797　　b. 0.9797

c. 0.098　　d. 0.9999

e. 0.94

64. Arrhenius 模型可用于

a. 评定试验误差　　b. 对机械分量近似估计失效率

c. 估计增加的强度　　d. 计算加速因子

65. 在 Arrhenius 模型所使用的近似式中温度增长

a. 100℃将大大地增加失效率

b. 加倍温度（用 K）可使失效率加倍

c. 10℃可使失效率加倍

d. 多次增加温度（用 K），用因子 $x^2$ 去增加因子 $x$ 的失效率

66. 在设计试验中噪声是

a. 不可修正的因子　　b. 弄错区组

c. 不可控的因子　　d. 在试验期间试验设备失效

67. 贝塔（Beta）试验可归结为

a. 顾客用初期产品设计，并报告强度和弱点

b. 用 $\beta$ 分布去评价产品

c. 拟合 Weibull 分布曲线去寻找形状参数 $\beta$ 的最佳值

d. 评价系统中的部件

68. 可靠性增长可归结为

a. 可靠性改进的趋势是产品在延伸周期内保持受人重视的地位

b. 可靠性改进是保单改变的结果

c. 可靠性改进应归结为改进数据的收集

d. 可靠性改进应归结为产品设计期间的模式改变

69. 一个串联系统有 3 个子系统，每个有可靠性 $R$, 则其系统可靠性可算得

a. $3R$　　b. $R^3$

c. $1-(1-R)^3$　　d. $1-(1-R^3)$

70. 一个旁联的冗余系统利用两个相同单元，每个单元的失效率是 0.0007 失效数 /h。在 200h 处系统可靠性是（设线路与开关可靠性为 1）

a. 0.991　　b. 0.983

c. 0.979　　d. 0.954

71. 危险函数图形显示

a. 失效率随时间而变化

b. 正斜率处的失效率是常数

c. 安全与健康风险随时间而变化
d. 对修正 OSHA 采取行动是值得报告的事件

72. 用框图描述各种条件和产生失效原因的工具是
a. FMEA　　b. FTA
c. DFMEA　　d. PFMEA

73. 幂律是用于
a. 估计由电容器产生的瓦特数
b. 评估加速寿命试验的结果，其中加速因子不是热量
c. 对特定的失效模式提供马力损失的估计
d. 显示失效率是指数的

74. 一批螺栓有 3% 不合格品，一批螺帽有 2% 不合格品，一个单位产品由一个螺帽和一个螺栓组成。随机地选一个单位产品是不合格品的概率是
a. 0.05　　b. 0.006
c. 0.0494　　d. 0.0506

75. 在可靠性试验中证实（validation）不同于核实（verification），这是因为
a. 证实要确认设计是否满足可靠性要求，而核实是确认生产过程生产的产品是否满足可靠性要求
b. 核实是要确认设计是否满足可靠性要求，而证实是要确认生产过程生产的产品是否满足可靠性要求
c. 证实是要确认设计是否依从应用法律和规则，而核实是要确认符合注册标准

# 考试样本答案

1．d: $n = 0.25\left(\frac{z_{\alpha/2}}{E}\right)^2 = 0.25\left(\frac{1.96}{0.03}\right)^2$，向上取整。

2．d: 因不知事件 X 与 Y 是否独立，固不可确定其答案。

3．d: $A = \frac{\text{MTBF}}{\text{MTBG+MTTR}}$

4．c:rpn=S × O × D

5．c:$R$=0.98×0.97×0.99

6．d

7．c:$R(100)=e^{-(100/2000)^{0.85}}$

8．c

9．c

10．d: 弱符号是指一些辅助技术要求，做事的人不太愿做满足顾客辅助要求的事。

11．g: 利用二项分布，其 $n$=10, $p$=0.032:

$$P(X = x) = \frac{n!}{(n-x)!x!} p^x (1-p)^{n-x}$$

$$P(X = 0) = \frac{10!}{10!0!} 0.032^0 0.968^{10} \approx 0.72$$

所以 $P(X \geqslant 1)=1-P(X=0)=1-0.72=0.28$

也可用 $P(X=1)+P(X=2)+\cdots+P(X=10)$ 找出答案，但要作 10 次类似上述的计算。

12．a

13．b

14．a

15．e: 相关并非是原因。

16．a

17．e

18．c

19．b

20．d

21．b: $\frac{285+370+412+4\times500}{3}$

22．b: $\text{MTTR} = e^{\left(\mu+\frac{\sigma^2}{2}\right)} = e^{(1.7+0.21125)}$

23．b

24．d
25．a
26．c
27．c
28．a:295/300
29．b
30．b
31．d
32．b: $R_S$=0.97 × 0.94 × 0.93 × 0.92
33．d
34．d
35．c
36．d
37．a:MTTF ≈ 2709 周期
38．a:$R$=1−0.02×0.03×0.01
39．c
40．a
41．b
42．a:10000/900
43．a
44．a
45．c：0.99$x$=0.98
46．a
47．a:100°F ≈ 311K,150F ≈ K

$$\mathrm{AF} = \mathrm{e}^{\left[1/\left(8.617\times10^{-5}\right)\left(1/311-1/339\right)\right]} \approx 22$$

48．b:1−（1−0.06 × 0.08）
49．b:7500 ÷ 2000

50．c: 有 $x$ 个失效发生的概率是 $P(x)=\dfrac{(\lambda t)^x \mathrm{e}^{-\lambda t}}{x!}$

$$P(0)=\frac{3.375^0 \mathrm{e}^{-3.375}}{0!} \approx 0.034$$

$$P(1)=\frac{3.375^1 \mathrm{e}^{-3.375}}{1!} \approx 0.115$$

$$P(2)=\frac{3.375^2 \mathrm{e}^{-3.375}}{2!} \approx 0.195$$

$$P(3)=\frac{3.375^3 \mathrm{e}^{-3.375}}{3!} \approx 0.219$$

$$P(4)=\frac{3.375^4 e^{-3.375}}{4!}\approx 0.185$$

$$P(5)=\frac{3.375^5 e^{-3.375}}{5!}\approx 0.125$$

$$P(6)=\frac{3.375^6 e^{-3.375}}{6!}\approx 0.070$$

各概率之和要达到 0.94 至少需要前 6 项相加。

51．c: 因项目动作如同串联，他们全部功能正确的概率是 $0.9999^{748}$。

52．f: $P_{rob}$（至少一个失效）$=1-P_{rob}$（无一失效）$=1-0.9999^{748}$。

53．e: 响应变量是染色的深度。

54．d

55．d: $R_{3,4}=1-0.07\times0.08=0.9944$　$R_S=0.97\times0.94\times0.9944$

56．d

57．c

58．c

59．a: 试验次数的计算公式是 $n=L^F$, 在这里 $n=3^4$。

60．b

61．c

62．d

63．b: 并联部分 $R=1-0.03\times0.01=0.9997$, 系统为 $R=0.98\times0.9997$

64．d

65．c

66．c

67．a

68．d

69．b

70．a

71．a

72．b

73．b

74．c: 一个常用的假设是：选择一个螺帽和选择一个螺栓是相独立的，即 $P$（螺帽与螺栓都是不合格品）=0.0006, 利用通用加法规则即可得。

75．a